Einführung in die Kontinuumsmechanik

Von Prof. Dr.-Ing. habil. Johannes Altenbach, Magdeburg
und Priv.-Doz. Dr.-Ing. habil. Holm Altenbach, Magdeburg

Mit 35 Bildern und 31 Übungsaufgaben mit Lösungen

B. G. Teubner Stuttgart 1994

Prof. Dr.-Ing. habil. Johannes Altenbach

Geboren 1933 in Magdeburg. Von 1951 bis 1957 Studium der Mathematik an der Universität Leipzig, 1957–1958 Institut für Technische Mechanik, 1958–1968 Institut für Statik und Stahlbau der TH Magdeburg, 1961 Promotion (Dr.-Ing.), 1967 Habilitation für Statik der Flächentragwerke, 1967 Dozent für Statik der Flächentragwerke und Angewandte Elastizitätstheorie, 1968 Professor mit Lehrauftrag für Angewandte Mechanik, 1969 o. Prof. für Technische Mechanik und Leiter des Lehrgebietes Festigkeitslehre, 1973–1992 Leiter des Wissenschaftsbereiches Festkörpermechanik der TU Magdeburg, Gastprofessuren an den Technischen Universitäten Miskolc (Ungarn), Moskau, St. Petersburg (Rußland), Charkov (Ukraine), seit 1990 Gastprofessor an der Bergischen Universität – GH Wuppertal. Von 1976 – 1989 Mitglied des wissenschaftlichen Rates der Hauptforschungsrichtung Festkörpermechanik der DDR, 1985–1989 Mitglied des Gelehrtenrates des Interdisziplinären Zentrums für wissenschaftlichen Nachwuchs der Universität Leipzig, Leitung der wissenschaftlichen Kurse Festkörpermechanik, 1980–1992 Editor in Chief der Technischen Mechanik, 1991–1992 Antragsteller und 1. Sprecher des DFG-Graduiertenkollegs „Modellierung, Berechnung und Identifikation mechanischer Systeme" der Universität Magdeburg, 1986–1994 Mitglied der Generalversammlung der Internationalen Union für Theoretische und Angewandte Mechanik (IUTAM).

Priv.-Doz. Dr.-Ing. habil. Holm Altenbach

Geboren 1956 in Leipzig. Von 1974 bis 1980 Studium an der Physikalisch-mechanischen Fakultät des Leningrader Polytechnischen Instituts, 1980–1987 Assistent im Wissenschaftsbereich Kolbenmaschinen und Maschinenmeßtechnik der TH Magdeburg, 1983 Promotion (Kandidat der Technischen Wissenschaften) am Leningrader Polytechnischen Institut, 1984 Facultas docendi für Technische Mechanik an der Fakultät für Technische Wissenschaften der TH Magdeburg, 1985–1987 Gastwissenschaftler am Lehrstuhl für Mechanik und Regelungsprozesse des Leningrader Polytechnischen Instituts, 1987 Habilitation für Dynamik und Festigkeit von Maschinen (Doktor der Technischen Wissenschaften) am Leningrader Polytechnischen Institut, seit 1987 Oberassistent am Institut für Werkstofftechnik und Werkstoffprüfung der Universität Magdeburg (Lehr- und Forschungsgebiet Werkstoffmechanik), Gastprofessuren an den Technischen Universitäten Charkov (Ukraine), Bratislava (Slovakai) und Riga (Lettland), Mitglied des Gründungsvorstandes des DFG-Graduiertenkollegs „Modellierung, Berechnung und Identifikation mechanischer Systeme" der Universität Magdeburg, 1992 Stipendiat der Alfried Krupp-Stiftung am Lehrstuhl für Technische Mechanik der Ruhr-Universität Bochum.

Die Deutsche Bibliothek – CIP-Einheitsaufnahme

Altenbach, Johannes:
Einführung in die Kontinuums-Mechanik / von Johannes Altenbach und Holm Altenbach. – Stuttgart : Teubner, 1994
(Teubner-Studienbücher : Mechanik)
ISBN 3-519-03096-9
NE: Altenbach, Holm:

Printed in Germany
Gesamtherstellung: Druckhaus Beltz, Hemsbach/Bergstraße

Vorwort

Innovative Projekte der Technik erfordern heute vielfach solide Kenntnisse in der Kontinuumsmechanik. Das vorliegende Buch will in möglichst einfacher Weise in die Grundlagen dieses theoretisch anspruchsvollen Gebietes einführen. Es richtet sich vorrangig an Studierende der Ingenieurwissenschaften, aber auch in den Bereichen Konstruktion, Entwicklung und Forschung tätige Ingenieure.

Vorausgesetzt werden Kenntnisse der Höheren Mathematik, der Physik, der Technischen Mechanik und der Werkstofftechnik, wie sie üblicherweise in den universitären technischen Studiengängen bis zum Vordiplom vermittelt werden. Eine Einführung in die Kontinuumsmechanik sollte dann gleich zu Beginn des Hauptstudiums erfolgen, um die Anwendung phänomenologischer Modelle und Methoden der Mechanik fester Körper und Fluide im weiteren Vertiefungsstudium anzuregen und der für den Studierenden oft nicht mehr überschaubaren Aufsplitterung ihrer Ausbildung in viele, scheinbar unabhängige technische Teildisziplinen entgegenzuwirken.

Zur Kontinuumsmechanik gibt es sehr unterschiedliche Lehrmeinungen, die durch internationale wissenschaftliche Schulen vertreten werden. Mit dem vorliegenden Lehrbuch wird versucht, den Zugang zu der Spezialliteratur zu erleichtern und eine Brücke von den axiomatisch orientierten Darstellungen der Grundlagen bis zu den anwendungsorientierten Lehrkonzeptionen zu schlagen. Besonderen Einfluß auf die vorliegende Einführung in die Kontinuumsmechanik hatten die Arbeiten von A.I. Lur'e, E. Krempl und P. Haupt. Stoffauswahl und Darstellung wurden vorrangig durch die Zielstellung geprägt, Kenntnisse der Kontinuumsmechanik für die technische Forschung zu nutzen.

Nach einer kurzen Einführung in die Aufgabenstellungen, die Betrachtungsweisen und die Modelle der Kontinuumsmechanik werden die auch für eine Einführung notwendigen Kenntnisse der Tensorrechnung in übersichtlicher Form vorangestellt. Im Sinne einer Einführung erfolgte dabei eine Beschränkung auf kartesische Tensoren. Notwendige Ergänzungen zur Theorie der Tensorfunktionen wurden in einer Anlage zusammengefaßt. Die folgenden Kapitel behandeln systematisch die materialunabhängigen Aussagen der

Kontinuumsmechanik, d.h. die Kinematik, die Kinetik, die Bilanzen und die Erhaltungssätze. Es folgen die materialabhängigen Aussagen. Ausgehend von den allgemeinen Grundsätzen der Materialtheorie werden für Festkörper und Fluide exemplarisch Konstitutivgleichungen auf deduktivem und auf induktivem Wege formuliert sowie die Methode der rheologischen Modellierung erläutert. In einem abschließenden Kapitel wird wiederum examplarisch an den für technische Anwendungen besonders wichtigen Teilgebieten der Kontinuumsmechanik, der linearen Theorie der Elastizität und der Thermoelastizität sowie der linear-viskosen Fluide gezeigt, wie die materialunabhängigen und die materialabhängigen Gleichungen zusammengefaßt und für die genannten Gebiete die Anfangs-Randwertaufgaben formuliert werden können. Alle Aussagen beziehen sich auf die klassische Kontinuumsmechanik thermomechanischer Felder, andere physikalische Felder, mehrphasige Systeme und verallgemeinerte Punktkörpermodelle bleiben ausgeschlossen. Viele Abschnitte wurden durch Aufgaben mit ausführlicher Darstellung der Lösungen ergänzt.

Trotz des begrenzten Umfanges eines einführenden Lehrbuches wurde versucht, ein ausgewogenes Verhältnis in der Darstellung der materialunabhängigen und der materialabhängigen Gleichungen zu erreichen und bei den Materialgleichungen sowohl die Besonderheiten der Festkörper als auch der Fluide herauszuarbeiten. Der vorgegebene Umfang ließ es leider nicht zu, auch auf neuere technisch-relevante Entwicklungen, wie z.B. die Plastizitätstheorie großer Deformationen oder die nicht-*Newton*schen Fluide, einzugehen.

Die Einführung in die Kontinuumsmechanik ist aus Vorlesungen hervorgegangen, die von beiden Autoren mehrfach an deutschen und an ausländischen Universitäten gehalten wurden. Sie entspricht in ihrem Umfang einer einsemestrigen Vorlesung mit zwei Wochenstunden Vorlesungen und einer Wochenstunde Übungen.

Die Autoren bedanken sich bei allen Fachkollegen, die durch ihre Diskussionen und ihre Arbeiten die Stoffauswahl und die Methodik der Darstellung mit beeinflußt haben. Ein große Hilfe waren auch die Doktoranden, die Teile des Manuskriptes kritisch durchgesehen und Beispielaufgaben nachgerechnet haben. Nicht zuletzt gilt der Dank dem Deutschen Akademischen Austauschdienst für die finanzielle Förderung von Vorlesungsaufenthalten an den Technischen Universitäten Miskolc (Ungarn), Charkov (Ukraine) und Bratislava (Slovakai), der *Alexander von Humboldt*-Stiftung für die Bereitstellung technischer Hilfmittel und dem *Teubner*-Verlag für die gute Zusammenarbeit.

MAGDEBURG/WUPPERTAL, IM APRIL 1994

Inhalt

1 Einführung

Ziel des einführenden Kapitel ist die Erläuterung der Aufgabenstellung der Kontinuumsmechanik sowie ihrer grundlegenden Annahmen und Modellbildungen. Dabei werden historische Entwicklungsetappen genannt, Möglichkeiten und Grenzen einer phänomenologischen Kontinuumsmechanik diskutiert und erste Grundbegriffe eingeführt. Die in der Kontinuumsmechanik betrachteten Größen sind Skalare, Vektoren oder Tensoren. Man kann sie auch allgemein als Tensoren unterschiedlicher Stufe definieren. Den Abschluß des einführenden Kapitels bildet daher eine kurze Zusammenstellung ausgewählter mathematischer Hilfsmittel der Tensoralgebra und der Tensoranalysis.

1.1 Zielstellung, Begriffe und Modelle

Die Mechanik gehört zu den ältesten Wissenschaftsdisziplinen, ihre Wurzeln reichen bis in die Antike zurück. Die klassische Mechanik, deren Herausbildung unmittelbar mit den Namen von *Galilei* (1564 - 1642) und *Newton* (1643 - 1729) verbunden ist, wird im allgemeinen der Physik als Teilgebiet zugeordnet. Hauptaufgabe der klassischen Mechanik ist die Untersuchung der Bewegungen starrer Körper, die wissenschaftliche Klärung ihrer Ursachen und der damit zusammenhängenden Naturgesetze.

Die Mechanik betrachtet Kräfte als Ursache aller Bewegungen materieller Körper. Somit kann unsere Umwelt in hohem Maße in ihrem Verhalten durch Modelle, Konzepte und Methoden der Mechanik beschrieben werden.

Euler (1707 - 1783) gab mit seinen Arbeiten zur Mechanik starrer und deformierbarer Körper sowie zur Hydromechanik wesentliche Impulse für die Anwendung einheitlicher Modelle und Methoden in unterschiedlichen Teilgebieten der Mechanik und zur Formulierung einer Kontinuumsmechanik. Daneben wirkten die Arbeiten von *d'Alembert* (1717 - 1783) sowie *D. Bernoulli* (1700 - 1782) in dieser Richtung. Die weitere Entwicklung der Mechanik und insbesondere ihre konsequente mathematische Ausrichtung wurde vor allem durch *Lagrange* (1736 - 1813) beeinflußt, der in seinem grundlegenden Werk „Mécanique analytique" (1788) den erreichten Erkenntnisstand der klassischen Mechanik zusammenfaßte. Einen ersten Abschluß der

Mechanik deformierbarer Körper wurde in den Arbeiten von *Cauchy* (1789 - 1857) erreicht, da durch ihn die für die Kontinuumsmechanik fundamentalen Begriffe des Spannungstensors und des Verzerrungstensors eingeführt wurden. In der Zeit nach *Lagrange* kam es zur Herausbildung neuer, weitgehend eigenständiger Arbeitsrichtungen der Mechanik wie z.B. der Analytische Mechanik, der Kontinuumsmechanik, aber auch einer Technischen Mechanik.

Zu Beginn des 20. Jahrhunderts war die klassische Kontinuumsmechanik durch die Arbeiten namhafter Mathematiker und Physiker bereits auf einem hohen theoretischen Niveau, die Nutzung ihrer wissenschaftlichen Erkenntnisse für die sich sehr schnell entwickelnden Anforderungen der Technik aber völlig unbefriedigend. Dies führte zunächst im Rahmen der Technischen Mechanik zu einer weiteren Aufsplitterung in „ingenieurmechanische" Arbeitsrichtungen. Festigkeitslehre, Baumechanik, Strömungsmechanik, Elastizitätstheorie, Plastizitätstheorie usw. erreichten als anwendungsorientierte Teilgebiete ein beachtliches theoretisches Niveau und große Praxisrelevanz. Als Folge dieser Aufsplitterung gingen jedoch besonders in der Ingenieurausbildung häufig wesentliche Zusammenhänge der verschiedenen Teilgebiete verloren, sie entwickelten sich in Lehre und Forschung als scheinbar unabhängige Wissenschaftsdisziplinen und führten zu einer ständigen Vergrößerung des Fächerspektrums in der akademischen Lehre. Damit wurde der Blick für die gemeinsamen Grundlagen zunehmend versperrt. Arbeiten zu übergreifenden Konzepten blieben in dieser Zeit in der Minderheit, wobei die Beiträge von *Hamel* (1877 - 1954) für nachfolgende Entwicklungen von besonderer Bedeutung waren.

In enger Wechselwirkung mit der Entwicklung der technischen Anforderungen setzte nach dem 2. Weltkrieg eine intensive disziplinäre Grundlagenforschung auf dem Gebiet der Kontinuumsmechanik ein. Ursache hierfür waren notwendige Erweiterungen der Materialgleichungen für neuartige Werkstoffe oder extreme Beanspruchungen einschließlich der Erfassung von Schädigungsprozessen, aber auch zahlreiche neue technische Aufgabenstellungen, die als gekoppelte Feldprobleme modelliert und berechnet werden mußten. Durch die Herausbildung nationaler und internationaler Schulen wurde diese Entwicklung wesentlich gefördert, sie hält bis heute an. Die beeindruckende Leistungsentwicklung der Computerhardware und -software und entsprechender numerischer Verfahren ermöglicht zunehmend auch die Lösung sehr komplexer Aufgaben der Kontinuumsmechanik.

Die Kontinuumsmechanik ist eine phänomenologische Feldtheorie. Ausgehend von beobachteten Phänomenen und experimentellen Erfahrungen werden auf einem makroskopischen Niveau mathematische Modelle für das mechanische Verhalten der Materie formuliert. Aus der Physik ist bekannt, daß alle Materie eine diskrete Struktur hat und das Verhalten der Materie unter äußeren Einflüssen physikalisch durch Wechselwirkungen von einzelnen Atomen oder Molekülen beschreibbar ist. Die Analyse einer angewandten Ingenieuraufgabe ist aber offensichtlich auf diesem physikalisch-mikrostrukturellem Modellniveau nicht durchführbar. Im Rahmen der Kontinuumsmechanik wird daher das diskrete, mikrostrukturelle Materiemodell unter Beachtung des Größenmaßstabes in ein hypothetisches, makroskopisches, d.h. phänomenologisches Materiemodell, das Kontinuum, überführt. Der diskrete Aufbau der Materie wird ignoriert, d.h. es erfolgt eine Mittelung der Materieeigenschaften. Eine derartige Mittelung erfolgt im Raum und gegebenenfalls auch in der Zeit. Mittelungsmethoden sind Gegenstand spezieller theoretischer Untersuchungen und werden hier nicht weiter diskutiert. Es wird aber vorausgesetzt, daß ein derartiger Mittelungsprozeß möglich ist. Wichtigste Modellvorstellung ist somit die Annahme einer stetigen Ausfüllung des Raumes mit Materie, d.h. jedes infinitesimale materielle Volumen repräsentiert genau ein Materieteilchen. Es ergibt sich folgende Definition für das Kontinuum.

Definition: *Ein Kontinuum ist eine Punktmenge, die den Raum oder Teile des Raumes zu jedem Zeitpunkt stetig ausfüllt. Den Punkten werden bestimmte Materieeigenschaften zugeordnet.*

Eine solche Definition ist sehr allgemein. Sie bildet die Grundlage der klassischen aber auch der nichtklassischen Theorien der Kontinuumsmechanik. So sind z.B. weder die Dimension des Raumes noch die Zahl der Freiheitsgrade der Punkte der Punktmenge festgelegt. Im Rahmen der klassischen Kontinuumsmechanik wählt man den aus der Anschauung folgenden dreidimensionalen *Euklid*schen Raum und jeder Raumpunkt hat den Freiheitsgrad $f = 3$ (z.B. Verschiebungen in Richtung der Achsen eines kartesischen Koordinatensystems). Die Annahme, daß für jeden Zeitpunkt der *Euklid*sche Raum stetig mit materiellen Punkten des Freiheitsgrades 3 ausgefüllt ist, führt durch die Abbildung der materiellen Punkte auf Raumpunkte zu Feldproblemen, d.h. die Größen der Kontinuumsmechanik sind im allgemeinen Funktionen des Ortes und der Zeit. Für ihre Berechnung steht somit der bewährte mathematische Apparat der Analysis bereit. Für die Materieeigenschaften der Punkte gibt es weder Einschränkungen bezüglich des Aggregatzustandes noch müssen sie trägheitsbehaftet sein. Damit umfaßt die Definition gleichermaßen Festkörper und Fluide und die Feldformulierungen gelten auch für thermische, elektromagnetische und andere physikalische Felder bzw. für die Beschreibung möglicher Wechselwirkungen zwischen diesen unterschiedlichen physikalischen Feldern.

Der Raumbegriff schließt ein- oder zweidimensionale Modellkontinua bzw. Räume der Dimension $n > 3$ ein. Damit gilt die Definition auch für Flächen- und Linienkontinua. Bezüglich des Freiheitsgrades der materiellen Punktkörper gibt es gleichfalls keine Einschränkungen. Somit können beispielsweise im Rahmen der Kontinuumsmechanik Kontinua mit dem Freiheitsgrad $f = 6$ je Raumpunkt (3 Translationen und 3 Rotationen) oder einem Freiheitsgrad $f > 6$ betrachtet werden.

Die Frage nach den Anwendungsgrenzen einer Kontinuumsmechanik ist wegen der starken Problemabhängigkeit nicht eindeutig zu beantworten. Grundlegende Voraussetzung für den Einsatz von Kontinuumsmodellen ist die Möglichkeit einer sinnvollen Mittelung der in der Realität vorhandenen diskreten Eigenschaften. Somit sind u.a. der Größenmaßstab, die Gradienten der Feldgrößen und die Prozeßgeschwindigkeiten für die Auswahl und die Aussagequalität eines Kontinuumsmodells von besonderer Bedeutung. Der Einsatz phänomenologischer Modelle zur Lösung aktueller Aufgaben der Mechanik ist aber bisher keineswegs ausgeschöpft. Es gibt daher international intensive Forschungsarbeiten zur Weiterentwicklung der phänomenologischen Kontinuumsmechanik. Schwerpunkte dieser Arbeiten sind u.a.

- Erfassung starker geometrischer und physikalischer Nichtlinearitäten,
- Modellierung und Analyse gekoppelter Feldprobleme und
- heuristische Erweiterung phänomenologischer Modelle durch Berücksichtigung signifikanter Struktureffekte.

Auch die korrekte Formulierung und Lösbarkeit der mathematischen Modelle wird genauer untersucht.

Für die Bewertung des Materialverhaltens heterogener Materialien mit ausgeprägt lokalen Strukturänderungen und Wechselwirkungen ist eine phänomenologische Theorie im allgemeinen nicht ausreichend. Hierfür nutzt man heute zunehmend mikromechanische Modelle auf einem sogenannten Mesoniveau, das zwischen einer physikalisch mikrostrukturellen und einer phänomenologischen Modellierung angeordnet ist.

Im Rahmen einer Einführung in die Kontinuumsmechanik ist eine Beschränkung auf die klassische Kontinuumsmechanik notwendig. Alle Ausführungen beziehen sich dann auf den *Euklid*schen Raum und ein materieller Punkt hat den kinematischen Freiheitsgrad $f = 3$. Es wird jedoch jeweils auf mögliche Verallgemeinerungen hingewiesen.

Die Gleichungen der Kontinuumsmechanik ordnet man im allgemeinen zwei sehr unterschiedlichen Komplexen zu. Der erste umfaßt alle materialunabhängigen Aussagen, d.h. sie gelten gleichermaßen für alle Festkörper,

Flüssigkeiten und Gase. Zu diesem ersten Komplex zählen die Kinematik und die Kinetik des Kontinuums sowie die Bilanzgleichungen.

Die *Kinematik* betrachtet die geometrischen Aspekte der Bewegungen von Kontinua. Sie formuliert Aussagen über die lokalen Eigenschaften von Deformationen. Ausgangspunkt sind bestimmte Konfigurationen materieller, stetiger Punktmengen, Verschiebungen, Geschwindigkeiten und Beschleunigungen, Verzerrungen und Verzerrungsgeschwindigkeiten, Verzerrungsmaße sowie Gradienten des Verschiebungs-, des Geschwindigkeits- und des Deformationsfeldes.

Die *Kinetik* klassifiziert äußere Kraftwirkungen auf einen materiellen Körper und untersucht den Zusammenhang zwischen äußeren und inneren Kräften. Formuliert werden unterschiedliche Spannungen und Spannungstensoren sowie die statischen und die dynamischen Gleichungen.

Die *Bilanzgleichungen* sind allgemein geltende Prinzipe bzw. universelle Naturgesetze, die somit für alle Prozesse gelten. Formuliert werden Bilanzgleichungen bzw. Erhaltungssätze für die Masse, den Impuls, den Drehimpuls, die Energie und die Entropie.

Zum zweiten Komplex gehören alle Aussagen, die das materialabhängige Verhalten des Kontinuums reflektieren. Es geht in diesem Komplex um die systematischen Methoden der Formulierung von Gleichungen zur Beschreibung unterschiedlichen Materialverhaltens. In diesem Zusammenhang werden auch grundsätzliche Fragen wie die Unterscheidung von Festkörpern und Fluiden diskutiert. Die Verknüpfung beider Komplexe führt auf die Formulierung von Anfangs-Randwertproblemen für die verschiedenen Aufgabenklassen der Kontinuumsmechanik.

Die Einführung in die Grundlagen der Kontinuumsmechanik folgt der damit gegebenen Gliederung. Dabei werden alle bereits genannten Größen in den entsprechenden Abschnitten definiert. Hier seien aber einige grundlegende Begriffe vorangestellt.

1. Raum:
Im Rahmen der klassischen Kontinuumsmechanik wird als Raum der dreidimensionale Raum R^3 *der Anschauung definiert. In* R^3 *gilt die Euklidsche Geometrie.* R^3 *ist unabhängig vom jeweils betrachteten mechanischen Vorgang und vom Beobachter. Alle Punkte des Raumes sind gleichberechtigt, es gibt keinen von vornherein ausgezeichneten Punkt oder eine ausgezeichnete Richtung. Mit der Festlegung eines Raumpunktes 0 als Bezugspunkt wird der Raum vermeßbar. Man kann jedem Punkt des Raumes ein Zahlentripel als Koordinaten zuordnen. Die Werte des Zahlentripels hängen natürlich von dem gewählten Bezugspunkt und dem gewählten Koordinatensystem ab.*

2. Zeit:

Zur Festlegung der Ausgangslage und der Bewegung ausgewählter Raumpunkte sind ein räumliches und ein zeitliches Bezugssystem erforderlich. Das zeitliche Bezugssystem kann man durch eine skalare Größe t, die man die Zeit nennt, definieren. t kann nur monoton zunehmen, d.h. $dt \geq 0$. Der Nullpunkt kann für t beliebig gewählt werden (Indifferenzprinzip).

3. Körper:

$\mathcal{G}$ sei eine kompakte Menge von Raumpunkten, die in R^3 eine abgegrenzte, zusammenhängende Punktmenge bildet. Ordnet man jedem Raumpunkt $P \in \mathcal{G}$ Materieeigenschaften zu, wird aus dem Raumpunkt ein materieller Punkt und aus dem Gebiet $\mathcal{G}$ ein materielles Gebiet (meist als Körper bezeichnet) $\mathcal{K}$ als Menge aller materiellen Punkte. $\mathcal{K}$ hat zu jedem Zeitpunkt t ein Volumen $V(t)$, welches von der Fläche $A(V)$ umhüllt wird. $\mathcal{G}$ ist zusammenhängend und beschränkt, aber $\mathcal{G}$ muß nicht einfach zusammenhängend sein. Das so definierte Gebiet kann somit auch Hohlräume haben, die nicht mit Materie gefüllt sind. Für den Körperbegriff gilt auch folgende Definition: „Ein Körper ist ein kontinuierlich mit Materie ausgefülltes Gebiet. Jeder Punkt des Körpers ist ein materieller Punkt. Er kann durch eine Marke gekennzeichnet werden.“ Damit gelten folgende Schlußfolgerungen:

- *Jedem materiellen Punkt kann ein Raumpunkt zugeordnet werden, aber nicht jedem Raumpunkt ein materieller Punkt.*
- *Ein materieller Punkt kann nicht gleichzeitig an unterschiedlichen Punkten des Raums sein.*
- *An einem Raumpunkt können nicht gleichzeitig verschiedene materielle Punkte sein.*

Man bezeichnet diese Schlußfolgerungen auch als Kontinuitätsaxiom der Kontinuumsmechanik. Die umkehrbar eindeutige Zuordnung materieller Punkte auf Raumpunkte ist eine topologische Abbildung (Homöomorphismus).

4. Masse:

Die Trägheit des Kontinuums wird in der klassischen Kontinuumsmechanik durch eine skalare Funktion ρ des Ortes und der Zeit repräsentiert. Sie ist ein Maß für die Materiedichte

$$\rho = \rho(P, t)$$

Es gilt stets $\rho > 0$. Das Integral über das Volumen $V(t)$ eines Körpers $\mathcal{K}$ zur Zeit t heißt Masse des Körpers

$$m = \int_V \rho(P, t)\, dV$$

Für jede Zeit t ist die Masse für das aktuelle Volumen $V(t)$ eindeutig berechenbar (Identitätsprinzip der Masse).

Für die Lösung der Anfangs-Randwertprobleme der phänomenologischen Kontinuumsmechanik ist es von besonderer Bedeutung, ob die Eigenschaften der Materie als orts- und/oder richtungsabhängig modelliert werden müssen.

5. Homogenität:
Hat der Körper ortsunabhängige Eigenschaften, d.h. alle materiellen Punkte haben unter gleichen Bedingungen gleiche physikalische Eigenschaften, ist der Körper homogen, andernfalls inhomogen. Treten dazu unterschiedliche Phasen auf, spricht man von einem heterogenen Körper.

6. Isotropie:
Sind die physikalischen Eigenschaften eines Körpers richtungsunabhängig, ist der Körper isotrop, anderenfalls anisotrop. Durch materielle Symmetriebedingungen können spezielle Fälle einer Anisotropie unterschieden werden, z.B. Monotropie, Orthotropie und transversale Isotropie.

Reale Körper haben stets eine diskrete Struktur und sind folglich nie wirklich homogen oder isotrop, aber die zufällige Verteilung der physikalischen Eigenschaften und ihre Mittelung ermöglicht in vielen Fällen eine näherungsweise Analyse kontinuumsmechanischer Aufgaben mit Hilfe homogener und isotroper Modellkörper. Ferner sei besonders hervorgehoben, daß im Rahmen der klassischen Kontinuumsmechanik alle Feldgrößen als hinreichend glatt, d.h. als hinreichend oft stetig differenzierbar, vorausgesetzt werden. Diskontinuitäten im Raum und/oder in der Zeit, wie sie z.B. bei lokalen Sprüngen ausgewählter Eigenschaften der Materie oder bei Stoßwellen auftreten, bedürfen daher zusätzlicher Überlegungen.

Ergänzende Literatur zum Abschnitt 1.1:

1. C. Truesdell: Essays in the History of Mechanics. Springer-Verlag, 1968
2. I. Szabo: Geschichte der mechanischen Prinzipien. Birkhäuser-Verlag, 1976
3. O. Mahrenholtz, L. Gaul: Die Entwicklung der Mechanik seit Newton und ihre ingenieurmäßige Anwendung. Zeitschrift der TU Hannover 4(1977)2, 16 - 36
4. O. Mahrenholtz, L. Gaul: Die Mechanik im 19. Jahrhundert. Zeitschrift der TU Hannover 5(1978)2, 38 - 48
5. J.R. Rice (Ed.): Solid Mechanics Research, Trends and Opportunities. Apl. Mech. Rev. 38(1985) 1247 - 1308
6. H. Altenbach: Zu einigen Aspekten der klassischen Kontinuumsmechanik und ihrer Erweiterungen. Technische Mechanik 11(1990)2, 95 - 105
7. E. Benvenuto: An Introduction to the History of Structural Mechanics. Part I: Statics and Resistance of Solids. Springer-Verlag, 1991; Part II: Vaulted Structures and Elastic Systems. Springer-Verlag, 1991
8. J. Altenbach: Möglichkeiten und Grenzen phänomenologischer Modelle für die Lösung aktueller Aufgaben der Festkörpermechanik. Wiss. Zeitschrift TU Magdeburg 36(1992)4, 18 - 22

1.2 Mathematische Grundlagen der Tensoralgebra und Tensoranalysis

Die in der Kontinuumsmechanik betrachteten Größen sind Skalare, Vektoren und Tensoren, oder allgemeiner Tensoren $n$ter Stufe mit $n \geq 0$. Um die Einarbeitung in die Grundlagen der Kontinuumsmechanik zu erleichtern, werden nur kartesische Tensoren verwendet. Damit entfällt eine Unterscheidung von ko- und kontravarianten Basissystemen und von unteren und oberen Indizes. Viele Gleichungen lassen sich besonders übersichtlich in symbolischer Schreibweise formulieren. Für die Durchführung von Tensoroperationen ist aber meist eine Darstellung mit Basisvektoren oder eine verkürzte Indexschreibweise zweckmäßig. Die unterschiedlichen Schreibweisen werden zum besseren Verständnis der Gleichungen häufig parallel verwendet. Abschnitt 1.2 faßt die wichtigsten Bezeichnungen, Definitionen und Rechenregeln zusammen. Der mit der Tensorrechnung weniger vertraute Leser findet im Anhang A weitere Ergänzungen.

1.2.1 Bezeichnungen und Definitionen

Zur Unterscheidung von Skalaren (Tensoren 0. Stufe), Vektoren (Tensoren 1. Stufe) und Tensoren der Stufe $n \geq 2$ wird folgende symbolische Schreibweise vereinbart

– Skalare: $a, b, \ldots, \alpha, \beta, \ldots, A, B, \ldots$, d.h. kleine oder große Buchstaben im Normaldruck
– Vektoren: $\mathbf{r}, \mathbf{t}, \ldots, \boldsymbol{\rho}, \boldsymbol{\tau}, \ldots$, d.h. kleine Fettbuchstaben
– Tensoren ($n \geq 2$): ${}^{(n)}\mathbf{G}, {}^{(n)}\mathbf{F}, \ldots, {}^{(n)}\boldsymbol{\Gamma}, {}^{(n)}\boldsymbol{\Phi}, \ldots$, d.h. große Fettbuchstaben. Der linke obere Index steht für die Tensorstufe und wird nur für Tensoren mit $n \geq 3$ geschrieben.

In R^3 wird ein kartesisches Koordinatensystem mit den Basiseinheitsvektoren $\mathbf{e}_1$, $\mathbf{e}_2$, $\mathbf{e}_3$ definiert. Es gilt die *Einstein*sche Summationsvereinbarung

– über doppelt auftretende Indizes wird von 1 bis 3 summiert:
$$a_i b_i = a_1 b_1 + a_2 b_2 + a_3 b_3$$
– ein Index darf in einem Term indizierter Größen nur maximal zweimal auftreten, d.h.

$$a_i b_i c_j = a_1 b_1 c_j + a_2 b_2 c_j + a_3 b_3 c_j, j = 1, 2, 3$$

$a_i b_i c_i$ keine Summationsvereinbarung definiert, d.h. keine zulässige Indizierung.

Zur Vereinfachung indizierter Operationen werden zwei Symbole eingeführt

Kronecker-Symbol:	$\delta_{ij} =$	$\begin{cases} 1 & i = j \\ 0 & i \neq j \end{cases}$
$\delta_{ii} = 3$		
Permutationssymbol (*Levi – Civita*)	$\varepsilon_{ijk} =$	$\begin{cases} 1 & i,j,k = (1,2,3);(2,3,1);(3,1,2) \\ -1 & i,j,k = (1,3,2);(3,2,1);(2,1,3) \\ 0 & i = j \text{ bzw. } i = k \text{ bzw. } j = k \end{cases}$
$\varepsilon_{ijk}\varepsilon_{ijk} = 6$		

Definition kartesischer Tensoren zur Basis $\mathbf{e}_i$, $i = 1,2,3$

0. Stufe: Skalar, z.B. a
1. Stufe: Vektor, z.B. $\mathbf{r}$ symbolische Schreibweise
   $r_i\mathbf{e}_i$ Komponentenschreibweise
   r_i Koordinatenschreibweise
   (3 Komponenten bzw. 3 Koordinaten)
2. Stufe: Dyade, z.B. $\mathbf{G} = \mathbf{ab}$ symbolische Schreibweise
   $a_i b_j \mathbf{e}_i \mathbf{e}_j = G_{ij}\mathbf{e}_i\mathbf{e}_j$ Komponentenschreibweise
   G_{ij} Koordinatenschreibweise
   (9 Komponenten bzw. 9 Koordinaten)

...

Schlußfolgerung: *Ein Tensor nter Stufe mit $n \geq 1$ hat 3^n Komponenten und 3^n Koordinaten. Ein Tensor 0. ter Stufe ist unabhängig von einem Koordinatensystem.*

Für Tensoren gilt bei Drehung des Koordinatensystems mit den Basisvektoren $\mathbf{e}_i$ in das Koordinatensystem $\mathbf{e}_i{}'$ folgendes Transformationsgesetz für die Koordinaten (siehe Bild 1.1)

$$a'_i = Q_{ij}a_j; \ a_i = Q_{ji}a'_j$$
$$G'_{ij} = Q_{ik}Q_{jl}G_{kl}; \ G_{ij} = Q_{ki}Q_{lj}G'_{kl}$$
$$\ldots$$

mit $Q_{ij} = \cos(x'_i, x_j)$; $Q_{ji} = \cos(x_i, x'_j)$.

Schlußfolgerung: *Für die 3^n Koordinaten eines Tensors nter Stufe folgen bei Drehung des Koordinatensystems 3^n lineare Transformationsgleichungen. Tensoren 0. Stufe (Skalare) sind gegenüber Koordinatentransformationen invariant.*

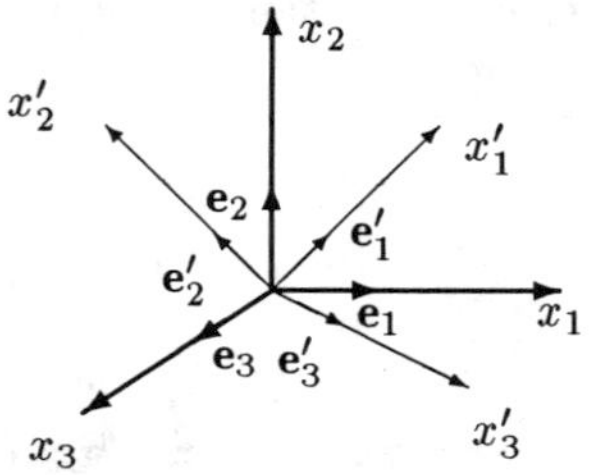

Bild 1.1 Drehung eines kartesischen Koordinatensystem

Für die Kontinuumsmechanik haben Tensoren 0., 1., 2. und 4. Stufe besondere Bedeutung. In den Abschnitten 1.2.2 und 1.2.3 werden wichtige Rechenregeln beispielhaft für Tensoren 0. bis 2. Stufe formuliert.

Kartesische Tensoren 2. Stufe können als dyadisches Produkt zweier Vektoren oder als linearer Operator einer Vektortransformation definiert werden. Hier wird ausschließlich die erste Definition verwendet.

Die Koordinaten eines Tensors 2. Stufe können auch als (3, 3) Matrizen geschrieben werden

$$[G_{ij}] = [a_i b_j] = \begin{bmatrix} a_1b_1 & a_1b_2 & a_1b_3 \\ a_2b_1 & a_2b_2 & a_2b_3 \\ a_3b_1 & a_3b_2 & a_3b_3 \end{bmatrix}$$

Die Werte der Koordinaten sind von der Wahl des Koordinatensystems abhängig.

Manipulationsregeln für indizierte Größen

1. Substitution:
   $a_i = u_{ij}b_j, \quad b_i = v_{ij}c_j$
   Mit $b_j = v_{jk}c_k$ folgt $a_i = u_{ij}v_{jk}c_k = w_{ik}c_k, \; w_{ik} = u_{ij}v_{jk}$
2. Kontraktion (Verjüngung):
   t_{ij} Gleichsetzen von 2 Indizes $t_{ii} = t_{11} + t_{22} + t_{33}$
3. Faltung (Überschiebung):
   einfache Faltung $a_{ij}b_{kl} \Longrightarrow a_{ij}b_{jl}$
   doppelte Faltung $a_{ij}b_{kl} \Longrightarrow a_{ij}b_{ji}$
4. Faktorisierung:
   $T_{ij}n_j - \lambda n_i = 0; \; n_i \equiv \delta_{ij}n_j$ (Identität)
   $T_{ij}n_j - \lambda\delta_{ij}n_j = 0 \Longrightarrow (T_{ij} - \lambda\delta_{ij})n_j = 0$

5. δ_{ij}-Manipulationen:
$$\delta_{ij}a_j = a_i;\ \delta_{ik}T_{kj} = T_{ij}$$
$$\delta_{ik}\delta_{kj} = \delta_{ij};\ \delta_{ik}\delta_{kj}\delta_{jl} = \delta_{il}$$
6. ε_{ijk}-Manipulationen:
$$\varepsilon_{ijk}a_k = 0;\ \varepsilon_{ijk}T_{kl} = 0;\ \ldots$$
$$\varepsilon_{ijk}\varepsilon_{mjk} = 2\delta_{im};\ \varepsilon_{ijm} - \varepsilon_{klm} = \delta_{ik}\delta_{jl} - \delta_{il}\delta_{jk}$$

1.2.2 Tensoralgebra

Die folgende Zusammenfassung wichtiger Aussagen der Tensoralgebra hat die Aufgabe, die im Rahmen des Buches benutzten Darstellungen zu vereinbaren. Zur Vereinfachung werden alle Definitionen nur für Tensoren 1. und 2. Stufe (Vektoren und Dyaden) angegeben. Verallgemeinerungen bereiten keine Schwierigkeiten.

Vektoren und Dyaden:

$$\mathbf{a} = a_i\mathbf{e}_i;\ \mathbf{b} = b_j\mathbf{e}_j;\ \mathbf{c} = c_k\mathbf{e}_k;\ \mathbf{d} = d_l\mathbf{e}_l$$
$$\mathbf{T} = \mathbf{ab} = a_i b_j \mathbf{e}_i\mathbf{e}_j \equiv T_{ij}\mathbf{e}_i\mathbf{e}_j;\ \mathbf{S} = \mathbf{cd} = c_k d_l \mathbf{e}_k\mathbf{e}_l \equiv S_{kl}\mathbf{e}_k\mathbf{e}_l$$

Addition und Subtraktion:

$$\mathbf{a} \pm \mathbf{b} = (a_i \pm b_i)\mathbf{e}_i;\ \mathbf{T} \pm \mathbf{S} = (T_{ij} \pm S_{ij})\mathbf{e}_i\mathbf{e}_j$$

Multiplikationen:

Skalarprodukte
$$\mathbf{a}\cdot\mathbf{b} = (a_i\mathbf{e}_i)\cdot(b_j\mathbf{e}_j) = a_i b_j(\mathbf{e}_i\cdot\mathbf{e}_j) = a_i b_j \delta_{ij} = a_i b_i$$
$$\mathbf{a}\cdot\mathbf{b} = \mathbf{b}\cdot\mathbf{a};\ \mathbf{e}_i\cdot\mathbf{e}_j = \delta_{ij}$$
$$\mathbf{c}\cdot\mathbf{T} = \mathbf{c}\cdot(\mathbf{ab}) = (\mathbf{c}\cdot\mathbf{a})\mathbf{b} = c_k a_i b_j \mathbf{e}_k\cdot\mathbf{e}_i\mathbf{e}_j = c_k a_i b_j \delta_{ki}\mathbf{e}_j$$
$$= (c_i a_i) b_j \mathbf{e}_j = c_i T_{ij}\mathbf{e}_j \text{ (linkes Skalarprodukt)}$$
$$\mathbf{T}\cdot\mathbf{c} = (\mathbf{ab})\cdot\mathbf{c} = a_i b_j c_k \mathbf{e}_i\mathbf{e}_j\cdot\mathbf{e}_k = a_i b_j c_k \delta_{jk}\mathbf{e}_i$$
$$= a_i(b_j c_k)\mathbf{e}_i = T_{ij}c_j\mathbf{e}_i \text{ (rechtes Skalarprodukt)}$$
$$\mathbf{c}\cdot\mathbf{T} \neq \mathbf{T}\cdot\mathbf{c}$$
$$\mathbf{T}\cdot\mathbf{S} = (\mathbf{ab})\cdot(\mathbf{cd}) = a_i b_j c_k d_l \mathbf{e}_i\mathbf{e}_j\cdot\mathbf{e}_k\mathbf{e}_l = a_i b_j c_k d_l \delta_{jk}\mathbf{e}_i\mathbf{e}_l$$
$$= a_i(b_j c_j)d_l\mathbf{e}_i\mathbf{e}_l = T_{ij}S_{jl}\mathbf{e}_i\mathbf{e}_l$$
$$\mathbf{S}\cdot\mathbf{T} = (\mathbf{cd})\cdot(\mathbf{ab}) = c_k d_l a_i b_j \mathbf{e}_k\mathbf{e}_l\cdot\mathbf{e}_i\mathbf{e}_j = c_k d_l a_i b_j \delta_{li}\mathbf{e}_k\mathbf{e}_j$$
$$= c_k(d_i a_i)b_j\mathbf{e}_k\mathbf{e}_j = S_{ki}T_{ij}\mathbf{e}_k\mathbf{e}_j$$
$$\mathbf{T}\cdot\mathbf{S} \neq \mathbf{S}\cdot\mathbf{T}$$

Vektorprodukte

$$\mathbf{a} \times \mathbf{b} = (a_i \mathbf{e}_i) \times (b_j \mathbf{e}_j) = a_i b_j (\mathbf{e}_i \times \mathbf{e}_j) = a_i b_j \varepsilon_{ijk} \mathbf{e}_k$$

$$\mathbf{a} \times \mathbf{b} = -\mathbf{b} \times \mathbf{a};$$

$$\mathbf{c} \times \mathbf{T} = \mathbf{c} \times (\mathbf{ab}) = (\mathbf{c} \times \mathbf{a})\mathbf{b} = c_k a_i b_j (\mathbf{e}_k \times \mathbf{e}_i) \mathbf{e}_j = c_k a_i b_j \varepsilon_{kil} \mathbf{e}_l \mathbf{e}_j$$

$$= c_k T_{ij} \varepsilon_{kil} \mathbf{e}_l \mathbf{e}_j = A_{lj} \mathbf{e}_l \mathbf{e}_j \text{ (linkes Vektorprodukt)}$$

$$\mathbf{T} \times \mathbf{c} = (\mathbf{ab}) \times \mathbf{c} = \mathbf{a}(\mathbf{b} \times \mathbf{c}) = a_i b_j c_k \mathbf{e}_i (\mathbf{e}_j \times \mathbf{e}_k) = a_i b_j c_k \varepsilon_{jkl} \mathbf{e}_i \mathbf{e}_l$$

$$= T_{ij} c_k \varepsilon_{jkl} \mathbf{e}_i \mathbf{e}_l = B_{il} \mathbf{e}_i \mathbf{e}_l \text{ (rechtes Vektorprodukt)}$$

$$\mathbf{c} \times \mathbf{T} \neq \mathbf{T} \times \mathbf{c}, \quad \mathbf{c} \times \mathbf{T} \neq -\mathbf{T} \times \mathbf{c}$$

$$\mathbf{T} \times \mathbf{S} = (\mathbf{ab}) \times (\mathbf{cd}) = a_i b_j c_k d_l \mathbf{e}_i \mathbf{e}_j \times \mathbf{e}_k \mathbf{e}_l = a_i b_j c_k d_l \mathbf{e}_i \varepsilon_{jkm} \mathbf{e}_m \mathbf{e}_l$$

$$= T_{ij} S_{kl} \mathbf{e}_i \varepsilon_{jkm} \mathbf{e}_m \mathbf{e}_l = A_{iml} \mathbf{e}_i \mathbf{e}_m \mathbf{e}_l$$

$$\mathbf{S} \times \mathbf{T} = (\mathbf{cd}) \times (\mathbf{ab}) = c_k d_l a_i b_j \mathbf{e}_k \mathbf{e}_l \times \mathbf{e}_i \mathbf{e}_j = c_k d_l a_i b_j \mathbf{e}_k \varepsilon_{lim} \mathbf{e}_m \mathbf{e}_j$$

$$= S_{kl} T_{ij} \mathbf{e}_k \varepsilon_{lim} \mathbf{e}_m \mathbf{e}_j = B_{kmj} \mathbf{e}_k \mathbf{e}_m \mathbf{e}_j$$

$$\mathbf{T} \times \mathbf{S} \neq \mathbf{S} \times \mathbf{T}, \quad \mathbf{T} \times \mathbf{S} \neq -\mathbf{S} \times \mathbf{T}$$

Dyadische Produkte[1)]

$$\mathbf{ab} = a_i b_j \mathbf{e}_i \mathbf{e}_j = A_{ij} \mathbf{e}_i \mathbf{e}_j$$

$$\mathbf{ba} = b_j a_i \mathbf{e}_j \mathbf{e}_i = a_j b_i \mathbf{e}_i \mathbf{e}_j = A_{ji} \mathbf{e}_i \mathbf{e}_j$$

$$\mathbf{ab} \neq \mathbf{ba}$$

$$\mathbf{cT} = \mathbf{c}(\mathbf{ab}) = c_k a_i b_j \mathbf{e}_k \mathbf{e}_i \mathbf{e}_j = c_i a_j b_k \mathbf{e}_i \mathbf{e}_j \mathbf{e}_k$$

$$= c_i T_{jk} \mathbf{e}_i \epsilon_j \mathbf{e}_k = A_{ijk} \mathbf{e}_i \mathbf{e}_j \mathbf{e}_k \text{ (linkes dyadisches Produkt)}$$

$$\mathbf{Tc} = (\mathbf{ab})\mathbf{c} = a_i b_j c_k \mathbf{e}_i \mathbf{e}_j \mathbf{e}_k$$

$$= T_{ij} c_k \mathbf{e}_i \mathbf{e}_j \mathbf{e}_k = B_{ijk} \mathbf{e}_i \mathbf{e}_j \mathbf{e}_k \text{ (rechtes dyadisches Produkt)}$$

$$\mathbf{cT} \neq \mathbf{Tc}$$

$$\mathbf{TS} = (\mathbf{ab})(\mathbf{cd}) = a_i b_j c_k d_l \mathbf{e}_i \mathbf{e}_j \mathbf{e}_k \mathbf{e}_l = T_{ij} S_{kl} \mathbf{e}_i \mathbf{e}_j \mathbf{e}_k \mathbf{e}_l = A_{ijkl} \mathbf{e}_i \mathbf{e}_j \mathbf{e}_k \mathbf{e}_l$$

$$\mathbf{ST} = (\mathbf{cd})(\mathbf{ab}) = c_k d_l a_i b_j \mathbf{e}_k \mathbf{e}_l \mathbf{e}_i \mathbf{e}_j = S_{kl} T_{ij} \mathbf{e}_k \mathbf{e}_l \mathbf{e}_i \mathbf{e}_j = B_{ijkl} \mathbf{e}_i \mathbf{e}_j \mathbf{e}_k \mathbf{e}_l$$

$$\mathbf{TS} \neq \mathbf{ST}$$

Die Produkte können auch mehrfach in gleicher oder in gemischter Form auftreten, z.B.

[1)]Neben der hier verwendeten Darstellung ist auch das Symbol ⊗ für das dyadische Produkt gebräuchlich.

$\mathbf{T}\cdot\cdot\,\mathbf{S}$ Doppeltes Skalarprodukt
$\mathbf{T}\times\times\mathbf{S}$ Doppeltes Vektorprodukt

aber auch $\mathbf{T}\cdot\times\mathbf{S}, \mathbf{T}\times\cdot\,\mathbf{S}$ usw. Für Mehrfachverknüpfungen gelten dann sinngemäß die oben angegebenen Regeln. Für Vektoren und Dyaden kann man allgemein schreiben

Vektor	$\cdot$	Vektor	=	Skalar
Dyade	$\cdot$	Dyade	=	Dyade
Vektor	$\times$	Vektor	=	Vektor
Dyade	$\times$	Dyade	=	Tensor 3. Stufe
Vektor		Vektor	=	Dyade
Dyade		Dyade	=	Tensor 4. Stufe
Vektor	$\cdot$	Dyade	=	Vektor
Dyade	$\cdot\cdot$	Dyade	=	Skalar
Vektor	$\times$	Dyade	=	Dyade
Dyade	$\times\times$	Dyade	=	Dyade
Vektor		Dyade	=	Tensor 3. Stufe
Dyade	$\cdot\times$	Dyade	=	Vektor

Mit Hilfe des Skalarproduktes kann man für die Vektor- bzw. Tensorkoordinaten auch schreiben

$$a_i = \mathbf{e}_i \cdot \mathbf{a}; \quad T_{ij} = \mathbf{e}_i \cdot \mathbf{T} \cdot \mathbf{e}_j$$

Für die Drehmatrix Q_{ij} erhält man $Q_{ij} = \mathbf{e}_i{}' \cdot \mathbf{e}_j = \cos(x_i', x_j)$. Für die lineare Transformation eines Vektors gilt

$$\mathbf{T}\cdot\mathbf{a} = \mathbf{b}, \text{ d.h. } T_{ij}a_j = b_i \text{ bzw. } a_j\mathbf{e}_i \cdot \mathbf{T}\cdot\mathbf{e}_j = b_i$$

Schreibt man die Gleichung in Matrizenform, erhält man

$$\begin{bmatrix} T_{11} & T_{12} & T_{13} \\ T_{21} & T_{22} & T_{23} \\ T_{31} & T_{32} & T_{33} \end{bmatrix} \begin{bmatrix} a_1 \\ a_2 \\ a_3 \end{bmatrix} = \begin{bmatrix} b_1 \\ b_2 \\ b_3 \end{bmatrix}$$

Definitionen spezieller Tensoren:

1. Einheitstensor $\mathbf{I}$:
$\mathbf{I} = \delta_{ij}\mathbf{e}_i\mathbf{e}_j = \mathbf{e}_1\mathbf{e}_1 + \mathbf{e}_2\mathbf{e}_2 + \mathbf{e}_3\mathbf{e}_3$, $\mathbf{I}\cdot\mathbf{a} = \mathbf{a}\cdot\mathbf{I} = \mathbf{a}$; $\mathbf{I}\cdot\mathbf{T} = \mathbf{T}\cdot\mathbf{I} = \mathbf{T}$; $\mathbf{e}_i\cdot\mathbf{I}\cdot\mathbf{e}_j = \delta_{ij}$
2. Transponierter Tensor $\mathbf{T}^T$:
$\mathbf{T} = \mathbf{ab}$, $\mathbf{T}^T = \mathbf{ba}$, d.h. $\mathbf{T} = T_{ij}\mathbf{e}_i\mathbf{e}_j, \mathbf{T}^T = T_{ij}\mathbf{e}_j\mathbf{e}_i = T_{ji}\mathbf{e}_i\mathbf{e}_j$ und somit $\mathbf{e}_i\cdot(\mathbf{T}\cdot\mathbf{e}_j) = \mathbf{e}_j\cdot(\mathbf{T}^T\cdot\mathbf{e}_i)$

3. Symmetrischer und antisymmetrischer (schiefsymmetrischer) Tensor $\mathbf{T}^S$, $\mathbf{T}^A$:
Aus $\mathbf{T} = \mathbf{T}^T$, d.h. $T_{ij} = T_{ji}$ folgt $\mathbf{T} = \mathbf{T}^S$.
Aus $\mathbf{T} = -\mathbf{T}^T$, d.h. $T_{ij} = -T_{ji}$ folgt $\mathbf{T} = \mathbf{T}^A$.
Für jeden Tensor gilt

$$\mathbf{T} = \frac{1}{2}(\mathbf{T} + \mathbf{T}^T) + \frac{1}{2}(\mathbf{T} - \mathbf{T}^T) = \mathbf{T}^S + \mathbf{T}^A$$

4. Inverser Tensor Tensor!inverser $\mathbf{T}^{-1}$:

$$\mathbf{T} \cdot \mathbf{T}^{-1} = \mathbf{I};\ \mathbf{T}^{-1} = \frac{\mathbf{T}^{adj}}{\det(\mathbf{T})} \text{ oder } T_{ij}^{-1} = \frac{(-1)^{i+j} U(A_{ji})}{|T_{ij}|}$$

$|T_{ij}|$ Determinate von $\mathbf{T}$, $U(A_{ij})$ Unterdeterminante zum Element T_{ij}, $\mathbf{T}^{adj}$ adjungierter Tensor zu $\mathbf{T}$
5. Orthogonaler Tensor: Falls $\mathbf{T} \cdot \mathbf{T}^T = \mathbf{T}^T \cdot \mathbf{T} = \mathbf{I}$, d.h. $\mathbf{T}^T = \mathbf{T}^{-1}$ heißt $\mathbf{T}$ orthogonaler Tensor.
6. Kugeltensor $\mathbf{T}^K$ und Deviator $\mathbf{T}^D$:

$$\mathbf{T} = \mathbf{T}^K + \mathbf{T}^D,\ \mathbf{T}^K = \frac{1}{3}(\mathbf{I} \cdot\cdot \mathbf{T})\mathbf{I};\ \mathbf{T}^D = \mathbf{T} - \mathbf{T}^K$$

$$T_{ij}\mathbf{e}_i\mathbf{e}_j = \frac{1}{3}T_{kk}\delta_{ij}\mathbf{e}_i\mathbf{e}_j + (T_{ij} - \frac{1}{3}T_{kk}\delta_{ij})\mathbf{e}_i\mathbf{e}_j$$

7. Spur eines Tensors:

$$\text{Sp}\mathbf{T} \equiv \text{tr}\mathbf{T} = \mathbf{I} \cdot\cdot \mathbf{T} = T_{ij}\mathbf{e}_i\mathbf{e}_j \cdot\cdot \delta_{kl}\mathbf{e}_k\mathbf{e}_l = T_{ii}$$

Rechenregeln für spezielle Tensoren:

1. Transponiertes Skalarprodukt

$$(\mathbf{A} \cdot \mathbf{B} \cdot \mathbf{C} \cdot \ldots)^T = \ldots \cdot \mathbf{C}^T \cdot \mathbf{B}^T \cdot \mathbf{A}^T$$

Sonderfälle: Falls $\mathbf{A} = \mathbf{A}^T$ (Symmetriebedingung), ist

$$\mathbf{A} \cdot \mathbf{B} \neq (\mathbf{A} \cdot \mathbf{B})^T;\ \mathbf{B}^T \cdot \mathbf{A} \cdot \mathbf{B} = (\mathbf{B}^T \cdot \mathbf{A} \cdot \mathbf{B})^T$$

$$(\mathbf{A}^2)^T = (\mathbf{A} \cdot \mathbf{A})^T = (\mathbf{A}^T)^2$$

2. Inverse eines Skalarproduktes

$$(\mathbf{A} \cdot \mathbf{B} \cdot \mathbf{C} \cdot \ldots)^{-1} = \ldots \cdot \mathbf{C}^{-1} \cdot \mathbf{B}^{-1} \cdot \mathbf{A}^{-1}$$

Sonderfälle:

$$(\mathbf{A}^T \cdot \mathbf{A})^{-1} = \mathbf{A}^{-1} \cdot (\mathbf{A}^T)^{-1};\ (\mathbf{A}^T)^{-1} = (\mathbf{A}^{-1})^T$$

3. Determinante eines Skalarproduktes

$$\det(\mathbf{A} \cdot \mathbf{B} \cdot \mathbf{C} \cdot \ldots) = (\det\mathbf{A})(\det\mathbf{B})(\det\mathbf{C})\ldots$$

Sonderfälle:

$$\det(\mathbf{A}^T) = \det\mathbf{A}; \qquad \det(\mathbf{A}^{-1}) = (\det\mathbf{A})^{-1}$$

Für $\det\mathbf{A} = \text{Diag}[A_{ij}]$ folgt $\det(\mathbf{A}^{-1}) = (\text{Diag}[A_{ij}])^{-1}$

Eigenwerte, Eigenvektoren und Hauptachsentransformation symmetrischer Tensoren:

Ist $\mathbf{a}$ ein beliebiger Vektor und $\mathbf{T}$ ein beliebiger Tensor 2. Stufe, ist ein Eigenwertproblem durch die folgende Gleichung definiert

$$\mathbf{T} \cdot \mathbf{a} = \lambda \mathbf{a}; \ \mathbf{a} \neq \mathbf{0}$$

$\mathbf{a}$ ist der Eigenvektor und λ der Eigenwert (auch Hauptwert) von $\mathbf{T}$. Aus $\mathbf{T} \cdot (\alpha \mathbf{a}) = \alpha \mathbf{T} \cdot \mathbf{a}$ und $\alpha(\lambda \mathbf{a}) = \lambda(\alpha \mathbf{a})$ folgt $\mathbf{T} \cdot (\alpha \mathbf{a}) = \lambda(\alpha \mathbf{a})$, d.h. ein Eigenvektor hat keine definierte Länge. Man rechnet daher zweckmäßig mit dem Einheitseigenvektor $\mathbf{n}$. Die Gleichung $\mathbf{T} \cdot \mathbf{a} = \lambda \mathbf{a}$ oder $(\mathbf{T} - \lambda \mathbf{I}) \cdot \mathbf{a} = \mathbf{0}$ kann auch als homogenes Gleichungssystem für $\mathbf{a}$ betrachtet werden. Nichttriviale Lösungen $\mathbf{a} \neq \mathbf{0}$ erhält man dann nur, falls die Koeffizientendeterminante des Gleichungssystems Null ist. Im folgenden sind die wichtigsten Gleichungen zusammengefaßt.

Eigenwerte und Eigenvektoren von $\mathbf{T}$

$$(\mathbf{T} - \lambda \mathbf{I}) \cdot \mathbf{n} = \mathbf{0}, \mathbf{n} \cdot \mathbf{n} = 1; \ (T_{ij} - \lambda \delta_{ij}) n_j = 0, n_j n_j = 1$$

Charakteristische Gleichung zur Berechnung von λ

$$\det(\mathbf{T} - \lambda \mathbf{I}) = \mathbf{0}; \ \det(T_{ij} - \lambda \delta_{ij}) = 0$$

Gleichungssystem zur Berechnung der Richtungen n_j für ein bekanntes λ

$$\begin{aligned}
(T_{11} - \lambda) n_1 + \quad T_{12} n_2 + \quad T_{13} n_3 &= 0 \\
T_{21} n_1 + (T_{22} - \lambda) n_2 + \quad T_{23} n_3 &= 0 \\
T_{31} n_1 + \quad T_{32} n_2 + (T_{33} - \lambda) n_3 &= 0 \\
n_1^2 + \quad n_2^2 + \quad n_3^2 &= 1
\end{aligned}$$

Charakteristische Gleichung und Hauptinvarianten $I_i(\mathbf{T})$ von $\mathbf{T}$

$$\det(T_{ij} - \lambda \delta_{ij}) \equiv |T_{ij} - \lambda \delta_{ij}| = 0$$

$$\lambda^3 - I_1(\mathbf{T}) \lambda^2 + I_2(\mathbf{T}) \lambda - I_3(\mathbf{T}) = 0$$

lineare Invariante

$$I_1(\mathbf{T}) = \mathrm{Sp}\mathbf{T} \equiv \mathrm{tr}\mathbf{T} \equiv \mathbf{T} \cdot\cdot \mathbf{I} \equiv T_{ii}$$

quadratische Invariante

$$I_2(\mathbf{T}) = \frac{1}{2} \left[I_1^2(\mathbf{T}) - I_1(\mathbf{T}^2) \right] = \frac{1}{2} (T_{ii} T_{jj} - T_{ij} T_{ji})$$

kubische Invariante

$$I_3(\mathbf{T}) = \frac{1}{3} \left[I_1(\mathbf{T}^3) + 3 I_1(\mathbf{T}) I_2(\mathbf{T}) - I_1^3(\mathbf{T}) \right] = \det(T_{ij})$$

Hauptwerte (Eigenwerte), Hauptrichtungen und Hauptachsentransformation

$\lambda_{(\alpha)}, \alpha = I, II, III$ Hauptwerte, Lösungen von $\det(T_{ij} - \lambda \delta_{ij}) = 0$

$n_j^{(\alpha)}, \alpha = I, II, III$ Hauptrichtungen, Lösungen von

$$\det(T_{ij} - \lambda^{(\alpha)} \delta_{ij}) n_j^{(\alpha)} = 0; \mathrm{n}_\mathrm{j}^{(\alpha)} \mathrm{n}_\mathrm{j}^{(\alpha)} = 1$$

(keine Summation über α)

Hauptachsentransformation

$$\mathbf{T} = T_{ij}\mathbf{e}_i\mathbf{e}_j = \lambda_I \mathbf{n}_I \mathbf{n}_I + \lambda_{II}\mathbf{n}_{II}\mathbf{n}_{II} + \lambda_{III}\mathbf{n}_{III}\mathbf{n}_{III}$$

$\mathbf{n}_I, \mathbf{n}_{II}, \mathbf{n}_{III}$ Eigenvektoren in Richtung der Hauptachsen

Charakteristische Gleichung und Hauptinvarianten in den Hauptwerten

$$\det(T_{ij} - \lambda\delta_{ij}) = (\lambda_I - \lambda)(\lambda_{II} - \lambda)(\lambda_{III} - \lambda) = 0$$

$$I_1(\mathbf{T}) = \lambda_I + \lambda_{II} + \lambda_{III}$$
$$I_2(\mathbf{T}) = \lambda_I\lambda_{II} + \lambda_{II}\lambda_{III} + \lambda_I\lambda_{III}$$
$$I_3(\mathbf{T}) = \lambda_I\lambda_{II}\lambda_{III}$$

Es lassen sich folgende Aussagen formulieren:

1. Ein symmetrischer Tensor 2. Stufe hat nur reelle Eigenwerte (Hauptwerte). Es kann immer auf ein Hauptachsensystem transformiert werden. Die Matrix des Tensors hat bezüglich der Hauptachsen Diagonalform, die Diagonalelemente sind die Hauptwerte des Tensors.
2. Ein symmetrischer Tensor 2. Stufe hat maximal 3 verschiedene Eigenwerte. Die zugehörigen Hauptrichtungen stehen rechtwinklig aufeinander, die Hauptrichtungen sind eindeutig bestimmbar. Sind zwei Hauptwerte gleich (z.B. $\lambda_{II} \equiv \lambda_{III}$), sind alle zu $\mathbf{n}_I$ orthogonalen Richtungen auch Hauptrichtungen. Sind alle Hauptwerte gleich, ist jede Richtung Hauptrichtung.

Schlußfolgerung: *Jeder reelle symmetrische Tensor 2. Stufe hat höchstens 3 verschiedene Hauptwerte und mindestens 3 orthogonale Hauptrichtungen.*

Satz von *Caley-Hamilton*:

Jeder symmetrische Tensor 2. Stufe genügt seiner charakteristischen Gleichung.

$$\mathbf{T}^3 - I_1(\mathbf{T})\mathbf{T}^2 + I_2(\mathbf{T})\mathbf{T} - I_3(\mathbf{T})\mathbf{I} = \mathbf{0}$$

Schlußfolgerung: *Jede Potenz* $n \geq 3$ *des Tensors* $\mathbf{T}$ *kann durch seine 0., 1. und 2. Potenz ausgedrückt werden.*

$$\mathbf{T}^3 = I_1(\mathbf{T})\mathbf{T}^2 - I_2(\mathbf{T})\mathbf{T} + I_3(\mathbf{T})\mathbf{I}$$

$$\begin{aligned}\mathbf{T}^4 &= I_1(\mathbf{T})\mathbf{T}^3 - I_2(\mathbf{T})\mathbf{T}^2 + I_3(\mathbf{T})\mathbf{T} \\ &= [I_1^2(\mathbf{T}) - I_2(\mathbf{T})]\mathbf{T}^2 + [I_3(\mathbf{T}) - I_1(\mathbf{T})I_2(\mathbf{T})]\mathbf{T} + I_1(\mathbf{T})I_3(\mathbf{T})\mathbf{I}\end{aligned}$$

1.2.3 Tensoranalysis

Betrachtet werden tensorwertige Funktionen, die vom Ort und/oder der Zeit abhängen. Man spricht dann von Feldgrößen, die bei reiner Ortsabhängigkeit ein stationäres Feld, anderenfalls ein instationäres Feld beschreiben. Dabei kann es sich um Tensorfelder beliebiger Stufe handeln. Die Tensoranalysis untersucht die Regeln für die Differentiation und die Integration von Tensorfeldern. Wie bei der Tensoralgebra werden zur Vereinfachung hier nur Tensorfelder 0. bis 2. Stufe betrachtet. Ergänzende Ausführungen findet man im Anhang A.

Tensorwertige Funktionen einer skalaren Variablen:

$$\mathbf{T} = \mathbf{T}(t); \quad \frac{d\mathbf{T}(t)}{dt} = \lim_{\triangle t \to 0} \frac{\mathbf{T}(t + \triangle t) - \mathbf{T}(t)}{\triangle t}; \quad \frac{d}{dt} \int \mathbf{T}(t)\, dt = \mathbf{T}(t)$$

Damit gelten alle bekannten Differentiations- und Integrationsregeln gewöhnlicher Funktionen einer Variablen. Die Stufe des Tensors ändert sich dabei nicht.

Besondere Bedeutung hat das Nablakalkül für Tensorfelder. Grundlage ist die Definition eines linearen vektoriellen Differentialoperators, des Nabla- oder *Hamilton*operators.

Definition des Nablaoperators $\boldsymbol{\nabla}$:

$$\boldsymbol{\nabla} = \mathbf{e}_i \frac{\partial(\ldots)}{\partial x_i} = (\ldots)_{,i} \mathbf{e}_i$$

oder falls zur Kennzeichnung der Variablen erforderlich

$$\boldsymbol{\nabla}_{\mathbf{x}} = \mathbf{e}_i \frac{\partial(\ldots)}{\partial x_i}$$

Die Anwendung von $\boldsymbol{\nabla}$ auf einen Tensor $n$ter Stufe ergibt einen Tensor $(n+1)$ter Stufe

$$\begin{aligned}
\boldsymbol{\nabla}\varphi &= \mathbf{e}_i \varphi_{,i}; \\
\boldsymbol{\nabla}\mathbf{a} &= \mathbf{e}_i \mathbf{a}_{,i} = \mathbf{e}_i a_{j,i} \mathbf{e}_j = a_{j,i} \mathbf{e}_i \mathbf{e}_j; \\
\boldsymbol{\nabla}\mathbf{T} &= \mathbf{e}_i \mathbf{T}_{,i} = \mathbf{e}_i T_{jk,i} \mathbf{e}_j \mathbf{e}_k = T_{jk,i} \mathbf{e}_i \mathbf{e}_j \mathbf{e}_k
\end{aligned}$$

Für die Anwendung von $\boldsymbol{\nabla}$ auf Summen, Differenzen, Produkte oder Quotienten von Feldfunktionen gelten die bekannten Regeln der Differentialrechnung

Nablaoperationen:

$$\nabla\varphi = \mathbf{e}_i\varphi_{,i}$$

$$\nabla\cdot\mathbf{a} = \frac{\partial a_j}{\partial x_i}\mathbf{e}_i\cdot\mathbf{e}_j = a_{j,i}\delta_{ij} = a_{i,i}$$

$$\nabla\times\mathbf{a} = \frac{\partial a_j}{\partial x_i}\mathbf{e}_i\times\mathbf{e}_j = a_{j,i}\varepsilon_{ijk}\mathbf{e}_k$$

$$\nabla\mathbf{a} = \frac{\partial a_j}{\partial x_i}\mathbf{e}_i\mathbf{e}_j = a_{j,i}\mathbf{e}_i\mathbf{e}_j$$

$$(\nabla\mathbf{a})^T = \frac{\partial a_j}{\partial x_i}\mathbf{e}_j\mathbf{e}_i = a_{i,j}\mathbf{e}_i\mathbf{e}_j \equiv \mathbf{a}\nabla$$

$$\nabla\cdot\mathbf{T} = T_{jk,i}\mathbf{e}_i\cdot\mathbf{e}_j\mathbf{e}_k = T_{jk,j}\mathbf{e}_k$$

$$\nabla\times\mathbf{T} = T_{jk,i}\mathbf{e}_i\times\mathbf{e}_j\mathbf{e}_k = T_{jk,i}\varepsilon_{ijl}\mathbf{e}_l\mathbf{e}_k$$

$$\nabla\mathbf{T} = T_{jk,i}\mathbf{e}_i\mathbf{e}_j\mathbf{e}_k$$

Es gelten vielfach auch folgende Bezeichnungen

$\nabla(\ldots)$	$\equiv$	grad	Gradient
$\nabla\cdot(\ldots)$	$\equiv$	div	Divergenz
$\nabla\times(\ldots)$	$\equiv$	rot (auch curl)	Rotation

Nachfolgend wird die Nabla-Symbolik bevorzugt.

Totales Differential und Richtungsableitungen für Skalare und Vektoren:

$$d\varphi = d\mathbf{x}\cdot\nabla\varphi = \nabla\varphi\cdot d\mathbf{x};\ d\varphi = dx_i\varphi_{,i} = \varphi_{,i}dx_i$$

$$d\mathbf{a} = d\mathbf{x}\cdot\nabla\mathbf{a} = (\nabla\mathbf{a})^T\cdot d\mathbf{x};\ d\mathbf{a} = \mathbf{a}_{,i}dx_i;\ da_j = a_{j,i}dx_i$$

$d\mathbf{r} = \mathbf{e_r}dr$, d.h. $\mathbf{e_r} = \dfrac{d\mathbf{r}}{dr}$ Einheitsvektor in $\mathbf{r}$-Richtung

$$\left.\begin{aligned}\frac{d\varphi}{dr} &= \nabla\varphi\cdot\mathbf{e_r};\\ \frac{d\mathbf{a}}{dr} &= (\nabla\mathbf{a})^T\cdot\mathbf{e_r};\end{aligned}\right\}\text{ Richtungsableitung in } \mathbf{e_r}\text{-Richtung}$$

$$\left.\begin{aligned}\varphi_{,i} &= \nabla\varphi\cdot\mathbf{e}_i;\\ \mathbf{a}_{,i} &= (\nabla\mathbf{a})^T\cdot\mathbf{e}_i\end{aligned}\right\}\text{ Richtungsableitung in } \mathbf{e}_i\text{-Richtung}$$

Integralsätze

Integralsätze dienen in der Kontinuumsmechanik der Umwandlung von Oberflächen- in Volumenintegrale und umgekehrt. Sind $\varphi, \mathbf{a}, \mathbf{T}$ stetig differenzierbare Feldfunktionen, und ist $\mathbf{n}$ der nach außen gerichtete Normaleneinheitsvektor auf der geschlossenen Oberläche $A(V)$ des Volumens V, können folgende Integralsätze formuliert werden

Gradienten-Theoreme (*Green*scher Integralsatz)

$$\int_V \nabla\varphi \, dV = \int_{A(V)} \mathbf{n}\varphi \, dA; \quad \int_V \varphi_{,i} \, dV = \int_{A(V)} n_i\varphi \, dA$$

$$\int_V \nabla\mathbf{a} \, dV = \int_{A(V)} \mathbf{n}\mathbf{a} \, dA; \quad \int_V a_{j,i} \, dV = \int_{A(V)} n_i a_j \, dA$$

$$\int_V \nabla\mathbf{T} \, dV = \int_{A(V)} \mathbf{n}\mathbf{T} \, dA; \quad \int_V T_{jk,i} \, dV = \int_{A(V)} n_i T_{jk} \, dA$$

Divergenz-Theoreme (*Gauß*scher Integralsatz)

$$\int_V \nabla\cdot\mathbf{a} \, dV = \int_{A(V)} \mathbf{n}\cdot\mathbf{a} \, dA; \quad \int_V a_{i,i} \, dV = \int_{A(V)} n_i a_i \, dA$$

$$\int_V \nabla\cdot\mathbf{T} \, dV = \int_{A(V)} \mathbf{n}\cdot\mathbf{T} \, dA; \quad \int_V T_{jk,j} \, dV = \int_{A(V)} n_j T_{jk} \, dA$$

Rotations-Theoreme (*Stokes*scher Integralsatz)

$$\int_V \nabla\times\mathbf{a} \, dV = \int_{A(V)} \mathbf{n}\times\mathbf{a} \, dA; \quad \int_V a_{j,i}\varepsilon_{ijk} \, dV = \int_{A(V)} n_i a_j \varepsilon_{ijk} \, dA$$

$$\int_V \nabla\times\mathbf{T} \, dV = \int_{A(V)} \mathbf{n}\times\mathbf{T} \, dA; \quad \int_V T_{jk,i}\varepsilon_{ijl} \, dV = \int_{A(V)} n_i T_{jk}\varepsilon_{ijl} \, dA$$

Eine Zusammenfassung aller Integraltheoreme einschließlich daraus folgender Spezialfälle erhält man in übersichtlicher Form durch folgende Vereinbarungen.

$$\nabla \circ \mathbf{S} = \begin{cases} \nabla \mathbf{S} \\ \nabla \cdot \mathbf{S} \\ \nabla \times \mathbf{S} \end{cases},$$

d.h das Symbol $\circ$ steht stellvertretend für eine der angegebenen Operationen.

Verallgemeinertes Integralsatz

$$\int_V \nabla \circ \mathbf{S}\, dV = \int_{A(V)} \mathbf{n} \circ \mathbf{S}\, dA$$

Ergänzende Literatur zum Abschnitt 1.2:

1. R. de Boer: Vektor- und Tensorrechnung für Ingenieure. Springer-Verlag, 1982
2. J. Betten: Tensorrechnung für Ingenieure. B.G. Teubner, 1987
3. L.A. Segel: Mathematics applied to Continuum Mechanics. Dover Publ., 1987
4. D.E. Bourne, P.C. Kendall: Vektoranalysis. B.G. Teubner, 1988
5. E. Klingbeil: Tensorrechnung für Ingenieure. B.I. Wissenschaftsverlag, 1989
6. H. Lippmann: Angewandte Tensorrechnung. Springer-Verlag, 1993

1.3 Übungsbeispiele mit Lösungen zum Abschnitt 1.2

1. T_{ij} und T'_{ij} seien die Koordinaten eines Tensors 2. Stufe zur Basis $\mathbf{e}_i$ und $\mathbf{e}_i{}'$ und A_{ijkl} bzw. A'_{ijkl} die entsprechenden Koordinaten eines Tensors 4. Stufe. Man zeige, daß die durch $S_{ij} = A_{ijkl}T_{kl}$ und $S'_{ij} = A'_{ijkl}T'_{kl}$ definierten Werte die Koordinaten eines Tensors 2. Stufe zu der Basis $\mathbf{e}_i$ bzw. $\mathbf{e}_i{}'$ sind.

Lösung:

$$A'_{ijkl} = Q_{im}Q_{jn}Q_{kr}Q_{ls}A_{mnrs}; T'_{ij} = Q_{im}Q_{jn}T_{mn}$$

sind die Transformationsformeln für die Koordinaten der Tensoren ${}^{(4)}\mathbf{A}$ und $\mathbf{T}$ bei der Drehung des Koordinatensystems von der Basis $\mathbf{e}_i$ in die Basis $\mathbf{e}_i{}'$, d.h. $Q_{\mu\nu} = \cos(\mathbf{e}_\mu{}', \mathbf{e}_\nu)$. Dann gilt

$$\begin{aligned} A'_{ijkl}T'_{kl} &= Q_{im}Q_{jn}Q_{kr}Q_{ls}A_{mnrs}Q_{kp}Q_{lq}T_{pq} \\ Q_{kr}Q_{kp} &= \cos(\mathbf{e}_k{}', \mathbf{e}_r)\cos(\mathbf{e}_k{}', \mathbf{e}_p) = \delta_{rp} \\ Q_{ls}Q_{lq} &= \cos(\mathbf{e}_l{}', \mathbf{e}_s)\cos(\mathbf{e}_l{}', \mathbf{e}_q) = \delta_{sq} \\ A'_{ijkl}T'_{kl} &= \delta_{rp}\delta_{sq}Q_{im}Q_{jn}A_{mnrs}T_{pq} = Q_{im}Q_{jn}A_{mnrs}T_{rs} \\ S'_{ij} &= Q_{im}Q_{jn}S_{mn} \qquad \text{q.e.d.} \end{aligned}$$

2. Man beweise die Gültigkeit der Gleichung $\varepsilon_{ijk}a_j a_k = 0$.

Lösung:

$$\varepsilon_{ijk}a_j a_k = \varepsilon_{1jk}a_j a_k + \varepsilon_{2jk}a_j a_k + \varepsilon_{3jk}a_j a_k$$

Beachtet man weiterhin, daß für $j = k$

$$\varepsilon_{ijj} = 0$$

gilt und daß $i \neq j, i \neq k$ gelten muß (sonst ist ε_{ijk} gleichfalls 0), erhält man

$$\begin{aligned}\varepsilon_{ijk}a_ja_k &= \varepsilon_{123}a_2a_3+\varepsilon_{132}a_3a_2 + \varepsilon_{213}a_1a_3+\varepsilon_{231}a_3a_1 + \varepsilon_{312}a_1a_2+\varepsilon_{321}a_1a_2 \\ &= a_1a_2 - a_2a_1 + a_2a_3 - a_3a_2 + a_3a_1 - a_1a_3 = 0\end{aligned}$$

Hinweis: Für das Vektorprodukt $\mathbf{a}\times\mathbf{b}$ *gilt in Indexschreibweise* $\mathbf{a} \times \mathbf{b} = a_i\mathbf{e}_i \times b_j\mathbf{e}_j = a_ib_j\varepsilon_{ijk}\mathbf{e}_k$, *d.h.* $\mathbf{a} \times \mathbf{a} = a_ia_j\varepsilon_{ijk}\mathbf{e}_k \equiv \varepsilon_{ijk}a_ja_k\mathbf{e}_k = 0$.

3. Man berechne den Ausdruck $(\mathbf{a} \times \mathbf{b}) \cdot \mathbf{T}$.

Lösung:

$$\begin{aligned}&(a_ib_j\mathbf{e}_i \times \mathbf{e}_j) \cdot T_{mn}\mathbf{e}_m\mathbf{e}_n \\ &= a_ib_jT_{mn}\varepsilon_{ijk}\mathbf{e}_k \cdot \mathbf{e}_m\mathbf{e}_n \\ &= a_ib_jT_{mn}\varepsilon_{ijk}\delta_{km}\mathbf{e}_n = a_ib_jT_{kn}\varepsilon_{ijk}\mathbf{e}_n \\ &= a_1b_2T_{3n}(+1)\mathbf{e}_n + a_2b_1T_{3n}(-1)\mathbf{e}_n + a_3b_1T_{2n}(+1)\mathbf{e}_n + a_1b_3T_{2n}(-1)\mathbf{e}_n \\ &\quad +a_2b_3T_{1n}(+1)\mathbf{e}_n + a_3b_2T_{1n}(-1)\mathbf{e}_n \\ &= [a_1(b_2T_{3n} - b_3T_{2n}) + a_2(b_3T_{1n} - b_1T_{3n}) + a_3(b_1T_{2n} - b_2T_{1n})]\,\mathbf{e}_n\end{aligned}$$

d.h. $(\mathbf{a} \times \mathbf{b}) \cdot \mathbf{T} = \mathbf{c}, \mathbf{c} = c_n\mathbf{e}_n$.

4. Man zeige, daß $\mathbf{T} \cdot \mathbf{v} = \mathbf{v} \cdot \mathbf{T}^T$ gilt.

Lösung:

$$\begin{aligned}\mathbf{T} \cdot \mathbf{v} &= T_{ij}\mathbf{e}_i\mathbf{e}_j \cdot v_k\mathbf{e}_k = T_{ij}v_k\mathbf{e}_i\delta_{jk} = T_{ij}v_j\mathbf{e}_i \\ \mathbf{v} \cdot \mathbf{T}^T &= v_k\mathbf{e}_k \cdot T_{ij}\mathbf{e}_j\mathbf{e}_i = v_kT_{ij}\delta_{kj}\mathbf{e}_i = T_{ij}v_j\mathbf{e}_i \quad \text{q.e.d.}\end{aligned}$$

5. Man berechne für die Tensoren

$$\mathbf{T} = 3\mathbf{e}_1\mathbf{e}_1 + 2\mathbf{e}_2\mathbf{e}_2 - 1\mathbf{e}_2\mathbf{e}_3 + 5\mathbf{e}_3\mathbf{e}_3, \quad \mathbf{S} = 4\mathbf{e}_1\mathbf{e}_3 + 6\mathbf{e}_2\mathbf{e}_2 - 3\mathbf{e}_3\mathbf{e}_2 + 1\mathbf{e}_3\mathbf{e}_3$$

die Doppelprodukte $\mathbf{T} \cdot\cdot \mathbf{S}, \mathbf{T} \times\times \mathbf{S}, \mathbf{T} \cdot\times \mathbf{S}, \mathbf{T} \times\cdot \mathbf{S}$.

Lösung:

$$\begin{aligned}&\mathbf{T} \cdot\cdot \mathbf{S} = T_{ij}\mathbf{e}_i\mathbf{e}_j \cdot\cdot S_{kl}\mathbf{e}_k\mathbf{e}_l = T_{ij}S_{kl}\delta_{jk}\delta_{il} = T_{ij}S_{ji} \\ &T_{ij}S_{ji} = 12 + 3 + 5 = 20\end{aligned}$$

Hinweis: Die vereinbarte Indexverknüpfung für die doppelt skalare Multiplikation ist genau zu beachten. Führt man die Faltung nicht für die inneren und die äußeren, sondern für die jeweils ersten und zweiten Indizes durch, ergibt sich statt des Wertes 20 der Wert 17!.

$$\begin{aligned}\mathbf{T} \times\times \mathbf{S} &= T_{ij}\mathbf{e}_i\mathbf{e}_j \times\times S_{kl}\mathbf{e}_k\mathbf{e}_l = T_{ij}S_{kl}\varepsilon_{jkm}\varepsilon_{iln}\mathbf{e}_m\mathbf{e}_n \\ &= 18\mathbf{e}_3\mathbf{e}_3 + 9\mathbf{e}_2\mathbf{e}_3 + 3\mathbf{e}_2\mathbf{e}_2 - 8\mathbf{e}_3\mathbf{e}_1 + 2\mathbf{e}_1\mathbf{e}_1 - 4\mathbf{e}_2\mathbf{e}_1 + 30\mathbf{e}_1\mathbf{e}_1 \\ &= 32\mathbf{e}_1\mathbf{e}_1 - 4\mathbf{e}_2\mathbf{e}_1 + 3\mathbf{e}_2\mathbf{e}_2 + 9\mathbf{e}_2\mathbf{e}_3 - 8\mathbf{e}_3\mathbf{e}_1 + 18\mathbf{e}_3\mathbf{e}_3\end{aligned}$$

$$\begin{aligned}\mathbf{T} \cdot\times \mathbf{S} &= T_{ij}\mathbf{e}_i\mathbf{e}_j \cdot\times S_{kl}\mathbf{e}_k\mathbf{e}_l = T_{ij}S_{kl}\delta_{jk}\varepsilon_{iln}\mathbf{e}_m = T_{ij}S_{jl}\varepsilon_{iln}\mathbf{e}_m \\ &= 12\mathbf{e}_1 \times \mathbf{e}_3 + 12\mathbf{e}_2 \times \mathbf{e}_2 + 3\mathbf{e}_2 \times \mathbf{e}_2 + 5\mathbf{e}_3 \times \mathbf{e}_3 = -12\mathbf{e}_2\end{aligned}$$

$$\begin{aligned}\mathbf{T} \times\cdot \mathbf{S} &= T_{ij}\mathbf{e}_i\mathbf{e}_j \times\cdot S_{kl}\mathbf{e}_k\mathbf{e}_l = T_{ij}S_{kl}\varepsilon_{jkm}\delta_{il}\mathbf{e}_m = T_{ij}S_{ki}\varepsilon_{jkm}\mathbf{e}_m \\ &= 12\mathbf{e}_2 \times \mathbf{e}_2 - 6\mathbf{e}_2 \times \mathbf{e}_3 - 6\mathbf{e}_3 \times \mathbf{e}_2 + 3\mathbf{e}_3 \times \mathbf{e}_3 + 20\mathbf{e}_3 \times \mathbf{e}_1 + 5\mathbf{e}_3 \times \mathbf{e}_3 \\ &= -6\mathbf{e}_1 + 6\mathbf{e}_1 + 20\mathbf{e}_2 = 20\mathbf{e}_2\end{aligned}$$

6. Man Überprüfe, ob die Tensoren $\mathbf{T}$ und $\mathbf{S}$ orthogonal sind. Für beide Tensoren sind die Matrizen ihrer Koordinaten zur Basis $\mathbf{e}_1$, $\mathbf{e}_2$, $\mathbf{e}_3$ gegeben

$$[\mathbf{T}] = \begin{bmatrix} -1 & 0 & 0 \\ 0 & 1 & 0 \\ 0 & 0 & 1 \end{bmatrix}, \quad [\mathbf{S}] = \begin{bmatrix} 0 & 1 & 0 \\ -1 & 0 & 0 \\ 0 & 0 & 1 \end{bmatrix}$$

<u>*Lösung:*</u> Für orthogonale Tensoren muß gelten

$$\mathbf{T}\cdot\mathbf{T}^T=\mathbf{I},\ \mathbf{S}\cdot\mathbf{S}^T=\mathbf{I}$$

$$[\mathbf{T}^T]=\begin{bmatrix}-1&0&0\\0&1&0\\0&0&1\end{bmatrix}=[\mathbf{T}]$$

Das Produkt $\mathbf{T}\cdot\mathbf{T}^T$ kann man gleich in Matrizenform ausführen

$$\begin{bmatrix}-1&0&0\\0&1&0\\0&0&1\end{bmatrix}\begin{bmatrix}-1&0&0\\0&1&0\\0&0&1\end{bmatrix}=\begin{bmatrix}1&0&0\\0&1&0\\0&0&1\end{bmatrix},\ \det\mathbf{T}=\begin{vmatrix}-1&0&0\\0&1&0\\0&0&1\end{vmatrix}=-1$$

$$[\mathbf{S}^T]=\begin{bmatrix}0&-1&0\\1&0&0\\0&0&1\end{bmatrix}$$

$$\begin{bmatrix}0&1&0\\-1&0&0\\0&0&1\end{bmatrix}\begin{bmatrix}0&-1&0\\1&0&0\\0&0&1\end{bmatrix}=\begin{bmatrix}1&0&0\\0&1&0\\0&0&1\end{bmatrix},\ \det\mathbf{S}=\begin{vmatrix}0&1&0\\-1&0&0\\0&0&1\end{vmatrix}=+1$$

Schlußfolgerung: **T** *und* **S** *sind orthogonale Tensoren.*
Für alle orthogonalen Tensoren gilt $\mathbf{T}\cdot\mathbf{T}^T=\mathbf{I}; \det(\mathbf{T}\cdot\mathbf{T}^T)=\det\mathbf{I}$, d.h. $|\mathbf{T}||\mathbf{T}^T|=|\mathbf{I}|=1$, $|\mathbf{T}||\mathbf{T}^T|=|\mathbf{T}|^2=1$ und $|\mathbf{T}|=\pm 1$.
S entspricht folgender Transformation der Koordinatenbasis

$$\mathbf{S}\cdot\mathbf{e}_1=-\mathbf{e}_2,\ \mathbf{S}\cdot\mathbf{e}_2=+\mathbf{e}_1,\ \mathbf{S}\cdot\mathbf{e}_3=+\mathbf{e}_3,$$

d.h. die Matrix von **S** bewirkt eine Drehung um die x_3-Achse der Basisvektoren (Bild 1.2).

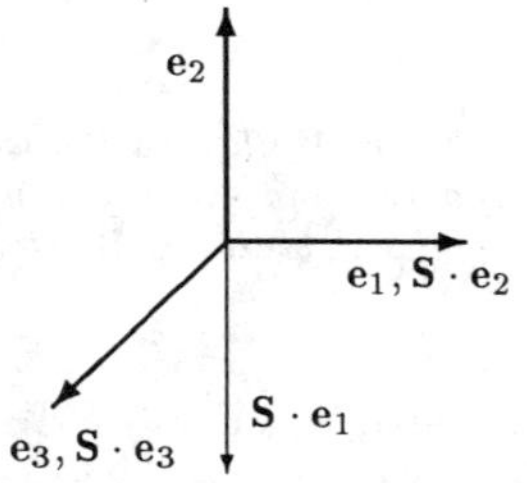

Bild 1.2 Drehung der Basiskoordinaten

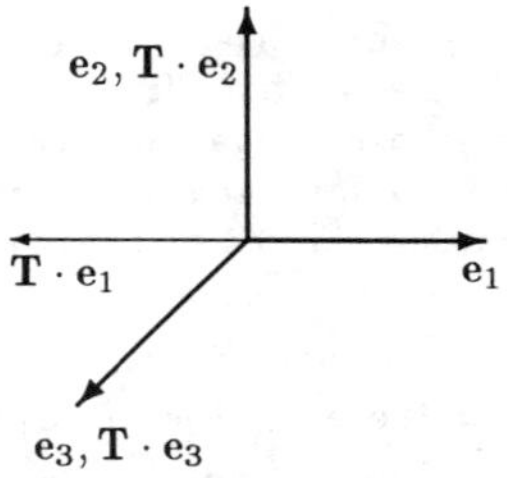

Bild 1.3 Spiegelung der Basiskoordinaten

T bewirkt folgende Transformation der Basisvektoren

$$\mathbf{T}\cdot\mathbf{e}_1=-\mathbf{e}_1,\ \mathbf{T}\cdot\mathbf{e}_2=+\mathbf{e}_2,\ \mathbf{T}\cdot\mathbf{e}_3=+\mathbf{e}_3.$$

Dies entspricht einer Spiegelung an der x_2-x_3-Ebene (Bild 1.3).
Für alle orthogonalen Tensoren 2. Stufe gilt

$$\det\mathbf{T}=\pm 1,\begin{cases}+1 \text{ entspricht einer Drehung}\\-1 \text{ entspricht einer Spiegelung}\end{cases}$$

7. Für den Tensor **T** mit der Koordinatenmatrix zur Basis $\mathbf{e}_i$

$$[\mathbf{T}]=\begin{bmatrix}9&4&0\\2&6&0\\0&0&0\end{bmatrix}$$

sind Kugeltensor und Deviator zu bestimmen.

Lösung:

$$\mathbf{T}^K = \frac{1}{3}(\mathbf{I}\cdot\cdot\mathbf{T})\mathbf{I} = \frac{1}{3}(9+6+0)\mathbf{I} = 5\mathbf{I}$$

$$[\mathbf{T}^D] = [\mathbf{T}] - [\mathbf{T}^K] = \begin{bmatrix} 9 & 4 & 0 \\ 2 & 6 & 0 \\ 0 & 0 & 0 \end{bmatrix} - \begin{bmatrix} 5 & 0 & 0 \\ 0 & 5 & 0 \\ 0 & 0 & 5 \end{bmatrix} = \begin{bmatrix} 4 & 4 & 0 \\ 2 & 1 & 0 \\ 0 & 0 & -5 \end{bmatrix}$$

Anmerkung: Ungeachtet der Tatsache, daß der Ausgangstensor auf der Hauptdiagonalen ein Nullelement hat, ist der Deviator auf der Hauptdiagonalen vollständig mit von Null verschiedenen Elementen besetzt.

8. Man bestimme für die Tensoren

a) $\mathbf{T} = 3\mathbf{e}_1\mathbf{e}_1 - 2\mathbf{e}_1\mathbf{e}_2 - 2\mathbf{e}_2\mathbf{e}_1 + 4\mathbf{e}_2\mathbf{e}_2 - 1\mathbf{e}_2\mathbf{e}_3 - 1\mathbf{e}_3\mathbf{e}_2 + 6\mathbf{e}_3\mathbf{e}_3$

b) $\mathbf{M} = 1\mathbf{e}_1\mathbf{e}_1 + 2\mathbf{e}_1\mathbf{e}_2 + 3\mathbf{e}_1\mathbf{e}_3 + 4\mathbf{e}_2\mathbf{e}_2 - 1\mathbf{e}_2\mathbf{e}_3 + 1\mathbf{e}_3\mathbf{e}_1 + 1\mathbf{e}_3\mathbf{e}_2 - 2\mathbf{e}_3\mathbf{e}_3$

1. den transponierten Tensor
2. die Spur
3. den Kugeltensor und den Deviator sowie die Spur des Kugeltensors und des Deviators
4. den inversen Tensor

Lösung:

a) Der Tensor $\mathbf{T}$ hat folgende Koordinatenmatrix

$$\begin{bmatrix} 3 & -2 & 0 \\ -2 & 4 & -1 \\ 0 & -1 & 6 \end{bmatrix}$$

1. Der transponierte Tensor $\mathbf{T}^T$ hat die Koordinatenmatrix

$$\begin{bmatrix} 3 & -2 & 0 \\ -2 & 4 & -1 \\ 0 & -1 & 6 \end{bmatrix}, \quad \text{d.h.} \quad \mathbf{T} = \mathbf{T}^T$$

2. Sp$\mathbf{T} = T_{ii} = 13$ 3. $\mathbf{T}^K = \frac{1}{3}T_{kk}\delta_{ij}\mathbf{e}_i\mathbf{e}_j = \frac{13}{3}\delta_{ij}\mathbf{e}_i\mathbf{e}_j = \frac{13}{3}\mathbf{e}_i\mathbf{e}_i$

$$[T_{ij}]^K = \frac{13}{3}\begin{bmatrix} 1 & 0 & 0 \\ 0 & 1 & 0 \\ 0 & 0 & 1 \end{bmatrix}$$

$$\mathbf{T}^D = (T_{ij} - \tfrac{1}{3}T_{kk}\delta_{ij})\mathbf{e}_i\mathbf{e}_j = (T_{ij} - \tfrac{1}{3}T_{kk}\delta_{ij})\mathbf{e}_i\mathbf{e}_j = (T_{ij} - \tfrac{13}{3}\delta_{ij})\mathbf{e}_i\mathbf{e}_j$$

$$[T_{ij}]^D = \begin{bmatrix} 3-\frac{13}{3} & -2 & 0 \\ -2 & 4-\frac{13}{3} & -1 \\ 0 & -1 & 6-\frac{13}{3} \end{bmatrix}$$

Sp$\mathbf{T}^K = 13$, Sp$\mathbf{T}^D = 0$ 4. Für die Berechnung des inversen Tensors muß zunächst die Determinante bestimmt werden

$$\mathrm{Det}T_{ij} = 3\begin{vmatrix} 4 & -1 \\ -1 & 6 \end{vmatrix} + 2\begin{vmatrix} -2 & -1 \\ 0 & 6 \end{vmatrix} = 69 - 24 = 45$$

$$45T_{11}^{-1} = +\begin{vmatrix} 4 & -1 \\ -1 & 6 \end{vmatrix} = 23; \quad 45T_{12}^{-1} = +\begin{vmatrix} -2 & 0 \\ -1 & 6 \end{vmatrix} = 12; \quad 45T_{13}^{-1} = +\begin{vmatrix} -2 & 0 \\ 4 & -1 \end{vmatrix} = 2$$

$$45T_{21}^{-1} = -\begin{vmatrix} -2 & -1 \\ 0 & 6 \end{vmatrix} = 12; \quad 45T_{22}^{-1} = +\begin{vmatrix} 3 & 0 \\ 0 & 6 \end{vmatrix} = 18; \quad 45T_{23}^{-1} = -\begin{vmatrix} 3 & -2 \\ 0 & -1 \end{vmatrix} = 3$$

$$45T_{31}^{-1} = +\begin{vmatrix} -2 & 4 \\ 0 & -1 \end{vmatrix} = 2;\ 45T_{32}^{-1} = -\begin{vmatrix} 3 & 0 \\ -2 & -1 \end{vmatrix} = 3;\ 45T_{33}^{-1} = +\begin{vmatrix} 3 & -2 \\ -2 & 4 \end{vmatrix} = 8$$

$$[T_{ij}]^{-1} = \frac{1}{45}\begin{bmatrix} 23 & 12 & 2 \\ 12 & 18 & 3 \\ 2 & 3 & 8 \end{bmatrix}$$

$$\begin{aligned} \mathbf{T}^{-1} = & \frac{23}{45}\mathbf{e}_1\mathbf{e}_1 + \frac{4}{15}\mathbf{e}_1\mathbf{e}_2 + \frac{2}{45}\mathbf{e}_1\mathbf{e}_3 \\ & + \frac{4}{15}\mathbf{e}_2\mathbf{e}_1 + \frac{2}{5}\mathbf{e}_2\mathbf{e}_2 + \frac{1}{15}\mathbf{e}_2\mathbf{e}_3 \\ & + \frac{2}{45}\mathbf{e}_3\mathbf{e}_1 + \frac{1}{15}\mathbf{e}_3\mathbf{e}_2 + \frac{8}{45}\mathbf{e}_3\mathbf{e}_3 \end{aligned}$$

Kontrolle

$$[T_{ij}]^{-1}[T_{jk}] = \frac{1}{45}\begin{bmatrix} 23 & 12 & 2 \\ 12 & 18 & 3 \\ 2 & 3 & 8 \end{bmatrix}\begin{bmatrix} 3 & -2 & 0 \\ -2 & 4 & -1 \\ 0 & -1 & 6 \end{bmatrix} = \begin{bmatrix} 1 & 0 & 0 \\ 0 & 1 & 0 \\ 0 & 0 & 1 \end{bmatrix}$$

Schlußfolgerung: Für einen symmetrischen Tensor gilt $\mathbf{T} = \mathbf{T}^T$ *und die Tensoren* $\mathbf{T}^K, \mathbf{T}^D$ *und* $\mathbf{T}^{-1}$ *sind auch symmetrisch.*

b) Der Tensor $\mathbf{M}$ hat folgende Koordinatenmatrix

$$\begin{bmatrix} 1 & 2 & 3 \\ 0 & 4 & -1 \\ 1 & 1 & -2 \end{bmatrix}$$

1. Der transponierte Tensor $\mathbf{M}^T$ hat die Koordinatenmatrix

$$\begin{bmatrix} 1 & 0 & 1 \\ 2 & 4 & 1 \\ 3 & -1 & -2 \end{bmatrix}$$

2. Sp$\mathbf{M}$ = M_{ii} = 7 3. Kugeltensoren und Deviatoren

$$[M_{ij}]^K = \frac{7}{3}\begin{bmatrix} 1 & 0 & 0 \\ 0 & 1 & 0 \\ 0 & 0 & 1 \end{bmatrix};\quad \mathrm{Sp}\mathbf{M}^K = 7$$

$$[M_{ij}]^D = \begin{bmatrix} 1-\frac{7}{3} & 2 & 3 \\ 0 & 4-\frac{7}{3} & -1 \\ 1 & 1 & -2-\frac{7}{3} \end{bmatrix};\quad \mathrm{Sp}\mathbf{M}^D = 0$$

4. Determinante $\mathbf{M}$

$$\mathrm{Det}M_{ij} = \begin{vmatrix} 4 & -1 \\ -1 & -2 \end{vmatrix} + \begin{vmatrix} 2 & 3 \\ 4 & -1 \end{vmatrix} = -7 - 14 = -21$$

$$21M_{11}^{-1} = -\begin{vmatrix} 4 & -1 \\ 1 & -2 \end{vmatrix} = 7;\ 21M_{12}^{-1} = \begin{vmatrix} 2 & 3 \\ 1 & -2 \end{vmatrix} = -7;\ 21M_{13}^{-1} = -\begin{vmatrix} 2 & 3 \\ 4 & -1 \end{vmatrix} = 14$$

$$21M_{21}^{-1} = \begin{vmatrix} 0 & -1 \\ 1 & -2 \end{vmatrix} = 1;\ 21M_{22}^{-1} = -\begin{vmatrix} 1 & 3 \\ 1 & -2 \end{vmatrix} = 5;\ 21M_{23}^{-1} = \begin{vmatrix} 1 & 3 \\ 0 & -1 \end{vmatrix} = -1$$

$$21M_{31}^{-1} = -\begin{vmatrix} 0 & 4 \\ 1 & 1 \end{vmatrix} = 4;\ 21M_{32}^{-1} = \begin{vmatrix} 1 & 2 \\ 1 & 1 \end{vmatrix} = -1;\ 21M_{33}^{-1} = -\begin{vmatrix} 1 & 2 \\ 0 & 4 \end{vmatrix} = -4$$

$$[M_{ij}]^{-1} = -\frac{1}{21}\begin{bmatrix} -7 & 7 & -14 \\ -1 & -5 & 1 \\ -4 & 1 & 4 \end{bmatrix}$$

$$\begin{aligned} \mathbf{M}^{-1} = & -\frac{1}{3}\mathbf{e}_1\mathbf{e}_1 + \frac{1}{3}\mathbf{e}_1\mathbf{e}_2 - \frac{2}{3}\mathbf{e}_1\mathbf{e}_3 \\ & - \frac{1}{21}\mathbf{e}_2\mathbf{e}_1 - \frac{5}{21}\mathbf{e}_2\mathbf{e}_2 + \frac{1}{21}\mathbf{e}_2\mathbf{e}_3 \\ & - \frac{4}{21}\mathbf{e}_3\mathbf{e}_1 + \frac{1}{21}\mathbf{e}_3\mathbf{e}_2 + \frac{4}{21}\mathbf{e}_3\mathbf{e}_3 \end{aligned}$$

Kontrolle

$$[M_{ij}]^{-1}[M_{jk}] = \frac{1}{21}\begin{bmatrix} -7 & 7 & -14 \\ -1 & -5 & 1 \\ -4 & 1 & 4 \end{bmatrix}\begin{bmatrix} 1 & 2 & 3 \\ 0 & 4 & -1 \\ 1 & 1 & -2 \end{bmatrix} = \begin{bmatrix} 1 & 0 & 0 \\ 0 & 1 & 0 \\ 0 & 0 & 1 \end{bmatrix}$$

9. Der Tensor $\mathbf{F} = F_{ij}\mathbf{e}_i\mathbf{e}_j$ habe die Koordinaten

$$\begin{bmatrix} 3 & 2 & 0 \\ 2 & 3 & 0 \\ 0 & 0 & 7 \end{bmatrix}$$

Man berechne die Hauptwerte, die Hauptrichtungen und die Hauptinvarianten, transponiere $\mathbf{F}$ auf Hauptachsen und ermittle $\mathbf{F}^{1/2}$.

Lösung:

Charakteristische Gleichung:

$$\begin{vmatrix} 3-\lambda & 2 & 0 \\ 2 & 3-\lambda & 0 \\ 0 & 0 & 7-\lambda \end{vmatrix} = 0$$

$$\Longrightarrow (3-\lambda)(3-\lambda)(7-\lambda) - 4(7-\lambda) = 0$$

$$\Longrightarrow (7-\lambda) = 0; \ \lambda^2 - 6\lambda + 5 = 0$$

Hauptwerte (Eigenwerte) $\lambda_I, \lambda_{II}, \lambda_{III}$:

$$\lambda_I = 1, \ \lambda_{II} = 5, \ \lambda_{III} = 7$$

Hauptrichtungen (Einheitseigenvektoren) $\mathbf{n}^{(\alpha)}, \alpha = I, II, III$:

$\lambda_I = 1$

$$\begin{aligned} (3-1)n_1^I + \quad 2n_2^I + \quad 0n_3^I &= 0 \\ 2n_1^I + (3-1)n_2^I + \quad 0n_3^I &= 0 \\ 0n_1^I + \quad 0n_2^I + (7-1)n_3^I &= 0 \\ (n_1^I)^2 + (n_2^I)^2 + (n_3^I)^2 &= 1 \end{aligned}$$

$$\Rightarrow \quad \begin{aligned} n_3^I &= 0 \\ n_1^I &= -n_2^I \Rightarrow \mathbf{n}^I = \frac{1}{\sqrt{2}}\begin{bmatrix} 1 \\ -1 \\ 0 \end{bmatrix} \\ 2(n_1^I)^2 &= 1 \end{aligned}$$

$\underline{\lambda_{II} = 5}$

$$\begin{aligned}
(3-5)n_1^{II} + \quad 2n_2^{II} + \quad 0n_3^{II} &= 0 \\
2n_1^{II} + (3-5)n_2^{II} + \quad 0n_3^{II} &= 0 \\
0n_1^{II} + \quad 0n_2^{II} + (7-5)n_3^{II} &= 0 \\
(n_1^{II})^2 + \quad (n_2^{II})^2 + \quad (n_3^{II})^2 &= 1
\end{aligned}$$

$$\begin{aligned}
n_3^{II} &= 0 \\
\Rightarrow \quad n_1^{II} &= n_2^{II} \Rightarrow \mathbf{n}^{II} = \frac{1}{\sqrt{2}}\begin{bmatrix} 1 \\ 1 \\ 0 \end{bmatrix} \\
2(n_1^{II})^2 &= 1
\end{aligned}$$

$\underline{\lambda_{III} = 7}$

$$\begin{aligned}
(3-7)n_1^{III} + \quad 2n_2^{III} + \quad 0n_3^{III} &= 0 \\
2n_1^{III} + (3-7)n_2^{III} + \quad 0n_3^{III} &= 0 \\
0n_1^{III} + \quad 0n_2^{III} + (7-7)n_3^{III} &= 0 \\
(n_1^{III})^2 + \quad (n_2^{III})^2 + \quad (n_3^{III})^2 &= 1
\end{aligned}$$

$$\begin{aligned}
n_1^{III} &= 0 \\
\Rightarrow n_2^{III} &= 0 \Rightarrow \mathbf{n}^{III} = \begin{bmatrix} 0 \\ 0 \\ 1 \end{bmatrix} \\
n_3^{III} &= 1
\end{aligned}$$

Man kann die Koordinaten der Eigenvektoren in einer Modalmatrix zusammenfassen

$$Q_{ij} = \frac{1}{\sqrt{2}}\begin{bmatrix} 1 & 1 & 0 \\ -1 & 1 & 0 \\ 0 & 0 & \sqrt{2} \end{bmatrix}$$

Hauptinvarianten

$$\begin{aligned}
I_1(\mathbf{F}) &= \mathrm{Sp}\mathbf{F} = 3+3+7 = 13; \; I_1(\mathbf{F}) = \lambda_I + \lambda_{II} + \lambda_{III} = 1+5+7 = 13 \\
I_2(\mathbf{F}) &= \frac{1}{2}[I_1^2(\mathbf{F}) - I_1(\mathbf{F}^2)] = \frac{1}{2}(169-75) = 47 \\
&= \lambda_I\lambda_{II} + \lambda_{II}\lambda_{III} + \lambda_I\lambda_{III} = 5+7+35 = 47 \\
I_3(\mathbf{F}) &= \det\mathbf{F} = 3\cdot 3\cdot 7 - 2\cdot 2\cdot 7 = 35; \; I_3(\mathbf{F}) = \lambda_I\lambda_{II}\lambda_{III} = 1\cdot 5\cdot 7 = 35
\end{aligned}$$

Hauptachsentransformation für $\mathbf{F}$

$$\mathbf{F} = F_{ij}\mathbf{e}_i\mathbf{e}_j \Longrightarrow \mathbf{F} = \lambda_I\mathbf{n}^I\mathbf{n}^I + \lambda_{II}\mathbf{n}^{II}\mathbf{n}^{II} + \lambda_{III}\mathbf{n}^{III}\mathbf{n}^{III}$$

$\mathbf{F}$ hat bezogen auf die Hauptachsen die diagonale Koordinatenmatrix

$$\begin{bmatrix} 1 & 0 & 0 \\ 0 & 5 & 0 \\ 0 & 0 & 7 \end{bmatrix}$$

Hinweis: Die Hauptachsentransformation folgt auch durch Transformation mit dem Modaltensor **Q**

$$\mathbf{Q}^T \cdot \mathbf{F} \cdot \mathbf{Q} = \mathbf{F}$$

Man kann das einfach durch Multiplikation der Koordinatenmatrizen überprüfen

$$\frac{1}{\sqrt{2}}\begin{bmatrix} 1 & -1 & 0 \\ 1 & 1 & 0 \\ 0 & 0 & \sqrt{2} \end{bmatrix} \cdot \begin{bmatrix} 3 & 2 & 0 \\ 2 & 3 & 0 \\ 0 & 0 & 7 \end{bmatrix} \cdot \begin{bmatrix} 1 & 1 & 0 \\ -1 & 1 & 0 \\ 0 & 0 & \sqrt{2} \end{bmatrix} \frac{1}{\sqrt{2}} = \begin{bmatrix} 1 & 0 & 0 \\ 0 & 5 & 0 \\ 0 & 0 & 7 \end{bmatrix}$$

Q ist ein orthogonaler Tensor, d.h. $\mathbf{Q}^{-1} = \mathbf{Q}^T$.

Berechnung von $\mathbf{F}^{1/2}$:

Für den auf Hauptachsen transponierten Tensor **F** erhält man sofort

$$F_{ij}^{1/2} = \begin{bmatrix} 1 & 0 & 0 \\ 0 & \sqrt{5} & 0 \\ 0 & 0 & \sqrt{7} \end{bmatrix}$$

Die Rücktransformation in das kartesische Basissystem $\mathbf{e}_i, i = 1, 2, 3$, ergibt dann

$$\mathbf{Q} \cdot \mathbf{F} \cdot \mathbf{Q}^T = \mathbf{F}$$

$$\mathbf{Q} \cdot \mathbf{F}^{1/2} \cdot \mathbf{Q}^T = \mathbf{F}^{1/2}$$

$$\frac{1}{\sqrt{2}}\begin{bmatrix} 1 & 1 & 0 \\ -1 & 1 & 0 \\ 0 & 0 & \sqrt{2} \end{bmatrix} \cdot \begin{bmatrix} 1 & 0 & 0 \\ 0 & \sqrt{5} & 0 \\ 0 & 0 & \sqrt{7} \end{bmatrix} \cdot \begin{bmatrix} 1 & -1 & 0 \\ 1 & 1 & 0 \\ 0 & 0 & \sqrt{2} \end{bmatrix} \frac{1}{\sqrt{2}}$$

$$= \begin{bmatrix} 1+\sqrt{5} & -1+\sqrt{5} & 0 \\ -1+\sqrt{5} & 1+\sqrt{5} & 0 \\ 0 & 0 & 2\sqrt{7} \end{bmatrix} = F_{ij}^{1/2}$$

10. Man stelle die charakteristische Gleichung für einen Deviator

$$\boldsymbol{\sigma}^D = \boldsymbol{\sigma} - (1/3)\boldsymbol{\sigma} \cdot \cdot \mathbf{I}\,\mathbf{I}$$

ausschließlich durch erste Invarianten dar.

<u>*Lösung:*</u> Die charakteristische Gleichung für den Deviator lautet

$$\lambda^3 - I_1(\boldsymbol{\sigma}^D)\lambda^2 + I_2(\boldsymbol{\sigma}^D)\lambda - I_3(\boldsymbol{\sigma}^D) = 0$$

Beachtet man die Definitionen der 1. Invarianten und die Definitionsgleichung des Spannungsdeviators, gilt zunächst

$$I_1(\boldsymbol{\sigma}^D) = I_1[\boldsymbol{\sigma} - \frac{1}{3}I_1(\boldsymbol{\sigma})\mathbf{I}] = [\boldsymbol{\sigma} - \frac{1}{3}I_1(\boldsymbol{\sigma})\mathbf{I}] \cdot \cdot \mathbf{I}$$

$$= \boldsymbol{\sigma} \cdot \cdot \mathbf{I} - \frac{1}{3}I_1(\boldsymbol{\sigma})\mathbf{I} \cdot \cdot \mathbf{I} = I_1(\boldsymbol{\sigma}) - 3\frac{1}{3}I_1(\boldsymbol{\sigma}) = 0$$

Damit vereinfacht sich die charakteristische Gleichung

$$\lambda^3 + I_2(\boldsymbol{\sigma}^D)\lambda - I_3(\boldsymbol{\sigma}^D) = 0$$

Die Definitionsgleichungen für die zweite und dritte Invariante liefert weiterhin

$$I_2(\boldsymbol{\sigma}^D) = \frac{1}{2}[I_1^2(\boldsymbol{\sigma}^D) - I_1(\boldsymbol{\sigma}^{D^2})] = -\frac{1}{2}I_1(\boldsymbol{\sigma}^{D^2}),$$

$$I_3(\boldsymbol{\sigma}^D) = \frac{1}{3}[I_1(\boldsymbol{\sigma}^{D^3}) + 3I_1(\boldsymbol{\sigma}^D)I_2(\boldsymbol{\sigma}^D) - 3I_1^3(\boldsymbol{\sigma}^D)] = \frac{1}{3}I_1(\boldsymbol{\sigma}^{D^3}),$$

d.h., für die charakteristische Gleichung ergibt sich

$$\lambda^3 - \frac{1}{2}I_1(\boldsymbol{\sigma}^{D^2})\lambda - \frac{1}{2}I_1(\boldsymbol{\sigma}^{D^3}) = 0$$

2 Kinematik des Kontinuums

Die Aussagen der Kinematik der Kontinua betreffen alle geometrischen Aspekte der Bewegungen materieller Körper. In Erweiterung zur Kinematik starrer Körper schließen Bewegungen deformierbarer Körper neben der Translation und der Rotation ohne Änderung der gegenseitigen Lage materieller Punkte auch Verformungen des Körpers ein, die immer mit relativen Langeänderungen der Körperpunkte verbunden sind. Somit haben Aussagen über die lokalen Wirkungen von Deformationen besondere Bedeutung.

Unter *Deformationen* werden hier stets alle Bewegungsmöglichkeiten eines Körpers verstanden. Sollen nur die Verformungen des Körpers betrachtet werden, d.h. von den Gesamtbewegungen der materiellen Punkte des Körpers werden alle Anteile der Starrkörperbewegungen abgezogen, wird der Begriff *Verzerrung* verwendet.

Die Formulierung der im Abschnitt 1.1 genannten kinematischen Größen erfolgt sowohl in materiellen (*Lagrange*schen) als auch in räumlichen (*Euler*schen) Koordinaten. Alle Gleichungen werden zunächst für große Deformationen abgeleitet. Ihre Linearisierung führt dann überschaubar auf vereinfachte lineare Beziehungen, die für viele Ingenieuranwendungen hinreichend genaue Aussagen liefern.

2.1 Materielle Körper und ihre Bewegungsmöglichkeiten

Ein Körper $\mathcal{K}$ ist nach Abschnitt 1.1 eine zusammenhängende, kompakte Menge materieller Punkte, die durch die Menge der materiellen Randpunkte, d.h. der Oberfläche von $\mathcal{K}$, begrenzt wird. Materielle Körper werden in der Kontinuumsmechanik im allgemeinen mit Hilfe des Schnittprinzips eingeführt. Durch die Vorgabe einer Begrenzung kann aus dem Kontinuum ein Körper $\mathcal{K}$ herausgeschnitten und somit das Kontinuum in den Körper und seine Umgebung zerlegt werden. Die Vorgabe der begrenzenden Oberfläche und damit des Körpers ist weitestgehend beliebig und kann der jeweiligen Aufgabenstellung angepaßt werden. Das hat besondere Bedeutung für die im Kapitel 4 formulierten Bilanzgleichungen.

Die Bewegungen materieller Körper werden beschrieben durch die Bewegungen ihrer materiellen Punkte. Dazu ist es erforderlich, die materiellen Punkte zu identifizieren. Bildet man die materiellen Punkte auf Raumpunkte des R^3 ab und gibt einen raumfesten Bezugspunkt 0 vor, ist die Lage eines augewählten materiellen Punktes durch seinen Positions- oder Ortsvektor $\mathbf{x}(t)$ zu jedem Zeitpunkt t bestimmt. Um die einzelnen materiellen Punkte von $\mathcal{K}$ zu unterscheiden, muß jeder materielle Punkt eine ihn kennzeichnende Marke erhalten. Dazu wird folgendes vereinbart: Für eine ausgewählte Zeit $t = t_0$ hat ein materieller Punkt den Positionsvektor $\mathbf{x}(t_0) \equiv \mathbf{a}$. Dieser Positionsvektor $\mathbf{a}$ wird dem materiellen Punkt als Marke zugeordnet. t_0 kennzeichnet im allgemeinen den natürlichen Ausgangszustand, dessen Veränderungen berechnet werden sollen und man setzt vielfach $t_0 = 0$.
Führt man ein kartesisches Koordinatensystem mit dem Ursprung 0 und den Basisvektoren $\mathbf{e}_i$ ein, erhält man für die Bewegungsgleichung des materiellen Punktes mit der Marke $\mathbf{a}$ die Gln. (2.1)

$$\begin{aligned} &\mathbf{x} = x_i\mathbf{e}_i, \ \mathbf{a} = a_i\mathbf{e}_i, \ \mathbf{x}(\mathbf{a}, t_0) = \mathbf{x}_0 \equiv \mathbf{a} \\ &\mathbf{x} = \mathbf{x}(\mathbf{a}, t), \ x_i = x_i(a_j, t) - \text{Bahnkurve von } \mathbf{a}^{1)} \\ &\mathbf{a} = \mathbf{a}(\mathbf{x}, t), \ a_i = a_i(x_j, t) - \text{materieller Punkt } \mathbf{a}\text{, der zur Zeit} \\ &\qquad\qquad\qquad\qquad\qquad\quad t \text{ am Ort } \mathbf{x} \text{ ist} \end{aligned} \tag{2.1}$$

Bild 2.1 zeigt die Bahnkurve von $\mathbf{a}$.

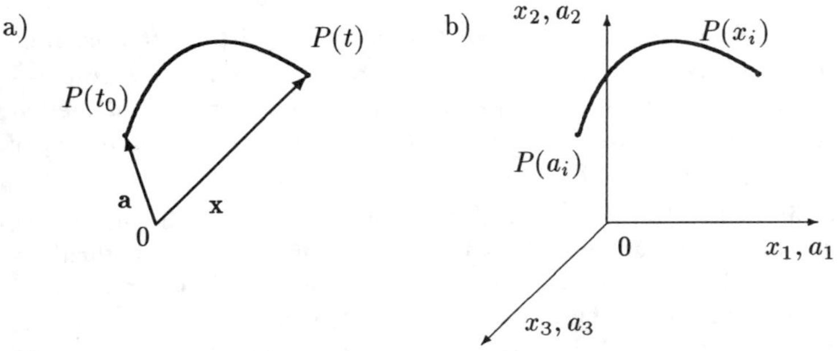

Bild 2.1 Bahnkurve des materiellen Punktes $\mathbf{a}$:
a) Positionsvektoren, b) kartesische Koordinaten

---

[1] Hier und im folgenden werden zur Vereinfachung der Schreibweise im allgemeinen die Funktionsbezeichnungen und die Bezeichnungen der abhängigen Größen gleichgesetzt, z.B. $\mathbf{x} = \mathbf{x}(\mathbf{a}, t)$. Auch auf eine explizite Angabe des Parameters t_0 der Referenzzeit kann meist verzichtet werden, d.h. für die Gleichung $\mathbf{x} = \mathbf{x}(\mathbf{a}, t; t_0)$ wird vereinfacht $\mathbf{x} = \mathbf{x}(\mathbf{a}, t)$ geschrieben.

Die im Bild 2.1 angegebenen Koordinaten x_i bzw. a_i heißen räumliche oder Ortskoordinaten bzw. materielle oder substantielle Koordinaten. Unter der Voraussetzung, daß die *Jacobi*-Determinante (auch Funktionaldeterminante) von Null verschieden ist

$$\det\left(\frac{\partial x_i}{\partial a_j}\right) \equiv \left|\frac{\partial x_i}{\partial a_j}\right| \neq 0, \tag{2.2}$$

gibt es einen umkehrbar eindeutigen Zusammenhang zwischen den x_i und den a_i Koordinaten

$$\mathbf{x}(\mathbf{a}, t) \Longleftrightarrow \mathbf{a}(\mathbf{x}, t) \text{ bzw. } x_i(a_j, t) \Longleftrightarrow a_i(x_j, t) \tag{2.3}$$

Für die weiteren Betrachtungen hat der Begriff einer Konfiguration besondere Bedeutung.

Definition: *Eine stetig differenzierbare und zu jedem Zeitpunkt t umkehrbar eindeutige Zuordnung materieller Punkte* **a** *zu Ortsvektoren* **x** *definiert eine Konfiguration des Körpers. Die dem Zeitpunkt $t = t_0$ zugeordnete Konfiguration heißt Referenz- oder Bezugskonfiguration, die des aktuellen Zeitpunkts t Momentan- oder aktuelle Konfiguration.*

Die Lage eines Körpers zu einem Zeitpunkt t ist danach durch seine Konfiguration bestimmt und man kann die Bewegung eines Körpers wie folgt definieren.

Definition: *Die Bewegung (Deformation) eines Körpers ist die stetige, zeitliche Aufeinanderfolge von Konfigurationen $\mathbf{x} = \mathbf{x}(\mathbf{a}, t)$, d.h. eine einparametrige Folge von Konfigurationen mit t als Parameter. Für die materiellen Körperpunkte ist* **a** *der Scharparameter und t ist der Kurvenparameter für die Bahnkurven der Bewegung.*

Die hier gewählte Markierung eines materiellen Punktes durch seinen Ort $\mathbf{x}(t_0) \equiv \mathbf{a}$ ist für viele Fälle zweckmäßig, stellt aber nur eine Möglichkeit einer Markierung dar. Es kann auch sinnvoll sein, für die Vektoren **a** und **x** unterschiedliche Koordinatensysteme mit unterschiedlichen Ursprüngen einzuführen. Im allgemeinsten Fall werden zwei unterschiedliche, krummlinige Koordinatensysteme für den Ausgangszustand $t = t_0$ und für den Momentanzustand definiert. Auch die Festlegung einer Referenzkonfiguration ist willkürlich und nicht an die Konfiguration zum Zeitpunkt $t = t_0$ gebunden. Für die weiteren Ableitungen wird vereinbart, daß, falls nicht ausdrücklich auf Abweichungen hingewiesen wird, immer **a** als Marke zur Kennzeichnung materieller Punkte, die Konfiguration $t = t_0$ als Referenzkonfiguration und ein einheitliches raumfestes kartesisches Koordinatensystem für die Referenz- und die Momentankonfiguration gewählt werden.

2.2 Lagrangesche und Eulersche Betrachtungsweise

Die den materiellen Punkten zugeordneten Eigenschaften ändern sich im allgemeinen mit der Bewegung dieser Punkte, d.h. mit der Zeit. Für die Beschreibung solcher Veränderungen kann die *Lagrange*sche oder die *Euler*sche Betrachtungsweise bevorzugt werden.

Lagrangesche Betrachtungsweise
(auch materielle, substantielle oder referenzbezogene Betrachtungsweise):
Die Änderungen der dem materiellen Punkt zugeordneten Eigenschaften werden für ein ausgewähltes Teilchen mit der Kennzeichnung $\mathbf{a}$ verfolgt. Die Eigenschaften sind dann als Funktionen von $\mathbf{a}$ und t zu formulieren, z.B.

Dichte	ρ	$=$	$\rho(a_1, a_2, a_3, t)$
Geschwindigkeit	$\mathbf{v}$	$=$	$\mathbf{v}(a_1, a_2, a_3, t)$
Verzerrungstensor	$\mathbf{A}$	$=$	$\mathbf{A}(a_1, a_2, a_3, t)$

Ein Beobachter ist mit dem Teilchen verbunden und mißt die Veränderungen der jeweiligen Eigenschaften. Diese können durch tensorielle Funktionen unterschiedlicher Stufe beschrieben sein.

Eulersche Betrachtungsweise
(auch räumliche oder lokale Betrachtungsweise):
Die Eigenschaften sind jetzt als Funktionen des Ortes und der Zeit gegeben

Dichte	ρ	$=$	$\rho(x_1, x_2, x_3, t)$
Geschwindigkeit	$\mathbf{v}$	$=$	$\mathbf{v}(x_1, x_2, x_3, t)$
Verzerrungstensor	$\mathbf{A}$	$=$	$\mathbf{A}(x_1, x_2, x_3, t)$

Ein Beobachter sitzt am Ort $\mathbf{x}$ und kann zum Zeitpunkt t das Passieren eines Teilchens $\mathbf{a}$ sehen. Er mißt Veränderungen, die sich für den Ort dadurch ergeben, daß zu unterschiedlichen Zeiten unterschiedliche materielle Punkte am Ort $\mathbf{x}$ sind. Die *Euler*sche Betrachtungsweise gibt somit Auskunft über die zeitliche Veränderung einer Feldfunktion in einem fixierten Punkt $\mathbf{x}$, aber nicht über die Änderung der Eigenschaften eines bestimmten materiellen Teilchens $\mathbf{a}$ mit der Zeit. Ist die Bewegungsgleichung eines materiellen Punktes bzw. eines materiellen Körpers bekannt, kann man mit den Gleichungen (2.3) von der einen auf die andere Betrachtungsweise übergehen.

Beide Betrachtungsweisen haben ihre Berechtigung und werden in der Kontinuumsmechanik angewendet. Bei der Untersuchung von Modellen der Festkörpermechanik ist im allgemeinen die Referenzkonfiguration zum Zeitpunkt t_0 bekannt und die Momentankonfiguration soll berechnet werden. Den deformierten Zustand erhält man durch Verfolgung der materiellen Punkte auf ihrer Bahn von der Referenz- in die Momentankonfiguration.

Eine *Lagrange*sche Betrachtungsweise ist daher für diese Aufgabenstellung zweckmäßig. Anders ist es bei Aufgaben der Fluidmechanik. Hier ist die Feldbetrachtung besser dem Problem angepaßt. Es interessiert im allgemeinen weniger, woher ein bestimmtes Teilchen kommt und wohin es fließt, aber man braucht Informationen z.B. über die Geschwindigkeit an einer fixierten Stelle. Es bereitet auch experimentell wenig Schwierigkeiten, Geschwindigkeiten oder Drücke eines Fluids für einen fixierten Punkt zu messen, aber die Messung der Geschwindigkeit als Funktion materieller Koordinaten ist mit erheblichem Aufwand verbunden. So überwiegt in der Fluidmechanik die *Euler*sche Betrachtungsweise. Das kann aber auch bei solchen Aufgaben wie dem stationären Fließvorgang viskoplastischer Materialien vorteilhaft sein, die z.B. den Prozeß des Fließpressens modellieren, obwohl die Aufgabe formal mehr der Festkörpermechanik zugerechnet wird. Ferner ist es für theoretische Ableitungen oft hilfreich, beide Betrachtungsweisen parallel einzusetzen.

Bei großen Deformationen kann es, besonders bei der Anwendung numerischer Methoden, sinnvoll sein, als deformierten Zustand eine der Momentankonfiguration inkrementell benachbarte Konfigurationen zu definieren. Bei einer *Lagrange*schen Betrachtungsweise hat man dann folgende Möglichkeiten:

1. Als Referenzkonfiguration wird die Ausgangslage zur Zeit $t = t_0$ betrachtet (Totale *Lagrange*sche Betrachtungsweise).
2. Als Referenzkonfiguration wird die Momentankonfiguration gewählt (Updated *Lagrange*sche Betrachtungsweise).

Beide Betrachtungsweisen sind gleichberechtigt und haben in Abhängigkeit von der Aufgabenstellung Vor- und Nachteile.

Ableitung skalarer, vektorieller und tensorieller Funktionen nach der Zeit
Die den materiellen Punkten eines Körpers zugeschriebenen Eigenschaften können in materieller Beschreibung oder in Feldbeschreibung gegeben sein. Für eine skalare Eigenschaftsfunktion φ gilt dann unter Beachtung von Gl. (2.3)

$$\varphi = \varphi(\mathbf{a}, t) = \varphi(a_1, a_2, a_3, t) \qquad \text{materielle Beschreibung}$$
$$\varphi = \varphi[\mathbf{a}(\mathbf{x}, t), t] = \varphi(\mathbf{x}, t) = \varphi(x_1, x_2, x_3, t) \quad \text{Feldbeschreibung}$$

Wie bereits erläutert, liefert die materielle Beschreibung den Wert von φ zur Zeit t für den materiellen Punkt $\mathbf{a}$. Die Feldbeschreibung liefert dagegen den Wert von φ zur Zeit t für den Ort $\mathbf{x}$. Analoge Formulierungen gelten ganz allgemein für Tensorfunktionen beliebiger Stufe. In Abhängigkeit von der Art der Beschreibung der Funktion φ werden zwei unterschiedliche Zeitableitungen, eine lokale Ableitung und eine materielle Ableitung, benötigt. Die lokale Ableitung

$$\frac{\partial\varphi(\mathbf{x},t)}{\partial t} = \left.\frac{\partial\varphi(\mathbf{x},t)}{\partial t}\right|_{\mathbf{x}\ \text{fest}}$$

gibt die zeitliche Änderung der Funktion φ für einen festen Ort $\mathbf{x}$ an. Die materielle Ableitung

$$\frac{\partial\varphi(\mathbf{a},t)}{\partial t} = \left.\frac{\partial\varphi(\mathbf{a},t)}{\partial t}\right|_{\mathbf{a}\ \text{fest}}$$

bestimmt die zeitliche Änderung von φ für einen bestimmten materiellen Punkt $\mathbf{a}$. Die materielle oder substantielle Ableitung wird meist mit

$$\frac{D\varphi}{Dt} \text{ oder mit } \dot{\varphi}$$

bezeichnet.

Die anschauliche Interpretation ist einfach. Ein Betrachter am festen Ort $\mathbf{x}$ mißt für die Größe φ eine Änderung

$$\left.\frac{\partial\varphi(\mathbf{x},t)}{\partial t}\right|_{\mathbf{x}\ \text{fest}}$$

Ein mit dem materiellen Punkt verbundener Beobachter mißt die zeitliche Änderung

$$\dot{\varphi} = \left.\frac{\partial\varphi(\mathbf{x},t)}{\partial t}\right|_{\mathbf{a}\ \text{fest}}$$

Vielfach wird die materielle Ableitung auch für Größen benötigt, die als Feldgrößen vorliegen. Für eine Funktion $\varphi(\mathbf{x},t)$ erhält man unter Beachtung von $x_i = x_i(a_j,t)$ und

$$\left.\frac{\partial x_i}{\partial t}\right|_{\mathbf{a}\ \text{fest}} = \dot{x}_i(a_j\ \text{fest},t) = v_i(a_j,t)$$

$$\begin{aligned}\frac{D\varphi}{Dt} \equiv \dot{\varphi} = \left.\frac{\partial\varphi}{\partial t}\right|_{\mathbf{a}\ \text{fest}} &= \left.\frac{\partial\varphi}{\partial x_i}\frac{\partial x_i}{\partial t}\right|_{\mathbf{a}\ \text{fest}} + \left.\frac{\partial\varphi}{\partial t}\right|_{\mathbf{x}\ \text{fest}} \\ &= \left.\frac{\partial\varphi}{\partial t}\right|_{\mathbf{x}\ \text{fest}} + v_i\left.\frac{\partial\varphi}{\partial x_i}\right|_{\mathbf{a}\ \text{fest}}\end{aligned} \tag{2.4}$$

Mit Hilfe des Nabla-Operators $\boldsymbol{\nabla} = \boldsymbol{\nabla}_{\mathbf{x}}$ kann die materielle Ableitung der Feldgröße nach der Zeit auch in koordinatenunabhängiger Schreibweise angegeben werden

$$\frac{D\varphi}{Dt} = \left.\frac{\partial\varphi}{\partial t}\right|_{\mathbf{x}\text{ fest}} + \mathbf{v}\cdot\nabla\varphi|_{\mathbf{a}\text{ fest}} = \left.\frac{\partial\varphi}{\partial t}\right|_{\mathbf{x}\text{ fest}} + \mathbf{v}\cdot\operatorname{grad}\varphi|_{\mathbf{a}\text{ fest}} \tag{2.5}$$

Für die materielle Geschwindigkeit und die materielle Beschleunigung einer Bewegung gelten folgende Aussagen.

Definition: *Die materielle Ableitung des Positionsvektors* $\mathbf{x}(\mathbf{a}, t)$ *eines materiellen Punktes* $\mathbf{a}$ *ergibt den Geschwindigkeitsvektor* $\mathbf{v}(\mathbf{a}, t)$*, die entsprechende Ableitung von* $\mathbf{v}(\mathbf{a}, t)$ *den Beschleunigungsvektor* $\mathbf{b}(\mathbf{a}, t)$ *dieses Punktes*

$$\mathbf{v}(\mathbf{a}, t) = \dot{\mathbf{x}}(\mathbf{a}, t); \quad \mathbf{b}(\mathbf{a}, t) = \dot{\mathbf{v}}(\mathbf{a}, t) = \ddot{\mathbf{x}}(\mathbf{a}, t) \tag{2.6}$$

Die Feldbeschreibungen für $\mathbf{v}$ *und* $\mathbf{b}$ *erhält man, wenn* $\mathbf{a}$ *durch* $\mathbf{x}$ *ersetzt wird*

$$\mathbf{v} = \mathbf{v}[\mathbf{a}(\mathbf{x}, t), t] = \mathbf{v}(\mathbf{x}, t); \quad \mathbf{b} = \mathbf{b}[\mathbf{a}(\mathbf{x}, t), t] = \mathbf{b}(\mathbf{x}, t) \tag{2.7}$$

Die materielle Ableitung einer Größe φ in Feldbeschreibung (*Euler*sche Darstellung) kann in folgender Weise interpretiert werden:

$\left.\frac{\partial\varphi}{\partial t}\right|_{\mathbf{x}\text{ fest}}$ ist die bereits erklärte lokale Ableitung von $\varphi(\mathbf{x}, t)$

$\mathbf{v}\cdot\nabla_{\mathbf{x}}\varphi$ heißt konvektive Ableitung.

Schlußfolgerung: *Für zeitunabhängige, d.h. stationäre Feldgrößen* $\varphi = \varphi(\mathbf{x})$ *ist die lokale Ableitung Null, die konvektive Ableitung aber verschieden von Null. Ist der Geschwindigkeitsvektor* $\mathbf{v}$ *rechtwinklig zum Gradientenvektor* $\nabla_{\mathbf{x}}\varphi$*, verschwindet auch die konvektive Ableitung und es gilt*

$$\frac{D\varphi}{Dt} = 0$$

Die konvektive Ableitung entspricht der zeitlichen Änderung, die ein mit dem materiellen Punkt verbundener Beobachter feststellt. Da sich zu unterschiedlichen Zeiten der Punkt an unterschiedlichen Orten aufhält, für die $\varphi(\mathbf{x})$ *im allgemeinen auch unterschiedliche Werte hat, mißt der Beobachter auch bei stationären Feldgrößen eine zeitliche Änderung der Eigenschaft* $\varphi(\mathbf{x})$ *für den materiellen Punkt. Im Sonderfall stationärer, konstanter Felder entfällt aber auch die konvektive Ableitung.*

Die materiellen Zeitableitungen für Feldgrößen ist nachfolgend übersichtlich zusammengefaßt ($\nabla \equiv \nabla_{\mathbf{x}}$). Die gesonderte Kennzeichnung „$\mathbf{x}$ fest“ oder „$\mathbf{a}$ fest“ wurde weggelassen.

Materielle Zeitableitungen $D(\ldots)/Dt$

Allgemeine Vorschrift:

$$\frac{D(\ldots)}{Dt} = \frac{\partial(\ldots)}{\partial t} + \mathbf{v} \cdot \boldsymbol{\nabla}(\ldots); \quad \frac{D(\ldots)}{Dt} = \frac{\partial(\ldots)}{\partial t} + v_i(\ldots)_{,i}$$

Skalare Feldgrößen

$$\frac{D\varphi(\mathbf{x},t)}{Dt} = \frac{\partial\varphi}{\partial t} + \mathbf{v} \cdot \boldsymbol{\nabla}\varphi; \quad \frac{D\varphi}{Dt} = \frac{\partial\varphi}{\partial t} + v_i\varphi_{,i}$$

Vektorielle Feldgrößen

$$\frac{D\mathbf{a}(\mathbf{x},t)}{Dt} = \frac{\partial\mathbf{a}}{\partial t} + \mathbf{v} \cdot \boldsymbol{\nabla}\mathbf{a}; \quad \frac{Da_i}{Dt} = \frac{\partial a_i}{\partial t} + v_j a_{i,j}$$

Dyadische Feldgrößen

$$\frac{D\mathbf{T}(\mathbf{x},t)}{Dt} = \frac{\partial\mathbf{T}}{\partial t} + \mathbf{v} \cdot \boldsymbol{\nabla}\mathbf{T}; \quad \frac{DT_{ij}}{Dt} = \frac{\partial T_{ij}}{\partial t} + v_k T_{ij,k}$$

2.3 Übungsbeispiele mit Lösungen zum Abschnitt 2.2

1. Man interpretiere die folgenden Bewegungen

a) $\mathbf{x}(\mathbf{a},t) = \mathbf{a} + kta_2\mathbf{e}_1$

b) $\mathbf{x}(\mathbf{a},t) = \mathbf{a} + kt\mathbf{a}$

Die Referenzkonfiguration ist der Einheitswürfel.

Lösung: Für die Rückseite $0ABC$ des Einheitswürfels gilt beispielsweise

$$\begin{array}{lll}
t=0 & 0: & (a_1,a_2,a_3) = (0,0,0)\\
 & A: & (a_1,a_2,a_3) = (1,0,0)\\
 & B: & (a_1,a_2,a_3) = (1,1,0)\\
 & C: & (a_1,a_2,a_3) = (0,1,0)\\
\text{a) } t>0 & 0: & (x_1,x_2,x_3) = (\ 0,\ 0,0)\\
 & A: & (x_1,x_2,x_3) = (\ 1,\ 0,0)\\
 & B: & (x_1,x_2,x_3) = (1+kt,1,0)\\
 & C: & (x_1,x_2,x_3) = (\ kt,\ 1,0)\\
\text{b) } t>0 & 0: & (x_1,x_2,x_3) = (\ 0,\ 0,\ 0)\\
 & A: & (x_1,x_2,x_3) = (1+kt,\ 0,\ 0)\\
 & B: & (x_1,x_2,x_3) = (1+kt,1+kt,0)\\
 & C: & (x_1,x_2,x_3) = (\ 0,\ 1+kt,0)
\end{array}$$

Damit kann folgende Interpretation für a) gegeben werden

- alle Punkte auf $\overline{0A}$ verschieben sich nicht
- alle Punkte auf $\overline{CB}$ verschieben sich auf $x_1 = a_1 + kt$
- alle Punkte auf $\overline{0C}$ verschieben sich auf $x_1 = a_2kt$
- alle Punkte auf $\overline{AB}$ verschieben sich auf $x_1 = 1 + a_2kt$

$\Rightarrow$ Schubdeformation, aus dem Würfel wird ein Parallelogramm

Analog gilt für b)

- alle Punkte auf $\overline{0A}$ verschieben sich auf $x_1 = a_1(1+kt)$
- alle Punkte auf $\overline{CB}$ verschieben sich auf $x_1 = a_1(1+kt),\ x_2 = 1+kt$

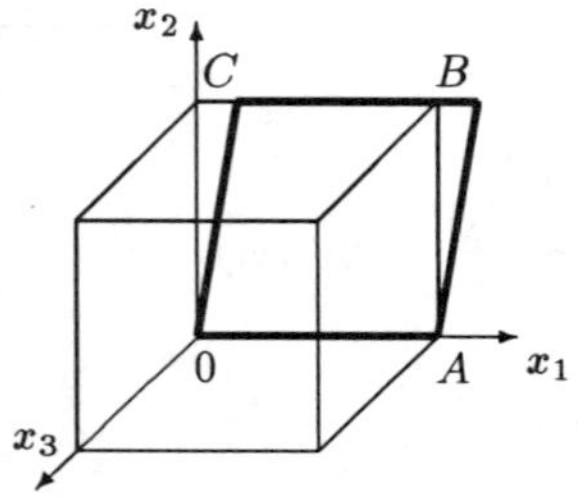

Bild 2.2 Lösung a)

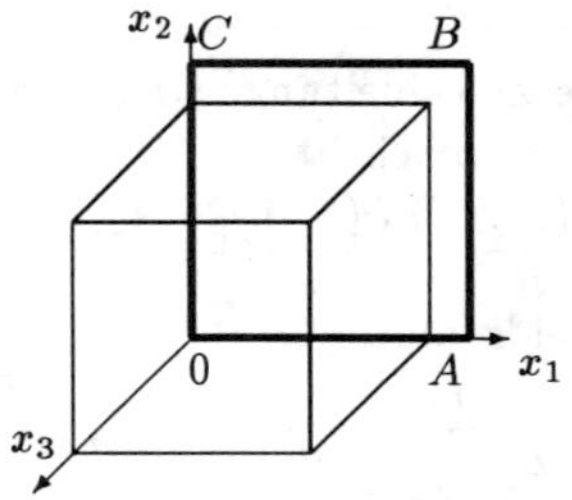

Bild 2.3 Lösung b)

- alle Punkte auf $\overline{0C}$ verschieben sich auf $x_2 = a_2(1 + kt)$
- alle Punkte auf $\overline{AB}$ verschieben sich auf $x_1 = 1 + kt,\ x_2 = a_2(1 + kt)$

$\Rightarrow$ Volumendehnung, der Würfel bleibt ein Würfel

2. Man prüfe, ob für die Bewegungsgleichung $\mathbf{x}(\mathbf{a}, t)$ mit

$$x_1(a_j, t) = a_1 e^t + a_3(e^t - 1)$$
$$x_2(a_j, t) = a_2 + a_3(e^t - e^{-t})$$
$$x_3(a_j, t) = a_3$$

die *Jacobi*-Determinante von Null verschieden ist und formuliere gegebenenfalls die Gleichung $\mathbf{a}(\mathbf{x}, t)$

Lösung:

$$\left|\frac{\partial x_i}{\partial a_j}\right| = \begin{vmatrix} e^t & 0 & e^t - 1 \\ 0 & 1 & e^t - e^{-t} \\ 0 & 0 & 1 \end{vmatrix} = e^t \neq 0$$

$$a_3(x_j, t) = x_3$$
$$a_2(x_j, t) = x_2 - x_3(e^t - e^{-t})$$
$$a_1(x_j, t) = x_1 e^{-t} - x_3(1 - e^{-t})$$

Die *Jacobi*-Determinante ist von Null verschieden, die Funktionen $\mathbf{x}(\mathbf{a}, t)$ und $\mathbf{a}(\mathbf{x}, t)$ sind somit umkehrbar eindeutig zugeordnet.

3. Ein starrer Körper rotiere mit einer konstanten Winkelgeschwindigkeit $\boldsymbol{\omega}(\mathbf{x}) = \omega_3 \mathbf{e}_3$ um die x_3-Achse. Man berechne das Geschwindigkeits- und das Beschleunigungsfeld $\mathbf{v}(\mathbf{x}, t)$ bzw. $\mathbf{b}(\mathbf{x}, t)$

Lösung:

$$\begin{aligned} \mathbf{v} = \boldsymbol{\omega} \times \mathbf{x} &= \omega_3 \mathbf{e}_3 \times x_i \mathbf{e}_i \\ &= \omega_3 x_i \mathbf{e}_3 \times \mathbf{e}_i \\ &= \omega_3 x_i \varepsilon_{3ik} \mathbf{e}_k \\ &= -\omega_3 x_2 \mathbf{e}_1 + \omega_3 x_1 \mathbf{e}_2 \end{aligned}$$

$$v_1 = -x_2\omega_3,\quad v_2 = x_1\omega_3,\quad v_3 = 0$$

$$\frac{D\mathbf{v}}{Dt} = \frac{\partial \mathbf{v}}{\partial t} + \mathbf{v} \cdot \nabla \mathbf{v};\quad \frac{Dv_i}{Dt} = \frac{\partial v_i}{\partial t} + v_j v_{i,j}$$

$$\begin{bmatrix}\dot v_1\\ \dot v_2\\ \dot v_3\end{bmatrix} = \begin{bmatrix}0\\0\\0\end{bmatrix} + \begin{bmatrix}-\omega_3 x_2\\ \omega_3 x_1\\ 0\end{bmatrix}\begin{bmatrix}0 & -\omega_3 & 0\\ \omega_3 & 0 & 0\\ 0 & 0 & 0\end{bmatrix} = \begin{bmatrix}-x_1\omega_3^2\\ -x_2\omega_3^2\\ 0\end{bmatrix}$$

Damit ist

$$\mathbf{v} = -x_2\omega_3\mathbf{e}_1 + x_1\omega_3\mathbf{e}_2 = \mathbf{v}(\mathbf{x});\ \mathbf{b} = -x_1\omega_3^2\mathbf{e}_1 - x_2\omega_3^2\mathbf{e}_2 = \mathbf{b}(\mathbf{x})$$

4. Man berechne für ein gegebenes Geschwindigkeitsfeld $\mathbf{v}(\mathbf{x},t) = \mathbf{x}/(1+t)$ das zugehörige Beschleunigungsfeld $\mathbf{b} = \mathbf{b}(\mathbf{x},t)$ und bestimme die Bahnkurve $\mathbf{x} = \mathbf{x}(\mathbf{a},t)$ für einen materiellen Punkt $\mathbf{a}$.

Lösung:

$$\begin{aligned} v_i(x_j,t) &= \frac{x_i}{1+t}\\ b_i(x_j,t) &= \frac{Dv_i}{Dt} = \frac{\partial v_i}{\partial t} + v_j v_{i,j}\\ &= \frac{-x_i}{(1+t)^2} + \frac{x_i}{(1+t)^2} = 0\\ \mathbf{v} = \dot{\mathbf{x}} &= \frac{\mathbf{x}}{1+t};\end{aligned}$$

$$\int\limits_{\mathbf{x}_0=\mathbf{a}}^{\mathbf{x}} \frac{d\mathbf{x}}{\mathbf{x}} = \int\limits_{t_0=0}^{t} \frac{dt}{1+t}$$

$$\ln\left(\frac{\mathbf{x}}{\mathbf{a}}\right) = \ln\left(\frac{1+t}{1}\right)$$

$$\mathbf{x} \geq \mathbf{a} \Longrightarrow \mathbf{x} = \mathbf{a}(1+t)$$

Für das Beschleunigungsfeld gilt $\mathbf{b}(\mathbf{x},t) \equiv \mathbf{0}$. Die Gleichung der Bahnkurve ist $\mathbf{x}(\mathbf{a},t) = \mathbf{a}(1+t)$.

5. Ein materieller Punkt bewege sich auf gegebener Bahn in einem stationären Temperaturfeld

$$x_i = x_i(a_j,t):\ x_1 = a_1 + 2a_2 t,\ x_2 = a_1 t + a_2,\ x_3 = 3a_3$$

$$\vartheta = \vartheta(x_i) = 2x_1 + 3x_2$$

Man beschreibe das Temperaturfeld in materiellen Koordinaten und berechne die Geschwindigkeit und die Temperaturänderung für einen speziellen materiellen Punkt.

Lösung:

$$\begin{aligned} \vartheta(x_i) &= \vartheta[x_i(a_j,t)]\\ \vartheta(a_i,t) &= 2(a_1 + 2a_2 t) + 3(a_1 t + a_2)\\ &= (2+3t)a_1 + (3+2t)a_2\\ v_i(a_j,t) &= \dot x_i(a_j,t):\ v_1 = 2a_2,\ v_2 = a_1,\ v_3 = 0\\ \frac{D\vartheta(a_i,t)}{Dt} &= 3a_1 + 2a_2\end{aligned}$$

Schlußfolgerung: Auch im stationären Temperaturfeld ändert sich die Temperatur eines materiellen Punktes bei seiner Bewegung entlang der Bahnkurve.

2.4 Deformationen und Deformationsgradienten

Nach den in den Abschnitten 2.1 und 2.2 eingeführten Gleichungen und Definitionen können für materielle Körper bzw. ihre materiellen Punkte die Bewegungsgleichungen formuliert und die Geschwindigkeiten sowie die Beschleunigungen berechnet werden. Dabei muß stets zwischen einer *Langran*geschen oder einer *Euler*schen Darstellung der Gleichungen unterschieden werden. Im folgenden wird zunächst genauer untersucht, wie sich die Bewegungen des Körpers auf sein lokales Verhalten auswirken. Eine erste Antwort darauf erhält man, wenn man die Transformationen von Linien-, Flächen- und Volumenelementen aus der Referenzkonfiguration in die aktuelle Konfiguration verfolgen kann. Das gelingt durch Einführung des Deformationsgradienten $\mathbf{F}$, eines Tensors 2. Stufe.

Definition: *Wird die Deformation eines Körpers von der Referenzkonfiguration in die Momentankonfiguration durch die Bewegungsgleichung*

$$\mathbf{x} = \mathbf{x}(\mathbf{a}, t) \textit{ bzw. } x_i = x_i(a_j, t)$$

beschrieben, definiert die Gleichung

$$\mathbf{F} = [\nabla_{\mathbf{a}} \mathbf{x}(\mathbf{a}, t)]^T \textit{ bzw. } F_{ij}\mathbf{e}_i\mathbf{e}_j = \frac{\partial x_i}{\partial a_j}\mathbf{e}_i\mathbf{e}_j$$

den materiellen Deformationsgradiententensor $\mathbf{F}$. $\mathbf{F}$ *bewirkt eine Transformation eines materiellen Linienelementes* $d\mathbf{a}$ *der Referenzkonfiguration in ein materielles Linienelement* $d\mathbf{x}$ *der Momentankonfiguration, d.h.*

$$\mathbf{F} \cdot d\mathbf{a} = d\mathbf{x}$$

Unterscheiden sich zwei Deformationen nur durch eine Translation, haben sie den gleichen Deformationsgradienten.

Die Transformationseigenschaft des Deformationsgradiententensors kann man leicht zeigen. Aus $\mathbf{x} = \mathbf{x}(\mathbf{a}, t)$ folgt

$$d\mathbf{x} = dx_i\mathbf{e}_i = \frac{\partial x_i}{\partial a_j} da_j \mathbf{e}_i = \frac{\partial x_i}{\partial a_j}\mathbf{e}_i(\mathbf{e}_j \cdot \mathbf{e}_k) da_k$$

$$d\mathbf{x} = \mathbf{F} \cdot d\mathbf{a}; \; dx_i = F_{ij} da_j \tag{2.8}$$

Mit der Ableitung des aktuellen Positionsvektors nach dem Referenzpositionsvektor

$$\nabla_{\mathbf{a}} \mathbf{x} = \mathbf{e}_i \frac{\partial \mathbf{x}}{\partial a_i} = \frac{\partial x_j}{\partial a_i}\mathbf{e}_i\mathbf{e}_j$$

erhält man die Gleichung für den Deformationsgradienten in *Lagrange*scher Darstellung (materieller Deformationsgradiententensor)

$$\mathbf{F}(\mathbf{a}, t) = [\nabla_{\mathbf{a}} \mathbf{x}(\mathbf{a}, t)]^T \text{ oder auch } \mathbf{F}(\mathbf{a}, t) = [\operatorname{grad} \mathbf{x}(\mathbf{a}, t)]^T$$

Für die Rücktransformation des Elementes $d\mathbf{x}$ in das Element $d\mathbf{a}$ benötigt man den inversen Deformationstensor

$$d\mathbf{a} = \mathbf{F}^{-1} \cdot d\mathbf{x}; \; da_i = F_{ij}^{-1} dx_j \tag{2.9}$$

Dabei gilt

$$\mathbf{F}^{-1} = \frac{\partial a_i}{\partial x_j} \mathbf{e}_i \mathbf{e}_j = [\nabla_{\mathbf{X}} \mathbf{a}(\mathbf{x}, t)]^T$$

Man erkennt, daß $\mathbf{F}^{-1}$ dem Deformationsgradienten in *Euler*scher Darstellung (räumlicher Deformationsgradiententensor) entspricht.

Bild 2.4 veranschaulicht die Transformation von Linienelementen aus der Referenzkonfiguration in die Momentankonfiguration. **a** und **x** sind die Orts-

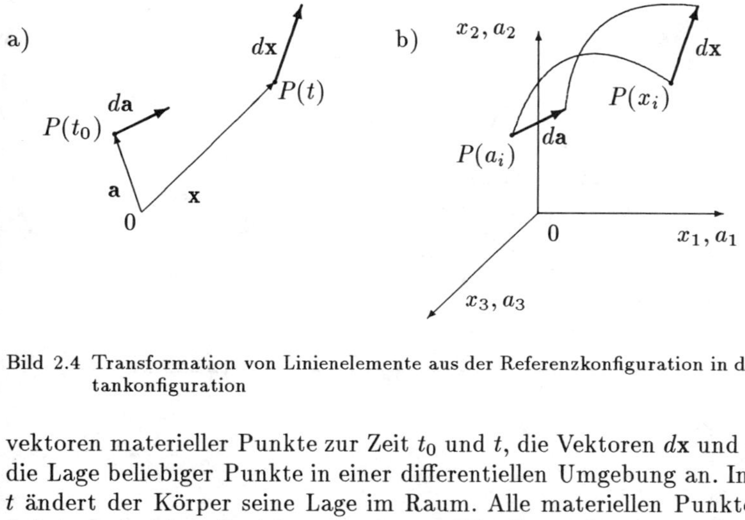

Bild 2.4 Transformation von Linienelemente aus der Referenzkonfiguration in die Momentankonfiguration

vektoren materieller Punkte zur Zeit t_0 und t, die Vektoren $d\mathbf{x}$ und $d\mathbf{a}$ geben die Lage beliebiger Punkte in einer differentiellen Umgebung an. In der Zeit t ändert der Körper seine Lage im Raum. Alle materiellen Punkte können dabei eine andere Position einnehmen. Die Gesamtbewegung des Körpers besteht dann aus den Starrkörperbewegungen, der Translation und der Rotation, sowie aus den Verformungen des Körpers durch relative Lageänderungen seiner Körperpunkte, den Verzerrungen.

Somit erfährt auch ein materieller Linienvektor $d\mathbf{a}$ während der Bewegung der differentiell benachbarten Körperpunkte von der Referenz- in die Momentankonfiguration eine Translation und eine Rotation sowie eine Streckung oder Stauchung. Dieser Zusammenhang ist durch den Deformationsgradiententensor bestimmt

$$d\mathbf{x} = \mathbf{F} \cdot d\mathbf{a}; \; d\mathbf{a} = \mathbf{F}^{-1} \cdot d\mathbf{x}$$

Der Deformationsgradient ist im allgemeinen ein unsymmetrischer Tensor. Treten allerdings keine Starrkörperbewegungen auf, geht der Deformationstensor in einen Verzerrungstensor über und ist dann symmetrisch.

Die Deformation, und somit auch der Deformationsgradiententensor, sind vom betrachteten materiellen Punkt abhängig. Nur für den Sonderfall, daß die Bewegungsgleichung $x_i(a_j, t)$ in den a_j linear ist, wird der Deformationsgradient für alle materiellen Punkte gleich und man spricht von einer homogenen oder affinen Transformation.

Der Deformationsgradient liefert auch den Zusammenhang zwischen Flächen- bzw. Volumenelementen in der Referenz- und in der Momentankonfiguration. Ein Flächenelement dA_0 in der Referenzkonfiguration habe die

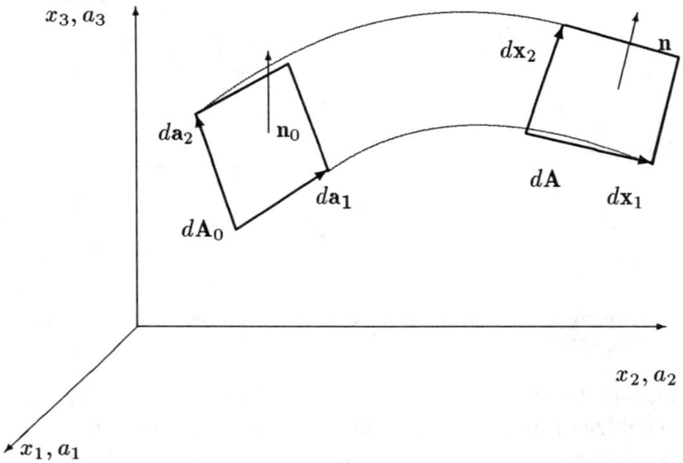

Bild 2.5 Flächenelement in der Referenzkonfiguration und der Momentankonfiguration

Abmessung $da_1 da_2$ (Bild 2.5). Unter Berücksichtigung der Orientierung von Flächenelementen kann man dann schreiben

$$d\mathbf{A}_0 = d\mathbf{a}_1 \times d\mathbf{a}_2$$

Bei der Bewegung in die Momentankonfiguration geht ein Flächenelement $d\mathbf{A}_0$ in ein Element $d\mathbf{A}$ über

$$d\mathbf{A} = d\mathbf{x}_1 \times d\mathbf{x}_2 = (\mathbf{F} \cdot d\mathbf{a}_1) \times (\mathbf{F} \cdot d\mathbf{a}_2)$$

Unter Beachtung von

$$(\mathbf{F} \cdot d\mathbf{a}_1) \times (\mathbf{F} \cdot d\mathbf{a}_2) = (\det\mathbf{F})(\mathbf{F}^T)^{-1} \cdot (d\mathbf{a}_1 \times d\mathbf{a}_2)$$

erhält man

$$d\mathbf{A} = (\det\mathbf{F})(\mathbf{F}^{-1})^T \cdot d\mathbf{A}_0 \tag{2.10}$$

Für ein Volumenelement mit den Abmessungen da_1, da_2, da_3 gilt

$$\begin{aligned} dV_0 &= |(d\mathbf{a}_1 \times d\mathbf{a}_2) \cdot d\mathbf{a}_3| \\ dV &= |[(\mathbf{F} \cdot d\mathbf{a}_1) \times (\mathbf{F} \cdot d\mathbf{a}_2)] \cdot (\mathbf{F} \cdot d\mathbf{a}_3)| \end{aligned}$$

und unter Beachtung von

$$|[(\mathbf{F} \cdot d\mathbf{a}_1) \times (\mathbf{F} \cdot d\mathbf{a}_2)] \cdot (\mathbf{F} \cdot d\mathbf{a}_3)| = |\det\mathbf{F}||(d\mathbf{a}_1 \times d\mathbf{a}_2) \cdot d\mathbf{a}_3|$$

$$dV = |\det\mathbf{F}| dV_0 = (\det\mathbf{F}) dV_0 \tag{2.11}$$

Es folgt immer $\det\mathbf{F} > 0$, falls man Stetigkeit in t voraussetzt und beachtet, daß für $t = t_0$ $\det\mathbf{F} = 1$ ist. Für die Ableitungen wurden die folgenden Identitäten genutzt

1. Für alle **a**, **b** und **c** gilt

$$\begin{aligned} (\det\mathbf{F})[(\mathbf{a} \times \mathbf{b}) \cdot \mathbf{c}] &= [(\mathbf{F} \cdot \mathbf{a}) \times (\mathbf{F} \cdot \mathbf{b})](\mathbf{F} \cdot \mathbf{c}) \\ &= \mathbf{F}^T[(\mathbf{F} \cdot \mathbf{a}) \times (\mathbf{F} \cdot \mathbf{b})] \cdot \mathbf{c} \end{aligned} \tag{2.12}$$

2. Für alle **a**, **b** gilt

$$\begin{aligned} (\det\mathbf{F})(\mathbf{a} \times \mathbf{b}) &= \mathbf{F}^T \cdot [(\mathbf{F} \cdot \mathbf{a}) \times (\mathbf{F} \cdot \mathbf{b})] \\ (\mathbf{F} \cdot \mathbf{a}) \times (\mathbf{F} \cdot \mathbf{b}) &= (\det\mathbf{F})(\mathbf{F}^T)^{-1}(\mathbf{a} \times \mathbf{b}) \end{aligned} \tag{2.13}$$

Man erkennt aus den hier angegebenen Transformationsgleichungen für Linien-, Flächen- und Volumenelemente die fundamentale Bedeutung des Deformationsgradienten für die Kontinuuumsmechanik. Er beschreibt die lokalen kinematischen Eigenschaften infolge der Bewegung von Körpern.

Eine grundlegende Aufgabe der Kontinuumsmechanik ist die Berechnung der Verzerrungen in materiellen Körpern. Diese rufen innere Kräfte hervor. Sie bilden folglich die Grundlage für die Formulierung von Materialgleichungen. Will man die Verzerrungen berechnen, müssen jedoch zunächst die Anteile infolge der Starrkörperbewegungen aus den Deformationsgrößen abgetrennt werden. Auf diese Weise erhält man über den Deformationsgradienten einen Zugang zu den verschiedenen Verzerrungstensoren, die in der Theorie endlicher Verzerrungen verwendet werden. Theoretischer Ausgangspunkt hierfür ist die polare Zerlegung von **F** in ein Produkt zweier Faktoren, die eine lokale Trennung der Deformation in eine Rotation und eine Streckung (Stauchung) ermöglicht. Darauf wird im Abschnitt 2.8 näher eingegangen.

Zusammenfassend ergeben sich zum Deformationsgradienten folgende Gleichungen.

Deformationsgleichungen und Deformationsgradiententensor

$$\begin{aligned}
\mathbf{x} &= \mathbf{x}(\mathbf{a},t); & x_i &= x_i(a_j,t)\\
\mathbf{a} &= \mathbf{a}(\mathbf{x},t); & a_i &= a_i(x_j,t)\\
\mathbf{F} &= (\nabla_{\mathbf{a}}\mathbf{x})^T; & F_{ij} &= \partial x_i/\partial a_j\\
\mathbf{F}^{-1} &= (\nabla_{\mathbf{x}}\mathbf{a})^T; & F_{ij}^{-1} &= \partial a_i/\partial x_j\\
(\mathbf{F}^{-1})^T &= (\mathbf{F}^T)^{-1}
\end{aligned}$$

Transformation von Linien-, Flächen- und Volumenelementen

$$\begin{aligned}
d\mathbf{x} &= \mathbf{F}\cdot d\mathbf{a}; & d\mathbf{a} &= \mathbf{F}^{-1}\cdot d\mathbf{x}\\
d\mathbf{A} &= (\det\mathbf{F})\mathbf{F}^{-1}\cdot d\mathbf{A}_0; & d\mathbf{A}_0 &= (\det\mathbf{F})^{-1}\mathbf{F}\cdot d\mathbf{A}\\
dV &= (\det\mathbf{F})dV_0; & dV_0 &= (\det\mathbf{F})^{-1}dV\\
d\mathbf{A} &= d\mathbf{x}_1\times d\mathbf{x}_2; & d\mathbf{A}_0 &= d\mathbf{a}_1\times d\mathbf{a}_2\\
dV &= |(d\mathbf{x}_1\times d\mathbf{x}_2)\cdot d\mathbf{x}_3|; & dV_0 &= |(d\mathbf{a}_1\times d\mathbf{a}_2)\cdot d\mathbf{a}_3|\\
\det\mathbf{F} &> 0; & \det\mathbf{F} &= 1 \text{ für } t=t_0
\end{aligned}$$

2.5 Übungsbeispiele mit Lösungen zum Abschnitt 2.4

1. Man zeige, daß die Deformationsgradienten in *Lagrange*scher und in *Euler*scher Darstellung inverse Tensoren sind.

Lösung:

$$\begin{aligned}
(\nabla_{\mathbf{a}}\mathbf{x})^T\cdot(\nabla_{\mathbf{x}}\mathbf{a})^T &= \frac{\partial x_i}{\partial a_j}\mathbf{e}_i\mathbf{e}_j\cdot\frac{\partial a_k}{\partial x_l}\mathbf{e}_k\mathbf{e}_l\\
&= \frac{\partial x_i}{\partial a_j}\frac{\partial a_k}{\partial x_l}\delta_{jk}\mathbf{e}_i\mathbf{e}_l\\
&= \frac{\partial x_i}{\partial a_j}\frac{\partial a_j}{\partial x_l}\mathbf{e}_i\mathbf{e}_l\\
&= \frac{\partial x_i}{\partial x_l}\mathbf{e}_i\mathbf{e}_l = \delta_{il}\mathbf{e}_i\mathbf{e}_l = \mathbf{I} \quad \text{q.e.d.}
\end{aligned}$$

2. Das Volumenelement dV_0 in der Referenzkonfiguration habe die Kantenvektoren $d\mathbf{a}_1 = da_{11}\mathbf{e}_1$; $d\mathbf{a}_2 = da_{22}\mathbf{e}_2$; $d\mathbf{a}_3 = da_{33}\mathbf{e}_3$, das Volumenelement dV in der Momentankonfiguration die Kantenvektoren $d\mathbf{x}_1 = dx_{1i}\mathbf{e}_i$; $d\mathbf{x}_2 = dx_{2j}\mathbf{e}_j$; $d\mathbf{x}_3 = dx_{3k}\mathbf{e}_k$. Man überprüfe die Transformation $dV = (\det\mathbf{F})dV_0$ mit Hilfe der Indexschreibweise.

Lösung:

$$\begin{aligned}
dV_0 &= (d\mathbf{a}_1\times d\mathbf{a}_2)\cdot d\mathbf{a}_3 = (da_{11}\mathbf{e}_1\times da_{22}\mathbf{e}_2)\cdot da_{33}\mathbf{e}_3\\
&= (\mathbf{e}_1\times\mathbf{e}_2)\cdot\mathbf{e}_3 da_{11}da_{22}da_{33} = (\mathbf{e}_3\cdot\mathbf{e}_3)da_{11}da_{22}da_{33}\\
&= da_{11}da_{22}da_{33}
\end{aligned}$$

$$
\begin{aligned}
dV &= (d\mathbf{x}_1 \times d\mathbf{x}_2) \cdot d\mathbf{x}_3 = (dx_{1i}\mathbf{e}_i \times dx_{2j}\mathbf{e}_j) \cdot dx_{3k}\mathbf{e}_k \\
&= (\mathbf{e}_i \times \mathbf{e}_j) \cdot \mathbf{e}_k dx_{1i} dx_{2j} dx_{3k} = \varepsilon_{ijl}(\mathbf{e}_l \cdot \mathbf{e}_k) dx_{1i} dx_{2j} dx_{3k} \\
&= \varepsilon_{ijl}\delta_{lk} dx_{1i} dx_{2j} dx_{3k} = \varepsilon_{ijk} dx_{1i} dx_{2j} dx_{3k} \\
&= \varepsilon_{ijk} F_{ip} da_{1p} F_{jq} da_{2q} F_{kr} da_{3r} = \varepsilon_{ijk} F_{i1} da_{11} F_{j2} da_{22} F_{k3} da_{33} \\
&= \varepsilon_{ijk} F_{i1} F_{j2} F_{k3} da_{11} da_{22} da_{33}
\end{aligned}
$$

$$\varepsilon_{ijk} F_{i1} F_{j2} F_{k3} = \det\mathbf{F}$$

$$dV = \det\mathbf{F} dV_0 \quad \text{q.e.d.}$$

2.6 Geschwindigkeitsfelder, Geschwindigkeitsgradient

Neben dem Deformationsgradiententensor **F**, der die lokalen Deformationen für Linien-, Flächen- und Volumenelemente beschreibt, spielt in der Kontinuumsmechanik auch der Geschwindigkeitsgradiententensor **L** eine besondere Rolle. Im folgenden wird gezeigt, daß mit Hilfe von **L** die Änderungsgeschwindigkeiten materieller Linien-, Flächen- und Volumenelemente, d.h. ihre Zeitableitungen (*time rates*) berechnet werden.

Zunächst sollen aber einige Aussagen über Geschwindigkeitsfelder zusammengefaßt werden. Die Geschwindigkeit $\mathbf{v}(\mathbf{a}, t)$ eines materiellen Punktes $\mathbf{a}$ ist durch die folgenden Gleichungen definiert

$$\mathbf{v}(\mathbf{a}, t) = \frac{D}{Dt}\mathbf{x}(\mathbf{a}, t) \equiv \dot{\mathbf{x}}(\mathbf{a}, t) = \frac{\partial}{\partial t}\mathbf{x}(\mathbf{a}, t)$$

Mit Hilfe der umkehrbar eindeutigen Zuordnung (2.3)

$$\mathbf{x}(\mathbf{a}, t) \Longleftrightarrow \mathbf{a}(\mathbf{x}, t)$$

erhält man die räumliche Darstellung für $\mathbf{v}$, d.h. das Geschwindigkeitsfeld

$$\mathbf{v}[\mathbf{a}(\mathbf{x}, t), t] = \mathbf{v}(\mathbf{x}, t)$$

Das durch $\mathbf{v}(\mathbf{x}, t)$ bestimmte Geschwindigkeitsfeld gibt Auskunft darüber, welche Geschwindigkeit ein beliebiger materieller Punkt hat, wenn er den Ort $\mathbf{x}$ passiert.

Insbesondere für die Kinematik von Fluiden ist oft eine genauere Analyse von Geschwindigkeitsfeldern erforderlich. Dabei werden Bahnlinien, Stromlinien und Streichlinien berechnet. Diese Begriffe werden im folgenden kurz erläutert.

1. Bahnlinie: Bahnlinien sind die von materiellen Punkten in der Zeit t durchlaufenen Bahnkurven. Man erhält sie bei gegebenen Geschwindigkeitsfeld $\mathbf{v}(\mathbf{x}, t)$ durch die Integration des Differentialgleichungssystems 1. Ordnung

$$\frac{d\mathbf{x}(t)}{dt} = \mathbf{v}(\mathbf{x}, t); \quad \mathbf{x}(t_0) = \mathbf{a}$$

zu

$$\mathbf{x} = \mathbf{x}(\mathbf{a}, t)$$

t ist Kurvenparameter, $\mathbf{a}$ Scharparameter der Bahnkurven. t_0 ist der für alle Bahnlinien gewählte gleiche Anfangsparameter. Die Vektordifferentialgleichung zeigt, daß die Geschwindigkeit der materiellen Punkte überall tangential zu ihrer Bahn ist. Eine Bahnlinie ist somit der geometrische Ort aller Raumpunkte, die ein materieller Punkt während seiner Bewegung durchläuft. Dies entspricht der *Lagrange*schen Betrachtungsweise.

2. Stromlinie: Für eine feste Zeit t wird durch $\mathbf{v}(\mathbf{x}, t)$ jedem Raumpunkt eine Richtung $\dot{\mathbf{x}}(\mathbf{x}, t)$ zugeordnet, falls nicht $\mathbf{v} \equiv \mathbf{0}$. Die Kurven, deren Tangentenrichtungen mit den Richtungen der Geschwindigkeitskurven übereinstimmen, heißen Stromlinien. Sie sind die Integralkurven des Geschwindigkeitsfeldes zur Zeit t und vermitteln für jeweils einen festen Zeitpunkt ein anschauliches Bild des Verlaufs einer Strömung. Stromlinien entsprechen somit einer Feldbeschreibung, d.h. einer *Euler*schen Darstellung. Mit der Linienkoordinate s als Kurvenparameter und der Anfangsbedingung $\mathbf{x}(s = s_0) = \mathbf{x}_0$ als Scharparameter erhält man die Parameterdarstellung der Stromlinie $\mathbf{x} = \mathbf{x}(s, \mathbf{x}_0)$ durch Integration der Vektordifferentialgleichung

$$\frac{d\mathbf{x}(s)}{ds} = \frac{\mathbf{v}(\mathbf{x}, t)}{|\mathbf{v}|}, \; t = \text{konst},$$

denn es gilt

$$\frac{d\mathbf{x}}{|d\mathbf{x}|} = \frac{d\mathbf{x}}{ds} = \frac{\mathbf{v}}{|\mathbf{v}|},$$

d.h. der Tangenteneinheitsvektor der Stromlinie ist gleich dem aus dem Geschwindigkeitsvektor folgenden Einheitsvektor. Für den Sonderfall

$$\mathbf{v}(\mathbf{x}, t) = \alpha(\mathbf{x}, t)\tilde{\mathbf{v}}(\mathbf{x})$$

mit dem Skalarfeld α stimmen Bahnkurve und Stromlinie überein. Auch für alle stationären Geschwindigkeitsfelder $\mathbf{v} = \mathbf{v}(\mathbf{x})$ fallen beide Kurven zusammen. Stromlinie und Bahnlinie berühren sich im Raumpunkt $\mathbf{x}(t)$, an dem sich der materielle Punkt auf seiner Bahn zum festen Zeitpunkt der betrachteten Stromlinie gerade befindet, da der Geschwindigkeitsvektor dort tangential zu seiner Bahn ist. Bild 2.6 zeigt anschaulich diesen Sonderfall. Man sieht, daß auf der Bahnkurve immer der gleiche materielle Punkt P_1 verfolgt wird, der sich zu unterschiedlichen Zeiten an unterschiedlichen Orten befindet, auf der Stromlinie dagegen zu einer festen Zeit sich an unterschiedlichen Orten unterschiedliche Punkte befinden. Die Bahnkurve ist somit die Verbindungslinie aller Orte, an denen sich ein spezieller materieller Punkt zu unterschiedlichen Zeiten befindet, die Stromlinie dagegen die

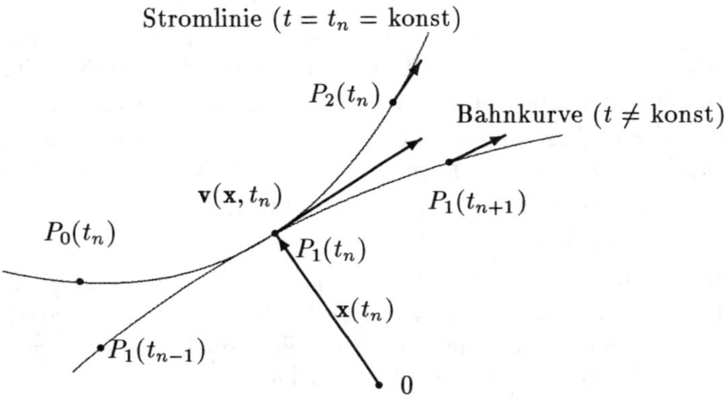

Bild 2.6 Stromlinie und Bahnkurve

Verbindungslinie der Orte, an denen sich zur gleichen Zeit unterschiedliche materielle Punkte befinden.

3. Streichlinie: Die Streichlinie verbindet für eine feste Zeit t alle materiellen Punkte, die zu einer beliebigen Zeit τ einen festen Ort $\boldsymbol{\xi}$ passiert haben oder passieren werden. Ist wieder das Geschwindigkeitsfeld $\mathbf{v} = \mathbf{v}(\mathbf{x}, t)$ gegeben, berechnet man meist die Bahnkurve $\mathbf{x} = \mathbf{x}(\mathbf{a}, t)$ und danach $\mathbf{a} = \mathbf{a}(\mathbf{x}, t)$. Ersetzt man in der letzten Gleichung $\mathbf{x}$ durch $\boldsymbol{\xi}$ und t durch τ, erhält man die materiellen Punkte $\mathbf{a}$ die zur Zeit τ am Ort $\boldsymbol{\xi}$ waren. Die Bahnkoordinaten für diese Punkte erhält man durch Einsetzen der entsprechenden $\mathbf{a}$ in die Bahnkurvengleichung

$$\mathbf{x} = \mathbf{x}[\mathbf{a}(\boldsymbol{\xi}, \tau), t] = \mathbf{x}(\boldsymbol{\xi}, \tau, t = \text{konst})$$

Für feste t ist τ Kurvenparameter einer Raumkurve, die durch den fixierten Punkt $\boldsymbol{\xi}$ geht. Diese Raumkurve ist die Streichlinie, d.h. der geometrische Ort aller materiellen Punkte, die zu einer fixierten Zeit t = konst den Punkt $\boldsymbol{\xi}$ passiert haben ($\tau < t$) oder noch passieren werden ($\tau > t$).

Für die weiteren Betrachtungen wird vorausgesetzt, daß das Geschwindigkeitsfeld $\mathbf{v} = \mathbf{v}(\mathbf{x}, t)$ bekannt ist. Die materielle Ableitung von $\mathbf{v}$ liefert das Beschleunigungsfeld $\mathbf{b}(\mathbf{x}, t)$

$$\mathbf{b}(\mathbf{x}, t) = \frac{D\mathbf{v}(\mathbf{x}, t)}{Dt} \equiv \dot{\mathbf{v}}(\mathbf{x}, t)$$

mit

$$\begin{aligned}
\dot{\mathbf{v}}(\mathbf{x}, t) &= \frac{\partial \mathbf{v}(\mathbf{x}, t)}{\partial t} + \mathbf{v}(\mathbf{x}, t) \cdot \boldsymbol{\nabla}_{\mathbf{x}} \mathbf{v}(\mathbf{x}, t) \\
&= \frac{\partial \mathbf{v}(\mathbf{x}, t)}{\partial t} + \mathbf{v}(\mathbf{x}, t) \cdot \operatorname{grad} \mathbf{v}(\mathbf{x}, t)
\end{aligned}$$

Der konvektive Teil der materiellen Ableitung ist das Skalarprodukt des Geschwindigkeitsvektors mit dem Gradienten des Geschwindigkeitsfeldes.

Man definiert nun den Geschwindigkeitsgradiententensor **L**.

Definition: *Der räumliche Geschwindigkeitsgradiententensor* **L** *eines gegebenen Geschwindigkeitsfeldes* $\mathbf{v} = \mathbf{v}(\mathbf{x}, t)$ *ist durch die Gleichung*

$$\mathbf{L}(\mathbf{x}, t) = [\nabla_{\mathbf{x}}\mathbf{v}(\mathbf{x}, t)]^T \equiv [\text{grad}\mathbf{v}(\mathbf{x}, t)]^T$$
$$L_{ij} = v_{i,j}$$

gegeben. **L** *ist ein Tensor 2. Stufe, d.h.* $\mathbf{L}(\mathbf{x}, t)$ *beschreibt ein Dyadenfeld.*

Mit Hilfe des Tensors **L** können die Zeitableitungen materieller Linien-, Flächen-, und Volumenelemente in der Momentankonfiguration berechnet werden. Es gelten die folgenden Gleichungen

$$(d\mathbf{x})^{\cdot} = \mathbf{L} \cdot d\mathbf{x} \tag{2.14}$$
$$(d\mathbf{A})^{\cdot} = [(\text{div}\mathbf{v})\mathbf{I} - \mathbf{L}^T] \cdot d\mathbf{A} \tag{2.15}$$
$$(dV)^{\cdot} = (\text{div}\mathbf{v})dV \tag{2.16}$$

Für den Beweis der Gl. (2.14) geht man von folgenden Beziehungen aus

$$v_i(a_j, t) = v_i[x_k(a_j, t), t]; \; a_i = a_i(x_j, t)$$
$$\frac{\partial v_i}{\partial a_j} = \frac{\partial v_i}{\partial x_k}\frac{\partial x_k}{\partial a_j} = L_{ik}F_{kj}$$

oder in symbolischer Schreibweise

$$(\nabla_{\mathbf{a}}\mathbf{v})^T = (\nabla_{\mathbf{x}}\mathbf{v})^T \cdot (\nabla_{\mathbf{a}}\mathbf{x})^T = \mathbf{L} \cdot \mathbf{F} \tag{2.17}$$

Ferner gilt mit

$$\nabla\left[\frac{\partial}{\partial t}(\ldots)\right] = \frac{\partial}{\partial t}[\nabla(\ldots)]$$
$$(\nabla_{\mathbf{a}}\mathbf{v})^T = (\nabla_{\mathbf{a}}\dot{\mathbf{x}})^T = [(\nabla_{\mathbf{a}}\mathbf{x})^{\cdot}]^T = \dot{\mathbf{F}} \tag{2.18}$$

und mit Gl. (2.17) auch

$$\dot{\mathbf{F}}(\mathbf{a}, t) = \mathbf{L}(\mathbf{x}, t) \cdot \mathbf{F}(\mathbf{a}, t) \tag{2.19}$$

oder

$$\mathbf{L}(\mathbf{x}, t) = \dot{\mathbf{F}} \cdot \mathbf{F}^{-1} \tag{2.20}$$

Der Tensor **L** kann auch in *Lagrange*scher Darstellung angegeben werden. Aus den Gln. (2.17) und (2.19) erhält man

$$\nabla_{\mathbf{a}}\mathbf{v}(\mathbf{a}, t) = \mathbf{L}(\mathbf{x}, t) \cdot \mathbf{F}(\mathbf{a}, t) = \dot{\mathbf{F}}(\mathbf{a}, t),$$

und wenn man in Gl. (2.20), wie üblich, **F** in materiellen Koordinaten ausdrückt

$$\mathbf{L}[\mathbf{a}(\mathbf{x}, t), t] = \mathbf{L}(\mathbf{a}, t) = \dot{\mathbf{F}}(\mathbf{a}, t) \cdot \mathbf{F}^{-1}(\mathbf{a}, t)$$

Damit folgt abschließend

$$d\mathbf{x} = \mathbf{F} \cdot d\mathbf{a}; \; d\mathbf{a} = \mathbf{F}^{-1} \cdot d\mathbf{x}$$

$$(d\mathbf{x})^{\cdot} = \dot{\mathbf{F}} \cdot d\mathbf{a} = \dot{\mathbf{F}} \cdot \mathbf{F}^{-1} \cdot d\mathbf{x} = \mathbf{L} \cdot d\mathbf{x} \qquad \text{q.e.d.}$$

Eine einfache Herleitung für das Linienelement erhält man auch auf folgendem Wege

$$\mathbf{x} = \mathbf{x}(\mathbf{a}, t)$$

$$d\mathbf{x} = \mathbf{x}(\mathbf{a} + d\mathbf{a}, t) - \mathbf{x}(\mathbf{a}, t) = (\nabla_{\mathbf{a}}\mathbf{x})^T \cdot d\mathbf{a}$$

$$(d\mathbf{x})^{\cdot} = \mathbf{v}(\mathbf{a} + d\mathbf{a}, t) - \mathbf{v}(\mathbf{a}, t) = (\nabla_{\mathbf{a}}\mathbf{v})^T \cdot d\mathbf{a}$$

$$(d\mathbf{x})^{\cdot} = \mathbf{L}[\mathbf{v}(\mathbf{a}, t)] \cdot d\mathbf{a}$$

Geht man für $\mathbf{v}$ von der materiellen zur räumlichen Darstellung über, gilt analog

$$(d\mathbf{x})^{\cdot} = \mathbf{v}(\mathbf{x} + d\mathbf{x}, t) - \mathbf{v}(\mathbf{x}, t) = (\nabla_{\mathbf{x}}\mathbf{v})^T \cdot d\mathbf{x}$$

$$(d\mathbf{x})^{\cdot} = \mathbf{L}[\mathbf{v}(\mathbf{x}, t)] \cdot d\mathbf{x}$$

Man erkennt auch hier wieder den Zusammenhang

$$(\nabla_{\mathbf{x}}\mathbf{v})^T \cdot \mathbf{F} = (\nabla_{\mathbf{a}}\mathbf{v})^T$$

Für den Nachweis der Gl. (2.16) benötigt man die für alle invertierbaren Tensoren 2. Stufe geltende Identität

$$\frac{d}{d\mathbf{T}}(\det\mathbf{T}) = (\det\mathbf{T})(\mathbf{T}^T)^{-1}$$

Damit wird

$$(dV)^{\cdot} = [(\det\mathbf{F})dV_0]^{\cdot} = \left[\frac{d}{d\mathbf{F}}(\det\mathbf{F}) \cdot\cdot \dot{\mathbf{F}} dV_0\right]$$

$$= (\det\mathbf{F})(\mathbf{F}^T)^{-1} \cdot\cdot \dot{\mathbf{F}} dV_0$$

$$= \mathrm{Sp}(\dot{\mathbf{F}} \cdot \mathbf{F})^{-1}(\det\mathbf{F})dV_0$$

$$= \mathrm{Sp}(\mathbf{L})dV$$

$$= (\mathrm{div}\mathbf{v})dV \qquad \text{q.e.d.}$$

Aus $(dV)^{\cdot} = (\mathrm{div}\mathbf{v})dV$ erhält man einen Ausdruck für die Zeitableitung der *Jacobi*-Determinante, der zum Nachweis der Gl. (2.15) benötigt wird

$$(dV)^{\cdot} = [(\det\mathbf{F})dV_0]^{\cdot} = (\det\mathbf{F})^{\cdot} dV_0$$

$$= (\det\mathbf{F})^{\cdot}(\det\mathbf{F})^{-1} dV$$

Mit $dV^{\cdot} = (\mathrm{div}\mathbf{v})dV$ folgt dann

$$(\det\mathbf{F})^{\cdot} = (\det\mathbf{F})\mathrm{div}\mathbf{v} \tag{2.21}$$

Ausgangspunkt zum Beweis der Gl. (2.15) ist die Gl. (2.10)

$$d\mathbf{A} = (\det\mathbf{F})(\mathbf{F}^{-1})^T \cdot d\mathbf{A}_0$$

Man erhält unter Nutzung von Gl. (2.21)

$$\begin{aligned}(d\mathbf{A})^{\cdot} &= \left[(\det\mathbf{F})^{\cdot}(\mathbf{F}^T)^{-1} + [(\det\mathbf{F})\dot{\mathbf{F}}^T]^{-1}\right] \cdot d\mathbf{A}_0 \\ &= (\det\mathbf{F})\left[(\mathrm{div}\mathbf{v})(\mathbf{F}^T)^{-1} - (\mathbf{F}^T)^{-1} \cdot \dot{\mathbf{F}}^T \cdot (\mathbf{F}^T)^{-1}\right] \cdot d\mathbf{A}_0\end{aligned}$$

Dabei wurde folgende Gleichung benutzt

$$\begin{aligned}[(\det\mathbf{F}^T)^{-1} \cdot \mathbf{F}^T &= \mathbf{I}]^{\cdot} \\ (\dot{\mathbf{F}}^T)^{-1} \cdot \mathbf{F}^T + (\mathbf{F}^T)^{-1} \cdot \dot{\mathbf{F}}^T &= \mathbf{0} \\ (\dot{\mathbf{F}}^T)^{-1} &= -(\mathbf{F}^T)^{-1} \cdot \dot{\mathbf{F}}^T \cdot (\mathbf{F}^T)^{-1}\end{aligned}$$

Ersetzt man noch $d\mathbf{A}_0$ durch $(\det\mathbf{F})^{-1}\mathbf{F}^T \cdot d\mathbf{A}$, ist Gl. (2.15) bewiesen

$$(d\mathbf{A})^{\cdot} = \left[(\mathrm{div}\mathbf{v})\mathbf{I} - (\dot{\mathbf{F}} \cdot \mathbf{F}^{-1})^T\right] \cdot d\mathbf{A} = \left[(\mathrm{div}\mathbf{v})\mathbf{I} - \mathbf{L}^T\right] \cdot d\mathbf{A} \qquad \text{q.e.d.}$$

Zum materiellen Deformationsgradienten $\mathbf{F}(\mathbf{a}, t)$ und zum räumlichen Geschwindigkeitsgradiententensor $\mathbf{L}(\mathbf{x}, t)$ kann man folgende zusammenfassende Aussagen treffen:

1. **F** *wirkt auf die Menge der materiellen Linienelemente in der Referenzkonfiguration und transformiert diese in die Momentankonfiguration.*
2. **L** *wirkt auf die Menge der materiellen Linienelemente in der Momentankonfiguration und bestimmt ihre Veränderungsrate (Änderungsgeschwindigkeit).*

F und **L** liefern somit wesentliche Informationen über die lokalen Eigenschaften von Deformationen. Die wichtigsten Gleichungen sind nachfolgend noch einmal zusammengefaßt.

Geschwindigkeit und Geschwindigkeitsgradiententensor

$$\mathbf{v}(\mathbf{a},t) = \dot{\mathbf{x}}(\mathbf{a},t); \quad v_i(a_j,t) = \dot{x}_i(a_j,t)$$
$$\mathbf{v}[\mathbf{a}(\mathbf{x}),t] = \mathbf{v}(\mathbf{x},t); \quad v_i[a_j(x_k),t] = v_i(x_j,t)$$
$$\mathbf{L}(\mathbf{x},t) = [\nabla_{\mathbf{x}}\mathbf{v}(\mathbf{x},t)]^T; \quad L_{ij}(x_k,t) = v_{i,j}(x_k,t)$$
$$\mathbf{L}\cdot\mathbf{F} = (\nabla_{\mathbf{a}}\mathbf{v})^T = \dot{\mathbf{F}}; \quad L_{ij}F_{jk} = \frac{\partial v_i}{\partial a_j} = v_{i,j}\frac{\partial x_j}{\partial a_k} = \dot{F}_{ik}$$

Zeitableitungen für Linien-, Flächen- und Volumenelemente

$$(d\mathbf{x})^{\cdot} = \mathbf{L}\cdot d\mathbf{x} = \dot{\mathbf{F}}\cdot d\mathbf{a}; \quad (dx_i)^{\cdot} = L_{ij}dx_j = \dot{F}_{ij}da_j$$
$$(d\mathbf{A})^{\cdot} = [(\mathrm{div}\mathbf{v})\mathbf{I} - \mathbf{L}^T]\cdot d\mathbf{A}; \quad (dA_i)^{\cdot} = [v_{k,k}\delta_{ij} - L_{ji}]dA_i$$
$$(dV)^{\cdot} = (\mathrm{div}\mathbf{v})dV; \quad (dV)^{\cdot} = v_{k,k}dV$$

2.7 Übungsbeispiele mit Lösungen zum Abschnitt 2.6

1. Man bilde die materielle Ableitung für die *Jacobi*-Determinante in Indexschreibweise

Lösung:

$$\det[F_{ij}] \equiv \det\left[\frac{\partial x_i}{\partial a_j}\right]; x_i = x_i(a_1,a_2,a_3,t); a_i = a_i(x_1,x_2,x_3,t)$$

$$(\det[F_{ij}])^{\cdot} = \frac{\partial}{\partial F_{ij}}(\det[F_{ij}])\frac{DF_{ij}}{Dt} = \frac{\partial}{\partial F_{ij}}(\det[F_{ij}])\frac{\partial^2 x_i}{\partial a_j \partial t}$$
$$= \frac{\partial}{\partial F_{ij}}(\det[F_{ij}])\frac{\partial v_i(a_1,a_2,a_3,t)}{\partial a_j}$$

Geht man von der materiellen Geschwindigkeit $\mathbf{v} = \mathbf{v}(\mathbf{a},t)$ zur räumlichen Geschwindigkeit $\mathbf{v} = \mathbf{v}(\mathbf{x},t)$ über, gilt auch

$$(\det[F_{ij}])^{\cdot} = \frac{\partial}{\partial F_{ij}}(\det[F_{ij}])\frac{\partial v_i}{\partial x_l}\frac{\partial x_l}{\partial a_j} = \frac{\partial}{\partial F_{ij}}(\det[F_{ij}])\frac{\partial v_i}{\partial x_l}F_{lj}$$

Wegen

$$\frac{\partial}{\partial F_{ij}}(\det[F_{ij}])\,F_{lj} = \det[F_{ij}]\delta_{il}$$

folgt

$$(\det[F_{ij}])^{\cdot}\delta_{il} = \det[F_{ij}]\delta_{il}\frac{\partial v_i}{\partial x_l} = \det[F_{ij}]v_{i,i}$$

2. Man berechne für eine gegebene Deformation $\mathbf{x}(\mathbf{a},t) = (a_1+\alpha t a_2)\mathbf{e}_1 + a_2\mathbf{e}_2 + a_3\mathbf{e}_3$

a) das räumliche und das materielle Geschwindigkeitsfeld

b) den räumlichen und den materiellen Geschwindigkeitsgradiententensor

c) die Änderungsgeschwindigkeiten $(d\mathbf{x})^{\cdot}, (d\mathbf{A})^{\cdot}$ und $(dV)^{\cdot}$ von $d\mathbf{x}, d\mathbf{A}$ und dV

Lösung:

$$\mathbf{x}(\mathbf{a},t) = (a_1+\alpha t a_2)\mathbf{e}_1 + a_2\mathbf{e}_2 + a_3\mathbf{e}_3$$
$$x_1 = a_1 + \alpha t a_2; \; x_2 = a_2; \; x_3 = a_3$$
$$a_1 = x_1 - \alpha t x_2; \; a_2 = x_2; \; a_3 = x_3$$

$$\mathbf{a}(\mathbf{x}, t) = (x_1 - \alpha t x_2)\mathbf{e}_1 + x_2\mathbf{e}_2 + x_3\mathbf{e}_3$$

a)

$$\mathbf{v}(\mathbf{a}, t) = \dot{\mathbf{x}}(\mathbf{a}, t) = \alpha a_2 \mathbf{e}_1$$
$$\mathbf{v}(\mathbf{x}, t) = \alpha x_2 \mathbf{e}_1$$

b)

$$[\boldsymbol{\nabla}_{\mathbf{a}}\mathbf{v}(\mathbf{a}, t)]^T = \alpha \mathbf{e}_1\mathbf{e}_2$$
$$[\boldsymbol{\nabla}_{\mathbf{x}}\mathbf{v}(\mathbf{x}, t)]^T = \alpha \mathbf{e}_1\mathbf{e}_2$$

c)

$$(d\mathbf{x})^{\cdot} = \mathbf{L} \cdot d\mathbf{x} = \alpha \mathbf{e}_1\mathbf{e}_2 \cdot dx_i\mathbf{e}_i = \alpha \mathbf{e}_1 dx_2$$
$$(d\mathbf{A})^{\cdot} = [(\mathrm{div}\mathbf{v})\mathbf{I} - \mathbf{L}^T] \cdot d\mathbf{A} = (\mathbf{0} - \alpha \mathbf{e}_2\mathbf{e}_1) \cdot d\mathbf{A} = -\alpha \mathbf{e}_2 dA_1$$
$$(dV)^{\cdot} = 0$$

2.8 Verzerrungen und Verzerrungsmaße

Da der in Abschnitt 2.4 eingeführte Deformationsgradient $\mathbf{F}$ sich auf den gesamten Bewegungsvorgang bezieht, d.h. auch lokale Starrkörperdeformationen enthält, ist er als Maß für die Formänderungen, d.h. die Verzerrungen eines Körpers, ungeeignet. Es ist daher erforderlich, entweder vom Deformationsgradiententensor die lokalen Starrkörperanteile abzuspalten oder ein anderes, geeignetes Maß für die Verzerrungen zu definieren.

Einen Zugang zu den Verzerrungen durch Abspaltung lokaler Starrkörperanteile von $\mathbf{F}$ gibt die multiplikative Zerlegung des Tensors $\mathbf{F}$ mit Hilfe des polaren Zerlegungssatzes für Tensoren.

Satz: *Jeder nichtsinguläre Tensor 2. Stufe* $\mathbf{T}$ *kann eindeutig durch eine polare Zerlegung in positiv definite symmetrische Tensoren* $\mathbf{U}$ *oder* $\mathbf{V}$ *und einen eigentlich orthogonalen Tensor* $\mathbf{R}$ *dargestellt werden:* $\mathbf{T} = \mathbf{R}\cdot\mathbf{U} = \mathbf{V}\cdot\mathbf{R}$. $\mathbf{R} \cdot \mathbf{U}$ *heißt dann rechte und* $\mathbf{V} \cdot \mathbf{R}$ *linke polare Zerlegung (Dekomposition).*

Der Deformationsgradiententensor $\mathbf{F}$ ist nicht singulär, denn nach Gl. (2.11) gilt immer $\det\mathbf{F} \neq 0$. Damit ist für $\mathbf{F}$ eine polare Zerlegung möglich

$$\mathbf{F} = \mathbf{R} \cdot \mathbf{U} = \mathbf{V} \cdot \mathbf{R} \tag{2.22}$$

Dabei gelten folgende Aussagen

1. $\mathbf{R}$ ist ein eigentlich orthogonaler Tensor, d.h. $\mathbf{R} \cdot \mathbf{R}^T = \mathbf{I}; \det\mathbf{R} = +1$.
2. $\mathbf{U}$ und $\mathbf{V}$ sind symmetrische, positiv definite Tensoren, d.h.
$$\mathbf{U} = \mathbf{U}^T;\ \mathbf{V} = \mathbf{V}^T;\ (\mathbf{U} \cdot \mathbf{a}) \cdot \mathbf{a} > 0;\ (\mathbf{V} \cdot \mathbf{b}) \cdot \mathbf{b} > 0$$
$\mathbf{a}, \mathbf{b}$ sind beliebige, von $\mathbf{0}$ verschiedene Vektoren.
3. $\mathbf{U}, \mathbf{V}, \mathbf{R}$ sind eindeutig aus $\mathbf{F}$ bestimmbar.

4. Die Eigenwerte der Tensoren $\mathbf{U}$ und $\mathbf{V}$ sind identisch. Ist $\boldsymbol{\eta}$ Eigenvektor von $\mathbf{U}$, dann ist $\mathbf{R} \cdot \boldsymbol{\eta}$ Eigenvektor von $\mathbf{V}$.

Diese Aussagen sollen zunächst überprüft werden. Für den Deformationsgradiententensor gilt $\mathbf{F}^T \cdot \mathbf{F} = \mathbf{F} \cdot \mathbf{F}^T$ und $(\mathbf{F} \cdot \mathbf{a}) \cdot (\mathbf{F} \cdot \mathbf{a}) = \mathbf{a} \cdot (\mathbf{F}^T \cdot \mathbf{F}) \cdot \mathbf{a} > 0$ für alle $\mathbf{a} \neq \mathbf{0}$, d.h. $\mathbf{F}^T \cdot \mathbf{F}$ ist ein symmetrischer und positiv definiter Tensor. Dann sind die Tensoren $\mathbf{U} = (\mathbf{F}^T \cdot \mathbf{F})^{1/2}$ und $\mathbf{U}^{-1}$ auch symmetrisch sowie positiv definit.

Der Nachweis der Orthogonalität für $\mathbf{R}$ ergibt sich wie folgt

$$\begin{aligned}
\mathbf{R} \cdot \mathbf{R}^T &= (\mathbf{F} \cdot \mathbf{U}^{-1}) \cdot (\mathbf{F} \cdot \mathbf{U}^{-1})^T = \mathbf{F} \cdot \mathbf{U}^{-2} \cdot \mathbf{F}^T \\
&= \mathbf{F} \cdot (\mathbf{U}^2)^{-1} \cdot \mathbf{F}^T = \mathbf{F} \cdot (\mathbf{F}^T \cdot \mathbf{F})^{-1} \cdot \mathbf{F}^T \\
&= \mathbf{F} \cdot [\mathbf{F}^{-1} \cdot (\mathbf{F}^T)^{-1}] \cdot \mathbf{F}^T = (\mathbf{F} \cdot \mathbf{F}^{-1}) \cdot [(\mathbf{F}^T)^{-1} \cdot \mathbf{F}^T] \\
&= \mathbf{I} \cdot \mathbf{I} = \mathbf{I}
\end{aligned}$$

Mit $\det\mathbf{F} > 0$ ist auch $\det\mathbf{U}^{-1} > 0$ und es folgt $\det\mathbf{R} = \det\mathbf{F}\det\mathbf{U}^{-1} > 0$. Die Orthogonalitätsbedingung $\mathbf{R} \cdot \mathbf{R}^T = \mathbf{I}$ führt auf $\det(\mathbf{R} \cdot \mathbf{R}^T) = (\det\mathbf{R})^2 = +1$ und damit hier auf $\det\mathbf{R} = +1$. Eigentlich orthogonale $\mathbf{R}$ bewirken stets eine starre Drehung, uneigentlich orthogonale $\mathbf{R}$ mit $\det\mathbf{R} = -1$ dagegen eine einfache Spiegelung. Der Nachweis der Eindeutigkeit ist einfach, denn aus $\mathbf{F} = \mathbf{R} \cdot \mathbf{U} = \mathbf{R}_1 \cdot \mathbf{U}_1$ folgt $(\mathbf{R} \cdot \mathbf{U})^T = (\mathbf{R}_1 \cdot \mathbf{U}_1)^T$ und mit

$$\mathbf{U} = \mathbf{U}^T, \mathbf{U}_1 = \mathbf{U}_1^T, \mathbf{U} \cdot \mathbf{R}^T = \mathbf{U}_1 \cdot \mathbf{R}_1^T$$

Damit wird

$$\begin{aligned}
\mathbf{U}^2 &= \mathbf{U} \cdot (\mathbf{R}^T \cdot \mathbf{R}) \cdot \mathbf{U} = (\mathbf{U} \cdot \mathbf{R}^T) \cdot (\mathbf{R} \cdot \mathbf{U}) \\
&= (\mathbf{U}_1 \cdot \mathbf{R}_1^T) \cdot (\mathbf{R}_1 \cdot \mathbf{U}_1) = \mathbf{U}_1 \cdot (\mathbf{R}_1^T \cdot \mathbf{R}_1) \cdot \mathbf{U}_1 = \mathbf{U}_1^2
\end{aligned}$$

d.h. $\mathbf{U} = \mathbf{U}_1$. Der Beweis für die 2. Zerlegung verläuft analog. Für $\mathbf{F} = \mathbf{V} \cdot \mathbf{R}$ mit $\mathbf{V} = (\mathbf{F} \cdot \mathbf{F}^T)^{1/2}$ folgt

$$\begin{aligned}
\mathbf{V}^2 &= \mathbf{F} \cdot \mathbf{F}^T = (\mathbf{R} \cdot \mathbf{U}) \cdot (\mathbf{R} \cdot \mathbf{U})^T = \mathbf{R} \cdot \mathbf{U}^2 \cdot \mathbf{R}^T \\
&= (\mathbf{R} \cdot \mathbf{U}) \cdot (\mathbf{R}^T \cdot \mathbf{R}) \cdot (\mathbf{U} \cdot \mathbf{R}^T) \\
&= (\mathbf{R} \cdot \mathbf{U} \cdot \mathbf{R}^T) \cdot (\mathbf{R} \cdot \mathbf{U} \cdot \mathbf{R}^T) = (\mathbf{R} \cdot \mathbf{U} \cdot \mathbf{R}^T)^2 \\
\mathbf{V} &= \mathbf{R} \cdot \mathbf{U} \cdot \mathbf{R}^T \Longrightarrow \mathbf{V} \cdot \mathbf{R} = \mathbf{R} \cdot \mathbf{U} \cdot (\mathbf{R}^T \cdot \mathbf{R}) = \mathbf{R} \cdot \mathbf{U} = \mathbf{F}
\end{aligned}$$

Sind ferner $\boldsymbol{\eta}$ und λ Eigenvektor und Eigenwert von $\mathbf{U}$, dann gilt $\lambda\boldsymbol{\eta} = \mathbf{U} \cdot \boldsymbol{\eta}$ und damit auch

$$\lambda(\mathbf{R} \cdot \boldsymbol{\eta}) = (\mathbf{R} \cdot \mathbf{U}) \cdot \boldsymbol{\eta} = (\mathbf{V} \cdot \mathbf{R}) \cdot \boldsymbol{\eta} = \mathbf{V} \cdot (\mathbf{R} \cdot \boldsymbol{\eta}),$$

d.h. $\mathbf{U}$ und $\mathbf{V}$ haben den gleichen Eigenwert λ, und $\boldsymbol{\eta}$ bzw. $(\mathbf{R} \cdot \boldsymbol{\eta})$ sind die Eigenvektoren von $\mathbf{U}$ bzw. $\mathbf{V}$.

Definition: *Tensoren 2. Stufe* $\mathbf{U}$ *und* $\mathbf{V}$ *heißen einander ähnlich, wenn sie gleiche Eigenwerte haben.*

Für ähnliche Tensoren gilt immer eine Ähnlichkeitstransformation

$$\mathbf{U} = \mathbf{Q}^{-1} \cdot \mathbf{V} \cdot \mathbf{Q}; \mathbf{V} = \mathbf{Q} \cdot \mathbf{U} \cdot \mathbf{Q}^{-1},$$

wobei $\mathbf{Q}$ ein beliebiger, invertierbarer Tensor ist. Im vorliegenden Fall ist $\mathbf{R}$ ein orthogonaler Tensor, d.h. es gilt $\mathbf{R}^{-1} = \mathbf{R}^T$. Somit ist

$$\mathbf{V} = \mathbf{R} \cdot \mathbf{U} \cdot \mathbf{R}^T$$

eine Ähnlichkeitstransformation. Es läßt sich auch zeigen, daß aus der Ähnlichkeit zweier Tensoren $\mathbf{U}$ und $\mathbf{V}$ auch die Ähnlichkeit für $\mathbf{U}^n$ und $\mathbf{V}^n$ ($n > 0$ und ganzzahlig) folgt.

Die polare Zerlegung von $\mathbf{F}$ macht anschaulich deutlich, daß lokale Deformationen, d.h. Deformationen des betrachteten materiellen Punktes und seiner infinitesimalen Umgebung, immer als Resultat zweier aufeinanderfolgender Tensoroperationen dargestellt werden können. Der Tensor $\mathbf{R}$ bewirkt eine starre Drehung. Im Unterschied zum starren Körper liefert $\mathbf{R}$ aber nicht die globale Drehung des starren Körpers, sondern $\mathbf{R}$ ist im allgemeinen Fall von Punkt zu Punkt verschieden und gibt somit nur Informationen über die starren Drehungen eines materiellen Linienelementes im betrachteten Punkt. $\mathbf{U}$ und $\mathbf{V}$ bewirken eine reine Dilatation, d.h. eine Dehnung (Streckung oder Stauchung) in Richtung der Hauptachsen von $\mathbf{U}$ und $\mathbf{V}$. Man erkennt aus der Beziehung (2.22), daß die Reihenfolge der Operationen auswechselbar ist. Die in allgemeinen Deformationen enthaltenen Starrkörpertranslationen gehen aufgrund der Gradientenbildung $\mathbf{F} = (\boldsymbol{\nabla}_{\mathbf{a}}\mathbf{x})^T$ nicht in die Zerlegung von $\mathbf{F}$ ein.

Mit der Anwendung des Zerlegungssatzes auf $\mathbf{F}$ gelten für die Transformation des Linienelementvektors $d\mathbf{a}$ in den Linienelementvektor $d\mathbf{x}$ folgende Gleichungen

$$d\mathbf{x} = \mathbf{F} \cdot d\mathbf{a} = \mathbf{R} \cdot (\mathbf{U} \cdot d\mathbf{a}) = \mathbf{V} \cdot (\mathbf{R} \cdot d\mathbf{a})$$
$$dx_i = F_{ij}da_j = R_{ik}U_{kj}da_j = V_{ik}R_{kj}da_j$$

Dies kann anschaulich interpretiert werden (Bild 2.7). Es gilt:
Streckung oder Stauchung von $d\mathbf{a}$ durch den Tensor $\mathbf{U}$

$$\mathbf{U} \cdot d\mathbf{a} = d\boldsymbol{\xi}; \; U_{ij}da_j = d\xi_i$$

Starre Drehung von $\boldsymbol{\xi}$ durch den Tensor $\mathbf{R}$

$$\mathbf{R} \cdot d\boldsymbol{\xi} = d\mathbf{x}; \; R_{ij}d\xi_j = dx_i$$

Starre Drehung von $d\mathbf{a}$ durch den Tensor $\mathbf{R}$

$$\mathbf{R} \cdot d\mathbf{a} = d\boldsymbol{\eta}; \; R_{ij}da_j = d\eta_i$$

Streckung oder Stauchung von $d\boldsymbol{\eta}$ durch den Tensor $\mathbf{V}$

$$\mathbf{V} \cdot d\boldsymbol{\eta} = d\mathbf{x}; \; V_{ij}d\eta_j = dx_i$$

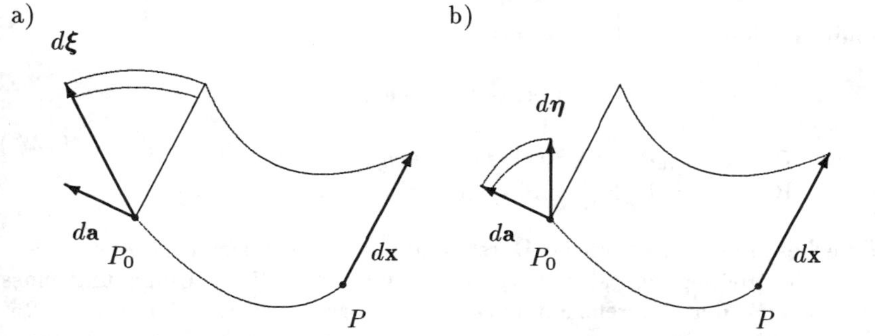

Bild 2.7 Transformation von Linienelementen der Referenzkonfiguration mit Hilfe des Deformationsgradienten $\mathbf{F}$: a) $\mathbf{F}= \mathbf{R} \cdot \mathbf{U}$, b) $\mathbf{F}= \mathbf{V} \cdot \mathbf{R}$

Die starren Drehungen im Punkt P_0 sind, unabhängig von der Reihenfolge der Tensoroperationen, gleich. Die Tensoren **U** und **V** bewirken im allgemeinen eine Längen- und eine Richtungsänderung von $d\mathbf{a}$. Stimmen aber die Richtungen von $d\mathbf{a}$ bzw. von $d\boldsymbol{\eta}$ mit den Hauptachsenrichtungen von **U** bzw. **V** überein, bewirken diese Tensoren nur Längenänderungen, d.h. für einen infinitesimalen Würfel, dessen Kantenrichtungen den Hauptachsenrichtungen entsprechen, eine reine Dilatation. Die Transformation des gedrehten und gedehnten Linienelementes $d\mathbf{a}$ von P_0 zum Punkt P erfordert dann nur noch eine Starrkörpertranslation, die auf die lokalen Werte von **F** und damit auch auf **U**, **V** und **R** keinen Einfluß hat. Das folgende Bild 2.8 zeigt noch einmal diese Zusammenhänge. Die polare Zerlegung von **F** führt

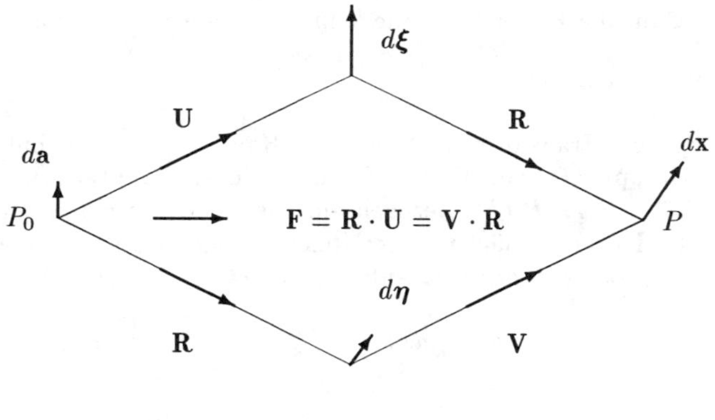

Bild 2.8 Mögliche Transformationsschritte für die Transformation von $d\mathbf{a}$ in $d\mathbf{x}$

somit auf folgende Deformationstensoren

$$\begin{array}{ll} \mathbf{U} = (\mathbf{F}^T \cdot \mathbf{F})^{1/2} & \text{Rechtsstrecktensor} \\ \mathbf{V} = (\mathbf{F} \cdot \mathbf{F}^T)^{1/2} & \text{Linksstrecktensor} \\ \mathbf{C} = \mathbf{U}^2 = (\mathbf{F}^T \cdot \mathbf{F}) & \text{Rechts} - \textit{Cauchy} - \textit{Green} - \text{Tensor} \\ \mathbf{B} = \mathbf{V}^2 = (\mathbf{F} \cdot \mathbf{F}^T) & \text{Links} - \textit{Cauchy} - \textit{Green} - \text{Tensor} \end{array} \tag{2.23}$$

Eine besonders anschauliche Darstellung der lokalen Deformationen liefert folgende Überlegung. Man betrachtet eine differentielle Umgebung eines Punktes P_0 der Referenzkonfiguration in Form einer Kugel mit dem Radius dr. Der Vektor vom Kugelmittelpunkt zur Kugeloberfläche soll genau dem Linienelementvektor $d\mathbf{a}$ entsprechen, die Punkte auf der Kugelfläche genügen dann der Gleichung $d\mathbf{a} \cdot d\mathbf{a} = dr^2$, d.h.

$$\frac{a_1^2}{dr^2} + \frac{a_2^2}{dr^2} + \frac{a_3^2}{dr^2} = 1$$

Aus der Transformationsbeziehung zwischen $d\mathbf{a}$ und $d\mathbf{x}$

$$d\mathbf{a} = \mathbf{F}^{-1} \cdot d\mathbf{x} = (\mathbf{V} \cdot \mathbf{R})^{-1} \cdot d\mathbf{x} = \mathbf{R}^T \cdot \mathbf{V}^{-1}$$

folgt

$$\begin{aligned} (d\mathbf{a})^2 &= d\mathbf{a} \cdot d\mathbf{a} = (\mathbf{R}^T \cdot \mathbf{V}^{-1} \cdot d\mathbf{x}) \cdot (\mathbf{R}^T \cdot \mathbf{V}^{-1} \cdot d\mathbf{x}) \\ &= d\mathbf{x} \cdot [\mathbf{V}^{-1} \cdot (\mathbf{R} \cdot \mathbf{R}^T) \cdot \mathbf{V}^{-1}] \cdot d\mathbf{x} \\ &= d\mathbf{x} \cdot \mathbf{V}^{-2} \cdot d\mathbf{x} \end{aligned}$$

Die Gleichung für die Kugeloberfläche kann somit auch in der Form

$$d\mathbf{x} \cdot \mathbf{V}^{-2} \cdot d\mathbf{x} = dr^2$$

dargestellt werden. Transformiert man $\mathbf{V}$ auf Hauptachsen und sind λ_I, λ_{II} und λ_{III} die Hauptwerte von $\mathbf{V}$, hat $\mathbf{V}^{-2}$ die gleichen Hauptachsen und die Eigenwerte $\lambda_i^{-2}, i = I, II, III$. Bezogen auf das Hauptachsensystem von $\mathbf{V}$ wird daher die Kugeloberfläche in der Referenzkonfiguration in die Oberfläche eines Ellipsoides in der Momentankonfiguration deformiert

$$d\mathbf{x} \cdot \mathbf{V}^{-2} \cdot d\mathbf{x} = dr^2; \; dx_i V_{ij} dx_j = dr^2$$

$$V_{ij} = \begin{cases} 0 & i \neq j \\ \dfrac{1}{\lambda_1^2} & i = j \end{cases} \Longrightarrow \frac{dx_1^2}{(\lambda_I dr)^2} + \frac{dx_2^2}{(\lambda_{II} dr)^2} + \frac{dx_3^2}{(\lambda_{III} dr)^2} = 1$$

Für die Ableitung allgemeiner Theoreme ist die polare Zerlegung von $\mathbf{F}$ in die Tensoren $\mathbf{U}, \mathbf{V}$ und $\mathbf{R}$ ein wichtiger Ausgangspunkt. Die Strecktensoren $\mathbf{U}$ und $\mathbf{V}$ werden aber im allgemeinen nicht als Formänderungsmaße verwendet, da zu ihrer Berechnung Wurzeloperationen, d.h. irrationale mathematische Operationen erforderlich sind. Einfacher ist es, die Tensoren $\mathbf{C}$ und $\mathbf{B}$ zu verwenden. Dies bedeutet, nicht von einer Transformation der Linienelemente selbst, sondern von ihren Quadraten als Grundlage für Maßfestlegungen auszugehen

$$\begin{aligned} d\mathbf{x} \cdot d\mathbf{x} &= (\mathbf{F} \cdot d\mathbf{a}) \cdot (\mathbf{F} \cdot d\mathbf{a}) = d\mathbf{a} \cdot (\mathbf{F}^T \cdot \mathbf{F}) \cdot d\mathbf{a} \\ &= d\mathbf{a} \cdot \mathbf{C} \cdot d\mathbf{a} \end{aligned} \tag{2.24}$$

$$\begin{aligned} d\mathbf{a} \cdot d\mathbf{a} &= (\mathbf{F}^{-1} \cdot d\mathbf{x}) \cdot (\mathbf{F}^{-1} \cdot d\mathbf{x}) = d\mathbf{x} \cdot [(\mathbf{F}^{-1})^T \cdot \mathbf{F}^{-1})] \cdot d\mathbf{x} \\ &= d\mathbf{x} \cdot \mathbf{B}^{-1} \cdot d\mathbf{x} \end{aligned} \tag{2.25}$$

Man erkennt, daß die Tensoren $\mathbf{C}$ und $\mathbf{B}^{-1}$ eigene Metriken erzeugen.

Alle eingeführten Deformationstensoren sind nichtsingulär, symmetrisch und positiv definit. Es gelten folgende Identitäten

$$\mathbf{V} = \mathbf{R} \cdot \mathbf{U} \cdot \mathbf{R}^T; \ \mathbf{B} = \mathbf{R} \cdot \mathbf{C} \cdot \mathbf{R}^T \tag{2.26}$$

Die Tensoren $\mathbf{U}$ und $\mathbf{V}$ bzw. $\mathbf{C}$ und $\mathbf{B}$ sind somit ähnliche Tensoren, d.h. sie haben gleiche Eigenwerte.

Die Determinanten der Strecktensoren, und damit auch der *Cauchy-Green*-Tensoren, hängen wie folgt mit der *Jacobi*-Determinate zusammen

$$\begin{aligned} \det\mathbf{U} &= \det\mathbf{V} = \det\mathbf{F} \\ \det\mathbf{C} &= \det\mathbf{B} = (\det\mathbf{F})^2 \end{aligned} \tag{2.27}$$

In der Referenzkonfiguration ist $\mathbf{F} = \mathbf{I}$ und damit sind auch eingeführten Deformationstensoren gleich dem Einheitstensor

$$\mathbf{x} = \mathbf{a}: \ \mathbf{F} = \mathbf{U} = \mathbf{V} = \mathbf{B} = \mathbf{C} = \mathbf{B}^{-1} = \mathbf{I} \tag{2.28}$$

Ein Verzerrungsmaß hat die Zielstellung, die Abweichungen der Deformation eines verformbaren Körpers von der eines starren Körpers zu quantifizieren. Bei der Bewegung eines starren Körpers bleiben relativen Längen und Winkel der Linienelemente erhalten. Die Gesamtbewegung ergibt sich aus der Superposition der Translation und der Rotation des Körpers. Damit kann die Bewegungsgleichung in folgender Form geschrieben werden

$$\mathbf{x}(\mathbf{a}, t) = \mathbf{Q}(t) \cdot (\mathbf{a} - \mathbf{a}_M) + \mathbf{c}(t) \tag{2.29}$$

$\mathbf{a}_M$ ist das Massenzentrum des Körpers in der Referenzkonfiguration, $\mathbf{c}(t)$ die zeitabhängige Translation und $\mathbf{Q}(t)$ ein allein von der Zeit abhängiger, orthogonaler Drehtensor, der die globale Starrkörperdrehung beschreibt. Der Deformationsgradient für die Starrkörperbewegung ist damit

$$\mathbf{F}(\mathbf{a},t) = [\nabla_{\mathbf{a}}\mathbf{x}(\mathbf{a},t)]^T = \mathbf{Q}(t) \tag{2.30}$$

$\mathbf{F}$ ist also für jeden Punkt gleich, d.h. homogen und orthogonal, $\mathbf{F} = \mathbf{F}(t)$ und $\mathbf{F} \cdot \mathbf{F}^T = \mathbf{F}^T \cdot \mathbf{F} = \mathbf{I}, \mathbf{F}^T = \mathbf{F}^{-1}$. Damit gilt auch für Starrkörperbewegungen wieder $\mathbf{U} = \mathbf{V} = \mathbf{B} = \mathbf{C} = \mathbf{B}^{-1} = \mathbf{I}$. Erst wenn eine Deformation von der Starrkörperbewegung abweicht, treten lokal unterschiedliche Verformungen auf, die mit Hilfe der eingeführten Tensoren quantifiziert werden können.

Für viele Anwendungen, insbesondere für die Formulierung von Konstitutivgleichungen, ist es günstig, ein Verzerrungsmaß einzuführen, daß für die Referenzkonfiguration und für reine Starrkörperdeformationen den Wert Null und nicht den Wert Eins annimmt. Im Rahmen der verschiedenen Möglichkeiten, Verzerrungstensoren für große Deformationen zu definieren, die die genannte Eigenschaft haben, hat sich der *Green*sche (oder auch *Lagrange*sche) Verzerrungstensor besonders bewährt

$$\mathbf{G}(\mathbf{a},t) = \frac{1}{2}[\mathbf{C}(\mathbf{a},t) - \mathbf{I}] = \frac{1}{2}(\mathbf{F}^T \cdot \mathbf{F} - \mathbf{I}) = \frac{1}{2}(\mathbf{U}^2 - \mathbf{I}) \tag{2.31}$$

Dafür sprechen folgende Gründe:

1. $\mathbf{G}$ ist ein symmetrischer Tensor.
2. $\mathbf{G}$ kann auch durch eine polare Zerlegung von $\mathbf{F}$ definiert werden und führt zu einer einfachen und anschaulichen Deutung der lokalen Verzerrungen von Linienelementen $d\mathbf{x}$ der Momentankonfiguration in Bezug auf die Referenzkonfiguration.

Einen direkten Zugang für ein mögliches Verzerrungsmaß erhält man durch den Vergleich der Metrik des verformten Zustandes mit der Metrik des unverformten Zustandes. Dabei ist es mathematisch einfacher, die Differenz der Quadrate der Linienelemente statt die der Linienelemente unmittelbar als Maß für die Verzerrungen im lokalen Bereich zu nehmen.

$$ds^2 - ds_0^2 = d\mathbf{x} \cdot d\mathbf{x} - d\mathbf{a} \cdot d\mathbf{a} = dx_i dx_i - da_i da_i \tag{2.32}$$

Eine Starrkörperbewegung ist hinreichend und notwendig dadurch charakterisiert, daß dieses Maß für all Punkte den Wert Null ergibt.

Unter Beachtung der Beziehungen

$$\begin{aligned} ds^2 &= dx_i dx_i = F_{ij}F_{ik}da_j da_k = C_{jk}da_j da_k \\ &= d\mathbf{x} \cdot d\mathbf{x} = d\mathbf{a} \cdot (\mathbf{F}^T \cdot \mathbf{F}) \cdot d\mathbf{a} = d\mathbf{a} \cdot \mathbf{C} \cdot d\mathbf{a} \end{aligned} \tag{2.33}$$

$$ds_0^2 = da_i da_i = \delta_{jk} da_j da_k = d\mathbf{a} \cdot d\mathbf{a} = d\mathbf{a} \cdot \mathbf{I} \cdot d\mathbf{a} \tag{2.34}$$

erhält man

$$\begin{aligned} ds^2 - ds_0^2 &= (C_{jk} - \delta_{jk}) da_j da_k = 2G_{jk} da_j da_k \\ &= d\mathbf{a} \cdot (\mathbf{C} - \mathbf{I}) \cdot d\mathbf{a} = 2d\mathbf{a} \cdot \mathbf{G} \cdot d\mathbf{a} \end{aligned} \tag{2.35}$$

Analog folgert man aus

$$\begin{aligned} ds_0^2 &= da_i da_i = F_{ij}^{-1} F_{ik}^{-1} dx_j dx_k = B_{jk}^{-1} dx_j dx_k \\ &= d\mathbf{a} \cdot d\mathbf{a} = d\mathbf{x} \cdot [(\mathbf{F}^{-1})^T \cdot \mathbf{F}^{-1}] \cdot d\mathbf{x} = d\mathbf{x} \cdot \mathbf{B}^{-1} \cdot d\mathbf{x} \end{aligned} \tag{2.36}$$

$$ds^2 = dx_i dx_i = \delta_{jk} dx_j dx_k = d\mathbf{x} \cdot d\mathbf{x} = d\mathbf{x} \cdot \mathbf{I} \cdot d\mathbf{x} \tag{2.37}$$

$$\begin{aligned} ds^2 - ds_0^2 &= (\delta_{jk} - B_{jk}^{-1}) dx_j dx_k = 2A_{jk} dx_j dx_k \\ &= d\mathbf{x} \cdot (\mathbf{I} - \mathbf{B}^{-1}) \cdot d\mathbf{x} = 2d\mathbf{x} \cdot \mathbf{A} \cdot d\mathbf{x} \end{aligned} \tag{2.38}$$

Ausgehend von den Metriken in *Lagrange*scher (L.D.) und in *Euler*scher (E.D.) Darstellung für die Referenzkonfiguration

$$\begin{aligned} ds_0^2 &= \delta_{ij} da_i da_j &= d\mathbf{a} \cdot \mathbf{I} \cdot d\mathbf{a} \quad &(\text{L.D.}) \\ ds_0^2 &= B_{ij}^{-1} dx_i dx_j &= d\mathbf{x} \cdot \mathbf{B}^{-1} \cdot d\mathbf{x} \quad &(\text{E.D.}) \end{aligned} \tag{2.39}$$

und für die Momentankonfiguration

$$\begin{aligned} ds^2 &= C_{ij} da_i da_j &= d\mathbf{a} \cdot \mathbf{C} \cdot d\mathbf{a} \quad &(\text{L.D.}) \\ ds^2 &= \delta_{ij} dx_i dx_j &= d\mathbf{x} \cdot \mathbf{I} \cdot d\mathbf{x} \quad &(\text{E.D.}) \end{aligned} \tag{2.40}$$

erhält man die Metriktensoren in der Referenzkonfiguration

$$\delta_{ij} \mathbf{e}_i \mathbf{e}_j = \mathbf{I} \ (\text{L.D.}), \quad B_{ij}^{-1} \mathbf{e}_i \mathbf{e}_j = \mathbf{B}^{-1} \ (\text{E.D.}) \tag{2.41}$$

und für die Momentankonfiguration

$$C_{ij} \mathbf{e}_i \mathbf{e}_j = \mathbf{C} \ (\text{L.D.}), \quad \delta_{ij} \mathbf{e}_i \mathbf{e}_j = \mathbf{I} \ (\text{E.D.}) \tag{2.42}$$

Die durch polare Zerlegung des Deformationsgradiententensors $\mathbf{F} = (\nabla_{\mathbf{a}} \mathbf{x})^T$ oder durch direkte Berechnung der Differenz $ds^2 - ds_0^2$ der Quadrate der Linienelemente der Momentan- und der Referenzkonfiguration abgeleiteten Deformations- bzw. Verzerrungstensoren sind im folgenden noch einmal zusammengestellt.

Deformationsmaßtensoren

- Rechtsstrecktensor
  $\mathbf{U} = (\mathbf{F}^T \cdot \mathbf{F})^{1/2} = [\nabla_{\mathbf{a}}\mathbf{x} \cdot (\nabla_{\mathbf{a}}\mathbf{x})^T]^{1/2}$
- Linksstrecktensor
  $\mathbf{V} = (\mathbf{F} \cdot \mathbf{F}^T)^{1/2} = [(\nabla_{\mathbf{a}}\mathbf{x})^T \cdot \nabla_{\mathbf{a}}\mathbf{x}]^{1/2}$
- Rechts-*Cauchy*-*Green*-Tensor (*Green*scher Deformationstensor)
  $\mathbf{C} = \mathbf{U}^2 = \mathbf{F}^T \cdot \mathbf{F} = \nabla_{\mathbf{a}}\mathbf{x} \cdot \nabla_{\mathbf{a}}\mathbf{x}^T$
- *Piola*scher Deformationstensor
  $\mathbf{C}^{-1} = (\mathbf{F}^T \cdot \mathbf{F})^{-1} = (\nabla_{\mathbf{x}}\mathbf{a})^T \cdot \nabla_{\mathbf{x}}\mathbf{a}$
- Links-*Cauchy*-*Green*-Tensor (*Finger*scher Deformationstensor)
  $\mathbf{B} = \mathbf{V}^2 = \mathbf{F} \cdot \mathbf{F}^T = (\nabla_{\mathbf{a}}\mathbf{x})^T \cdot \nabla_{\mathbf{a}}\mathbf{x}$
- *Cauchy*scher Deformationstensor
  $\mathbf{B}^{-1} = (\mathbf{F} \cdot \mathbf{F}^T)^{-1} = (\nabla_{\mathbf{x}}\mathbf{a}) \cdot (\nabla_{\mathbf{x}}\mathbf{a})^T$

Verzerrungstensoren

- *Green*-*Lagrange*scher Verzerrungstensor
  $\mathbf{G} = \frac{1}{2}(\mathbf{C} - \mathbf{I})$
- *Almansi*-*Euler*-*Hamel*scher Verzerrungstensor
  $\mathbf{A} = \frac{1}{2}(\mathbf{I} - \mathbf{B}^{-1})$
- Überführung von **A** in **G** und von **G** in **A**
  $ds^2 - ds_0^2 = d\mathbf{a} \cdot 2\mathbf{G} \cdot d\mathbf{a} = d\mathbf{x} \cdot 2\mathbf{A} \cdot d\mathbf{x}$
  $\mathbf{G} = \mathbf{F}^T \cdot \mathbf{A} \cdot \mathbf{F};\ \mathbf{A} = (\mathbf{F}^T)^{-1} \cdot \mathbf{G} \cdot \mathbf{F}^{-1}$

Die so definierten Deformationstensoren gehen für die Referenzkonfiguration und für die Starrkörperbewegungen in den Einheitstensor **I** über. Die Verzerrungstensoren sind in diesen Fällen gleich dem Nulltensor **0**.

Im Weiteren werden lokale Verzerrungen bei großen Deformationen genauer analysiert. Zielstellung dieser Betrachtungen ist es, für die Elemente des *Green*-*Lagrange*schen Verzerrungstensors **G** eine physikalische Deutung zu finden. Betrachtet werden wieder Linienelemente $d\mathbf{a}$ und $d\mathbf{x}$ in der Referenz- und in der aktuellen Konfiguration mit $d\mathbf{x} = \mathbf{F} \cdot d\mathbf{a}$. Ihre relative Längenänderung (Dehnung) wird durch die Gl. (2.43) definiert

$$\varepsilon = \frac{|d\mathbf{x}| - |d\mathbf{a}|}{|d\mathbf{a}|} = \frac{|d\mathbf{x}|}{|d\mathbf{a}|} - 1 = \kappa - 1 \tag{2.43}$$

Definition: *Der Quotient ε aus der Differenz der Elementbeträge in der Momentan- und der Referenzkonfiguration $|d\mathbf{x}| - |d\mathbf{a}|$ und dem Elementbetrag $|d\mathbf{a}|$ heißt lokale Dehnung (auch Nenndehnung). Der Quotient κ der Elementlängen in der Momentan- und der Referenzkonfiguration heißt lokale Streckung.*

Damit sind für die Linienelemente alle bei einer Deformation von der Referenz- und die Momentankonfiguration auftretenden Längenänderungen meßbar.

Als nächstes betrachtet man im Punkt P_0 zwei zueinander orthogonale materielle Linienelemente $d\mathbf{a}_1$ und $d\mathbf{a}_2$, d.h. in der Referenzkonfiguration gilt $d\mathbf{a}_1 \cdot d\mathbf{a}_2 = 0$. Bei der Deformation in die Momentankonfiguration verändern sich im allgemeinen die Längen und die Richtungen der Elemente $d\mathbf{a}_1$ und $d\mathbf{a}_2$. Sie werden somit im Punkt P nicht mehr orthogonal sein. Bezeichnet man die Abweichung von der Orthogonalität mit γ_{12} entsprechend Bild 2.9, erhält man folgende Gleichung zur Berechnung von γ_{12}

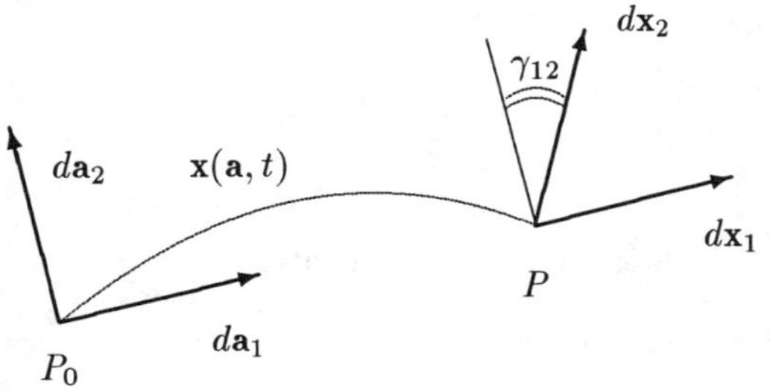

Bild 2.9 Änderung des Winkels zwischen den Linienelementen $d\mathbf{a}_1$, $d\mathbf{a}_2$ im Punkt P_0 bei einer Deformation

$$\begin{aligned} d\mathbf{x}_1 \cdot d\mathbf{x}_2 &= |d\mathbf{x}_1||d\mathbf{x}_2| \cos(\mathbf{x}_1, \mathbf{x}_2) \\ &= |d\mathbf{x}_1||d\mathbf{x}_2| \cos(\frac{\pi}{2} - \gamma_{12}) \\ &= |d\mathbf{x}_1||d\mathbf{x}_2| \sin\gamma_{12} \\ \sin\gamma_{12} &= \frac{d\mathbf{x}_1 \cdot d\mathbf{x}_2}{|d\mathbf{x}_1||d\mathbf{x}_2|} \end{aligned} \tag{2.44}$$

Die Längen- und Winkeländerungen können für jedes materielle Linienelement mit Hilfe des Verzerrungstensors $\mathbf{G}$ angegeben werden. Ausgangspunkt ist die Gleichung

$$d\mathbf{a}_1 \cdot \frac{1}{2}(\mathbf{F}^T \cdot \mathbf{F} - \mathbf{I}) \cdot d\mathbf{a}_2 = \frac{1}{2}[(d\mathbf{a}_1 \cdot \mathbf{F}^T) \cdot (\mathbf{F} \cdot d\mathbf{a}_2) - d\mathbf{a}_1 \cdot d\mathbf{a}_2]$$

$$d\mathbf{a}_1 \cdot \mathbf{G} \cdot d\mathbf{a}_2 = \frac{1}{2}(d\mathbf{x}_1 \cdot d\mathbf{x}_2 - d\mathbf{a}_1 \cdot d\mathbf{a}_2) \tag{2.45}$$

$d\mathbf{a}_1$ und $d\mathbf{a}_2$ sind beliebige Linienelemente im Punkt P_0 der Referenzkonfiguration. Um die einzelnen Längen- und Winkeländerungen als Koordinaten von $\mathbf{G}$ zu identifizieren, bietet sich folgender Weg an. Man wählt zunächst $d\mathbf{a}_1 = d\mathbf{a}_2 = d\mathbf{a}$, $d\mathbf{a} = |d\mathbf{a}|\mathbf{e}$. Aus Gl. (2.45) folgt dann

$$d\mathbf{a} \cdot \mathbf{G} \cdot d\mathbf{a} = \frac{1}{2}[(d\mathbf{x})^2 - (d\mathbf{a})^2] = \frac{1}{2}[(1+\varepsilon)^2 - 1]|d\mathbf{a}|^2, \tag{2.46}$$

denn mit Gl. (2.43) gilt

$$\begin{aligned}[(1+\varepsilon)^2 - 1]|d\mathbf{a}|^2 &= [\varepsilon^2 + 2\varepsilon]|d\mathbf{a}|^2 \\ &= |d\mathbf{x}|^2 + |d\mathbf{a}|^2 - 2|d\mathbf{x}||d\mathbf{a}| + 2|d\mathbf{x}||d\mathbf{a}| - 2|d\mathbf{a}|^2 \\ &= |d\mathbf{x}|^2 - |d\mathbf{a}|^2\end{aligned}$$

Für den Einheitsvektor $\mathbf{e}$ in Richtung des Vektors $\mathbf{a}$ ergibt Gl. (2.46)

$$\mathbf{e} \cdot \mathbf{G} \cdot \mathbf{e} = \frac{1}{2}(\varepsilon^2 + 2\varepsilon),$$

d.h.

$$\varepsilon = \sqrt{1 + 2\mathbf{e} \cdot \mathbf{G} \cdot \mathbf{e}} - 1 \tag{2.47}$$

Wählt man jetzt wieder zwei orthogonale Linienelemente

$$d\mathbf{a}_1 = |d\mathbf{a}_1|\mathbf{e}_1; \; d\mathbf{a}_2 = |d\mathbf{a}_2|\mathbf{e}_2; \; \mathbf{e}_1 \cdot \mathbf{e}_2 = 0,$$

erhält man

$$d\mathbf{a}_1 \cdot \mathbf{G} \cdot d\mathbf{a}_2 = \frac{1}{2} d\mathbf{x}_1 \cdot d\mathbf{x}_2 = \frac{1}{2}|d\mathbf{x}_1||d\mathbf{x}_2| \sin\gamma_{12}$$

und mit

$$|d\mathbf{x}_1| = |d\mathbf{a}_1|(1+\varepsilon_1); \; |d\mathbf{x}_2| = |d\mathbf{a}_2|(1+\varepsilon_2)$$

$$\begin{aligned}d\mathbf{a}_1 \cdot \mathbf{G} \cdot d\mathbf{a}_2 &= \frac{1}{2}[(1+\varepsilon_1)(1+\varepsilon_2)|d\mathbf{a}_1||d\mathbf{a}_2|] \sin\gamma_{12} \\ \mathbf{e}_1 \cdot \mathbf{G} \cdot \mathbf{e}_2 &= \frac{1}{2}[(1+\varepsilon_1)(1+\varepsilon_2)] \sin\gamma_{12}\end{aligned}$$

$$\sin\gamma_{12} = \frac{2\mathbf{e}_1 \cdot \mathbf{G} \cdot \mathbf{e}_2}{\sqrt{1 + 2\mathbf{e}_1 \cdot \mathbf{G} \cdot \mathbf{e}_1}\sqrt{1 + 2\mathbf{e}_2 \cdot \mathbf{G} \cdot \mathbf{e}_2}} \tag{2.48}$$

Die Gln. (2.47) für die Dehnung (Normalverzerrung) und (2.48) für die Gleitung (Schubverzerrung) stellen den Zusammenhang dieser Verzerrungen mit den Koordinaten des *Green-Lagrange*schen Verzerrungstensors dar. Für Starrkörperbewegungen ist der Deformationsgradiententensor $\mathbf{F}^T \cdot \mathbf{F} = \mathbf{I}$, d.h. $\mathbf{F}$ ist ein orthogonaler Tensor und $\mathbf{G} \equiv \mathbf{0}$. Alle Längen und Winkel bleiben unverändert.

Für viele Aufgaben der Kontinuumsmechanik ist die Volumendehnung eine charakteristische Größe.

Definition: *Der Quotient aus der Differenz der materiellen Volumenelemente dV und dV_0 der Momentan- und der Referenzkonfiguration und dem Element dV_0 heißt Volumendehnung ε_V.*

$$\varepsilon_V = \frac{dV - dV_0}{dV_0} \tag{2.49}$$

Mit $dV = (\det\mathbf{F})dV_0$ folgt

$$\frac{dV - dV_0}{dV_0} = \frac{(\det\mathbf{F} - 1)dV_0}{dV_0} = \det\mathbf{F} - 1$$

Für ε_V kann man auch schreiben

$$\varepsilon_V = \det\mathbf{F} - 1 = \sqrt{\det(\mathbf{F}^T \cdot \mathbf{F})} - 1 = \sqrt{\det(2\mathbf{G} + \mathbf{I})} - 1 \tag{2.50}$$

Führt man für $\mathbf{G}$ eine Hauptachsentransformation durch, d.h.

$$\mathbf{G} = \lambda_I \mathbf{e}_I \mathbf{e}_I + \lambda_{II} \mathbf{e}_{II} \mathbf{e}_{II} + \lambda_{III} \mathbf{e}_{III} \mathbf{e}_{III},$$

erhält man

$$\begin{aligned} \det(\mathbf{I} + 2\mathbf{G}) &= (1 + 2\lambda_I)(1 + 2\lambda_{II})(1 + 2\lambda_{III}) \\ &= 1 + 2(\lambda_I + \lambda_{II} + \lambda_{III}) \\ &+ 4(\lambda_I\lambda_{II} + \lambda_I\lambda_{III} + \lambda_{II}\lambda_{III}) + 8\lambda_I\lambda_{II}\lambda_{III} \\ &= 1 + 2I_1(\mathbf{G}) + 4I_2(\mathbf{G}) + 8I_3(\mathbf{G}) \end{aligned}$$

und damit

$$\varepsilon_V = \sqrt{1 + 2I_1(\mathbf{G}) + 4I_2(\mathbf{G}) + 8I_3(\mathbf{G})} - 1 \tag{2.51}$$

Definition: *Eine Bewegung heißt volumenerhaltend oder isochor, falls*

$$\varepsilon_V \equiv 0$$

Für die Invarianten von $\mathbf{G}$ gilt dann die Zwangsbedingung

$$I_1(\mathbf{G}) + 2I_2(\mathbf{G}) + 4I_3(\mathbf{G}) = 0 \tag{2.52}$$

Das mit der Gl. (2.43) eingeführte Dehnungsmaß ε hat einen wesentlichen Nachteil. Die Summe zweier aufeinanderfolgender Dehnungen mit den Längenänderungen $\triangle l_1$ und $\triangle l_2$ ist nicht gleich der Dehnung, die sich bei einer stetigen Verlängerung um $(\triangle l_1 + \triangle l_2)$ ergibt

$$\varepsilon_1 + \varepsilon_2 = \frac{\triangle l_1}{l_0} + \frac{\triangle l_2}{(l_0 + \triangle l_1)} = \frac{(\triangle l_1)l_0 + (\triangle l_2)l_0 + (\triangle l_1)^2}{l_0(l_0 + \triangle l_1)}$$

$$\varepsilon_{1+2} = \frac{\triangle l_1 + \triangle l_2}{l_0} = \frac{(\triangle l_1)l_0 + (\triangle l_2)l_0 + (\triangle l_1)^2 + (\triangle l_1)(\triangle l_2)}{l_0(l_0 + \triangle l_1)}$$

$$\varepsilon_1 + \varepsilon_2 \neq \varepsilon_{1+2}$$

Dieser Unterschied ist nur für finite Deformationen bedeutsam, für infinitesimale Deformationen gilt

$$\varepsilon_1 + \varepsilon_2 \approx \varepsilon_{1+2} \approx \frac{\triangle l_1 + \triangle l_2}{l_0}$$

Bei finiten Deformationen kann es daher zweckmäßig sein, ein anderes Dehnungsmaß einzuführen, das heute allgemein als *Hencky*sches oder logarithmisches Dehnungsmaß ε^H bezeichnet wird

$$d\varepsilon^H = \frac{dl}{l}; \; \varepsilon^H = \int_{l_0}^{l} \frac{d\tilde{l}}{\tilde{l}} = \ln \frac{l}{l_0} = \ln \kappa^H = \ln(1 + \varepsilon) \tag{2.53}$$

Man kann leicht prüfen, daß für ε^H auch bei finiten Deformationen

$$\varepsilon_1^H + \varepsilon_2^H = \varepsilon_{1+2}^H$$

ist

$$\varepsilon_1^H + \varepsilon_2^H = \ln \frac{l_0 + \triangle l_1}{l_0} + \ln \frac{l_0 + \triangle l_1 + \triangle l_2}{l_0 + \triangle l_1} = \ln \frac{l_0 + \triangle l_1 + \triangle l_2}{l_0}$$

$$\varepsilon_{1+2}^H = \ln \frac{l_0 + \triangle l_1 + \triangle l_2}{l_0}$$

Eine tensorielle Verallgemeinerung des *Hencky*schen Dehnungsmaßes ist möglich und sinnvoll. Das *Hencky*sche Dehnungsmaß eignet sich besonders für die Deformationsanalyse hochkompressibler Körper und zur Beschreibung der Deformationen für plastische und viskose Materialien.

Die hier abgeleiteten Tensoren zur Messung lokaler Verzerrungen sind nur eine Auswahl aus den unterschiedlichen Möglichkeiten. Von *Rivlin* und *Ericksen* wurde formuliert

Satz: *Jede eindeutig invertierbare isotrope Tensorfunktion 2. Stufe des Greenschen Deformationstensors* **C** *oder des Cauchyschen Deformationstensors* $\mathbf{B}^{-1}$ *kann als Verzerrungsmaß in Lagrangeschen Koordinaten* **a** *oder Eulerschen Koordinaten* **x** *definiert werden.*

Die bekanntesten Verzerrungstensoren haben die allgemeine Form

Verallgemeinerte Formulierung von Verzerrungstensoren
$\frac{1}{2}n^{-1}(\mathbf{C}^n - \mathbf{I}) \qquad \text{(L.D.)}$
$\frac{1}{2}n^{-1}\left[\mathbf{I} - (\mathbf{B}^{-1})^n\right] \qquad \text{(E.D.)}$

Für $n = 1$ erhält man den *Green-Lagrange*schen Verzerrungstensor $\mathbf{G}$ (L.D.) und den *Almansi-Euler*schen Verzerrungstensor $\mathbf{A}$ (E.D.). $n = 1/2$ führt auf die Tensoren

$$\sqrt{\mathbf{C}} - \mathbf{I} \equiv \mathbf{U} - \mathbf{I} \qquad \text{(L.D.)}$$
$$\mathbf{I} - \sqrt{\mathbf{B}^{-1}} \equiv \mathbf{I} - \mathbf{V}^{-1}, \qquad \text{(E.D.)}$$

die mit den Namen *Cauchy* und *Swainger* verbunden sind. Für $n = -1$ erhält man den *Lagrange-Karni-Reiner*-Verzerrungstensor

$$\frac{1}{2}\left(\frac{1}{\mathbf{B}^{-1}} - \mathbf{I}\right) = \frac{1}{2}(\mathbf{B} - \mathbf{I}) \qquad \text{(L.D.)} \tag{2.54}$$

bzw. den *Euler-Karni-Reiner*-Verzerrungstensor

$$\frac{1}{2}\left(\mathbf{I} - \mathbf{C}^{-1}\right) \qquad \text{(E.D.)} \tag{2.55}$$

Diese Tensoren folgen auch durch Vorwärtsrotation von $\mathbf{G}$ in die Momentankonfiguration

$$\mathbf{R} \cdot \mathbf{G} \cdot \mathbf{R}^T = \frac{1}{2}(\mathbf{B} - \mathbf{I}) \tag{2.56}$$

oder durch Rückwärtsrotation von $\mathbf{A}$ in die Referenzkonfiguration

$$\mathbf{R}^T \cdot \mathbf{A} \cdot \mathbf{R} = \frac{1}{2}\left(\mathbf{I} - \mathbf{C}^{-1}\right), \tag{2.57}$$

und es gelten die Zusammenhänge

$$\begin{aligned} \mathbf{F}^{-1} \cdot \left[\frac{1}{2}(\mathbf{B} - \mathbf{I})\right] \cdot (\mathbf{F}^T)^{-1} &= \frac{1}{2}(\mathbf{I} - \mathbf{C}^{-1}) \\ \mathbf{F} \cdot \left[\frac{1}{2}(\mathbf{I} - \mathbf{C}^{-1})\right] \cdot \mathbf{F}^T &= \frac{1}{2}(\mathbf{B} - \mathbf{I}) \end{aligned} \tag{2.58}$$

Die Operationen

$$\mathbf{F}^{-1} \cdot (\ldots) \cdot (\mathbf{F}^T)^{-1}; \; \mathbf{F} \cdot (\ldots) \cdot \mathbf{F}^T$$

nennt man nach *Marsden* und *Hughes* *Pull-back-* und *Push-forward*-Operationen. Sie verbinden materielle und räumliche Tensorgrößen.

Als tensorielle Verallgemeinerung der *Hencky*schen Dehnung wird der *Hencky*sche Verzerrungstensor wie folgt definiert:
*Lagrange*sche Darstellung

$$\mathbf{H}(\mathbf{a},t) = \ln \mathbf{U} = \frac{1}{2}\ln(\mathbf{F}^T \cdot \mathbf{F}) = \frac{1}{2}\ln \mathbf{C} = -\frac{1}{2}\ln \mathbf{C}^{-1}$$
$$= \frac{1}{2}\ln(\mathbf{I} + 2\mathbf{G}) = -\frac{1}{2}\ln(\mathbf{I} + 2\mathbf{G})^{-1}$$

*Euler*sche Darstellung

$$\mathbf{H}(\mathbf{x},t) = \ln \mathbf{V} = \frac{1}{2}\ln \mathbf{F} \cdot \mathbf{F}^T = \frac{1}{2}\ln \mathbf{B} = -\frac{1}{2}\ln \mathbf{B}^{-1}$$
$$= -\frac{1}{2}\ln(\mathbf{I} - 2\mathbf{A}) = \frac{1}{2}\ln(\mathbf{I} - 2\mathbf{A})^{-1}$$

Es sei besonders hervorgehoben, daß der so definierte logarithmische *Hencky*sche Verzerrungstensor gegenüber den anderen finiten Verzerrungstensoren den Vorteil hat, daß er wie ein infinitesimaler, linearisierter Verzerrungstensor additiv in einen Volumenänderungsanteil (Kugelanteil) und einen Gestaltänderungsanteil (Deviatoranteil) aufgespalten werden kann.

Alle so definierten Verzerrungstensoren sind finite Verzerrungsmaße. Die Verzerrungen sind dimensionslos, haben den Wert Null für alle Punkte mit $d\mathbf{a} = d\mathbf{x}$ (Starrkörperbewegungen) und führen für infinitesimale Verzerrungen auf gleiche Verzerrungswerte. Interessant ist noch der Vergleich der linearen Dehnungen

$$\frac{d\mathbf{x} - d\mathbf{a}}{d\mathbf{a}} = \frac{d\mathbf{x}}{d\mathbf{a}} - 1 = \kappa(\mathbf{a}) - 1 \qquad \text{(L.D.)}$$
$$\frac{d\mathbf{a} - d\mathbf{x}}{d\mathbf{x}} = \frac{d\mathbf{a}}{d\mathbf{x}} - 1 = \kappa^{-1}(\mathbf{x}) - 1 \qquad \text{(E.D.)}$$

$$\kappa(\mathbf{a}) > 1 > \kappa^{-1}(\mathbf{x}) \qquad \text{Verlängerung}$$
$$\kappa(\mathbf{a}) < 1 < \kappa^{-1}(\mathbf{x}) \qquad \text{Verkürzung}$$
$$0 < \kappa, \kappa^{-1} < \infty$$

Unter Beachtung der Gln. (2.33) und (2.36) folgt

$$\kappa^2(\mathbf{a}) = \frac{(d\mathbf{x})^2}{(d\mathbf{a})^2} = \mathbf{C} = \frac{d\mathbf{a} \cdot \mathbf{C} \cdot d\mathbf{a}}{(d\mathbf{a})^2}$$

$$[\kappa^{-1}(\mathbf{x})]^2 = \frac{(d\mathbf{a})^2}{(d\mathbf{x})^2} = \frac{d\mathbf{x} \cdot \mathbf{B}^{-1} \cdot d\mathbf{x}}{(d\mathbf{x})^2}$$

Zum Vergleich der Dehnungswerte wird ein Körper nur in einer Richtung i deformiert und die zugehörige Dehnung mit ε_i bezeichnet. Für unterschiedliche Verzerrungsmaße erhält man unterschiedliche Gleichungen für ε_i, z.B.

Dehnungsmaße

$$\begin{aligned}
&\textit{Green - Lagrange}: && \varepsilon_i^G = \frac{1}{2}(\kappa_i^2 - 1)\\
&\textit{Almansi - Euler}: && \varepsilon_i^A = \frac{1}{2}[1 - (\kappa_i^{-1})^2]\\
&\textit{Cauchy}: && \varepsilon_i^C = \kappa_i - 1\\
&\textit{Swainger}: && \varepsilon_i^S = 1 - \kappa_i^{-1}\\
&\textit{Hencky}: && \varepsilon_i^H = \ln \kappa_i
\end{aligned}$$

$$\left(\kappa = \frac{|d\mathbf{x}|}{|d\mathbf{a}|} = \frac{ds}{ds_0}\right)$$

Diese unterschiedlichen Dehnungsmaße ergeben für gleiche physikalische Sachverhalte ganz unterschiedliche ε-Werte. Soll z.B. die Länge auf den doppelten Wert gestreckt werden, erhält man folgende ε-Werte

$$\varepsilon^G = 1,5;\ \varepsilon^A = 0,375;\ \varepsilon^C = 1;\ \varepsilon^S = 0,5;\ \varepsilon^H = 0,67$$

Für eine Stauchung auf den halben Wert der ursprünglichen Länge wird

$$\varepsilon^G = -0,375;\ \varepsilon^A = -1,5;\ \varepsilon^C = -0,5;\ \varepsilon^S = -1;\ \varepsilon^H = -0,67$$

Die Dehnungsmaße von *Cauchy* und *Swainger* sind lineare Maße, die vor allem in der linearen Elastizitätstheorie benutzt werden. Die nichtlinearen Dehnungsmaße von *Green* und *Almansi* werden in der finiten Elastizitätstheorie eingesetzt und das Dehnungsmaß nach *Hencky* findet man vorrangig in der Plastizitätstheorie.

In Abhängigkeit von bestimmeten Anforderungen aus der Sicht der Formulierung von Materialgleichungen oder spezieller Testbedingungen wurden z.B. von *Biot*, *Mooney*, *Oldroyd*, *Signorini*, *Fitzgerald* u.a. weitere Verzerrungsmaße vorgeschlagen, auf die hier nicht eingegangen wird. *Unabhängig von der gewählten Definition eines Verzerrungsmaßes sind Verzerrungstensoren für klassische Kontinua symmetrisch und von 2. Stufe. Die Diagonalelemente der Matrix der Koordinaten eines Verzerrungstensors repräsentieren die normalen Verzerrungen, d.h. Längenänderungen oder Dilatationen, die Nichtdiagonalglieder die Schubverzerrungen, d.h. die Distorsionen.* Wie alle symmetrischen Tensoren 2. Stufe können Verzerrungstensoren bezüglich ihrer Hauptachsen auf diagonale Tensoren transformiert werden, die Diagonalglieder sind dann die Streckungen/Stauchungen in Richtung der Hauptachsen. Auch die additive Zerlegung in einen Kugeltensor und einen Deviatortensor ist immer möglich. Bei finiten Verzerrungen ist allerdings die aus der Theorie infinitesimaler Verzerrungen bekannte Interpretation der Tensorsummanden als Volumendilatation und Volumendistorsion nicht möglich, d.h. die physikalische Interpretation von Kugeltensor und Deviatortensor bleibt offen. Nur für das *Hencky*sche Verzerrungsmaß kann man die physikalische Interpretation aus der Theorie infinitesimaler Verzerrungen auf finite Verzerrungen übertragen.

2.9 Übungsbeispiele mit Lösungen zum Abschnitt 2.8

Man formuliere für folgende Deformationen die Deformations- und Verzerrungstensoren

a) Starrkörperdeformation
b) Reine Verzerrung
c) Isochore Deformation
d) Homogene Deformationen

mit den Sonderfällen

α) Gleichmäßige Dilatation (sphärische oder isotrope Deformation)
β) Einfache Dehnung
γ) Einfacher Schub

Lösung:

a) Notwendiges und hinreichendes Kriterium für eine Starrkörperdeformation ist, daß die Längen aller materiellen Linienelemente bei der Deformation konstant bleiben. Damit erhält man

$$\mathbf{F} = \mathbf{F}^{-1} = \mathbf{I}; \qquad \mathbf{U} = \mathbf{V} = \mathbf{I}$$
$$\mathbf{B} = \mathbf{C} = \mathbf{B}^{-1} = \mathbf{C}^{-1} = \mathbf{I}$$
$$\mathbf{G} = \mathbf{A} = \mathbf{0}$$

b) Eine reine Verzerrung ist dadurch charakterisiert, daß sich bei der Deformation die Verzerrungshauptachsen nicht ändern. Voraussetzung dafür ist, daß der Rotationstensor $\mathbf{R}$ gleich dem Einheitstensor ist ($\mathbf{R} = \mathbf{I}$). Mit

$$\mathbf{F} = \mathbf{R} \cdot \mathbf{U} = \mathbf{V} \cdot \mathbf{R} = \mathbf{R} \cdot \mathbf{C}^{1/2} = \mathbf{B}^{1/2} \cdot \mathbf{R}$$

folgt dann

$$\mathbf{F} = \mathbf{U} = \mathbf{V} = \mathbf{C}^{1/2} = \mathbf{B}^{1/2}$$

Hinweis: Aus der Voraussetzung, daß die Verzerrungshauptachsen nicht rotieren, kann nicht gefolgert werden, daß beliebige materielle Linienelemente auch nicht rotieren.

c) Wenn alle Volumenelemente eines Körpers konstant bleiben, heißt die Deformation isochorisch. Die *Jacobi*-Determinate hat dann den Wert 1 und es gilt

$$\det\mathbf{F} = 1; dV = dV_0 = \text{konst}, \varepsilon_V = 0$$

d) Haben alle Körperelemente bei einer Deformation das gleiche Transformationsgesetz

$$\mathbf{x} = \mathbf{F} \cdot \mathbf{a}, \ \mathbf{a} = \mathbf{F}^{-1} \cdot \mathbf{x}, \ \det\mathbf{F} \neq 1,$$

ist $\mathbf{F}$ unabhängig von $\mathbf{x}$ bzw. $\mathbf{a}$ und die Deformation heißt homogen.

Sonderfälle

α) Sind bei einer homogenen Deformation alle Hauptdehnungen gleich, heißt die Deformation isotrop.

$$F_{ij} = \begin{cases} 0 & i \neq j \\ \lambda & i = j \end{cases}; \quad x_i = \lambda a_i, i = 1, 2, 3$$

Für $\lambda > 1$ wird ein materielles Linienelement gedehnt, für $\lambda < 1$ gestaucht, und zwar in Richtung a_i. Die Hauptdehnungen sind $(\lambda - 1)$, die Hauptachsen haben die Richtung der $\mathbf{e}_i$. Aus

$$(F_{ij}) = \begin{pmatrix} \lambda & 0 & 0 \\ 0 & \lambda & 0 \\ 0 & 0 & \lambda \end{pmatrix}$$

folgt für die Deformationstensoren

$$\mathbf{B} = \mathbf{C} = \lambda^2 \mathbf{I}; \mathbf{B}^{-1} = \mathbf{C}^{-1} = \lambda^{-2}\mathbf{I}$$

und die Verzerrungstensoren

$$\mathbf{G} = \frac{1}{2}(\lambda^2 - 1)\mathbf{I}; \mathbf{A} = \frac{1}{2}(1 - \lambda^{-2})\mathbf{I}$$

Diese Tensoren haben folgende Hauptinvarianten

$$I_1(\mathbf{C}) = \mathrm{Sp}\mathbf{C} = 3\lambda^2; \ I_1(\mathbf{B}^{-1}) = \mathrm{Sp}\mathbf{B}^{-1} = 3\lambda^{-2}$$

$$I_2(\mathbf{C}) = \frac{1}{2}\left[(\mathrm{Sp}\mathbf{C})^2 - \mathrm{Sp}\mathbf{C}^2\right] = 3\lambda^4;$$

$$I_2(\mathbf{B}^{-1}) = \frac{1}{2}\left[(\mathrm{Sp}\mathbf{B}^{-1})^2 - \mathrm{Sp}(\mathbf{B}^{-1})^2\right] = 3\lambda^{-4}$$

$$I_3(\mathbf{C}) = \det\mathbf{C} = \lambda^6; \ I_3(\mathbf{B}^{-1}) = \det\mathbf{B}^{-1} = \lambda^{-6}$$

$$I_1(\mathbf{G}) = \mathrm{Sp}\mathbf{G} = \frac{3}{2}(\lambda^2 - 1); \ I_1(\mathbf{A}) = \mathrm{Sp}\mathbf{A} = \frac{3}{2}(1 - \lambda^{-2})$$

$$I_2(\mathbf{G}) = \frac{1}{2}\left[(\mathrm{Sp}\mathbf{G})^2 - \mathrm{Sp}\mathbf{G}^2\right] = \frac{3}{4}(\lambda^2 - 1)^2;$$

$$I_2(\mathbf{A}) = \frac{1}{2}\left[(\mathrm{Sp}\mathbf{A})^2 - \mathrm{Sp}\mathbf{A}^2\right] = \frac{3}{4}(1 - \lambda^{-2})^2$$

$$I_3(\mathbf{G}) = \det\mathbf{G} = \frac{1}{8}(\lambda^2 - 1)^3; \ I_3(\mathbf{A}) = \det\mathbf{A} = \frac{1}{8}(1 - \lambda^{-2})^3$$

β) $\mathbf{F}$ habe jetzt die Koordinatenmatrix

$$[F_{ij}] = \begin{bmatrix} \lambda & 0 & 0 \\ 0 & c\lambda & 0 \\ 0 & 0 & c\lambda \end{bmatrix}$$

c ist eine positive Konstante. $c = 1$ führt auf den Sonderfall der gleichmäßigen Dilation. $c = \lambda^{-1}$ führt auf den Sonderfall einer einachsigen Dehnung, d.h.

$$[F_{ij}] = \begin{bmatrix} \lambda & 0 & 0 \\ 0 & 1 & 0 \\ 0 & 0 & 1 \end{bmatrix} \Longrightarrow [C_{ij}] = [B_{ij}^{-1}] = \begin{bmatrix} \lambda^2 & 0 & 0 \\ 0 & 1 & 0 \\ 0 & 0 & 1 \end{bmatrix}$$

Für $c \neq 1, c \neq \lambda^{-1}, c > 0$ erhält man für die Deformationstensoren $\mathbf{C}$ und $\mathbf{B}^{-1}$

$$[C_{ij}] = \begin{bmatrix} \lambda^2 & 0 & 0 \\ 0 & (c\lambda)^2 & 0 \\ 0 & 0 & (c\lambda)^2 \end{bmatrix}, \quad [B_{ij}^{-1}] = \begin{bmatrix} \lambda^{-2} & 0 & 0 \\ 0 & (c\lambda)^{-2} & 0 \\ 0 & 0 & (c\lambda)^{-2} \end{bmatrix}$$

und die Verzerrungstensoren $\mathbf{G}$ und $\mathbf{A}$ haben die Koordinatenmatrizen

$$[G_{ij}] = \frac{1}{2} \begin{bmatrix} \lambda^2 - 1 & 0 & 0 \\ 0 & (c\lambda)^2 - 1 & 0 \\ 0 & 0 & (c\lambda)^2 - 1 \end{bmatrix}$$

$$[A_{ij}] = \frac{1}{2} \begin{bmatrix} 1 - \lambda^{-2} & 0 & 0 \\ 0 & 1 - (c\lambda)^{-2} & 0 \\ 0 & 0 & 1 - (c\lambda)^{-2} \end{bmatrix}$$

γ) Eine homogene Deformation mit $\mathbf{x} = \mathbf{F} \cdot \mathbf{a}$ und $\mathbf{F} = \mathbf{I} + \kappa\mathbf{S}$ heißt einfacher Schub. κ ist eine Konstante und $\mathbf{S}$ hat die Koordinatenmatrix

$$[S_{ij}] = \begin{bmatrix} 0 & 1 & 0 \\ 0 & 0 & 0 \\ 0 & 0 & 0 \end{bmatrix} \Longrightarrow [F_{ij}] = \begin{bmatrix} 1 & \kappa & 0 \\ 0 & 1 & 0 \\ 0 & 0 & 1 \end{bmatrix}$$

Für die Deformations- und Verzerrungstensoren gilt dann

$$[C_{ij}] = \begin{bmatrix} 1 + \kappa^2 & \kappa & 0 \\ \kappa & 1 & 0 \\ 0 & 0 & 1 \end{bmatrix} ; \ [B_{ij}^{-1}] = \begin{bmatrix} 1 + \kappa^2 & -\kappa & 0 \\ -\kappa & 1 & 0 \\ 0 & 0 & 1 \end{bmatrix}$$

$$[G_{ij}] = \begin{bmatrix} \kappa^2/2 & \kappa/2 & 0 \\ \kappa/2 & 0 & 0 \\ 0 & 0 & 0 \end{bmatrix} ; [A_{ij}] = \begin{bmatrix} \kappa^2/2 & -\kappa/2 & 0 \\ \kappa/2 & 0 & 0 \\ 0 & 0 & 0 \end{bmatrix}$$

Der einfache Schub ist eine isochorische Deformation, denn mit

$$\det \mathbf{C} = 1 \Rightarrow \det \mathbf{F} = 1 \Rightarrow dV = dV_0$$

2.10 Deformations-, Rotations- und Verzerrungsgeschwindigkeiten

Ausgangspunkt für die Analyse der Verzerrungsgeschwindigkeiten ist der räumliche Geschwindigkeitstensor

$$\mathbf{L}(\mathbf{x}, t) = [\nabla_{\mathbf{x}} \mathbf{v}(\mathbf{x}, t)]^T = L_{ij} \mathbf{e}_i \mathbf{e}_j$$

Für $\mathbf{L}$ gilt

$$(d\mathbf{x})^{\cdot} = \mathbf{L} \cdot d\mathbf{x} \Longrightarrow d\mathbf{v} = \mathbf{L} \cdot d\mathbf{x}, \ dv_i = L_{ij} dx_j,$$

d.h. mit Hilfe von **L** kann die Relativgeschwindigkeit eines materiellen Punktes Q am Ort $\mathbf{x} + d\mathbf{x}$ gegenüber einem materiellen Punkt P an der Stelle $\mathbf{x}$ angegeben werden. **L** ist ein Tensor 2. Stufe, der additiv in einen symmetrischen und einen antisymmetrischen Tensor zerlegt werden kann

$$\begin{aligned}\mathbf{L} &= \frac{1}{2}(\mathbf{L} + \mathbf{L}^T) + \frac{1}{2}(\mathbf{L} - \mathbf{L}^T)\\ &= \frac{1}{2}\left[(\nabla_{\mathbf{x}}\mathbf{v})^T + \nabla_{\mathbf{x}}\mathbf{v}\right] + \frac{1}{2}\left[(\nabla_{\mathbf{x}}\mathbf{v})^T - \nabla_{\mathbf{x}}\mathbf{v}\right]\\ &= \mathbf{D} + \mathbf{W}\end{aligned}$$

$$L_{ij} = D_{ij} + W_{ij} = \frac{1}{2}(v_{i,j} + v_{j,i}) + \frac{1}{2}(v_{i,j} - v_{j,i})$$

Definition: *Der symmetrische Anteil* $\mathbf{D} = (1/2)(\mathbf{L} + \mathbf{L}^T)$ *des Geschwindigkeitsgradiententensors* **L** *heißt Streckgeschwindigkeitstensor (auch Deformationsgeschwindigkeitstensor). Die Koordinaten von* **D** *können den Änderungsraten für die Längen und die Winkel materieller Linienelemente zugeordnet werden.*

Definition: *Der antisymmetrische Anteil* $\mathbf{W} = (1/2)(\mathbf{L} - \mathbf{L}^T)$ *des Geschwindigkeitsgradiententensors* **L** *heißt Drehgeschwindigkeitstensor oder Spintensor. Die Koordinaten von* **W** *können den Drehgeschwindigkeiten materieller Linienelemente zugeordnet werden.*

$d\mathbf{x} = |d\mathbf{x}|\mathbf{e}$ sei ein Linienelement in der Momentankonfiguration.

$$|d\mathbf{x}|^2 = ds^2 = d\mathbf{x} \cdot d\mathbf{x}$$

wird materiell nach t abgeleitet

$$2|d\mathbf{x}||d\mathbf{x}|^{\cdot} = \frac{D(ds)^2}{Dt} = d\mathbf{x} \cdot d\mathbf{x}^{\cdot} + d\mathbf{x}^{\cdot} \cdot d\mathbf{x} = 2d\mathbf{x} \cdot d\mathbf{x}^{\cdot}$$

Damit erhält man unter Beachtung von

$$d\mathbf{x} \cdot (\mathbf{L} \cdot d\mathbf{x}) = (\mathbf{L}^T \cdot d\mathbf{x}) \cdot d\mathbf{x};$$

$$d\mathbf{x} \cdot \left[\frac{1}{2}(\mathbf{L} \cdot d\mathbf{x}) + \frac{1}{2}(\mathbf{L}^T \cdot d\mathbf{x})\right] = d\mathbf{x} \cdot \left[\frac{1}{2}(\mathbf{L} + \mathbf{L}^T)\right] \cdot d\mathbf{x} = d\mathbf{x} \cdot \mathbf{D} \cdot d\mathbf{x}$$

$$|d\mathbf{x}||d\mathbf{x}|^{\cdot} = d\mathbf{x} \cdot d\mathbf{x}^{\cdot} = d\mathbf{x} \cdot \mathbf{L} \cdot d\mathbf{x} = d\mathbf{x} \cdot \mathbf{D} \cdot d\mathbf{x}$$

$$\frac{D(ds)^2}{Dt} = 2d\mathbf{x} \cdot \mathbf{D} \cdot d\mathbf{x} \tag{2.59}$$

und

$$\frac{|d\mathbf{x}|^{\cdot}}{|d\mathbf{x}|} = \frac{d\mathbf{x}}{|d\mathbf{x}|} \cdot \mathbf{D} \cdot \frac{d\mathbf{x}}{|d\mathbf{x}|} = \mathbf{e} \cdot \mathbf{D} \cdot \mathbf{e} \tag{2.60}$$

Schlußfolgerung: *In der differentiellen Umgebung eines materiellen Punktes P der aktuellen Konfiguration hängt die zeitliche Änderung des Abstandsquadrates*

$$(d\mathbf{x} \cdot d\mathbf{x})^{\cdot} = \frac{D(ds)^2}{Dt} = 2d\mathbf{x} \cdot \mathbf{D} \cdot d\mathbf{x}$$

nur vom Tensor **D** *ab.*

Betrachtet man jetzt wieder zwei materielle Linienelemente $d\mathbf{a}_1$ und $d\mathbf{a}_2$, die in der Referenzkonfiguration einen rechten Winkel einschließen, d.h.

$$d\mathbf{a}_1 \cdot d\mathbf{a}_2 = 0$$

Bei ihrer Transforamation in die aktuelle Konfiguration

$$d\mathbf{x}_1 = \mathbf{F} \cdot d\mathbf{a}_1; \; d\mathbf{x}_2 = \mathbf{F} \cdot d\mathbf{a}_2$$

änderte sich nach Bild 2.9 der rechte Winkel um γ_{12} und es gilt

$$|d\mathbf{x}_1||d\mathbf{x}_2| \sin\gamma_{12} = d\mathbf{x}_1 \cdot d\mathbf{x}_2$$

Die materielle Ableitung nach der Zeit liefert

$$\begin{aligned} \dot{\gamma}_{12}\cos\gamma_{12}|d\mathbf{x}_1||d\mathbf{x}_2| + \sin\gamma_{12}(|d\mathbf{x}_1||d\mathbf{x}_2|)^{\cdot} &= \\ (d\mathbf{x}_1)^{\cdot} \cdot d\mathbf{x}_2 + d\mathbf{x}_1 \cdot (d\mathbf{x}_2)^{\cdot} &= \\ (\mathbf{L} \cdot d\mathbf{x}_1) \cdot d\mathbf{x}_2 + d\mathbf{x}_1 \cdot (\mathbf{L} \cdot d\mathbf{x}_2) &= \\ d\mathbf{x}_1 \cdot \left[(\mathbf{L}^T + \mathbf{L})\right] \cdot d\mathbf{x}_2 &= \\ 2d\mathbf{x}_1 \cdot \mathbf{D} \cdot d\mathbf{x}_2 & \end{aligned}$$

Nimmt man für die Elemente $d\mathbf{x}_1, d\mathbf{x}_2$ Orthogonalität in der aktuellen Konfiguration an, ist $d\mathbf{x}_1 \cdot d\mathbf{x}_2 = 0$ und $\gamma_{12} = 0$, und man erhält

$$\dot{\gamma}_{12}|d\mathbf{x}_1||d\mathbf{x}_2| = 2d\mathbf{x}_1 \cdot \mathbf{D} \cdot d\mathbf{x}_2$$

$$\dot{\gamma}_{12} = 2\mathbf{e}_1 \cdot \mathbf{D} \cdot \mathbf{e}_2 \tag{2.61}$$

Schlußfolgerung: *Die Längen- und die Winkeländerungsgeschwindigkeiten materieller Linienelemente gegebener Richtungen sind durch den Deformationsgeschwindigkeitstensor* **D** *bestimmt*

$$\frac{|d\mathbf{x}|^{\cdot}}{|d\mathbf{x}|} = \mathbf{e} \cdot \mathbf{D} \cdot \mathbf{e}; \; \dot{\gamma}_{ij} = 2\mathbf{e}_i \cdot \mathbf{D} \cdot \mathbf{e}_j$$

Für $\mathbf{D} = \mathbf{0}$ *gibt es weder Änderungsraten für Längen noch für die Winkel. Die Deformation in der differentiellen Umgebung von P entspricht dann einer Starrkörperbewegung.*

Wegen $\mathbf{L} = \dot{\mathbf{F}} \cdot \mathbf{F}^{-1} = \mathbf{D} + \mathbf{W}$ wird die Starrkörperdeformation allein durch $\mathbf{W}$ bestimmt. Da Translationen durch den Deformationstensor $\mathbf{F}$ nicht erfaßt werden können, bestimmt $\mathbf{W}$ die Rotationsgeschwindigkeit eines materiellen Elementes. Das läßt sich wie folgt zeigen. Die Richtungsänderungsgeschwindigkeit eines materiellen Elementes $d\mathbf{x} = |d\mathbf{x}|\mathbf{e}$ erhält man durch die materielle Zeitableitung des Einheitsvektors $\mathbf{e}$ in Richtung des materiellen Elementes $d\mathbf{x}$

$$\mathbf{e} = \frac{d\mathbf{x}}{|d\mathbf{x}|} \Longrightarrow \dot{\mathbf{e}} = \frac{(d\mathbf{x})^{\cdot}}{|d\mathbf{x}|} - \frac{|d\mathbf{x}|^{\cdot} d\mathbf{x}}{|d\mathbf{x}|^2} = \mathbf{L} \cdot \mathbf{e} - (\mathbf{e} \cdot \mathbf{D} \cdot \mathbf{e})\mathbf{e}$$

Beachtet man $\mathbf{L} = \mathbf{D} + \mathbf{W}$ folgt

$$\begin{aligned} \dot{\mathbf{e}} &= \mathbf{W} \cdot \mathbf{e} + [\mathbf{D} \cdot \mathbf{e} - (\mathbf{e} \cdot \mathbf{D} \cdot \mathbf{e})\mathbf{e}] \\ &= \mathbf{W} \cdot \mathbf{e} + [\mathbf{D} \cdot \mathbf{e} - \lambda \mathbf{e}] \end{aligned} \tag{2.62}$$

Nimmt man nun an, $\mathbf{e}$ sei ein Eigenvektor von $\mathbf{D}$, gilt $\mathbf{D} \cdot \mathbf{e} = \lambda \mathbf{e}$, d.h. $[\mathbf{D} \cdot \mathbf{e} - \lambda \mathbf{e}] = \mathbf{0}$, und man erhält

$$\dot{\mathbf{e}} = \mathbf{W} \cdot \mathbf{e} \tag{2.63}$$

Schlußfolgerung: *Für alle materiellen Linienelemente* $d\mathbf{x}$ *der Momentankonfiguration, deren Richtung mit der Richtung eines Eigenvektors von* $\mathbf{D}$ *übereinstimmt, gilt* $\dot{\mathbf{e}} = \mathbf{W} \cdot \mathbf{e}$. $\mathbf{W}$ *bewirkt somit eine Gesamtrotation von* $d\mathbf{x}$.

Es gilt dann die folgende allgemeine Aussage.

Satz: *Für einen schiefsymmetrischen Tensor gilt* $\mathbf{T} = -\mathbf{T}^T$, *d.h.* $T_{ij} = -T_{ji}$. *Ein solcher Tensor hat nur Null-Hauptdiagonalglieder, die Nebendiagonalglieder sind paarweise antisymmetrisch. Man kann daher einem solchen Tensor mit*

$$\mathbf{t} = -(1/2)T_{ij}(\mathbf{e}_i \times \mathbf{e}_j)$$

einen dualen, axialen Vektor zuordnen.

Für $\mathbf{W}$ folgt dann $\mathbf{w} = -(1/2)w_{ij}(\mathbf{e}_i \times \mathbf{e}_j)$ und mit

$$\begin{aligned} \mathbf{W} \cdot \mathbf{a} = \frac{1}{2}(\mathbf{L} - \mathbf{L}^T) \cdot \mathbf{a} &= \frac{1}{2}\left[(\nabla_{\mathbf{x}} \mathbf{v})^T - (\nabla_{\mathbf{x}} \mathbf{v})\right] \cdot \mathbf{a} \\ &= \frac{1}{2}\left[(\operatorname{grad}\mathbf{v})^T - (\operatorname{grad}\mathbf{v})\right] \cdot \mathbf{a} \\ &= \frac{1}{2}[\nabla_{\mathbf{x}} \times \mathbf{v}(\mathbf{x},t)]^T \times \mathbf{a} = \frac{1}{2}(\operatorname{rot}\mathbf{v}) \times \mathbf{a} \\ &= \mathbf{w} \times \mathbf{a}, \end{aligned} \tag{2.64}$$

d.h. $\mathbf{w} = (1/2)\mathrm{rot}\mathbf{v}(\mathbf{x},t)$ ist der axiale Vektor zu $\mathbf{W}$. $\mathbf{w}$ hat als Wirbelvektor besondere Bedeutung für Fluide.

Damit hat man eine anschauliche Deutung für die Wirkung von $\mathbf{W}$. Beachtet man die Beziehungen

$$(d\mathbf{x})^{\cdot} = \mathbf{L} \cdot d\mathbf{x} = \mathbf{D} \cdot d\mathbf{x} + \mathbf{W} \cdot d\mathbf{x} = \mathbf{D} \cdot d\mathbf{x} + \mathbf{w} \times d\mathbf{x},$$

erkennt man

$$\mathbf{W} \cdot d\mathbf{x} = \mathbf{w} \times d\mathbf{x}, \tag{2.65}$$

d.h. $\mathbf{W}$ ist ein Drehgeschwindigkeitstensor. Der $\mathbf{W}$ zugeordnete Vektor $\mathbf{w}$ der Winkelgeschwindigkeit ist

$$\mathbf{w} = \frac{1}{2}\mathrm{rot}\mathbf{v} = \frac{1}{2}\boldsymbol{\nabla}_{\mathbf{x}} \times \mathbf{v} \tag{2.66}$$

Felder, für die überall $\mathbf{W} = \mathbf{0}$ ist, heißen daher auch drehfrei oder wirbelfrei (irrotational).

Schlußfolgerung: *Die additive Dekomposition* $\mathbf{L} = \mathbf{D} + \mathbf{W}$ *bestätigt, daß die für die lokale Deformation eines materiellen Linienelementes geltende Hintereinanderschaltung einer Streckung/Stauchung und einer lokalen Starrkörperdrehung auch für die Deformationsraten gilt. Für den Sonderfall einer reinen Starrkörperbewegung ist* $\mathbf{D} = \mathbf{0}$ *und* $\mathbf{W} = \dot{\mathbf{Q}}(t) \cdot \mathbf{Q}^T(t)$. *Für isochore Deformationen, die durch verschwindende Volumenänderungen definiert sind, ist*

$$\mathrm{Sp}\mathbf{D} = \frac{1}{2}\left[\mathrm{Sp}(\boldsymbol{\nabla}_{\mathbf{x}}\mathbf{v})^T + \mathrm{Sp}(\boldsymbol{\nabla}_{\mathbf{x}}\mathbf{v})\right] = \mathrm{Sp}(\boldsymbol{\nabla}_{\mathbf{x}}\mathbf{v}) = \boldsymbol{\nabla}_{\mathbf{x}} \cdot \mathbf{v} = \mathrm{div}\mathbf{v} = 0$$

Da für den Betrag eines materiellen Linienelementes $d\mathbf{a}$ der Referenzkonfiguration keine Änderungsrate auftritt, ist

$$\frac{D(ds_0)}{Dt} = 0 \text{ bzw. } \frac{D(ds_0)^2}{Dt} = 0$$

und es gilt die folgende Gleichung

$$\frac{D}{Dt}(ds^2 - ds_0^2) = \frac{D}{Dt}(ds)^2 = 2d\mathbf{x} \cdot \mathbf{D} \cdot d\mathbf{x} \tag{2.67}$$

Der symmetrische Tensor 2. Stufe $\mathbf{D}$ wirkt also in der aktuellen Konfiguration und repräsentiert die Änderungsgeschwindigkeit des Verzerrungsmaßes $(ds^2 - ds_0^2)$.

Eine Formulierung für die Referenzkonfiguration erhält man wie folgt

$$\frac{D}{Dt}(ds^2 - ds_0^2) = \frac{D}{Dt}(ds)^2 = 2d\mathbf{x} \cdot \mathbf{D} \cdot d\mathbf{x}$$

$$\begin{aligned}
d\mathbf{x} \cdot \mathbf{D} \cdot d\mathbf{x} &= (\mathbf{F} \cdot d\mathbf{a}) \cdot \mathbf{D} \cdot (\mathbf{F} \cdot d\mathbf{a}) = d\mathbf{a} \cdot [(\mathbf{F}^T \cdot \mathbf{D} \cdot \mathbf{F})] \cdot d\mathbf{a} \\
\mathbf{F}^T \cdot \mathbf{D} \cdot \mathbf{F} &= \mathbf{F}^T \cdot [\frac{1}{2}(\mathbf{L} + \mathbf{L}^T)] \cdot \mathbf{F} = \mathbf{F}^T \cdot [\frac{1}{2}(\dot{\mathbf{F}} \cdot \mathbf{F}^{-1} + (\mathbf{F}^{-1})^T \dot{\mathbf{F}}^T)] \cdot \mathbf{F} \\
&= \frac{1}{2}[\mathbf{F}^T \cdot \dot{\mathbf{F}} \cdot (\mathbf{F}^{-1} \cdot \mathbf{F}) + \mathbf{F}^T \cdot (\mathbf{F}^{-1})^T \cdot \dot{\mathbf{F}}^T \cdot \mathbf{F}]
\end{aligned}$$

Wegen $\mathbf{F}^{-1} \cdot \mathbf{F} = \mathbf{F}^T \cdot (\mathbf{F}^{-1})^T = \mathbf{I}$ gilt dann

$$\begin{aligned}
\mathbf{F}^T \cdot \mathbf{D} \cdot \mathbf{F} = \frac{1}{2}(\mathbf{F}^T \cdot \dot{\mathbf{F}} + \dot{\mathbf{F}}^T \cdot \mathbf{F}) &= \frac{1}{2}(\mathbf{F}^T \cdot \mathbf{F})^{\cdot} \equiv \frac{1}{2}(\mathbf{F}^T \cdot \mathbf{F} - \mathbf{I})^{\cdot} \\
&= \frac{1}{2}(\mathbf{C} - \mathbf{I})^{\cdot} = \dot{\mathbf{G}}
\end{aligned}$$

und damit

$$\frac{D}{Dt}(ds^2 - ds_0^2) = d\mathbf{a} \cdot \dot{\mathbf{G}} \cdot d\mathbf{a} \tag{2.68}$$

$\dot{\mathbf{G}}$ ist der materielle oder *Green-Lagrange*sche Verzerrungsgeschwindigkeitstensor.

Für den Zusammenhang zwischen dem Tensor $\mathbf{D}$ und dem *Almansi-Euler*schen Verzerrungsgeschwindigkeitstensor $\dot{\mathbf{A}}$ kann man folgende Gleichung ableiten

$$\begin{aligned}
\frac{D}{Dt}(ds^2 - ds_0^2) &= 2\frac{D}{Dt}(d\mathbf{x} \cdot \mathbf{A} \cdot d\mathbf{x}) \\
&= 2[(d\mathbf{x})^{\cdot} \cdot \mathbf{A} \cdot d\mathbf{x} + d\mathbf{x} \cdot \dot{\mathbf{A}} \cdot d\mathbf{x} + d\mathbf{x} \cdot \mathbf{A} \cdot (d\mathbf{x})^{\cdot}] \\
&= 2d\mathbf{x} \cdot [\dot{\mathbf{A}} + \mathbf{L}^T \cdot \mathbf{A} + \mathbf{A} \cdot \mathbf{L}] \cdot d\mathbf{x}
\end{aligned}$$

$$\mathbf{D} = \dot{\mathbf{A}} + \mathbf{L}^T \cdot \mathbf{A} + \mathbf{A} \cdot \mathbf{L} \tag{2.69}$$

Der räumliche Streckgeschwindigkeitstensor $\mathbf{D}$ und der räumliche Verzerrungsgeschwindigkeitstensor $\dot{\mathbf{A}}$ liefern somit bei finiten Deformationen unterschiedliche Werte. Im Rahmen einer linearen Theorie wird

$$\mathbf{D} \approx \dot{\mathbf{A}}$$

Abschließend seien die wichtigsten Ergebnisse des Abschnittes 2.10 noch einmal formelmäßig zusammengefaßt.

Geschwindigkeitsgradiententensor

$$\mathbf{L}(\mathbf{x},t) = [\nabla_{\mathbf{x}}\mathbf{v}(\mathbf{x},t)]^T = L_{ij}\mathbf{e}_i\mathbf{e}_j$$

$$\begin{aligned}\mathbf{L}(\mathbf{x},t) &= \frac{1}{2}(\mathbf{L}+\mathbf{L}^T) + \frac{1}{2}(\mathbf{L}-\mathbf{L}^T)\\ &= \mathbf{D}+\mathbf{W}\end{aligned}$$

Streck- oder Deformationsgeschwindigkeitstensor

$$\mathbf{D} = \frac{1}{2}[(\nabla_{\mathbf{x}}\mathbf{v})^T + (\nabla_{\mathbf{x}}\mathbf{v})] = \frac{1}{2}(v_{i,j}+v_{j,i})\mathbf{e}_i\mathbf{e}_j$$

Drehgeschwindigkeits- oder Spintensor

$$\mathbf{W} = \frac{1}{2}[(\nabla_{\mathbf{x}}\mathbf{v})^T - (\nabla_{\mathbf{x}}\mathbf{v})] = \frac{1}{2}(v_{i,j}-v_{j,i})\mathbf{e}_i\mathbf{e}_j$$

Relative Längen- und Winkeländerungsgeschwindigkeit

$$\frac{|d\mathbf{x}|^{\cdot}}{|d\mathbf{x}|} = \mathbf{e}\cdot\mathbf{D}\cdot\mathbf{e};\ \dot{\gamma}_{ij} = 2\mathbf{e}_i\cdot\mathbf{D}\cdot\mathbf{e}_j$$

Starrkörperdrehung des Linienelementes $d\mathbf{x} = |d\mathbf{x}|\mathbf{e}$

$$\dot{\mathbf{e}} = \mathbf{W}\cdot\mathbf{e} = \mathbf{w}\times\mathbf{e} = \frac{1}{2}(\nabla_{\mathbf{x}}\times\mathbf{v})\times\mathbf{e}$$

Änderungsgeschwindigkeitkeiten des Verzerrungsmaßes $ds^2 - ds_0^2$

$$\begin{aligned}\frac{D}{Dt}(ds^2-ds_0^2) &= 2d\mathbf{x}\cdot\mathbf{D}\cdot d\mathbf{x} \quad \text{(E.D)}\\ &= 2d\mathbf{a}\cdot\dot{\mathbf{G}}\cdot d\mathbf{a} \quad \text{(L.D)}\\ &= 2d\mathbf{x}\cdot[\dot{\mathbf{A}}+\mathbf{L}^T\cdot\mathbf{A}+\mathbf{A}\cdot\mathbf{L}]\cdot d\mathbf{x} \quad \text{(E.D)}\end{aligned}$$

$$\mathbf{D} = \mathbf{F}^T\cdot\dot{\mathbf{G}}\cdot\mathbf{F};\ \dot{\mathbf{G}} = (\mathbf{F}^T)^{-1}\cdot\mathbf{D}\cdot\mathbf{F}^{-1}$$

2.11 Verschiebungsvektor und Verschiebungsgradiententensor

Die bisher abgeleiteten Größen der Kinematik deformierbarer Körper können auch mit Hilfe von Verschiebungsvektoren und Verschiebungsgradiententensoren formuliert werden.

Verschiebungsvektor (L.D.)

$$\mathbf{u}(\mathbf{a},t) = \mathbf{x}(\mathbf{a},t) - \mathbf{a},\ u_i(a_j,t) = x_i(a_j,t) - a_i$$

Verschiebungsvektor (E.D.)

$$\mathbf{u}(\mathbf{x},t) = \mathbf{x} - \mathbf{a}(\mathbf{x},t),\ u_i(x_j,t) = x_i - a_i(x_j,t)$$

Einführung des Verschiebungsgradiententensors

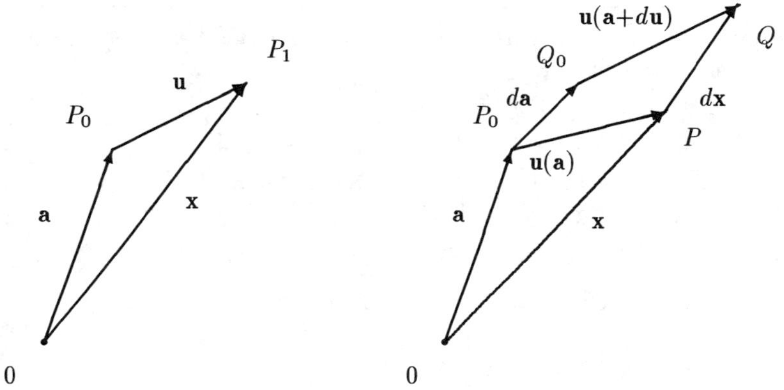

Bild 2.10 Verschiebung eines materiellen Punktes oder zweier differentiell benachbarter materieller Punkte von P_0, Q_0 (Referenzkonfiguration) nach P, Q (Momentankonfiguration)

$$\begin{array}{ll} P_0(\mathbf{a}) \Longrightarrow P(\mathbf{x}): & \mathbf{x} = \mathbf{a} + \mathbf{u}(\mathbf{a}, t) \\ Q_0(\mathbf{a} + d\mathbf{a}) \Longrightarrow Q(\mathbf{x} + d\mathbf{x}): & \mathbf{x} + d\mathbf{x} = \mathbf{a} + d\mathbf{a} + \mathbf{u}(\mathbf{a} + d\mathbf{a}, t) \end{array} \tag{2.70}$$

Im Ergebnis der Subtraktion der Gln. (2.70) erhält man

$$d\mathbf{x} = d\mathbf{a} + \mathbf{u}(\mathbf{a} + d\mathbf{a}, t) - \mathbf{u}(\mathbf{a}, t)$$

Für ein beliebiges Vektorfeld **b** gilt

$$\mathbf{b}(\mathbf{x} + d\mathbf{x}) - \mathbf{b}(\mathbf{x}) = d\mathbf{b}(\mathbf{x}) = [\boldsymbol{\nabla}_{\mathbf{x}}\mathbf{b}(\mathbf{x})]^T \cdot d\mathbf{x}$$

Damit wird

$$d\mathbf{x} = d\mathbf{a} + (\boldsymbol{\nabla}_{\mathbf{a}}\mathbf{u})^T \cdot d\mathbf{a} = (\mathbf{I} + \mathbf{J}) \cdot d\mathbf{a} \tag{2.71}$$

Definition: *Der durch* $[\boldsymbol{\nabla}_{\mathbf{a}}\mathbf{u}(\mathbf{a}, t)]^T = \mathbf{J}$ *definierte Tensor heißt materieller Verschiebungsgradiententensor (L.D.). Entsprechend gilt für den räumlichen Verschiebungsgradiententensor (E.D.)* $[\boldsymbol{\nabla}_{\mathbf{x}}\mathbf{u}(\mathbf{x}, t)]^T = \mathbf{K}$.

Berechnet man die Gleichungen

$$\begin{array}{l} \mathbf{u}(\mathbf{a}, t) = \mathbf{x}(\mathbf{a}, t) - \mathbf{a} \Longrightarrow (\boldsymbol{\nabla}_{\mathbf{a}}\mathbf{u})^T = (\boldsymbol{\nabla}_{\mathbf{a}}\mathbf{x})^T - \mathbf{I};\ \mathbf{J} = \mathbf{F} - \mathbf{I} \\ \mathbf{u}(\mathbf{x}, t) = \mathbf{x} - \mathbf{a}(\mathbf{x}, t) \Longrightarrow (\boldsymbol{\nabla}_{\mathbf{x}}\mathbf{u})^T = \mathbf{I} - (\boldsymbol{\nabla}_{\mathbf{x}}\mathbf{a})^T;\ \mathbf{K} = \mathbf{I} - \mathbf{F}^{-1}, \end{array}$$

können alle bisher abgeleiteten kinematischen Tensoren auch mit Hilfe von **u**, **J** und **K** ausgedrückt werden. Die folgende Zusammenstellung zeigt das beispielhaft.

Formulierung kinematischer Tensoren mit Hilfe der Verschiebungsgradiententensoren **J** bzw. **K**

$$\mathbf{F} = \mathbf{I} + \mathbf{J}; \quad \mathbf{F}^{-1} = \mathbf{I} - \mathbf{K}$$
$$\mathbf{C} = (\mathbf{I} + \mathbf{J})^T \cdot (\mathbf{I} + \mathbf{J}) = \mathbf{I} + \mathbf{J} + \mathbf{J}^T + \mathbf{J}^T \cdot \mathbf{J}$$
$$\mathbf{C}^{-1} = (\mathbf{I} - \mathbf{K}) \cdot (\mathbf{I} - \mathbf{K})^T = \mathbf{I} - \mathbf{K} - \mathbf{K}^T + \mathbf{K} \cdot \mathbf{K}^T$$
$$\mathbf{B} = (\mathbf{I} + \mathbf{J}) \cdot (\mathbf{I} + \mathbf{J})^T = \mathbf{I} + \mathbf{J} + \mathbf{J}^T + \mathbf{J}^T \cdot \mathbf{J}$$
$$\mathbf{B}^{-1} = (\mathbf{I} - \mathbf{K})^T \cdot (\mathbf{I} - \mathbf{K}) = \mathbf{I} - \mathbf{K} - \mathbf{K}^T + \mathbf{K} \cdot \mathbf{K}^T$$
$$\mathbf{G} = \frac{1}{2}(\mathbf{C} - \mathbf{I}) = \frac{1}{2}(\mathbf{J} + \mathbf{J}^T + \mathbf{J} \cdot \mathbf{J}^T)$$
$$\mathbf{A} = \frac{1}{2}(\mathbf{I} - \mathbf{B}^{-1}) = \frac{1}{2}(\mathbf{K} + \mathbf{K}^T - \mathbf{K}^T \cdot \mathbf{K})$$

Wie der Deformationsgradiententensor **F** liefert auch der Verschiebungsgradiententensor **J** Aussagen zur Transformation von materiellen Linienelementen aus der Referenzkonfiguration in die Momentankonfiguration. Aus

$$d\mathbf{x} = d\mathbf{a} + (\boldsymbol{\nabla}_{\mathbf{a}}\mathbf{u})^T \cdot d\mathbf{a} = d\mathbf{a} + \mathbf{J} \cdot d\mathbf{a} = d\mathbf{a} + (\mathbf{F} - \mathbf{I}) \cdot d\mathbf{a} = \mathbf{F} \cdot d\mathbf{a}$$

folgt

$$d\mathbf{x} = \mathbf{F} \cdot d\mathbf{a} = (\mathbf{I} + \mathbf{J}) \cdot d\mathbf{a},$$

d.h. falls $(\boldsymbol{\nabla}_{\mathbf{a}}\mathbf{u})^T = \mathbf{J} = \mathbf{0}$ ist, folgt $d\mathbf{x} = d\mathbf{a}$ und es gibt nur Starrkörperbewegungen. Verzerrungen werden ausschließlich durch **J** erfaßt.

Die Deformationstensoren $\mathbf{B}, \mathbf{B}^{-1}, \mathbf{C}, \mathbf{C}^{-1}$ und die Verzerrungstensoren $\mathbf{G}, \mathbf{A}$ sind in den Koordinaten des Verschiebungsgradiententensors nichtlinear. Für **G** und **A** sind die Gleichungen ausführlich angegeben.

$$\mathbf{G} = \frac{1}{2}\left[(\boldsymbol{\nabla}_{\mathbf{a}}\mathbf{u})^T + (\boldsymbol{\nabla}_{\mathbf{a}}\mathbf{u}) + (\boldsymbol{\nabla}_{\mathbf{a}}\mathbf{u}) \cdot (\boldsymbol{\nabla}_{\mathbf{a}}\mathbf{u})^T\right]$$

$$G_{ij}\mathbf{e}_i\mathbf{e}_j = \frac{1}{2}\left(\frac{\partial u_i}{\partial a_j} + \frac{\partial u_j}{\partial a_i} + \frac{\partial u_k}{\partial a_i}\frac{\partial u_k}{\partial a_j}\right)\mathbf{e}_i\mathbf{e}_j;$$

$$\mathbf{A} = \frac{1}{2}\left[(\boldsymbol{\nabla}_{\mathbf{x}}\mathbf{u})^T + (\boldsymbol{\nabla}_{\mathbf{x}}\mathbf{u}) - (\boldsymbol{\nabla}_{\mathbf{x}}\mathbf{u}) \cdot (\boldsymbol{\nabla}_{\mathbf{x}}\mathbf{u})^T\right]$$

$$A_{ij}\mathbf{e}_i\mathbf{e}_j = \frac{1}{2}\left(\frac{\partial u_i}{\partial x_j} + \frac{\partial u_j}{\partial x_i} - \frac{\partial u_k}{\partial x_i}\frac{\partial u_k}{\partial x_j}\right)\mathbf{e}_i\mathbf{e}_j$$

Man bezeichnet diese Nichtlinearität als geometrisch nichtlineare Formulierung. Sie ist bei finiten Deformationen stets zu beachten. Im Abschnitt

2.12 wird erläutert, wie die Gleichungen bei infinitesimalen Deformationen linearisiert werden können.

Die Formulierung der kinematischen Gleichungen der Kontinuumsmechanik auf der Grundlage der Verschiebungsvektoren und -gradiententensoren ist vor allem in der klassischen Elastizitätstheorie üblich. Bei großen Deformationen wird vielfach darauf verzichtet.

2.12 Geometrische Linearisierung der kinematischen Gleichungen

Für viele Anwendungsbereiche sind die auftretenden Deformationen von vornherein sehr klein oder sie müssen aus Gründen der Sicherheit und der funktionellen Zuverlässigkeit beschränkt werden. Man kann für diese Aufgaben die kinematischen Gleichungen der Kontinuumsmechanik durch eine „geometrische Linearisierung" sehr vereinfachen.

Die Größe einer Deformation wird durch die Norm des Verschiebungsgradiententensors $\mathbf{J}$ gemessen

$$\delta = ||\mathbf{J}|| = \sqrt{\mathrm{Sp}(\mathbf{J} \cdot \mathbf{J}^T)} \tag{2.72}$$

Eine Deformation wird somit als klein definiert, wenn die Norm von $\mathbf{J}$, ausgedrückt durch eine positive Zahl δ, klein ist. Für kleine δ-Werte sind notwendigerweise auch alle Komponenten von $\mathbf{J}$ klein. Kleine δ-Werte schließen somit kleine Verzerrungen und kleine Rotationen ein. Die Verschiebungen selbst können bei der so gewählten Definition der Größe einer Deformation klein oder groß sein.

Eine Funktion von $\mathbf{J}$ ist von der Ordnung $0(\delta)$, falls für jede positive Zahl M und $\delta \to 0$ gilt

$$||0(\delta)|| < M\delta \tag{2.73}$$

Definition: *Eine Deformation heißt klein oder infinitesimal, falls $\delta \ll 1$. Anderenfalls spricht man von großen oder finiten Deformationen.*

Aus Gl. (2.72) folgt

$$\mathbf{J} = 0(\delta) \quad \text{und} \quad \mathbf{J}^T = 0(\delta) \tag{2.74}$$

Für alle positiven ganzen Zahlen m, n gilt

$$0(\delta^m)0(\delta^n) = 0(\delta^{m+n}), \tag{2.75}$$

so daß das Produkt $\mathbf{J} \cdot \mathbf{J}^T$ von höherer Ordnung klein ist

$$\mathbf{J} \cdot \mathbf{J}^T = 0(\delta^2) \tag{2.76}$$

Definition: *Bei einer konsistenten geometrischen Linearisierung werden alle Gleichungsterme der Ordnung* $0(\delta^n), n \geq 2$, *gegenüber den Termen der Größenordnung* $0(\delta)$ *vernachlässigt.*

Mit den hier getroffenen Vereinbarungen erhält man

$$\mathbf{J} = 0(\delta), \mathbf{J}^T = 0(\delta), (\mathbf{J} + \mathbf{J}^T) = 0(\delta) \tag{2.77}$$

Für die materiellen finiten Deformations- und Verzerrungstensoren (L.D.) können dann mit Hilfe von $\mathbf{G}^* = (1/2)(\mathbf{J} + \mathbf{J}^T)$ folgende Abschätzungen gegeben werden.

$$\begin{aligned} \mathbf{C} &= \mathbf{I} + 2\mathbf{G}^* + 0(\delta^2); \ \mathbf{U} = \mathbf{I} + 2\mathbf{G}^* + 0(\delta^2) \\ \mathbf{B} &= \mathbf{I} + 2\mathbf{G}^* + 0(\delta^2); \ \mathbf{V} = \mathbf{I} + 2\mathbf{G}^* + 0(\delta^2) \\ \mathbf{G} &= \mathbf{G}^* + 0(\delta^2); \end{aligned} \tag{2.78}$$

Ferner gilt

$$\mathbf{F} = \mathbf{I} + \mathbf{J}; \ \mathbf{F}^{-1} = (\mathbf{I} + \mathbf{J})^{-1} = \mathbf{I} - \mathbf{J} + 0(\delta^2) \tag{2.79}$$

$$\begin{aligned} \mathbf{R} = \mathbf{F} \cdot \mathbf{U}^{-1} &= (\mathbf{I} + \mathbf{J})[\mathbf{I} + \mathbf{G}^* + 0(\delta^2)]^{-1} \qquad (2.80) \\ &= (\mathbf{I} + \mathbf{J})[\mathbf{I} - \mathbf{G}^* + 0(\delta^2)]^{-1} \\ &= \mathbf{I} + \mathbf{J} - \frac{1}{2}(\mathbf{J} + \mathbf{J}^T) + 0(\delta^2) \\ &= \mathbf{I} + \frac{1}{2}(\mathbf{J} - \mathbf{J}^T) + 0(\delta^2) \\ &= \mathbf{I} + \mathbf{R}^* + 0(\delta^2) \qquad (2.81) \end{aligned}$$

$$\det\mathbf{F} = 1 + \det\mathbf{J} + 0(\delta^2) = 1 + \det\mathbf{G}^* + 0(\delta^2)$$

Aus $\mathbf{G}^* = (1/2)(\mathbf{J} + \mathbf{J}^T)$ und $\mathbf{R}^* = (1/2)(\mathbf{J} - \mathbf{J}^T)$ folgt die Gleichung

$$\begin{aligned} \mathbf{J} &= \mathbf{G}^* + \mathbf{R}^*; \\ (\nabla_{\mathbf{a}}\mathbf{u})^T &= \frac{1}{2}[(\nabla_{\mathbf{a}}\mathbf{u})^T + (\nabla_{\mathbf{a}}\mathbf{u})] + \frac{1}{2}[(\nabla_{\mathbf{a}}\mathbf{u})^T - (\nabla_{\mathbf{a}}\mathbf{u})] \end{aligned} \tag{2.82}$$

Schlußfolgerung: *Der Verschiebungsgradiententensor* $\mathbf{J}$ *kann bei infinitesimalen Deformationen als Summe des linearisierten Verzerrungstensors* $\mathbf{G}^*$ *und des linearisierten Drehtensors* $\mathbf{R}^*$ *dargestellt werden. Bei kleinen Verzerrungen entspricht somit die additive Aufspaltung des Verschiebungsgradiententensors in einen symmetrischen Anteil und in einen antisymmetrischen Anteil einer Zerlegung der Deformation in Verzerrungen und lokale Starrkörperdrehungen. Bei finiten Deformationen ist eine solche additive Zerlegung nicht möglich. An ihre Stelle tritt dann die polare Tensorzerlegung.*

Für die finiten Deformations- und Verzerrungstensoren (E.D.) gelten analoge linearisierte Gleichungen

$$\begin{aligned}
\mathbf{C}^{-1} &= \mathbf{I} - \mathbf{K} - \mathbf{K}^T + 0(\delta^2)\\
\mathbf{B}^{-1} &= \mathbf{I} - \mathbf{K} - \mathbf{K}^T + 0(\delta^2)\\
\mathbf{A} &= \frac{1}{2}(\mathbf{I} - \mathbf{B}^{-1}) = \frac{1}{2}(\mathbf{K} + \mathbf{K}^T) + 0(\delta^2) = \mathbf{A}^* + 0(\delta^2)
\end{aligned} \tag{2.83}$$

Der *Almansi-Euler*-Tensor **A** geht bei der geometrischen Linearisierung in den klassischen linearen *Euler*schen Verzerrungstensor

$$\mathbf{A}^* = \frac{1}{2}(\mathbf{K} + \mathbf{K}^T)$$

über. Auch hier gilt

$$\begin{aligned}
\mathbf{K} &= \mathbf{A}^* + \boldsymbol{\Omega}^*,\\
(\nabla_{\mathbf{x}}\mathbf{u})^T &= \frac{1}{2}[(\nabla_{\mathbf{x}}\mathbf{u})^T + (\nabla_{\mathbf{x}}\mathbf{u})] + \frac{1}{2}[(\nabla_{\mathbf{x}}\mathbf{u})^T - (\nabla_{\mathbf{x}}\mathbf{u})],
\end{aligned} \tag{2.84}$$

d.h. der räumliche Verschiebungsgradiententensor kann bei einer geometrischen Linearisierung additiv in den *Cauchy*schen räumlichen Verzerrungstensor

$$\mathbf{A}^* = \frac{1}{2}\left[\frac{\partial u_i}{\partial x_j} + \frac{\partial u_j}{\partial x_i}\right]\mathbf{e}_i\mathbf{e}_j$$

und den räumlichen Drehtensor

$$\boldsymbol{\Omega}^* = \frac{1}{2}\left[\frac{\partial u_i}{\partial x_j} - \frac{\partial u_j}{\partial x_i}\right]\mathbf{e}_i\mathbf{e}_j$$

zerlegt werden. Beachtet man noch, daß bei kleinen Verschiebungsgradienten für die Ableitungen von Tensoren beliebiger Stufe nach den *Lagrange*schen Koordination a_i mit

$$\frac{\partial u_i}{\partial a_j} = \frac{\partial x_i}{\partial a_j} - \delta_{ij} << 1, \quad \frac{\partial x_i}{\partial a_j} \approx \delta_{ij}$$

folgt

$$\frac{\partial \mathbf{T}[\mathbf{a}(\mathbf{x})]}{\partial a_i} = \frac{\partial \mathbf{T}}{\partial x_k}\frac{\partial x_k}{\partial a_i} \approx \frac{\partial \mathbf{T}}{\partial x_k}\delta_{ik},$$

erhält man

$$\frac{\partial \mathbf{T}}{\partial a_i} \approx \frac{\partial \mathbf{T}}{\partial x_i} \tag{2.85}$$

Schlußfolgerung: *Im Rahmen einer geometrisch linearen Theorie braucht nicht zwischen einer* Lagrange*schen und einer* Euler*schen Darstellung unterschieden werden. Die linearisierten Verzerrungs- und Drehtensoren sowie die Verschiebungsgradiententensoren in (L.D.) und (E.D.) stimmen dann überein*

$$\mathbf{G}^* = \mathbf{A}^* + 0(\delta^2), \; \mathbf{R}^* = \boldsymbol{\Omega}^* + 0(\delta^2), \; \mathbf{J} = \mathbf{K} + 0(\delta^2)$$

Die Koordinaten des linearen Cauchyschen Verzerrungstensors werden in der Elastizitätstheorie meist mit ε_{ij}, die des Drehtensors mit ω_{ij} bezeichnet, d.h. für die Koordinaten gelten die Gleichungen

$$\begin{aligned} \varepsilon_{ij} &= \frac{1}{2}\left(\frac{\partial u_i}{\partial x_j} + \frac{\partial u_j}{\partial x_i}\right); \quad \begin{array}{ll} \varepsilon_{ij}, i = j & \text{Dehnungen} \\ 2\varepsilon_{ij} = \gamma_{ij}, i \neq j & \text{Gleitungen} \end{array} \\ \omega_{ij} &= \frac{1}{2}\left(\frac{\partial u_i}{\partial x_j} - \frac{\partial u_j}{\partial x_i}\right); \end{aligned} \tag{2.86}$$

Für die Koordinatenmatrix

$$[\Omega^*_{ij}] = [\omega_{ij}] = \begin{bmatrix} 0 & \omega_{12} & \omega_{13} \\ -\omega_{12} & 0 & \omega_{23} \\ -\omega_{13} & -\omega_{23} & 0 \end{bmatrix}$$

ergibt sich die folgende Interpretation. Dem schiefsymmetrischen Tensor $\omega_{ij} = -\omega_{ji}$ kann wieder ein axialer Vektor $\boldsymbol{\omega}$ zugeordnet werden

$$\begin{aligned} \Omega^*_{ij} &\equiv \omega_{ij} = -\varepsilon_{ijk}\omega_k; & \omega_1 &= \frac{1}{2}(u_{3,2} - u_{2,3}) \\ \omega_i &= -\varepsilon_{ijk}\omega_{jk} = \frac{1}{2}\varepsilon_{ijk}(\nabla_j)u_k; & \omega_2 &= \frac{1}{2}(u_{1,3} - u_{3,1}) \\ \boldsymbol{\omega} &= \frac{1}{2}\mathrm{rot}\,\mathbf{u} = \frac{1}{2}\boldsymbol{\nabla} \times \mathbf{u}; & \omega_3 &= \frac{1}{2}(u_{2,1} - u_{1,2}) \end{aligned} \tag{2.87}$$

Dies entspricht genau den infinitesimalen Drehungen um die Koordinatenachsen. Betrachtet man als Beispiel die x_1, x_2-Ebene, d.h. die Drehung um die x_3-Achse, erhält man ω_3 entsprechend Bild 2.11.

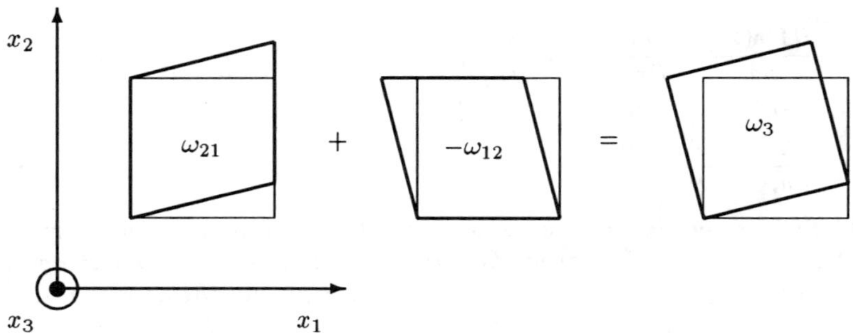

Bild 2.11 Lokale Starrkörperdrehung eines Elements in der x_1, x_2-Ebene

Für infinitesimale Verzerrungen gilt

$$\mathbf{G} \approx \mathbf{G}^* \approx \mathbf{A} \approx \mathbf{A}^*$$

Der infinitesimale *Cauchy*sche Verzerrungstensor $\mathbf{A}^*$ ist symmetrisch, er kann somit auf Hauptachsen transformiert werden

$$[\mathbf{A}^*]_{\mathbf{n}^I,\mathbf{n}^{II},\mathbf{n}^{III}} = \begin{bmatrix} A_I & 0 & 0 \\ 0 & A_{II} & 0 \\ 0 & 0 & A_{III} \end{bmatrix}$$

$n^i, i = I, II, III$ sind die Einheitsvektoren in Richtung der Hauptachsen, $A_i, i = I, II, III$ die Hauptdehnungen. Die drei materiellen Linienelemente $ds_0^I, ds_0^{II}, ds_0^{III}$ in Richtung der Hauptachsen haben nach der Deformation die Längen ds^I, ds^{II}, ds^{III}, d.h.

$$ds^i = (1 + A_i)ds_0^i, \quad i = I, II, III$$

Für ein Volumenelement $dV_0 = ds_0^I ds_0^{II} ds_0^{III}$ ergibt sich dann die Volumendifferenz

$$dV - dV_0 = dV_0(A_I + A_{II} + A_{III}) + \text{ Glieder höherer Ordnung}$$

und damit eine relative Volumenänderung (Dilatation)

$$\frac{dV - dV_0}{dV_0} = A_I + A_{II} + A_{III} = \varepsilon_V \tag{2.88}$$

Mit $A_I + A_{II} + A_{III} = A^*_{ii} = u_{i,i} = \nabla \cdot \mathbf{u}$ folgt auch

$$\varepsilon_V = \operatorname{div}\mathbf{u} \tag{2.89}$$

Durch eine additive Aufspaltung des Verzerrungstensors $\mathbf{A}^*$ in einen Kugeltensor und einen Deviatortensor erhält man

$$\begin{aligned} \mathbf{A}^* &= \frac{1}{3}(\mathrm{Sp}\mathbf{A}^*)\mathbf{I} + [\mathbf{A}^* - \frac{1}{3}(\mathrm{Sp}\mathbf{A}^*)\mathbf{I}] \\ &= \frac{1}{3}(\operatorname{div}\mathbf{u})\mathbf{I} + [\mathbf{A}^* - \frac{1}{3}(\operatorname{div}\mathbf{u})\mathbf{I}] \\ &= \frac{1}{3}(\mathbf{A}^* \cdot\cdot \mathbf{I})\mathbf{I} + [\mathbf{A}^* - \frac{1}{3}(\mathbf{A}^* \cdot\cdot \mathbf{I})\mathbf{I}] \end{aligned} \tag{2.90}$$

bzw.

$$A^*_{ij} = \underset{\text{(Dilatation)}}{\frac{1}{3}A^*_{kk}\delta_{ij}} \quad + \underset{\text{(Distorsion)}}{(A^*_{ij} - \frac{1}{3}A^*_{kk}\delta_{ij})}$$

Der Kugeltensor repräsentiert die gesamte Volumendehnung (Dilatation) des Volumenelementes, die Gestaltänderung (Distorsion) wird allein durch den Deviatoranteil bestimmt. Eine derartige additive Aufspaltung des Tensors in einen Dilatations- und einen Distorsionstensor ist auf infinitesimale Verzerrungen beschränkt. Eine Ausnahme bildet das *Hencky*sche Dehnungsmaß, für das auch bei großen Deformationen die additive Aufspaltung in den Kugel- und den Deviatortensor die physikalische Bedeutung einer Volumen- und einer Gestaltänderung behält.

Die geometrische Linearisierung kann auch auf den Geschwindigkeitsgradiententensor und die Streck- und Drehgeschwindigkeitstensoren angewendet werden und liefert somit auch für diese Größen asymptotische Näherungen

$$\mathbf{L} = \dot{\mathbf{F}} \cdot \mathbf{F}^{-1} = \dot{\mathbf{J}} \cdot [\mathbf{I} - \mathbf{J} + 0(\delta^2)] = \dot{\mathbf{J}} + 0(\delta^2) \tag{2.91}$$

$$\mathbf{D} = \frac{1}{2}(\mathbf{F} + \mathbf{F}^T) = \frac{1}{2}(\dot{\mathbf{J}} + \dot{\mathbf{J}}^T) + 0(\delta^2) \tag{2.92}$$

$$\mathbf{W} = \frac{1}{2}(\mathbf{F} - \mathbf{F}^T) = \frac{1}{2}(\dot{\mathbf{J}} - \dot{\mathbf{J}}^T) + 0(\delta^2) \tag{2.93}$$

Im Rahmen der geometrischen Linearisierung ist der räumliche Strecktensor $\mathbf{D}$ asymptotisch gleich dem Verzerrungsgeschwindigkeitstensor $\dot{\mathbf{G}}$

$$\begin{aligned} \dot{\mathbf{G}} = \frac{1}{2}\left(\dot{\mathbf{F}}^T \cdot \mathbf{F} + \mathbf{F}^T \cdot \dot{\mathbf{F}}\right) &= \frac{1}{2}\left(\dot{\mathbf{J}}^T \cdot \mathbf{F} + \mathbf{F}^T \cdot \dot{\mathbf{J}}\right) \\ &= \frac{1}{2}\left(\dot{\mathbf{J}} + \dot{\mathbf{J}}^T\right) + 0(\delta^2) \\ &= \dot{\mathbf{G}}^* + 0(\delta^2) = \dot{\mathbf{A}}^* + 0(\delta^2) \end{aligned} \tag{2.94}$$

$$\dot{\mathbf{G}}^* \approx \mathbf{D} \approx \mathbf{A}^*$$

Bei der Entwicklung geometrisch linearer Feldtheorien ist stets darauf zu achten, daß eine konsistente Linearisierung aller Größen und Gleichungen erfolgt. Im Kapitel 5 wird gezeigt, daß sich geometrische und physikalische Linearisierung nicht bedingen, sondern daß eine geometrische Linearisierung auch für physikalisch nichtlineare Materialgleichungen sinnvoll sein kann und umgekehrt. Man vermeidet daher möglichst die Anwendung allgemeiner geometrisch und physikalisch nichtlinearer Grundgleichungen der Kontinuumsmechanik.

Abschließend seien die wichtigsten Gleichungen noch einmal zusammengefaßt.

Geometrische Linearisierung kinematischer Gleichungen

$$\mathbf{a} \approx \mathbf{x};\ \boldsymbol{\nabla}_{\mathbf{a}} \approx \boldsymbol{\nabla}_{\mathbf{x}}$$

$$(\boldsymbol{\nabla}_{\mathbf{a}}\mathbf{u})^T \approx (\boldsymbol{\nabla}_{\mathbf{x}}\mathbf{u})^T \Longrightarrow \mathbf{J} \approx \mathbf{K}$$

$$\mathbf{F} = \mathbf{I} + \mathbf{J} \approx \mathbf{I} + \mathbf{K};\ \mathbf{F}^{-1} = \mathbf{I} - \mathbf{J} \approx \mathbf{I} - \mathbf{K}$$

$$\mathbf{C} \approx \mathbf{B} \approx \mathbf{I} + [(\boldsymbol{\nabla}_{\mathbf{a}}\mathbf{u})^T + (\boldsymbol{\nabla}_{\mathbf{a}}\mathbf{u})] = \mathbf{I} + \mathbf{J} + \mathbf{J}^T = \mathbf{C}^* = \mathbf{B}^*$$

$$\mathbf{C}^{-1} \approx \mathbf{B}^{-1} \approx \mathbf{I} - [(\boldsymbol{\nabla}_{\mathbf{a}}\mathbf{u})^T + (\boldsymbol{\nabla}_{\mathbf{a}}\mathbf{u})] = \mathbf{I} - \mathbf{J} - \mathbf{J}^T = (\mathbf{C}^*)^{-1} = (\mathbf{B}^*)^{-1}$$

$$\mathbf{U} \approx \mathbf{V} \approx \mathbf{I} + \frac{1}{2}[(\boldsymbol{\nabla}_{\mathbf{a}}\mathbf{u})^T + (\boldsymbol{\nabla}_{\mathbf{a}}\mathbf{u})] = \mathbf{I} + \frac{1}{2}(\mathbf{J} + \mathbf{J}^T) = \mathbf{U}^* = \mathbf{V}^*$$

$$\mathbf{G} \approx \mathbf{A} \approx \frac{1}{2}[(\boldsymbol{\nabla}_{\mathbf{a}}\mathbf{u})^T + (\boldsymbol{\nabla}_{\mathbf{a}}\mathbf{u})] = \frac{1}{2}(\mathbf{J} + \mathbf{J}^T) = \mathbf{G}^* = \mathbf{A}^*$$

$$\mathbf{R} \approx \boldsymbol{\Omega} \approx \frac{1}{2}[(\boldsymbol{\nabla}_{\mathbf{a}}\mathbf{u})^T - (\boldsymbol{\nabla}_{\mathbf{a}}\mathbf{u})] = \frac{1}{2}(\mathbf{J} - \mathbf{J}^T) = \mathbf{R}^* = \boldsymbol{\Omega}^*$$

$$\mathbf{J} \approx \mathbf{K} \approx \frac{1}{2}[(\boldsymbol{\nabla}_{\mathbf{a}}\mathbf{u})^T + (\boldsymbol{\nabla}_{\mathbf{a}}\mathbf{u})] + \frac{1}{2}[(\boldsymbol{\nabla}_{\mathbf{a}}\mathbf{u})^T - (\boldsymbol{\nabla}_{\mathbf{a}}\mathbf{u})] = \mathbf{A}^* + \boldsymbol{\Omega}^* \approx \mathbf{G}^* + \mathbf{R}^*$$

$$\mathbf{L} \approx \dot{\mathbf{J}}$$

$$\mathbf{D} \approx \frac{1}{2}(\dot{\mathbf{J}} + \dot{\mathbf{J}}^T);\ \mathbf{W} \approx \frac{1}{2}(\dot{\mathbf{J}} - \dot{\mathbf{J}}^T);\ \dot{\mathbf{G}} \approx \dot{\mathbf{A}} \approx \dot{\mathbf{G}}^* = \dot{\mathbf{A}}^*$$

$(\ldots)^*$ Linearisierte Größe; $A \approx B \rightarrow A = B + 0(\delta^2)$

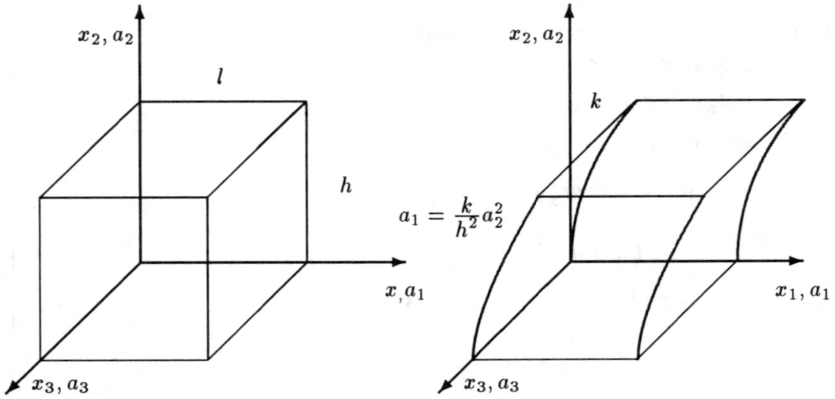

Bild 2.12 Gummiblock: a) Referenzkonfiguration, b) Momentankonfiguration

2.13 Übungsbeispiele mit Lösungen zum Abschnitt 2.11 und 2.12

1. Ein rechteckiger Gummiblock habe die im Bild 2.12 angegebene Lage a) (Refernzkonfiguration). Nach der Deformation hat er die Lage b) (Momentankonfiguration). Der Positionsvektor $\mathbf{x} = \mathbf{x}(\mathbf{a})$ für die materiellen Punkte des Körpers habe in der Lage b) die Koordinaten (L.D.)

$$x_1 = a_1 + k_2 a_2^2; \ x_2 = a_2; \ x_3 = a_3$$

Man formuliere den verformten Zustand in (E.D.), berechne die Koordinaten des Verschiebungsfeldes in (L.D.) und (E.D.) und der nichtlinearen und der linearen *Lagrange*schen und *Almansi*-Verzerrungstensoren.

<u>*Lösung:*</u>

$$\mathbf{x} = \mathbf{x}(\mathbf{a}) : x_1 = a_1 + (k/h^2)a_2^2; x_2 = a_2; x_3 = a_3$$

$$\mathbf{a} = \mathbf{a}(\mathbf{x}) : a_1 = x_1 - (k/h^2)x_2^2; a_2 = x_2; a_3 = x_3$$

Aus $\mathbf{u} = \mathbf{x} - \mathbf{a}$ folgt für die Koordinaten des Verschiebungsfeldes

$$\mathbf{u} = \mathbf{u}(\mathbf{a}) : u_1 = (k/h^2)a_2^2; u_2 = 0; u_3 = 0$$

$$\mathbf{u} = \mathbf{u}(\mathbf{x}) : u_1 = (k/h^2)x_2^2; u_2 = 0; u_3 = 0$$

Nichtlineare Verzerrungstensoren

$$\mathbf{G} = \frac{1}{2}\left[(\boldsymbol{\nabla}_{\mathbf{a}}\mathbf{u})^T + (\boldsymbol{\nabla}_{\mathbf{a}}\mathbf{u}) + (\boldsymbol{\nabla}_{\mathbf{a}}\mathbf{u}) \cdot (\boldsymbol{\nabla}_{\mathbf{a}}\mathbf{u})^T\right]$$

$$\mathbf{A} = \frac{1}{2}\left[(\boldsymbol{\nabla}_{\mathbf{x}}\mathbf{u})^T + (\boldsymbol{\nabla}_{\mathbf{x}}\mathbf{u}) + (\boldsymbol{\nabla}_{\mathbf{x}}\mathbf{u}) \cdot (\boldsymbol{\nabla}_{\mathbf{x}}\mathbf{u})^T\right]$$

$$G_{ij} = \frac{1}{2}\left(\frac{\partial u_i}{\partial a_j} + \frac{\partial u_j}{\partial a_i} + \frac{\partial u_k}{\partial a_i}\frac{\partial u_k}{\partial a_j}\right)$$

$$G_{11} = 0; G_{12} = (k/h^2)a_2; G_{13} = 0$$

$$G_{21} = (k/h^2)a_2; G_{22} = 2(ka_2/h^2)^2; G_{23} = 0$$

$G_{31} = 0; G_{32} = 0; G_{33} = 0$

$A_{11} = 0; A_{12} = (k/h^2)x_2; A_{13} = 0$

$A_{21} = (k/h^2)x_2; A_{22} = 2(kx_2/h^2)^2; A_{23} = 0$

$A_{31} = 0; A_{32} = 0; A_{33} = 0$

Lineare Verzerrungstensoren

$$\mathbf{G}^* \approx \mathbf{A}^* = \frac{1}{2}\left[(\boldsymbol{\nabla}_{\mathbf{a}}\mathbf{u})^T + (\boldsymbol{\nabla}_{\mathbf{a}}\mathbf{u})\right]$$

$$G_{ij}^* \approx A_{ij}^* = \frac{1}{2}\left(\frac{\partial u_i}{\partial x_j} + \frac{\partial u_j}{\partial x_i}\right)$$

$A_{11}^* = 0; A_{11}^* = (k/h^2)x_2; A_{13}^* = 0$

$A_{21}^* = (k/h^2)x_2; A_{22}^* = 0; A_{23}^* = 0$

$A_{31}^* = 0; A_{32}^* = 0; A_{33}^* = 0$

2. Gegeben ist ein Verschiebungsfeld in räumlichen Koordinaten

$$\mathbf{u}(\mathbf{x}) = x_1^2\mathbf{e}_1 + x_3^2\mathbf{e}_2 + x_2^2\mathbf{e}_3$$

Man berechne

a) die Koeffizientenmatrix von $(\boldsymbol{\nabla}_{\mathbf{x}}\mathbf{u})^T \equiv \mathbf{K}$ zur Basis $\mathbf{e}_i$

b) $(\boldsymbol{\nabla}_{\mathbf{x}}\mathbf{u})^T \cdot \mathbf{u}; (\boldsymbol{\nabla}_{\mathbf{x}}\mathbf{u})^T \times \mathbf{u}$

c) grad $\mathbf{u}$, div $\mathbf{u}$, rot $\mathbf{u}$

Lösung:

a)
$$(\boldsymbol{\nabla}_{\mathbf{x}}\mathbf{u})^T = u_{i,j}\mathbf{e}_i\mathbf{e}_j = K_{ij}\mathbf{e}_i\mathbf{e}_j$$

$$[K_{ij}] = \begin{bmatrix} 2x_1 & 0 & 0 \\ 0 & 0 & 2x_3 \\ 0 & 2x_2 & 0 \end{bmatrix}$$

Eine andere Darstellungsform läßt sich wie folgt darstellen. Mit

$$\boldsymbol{\nabla}_{\mathbf{x}}\mathbf{u} = u_{i,j}\mathbf{e}_j\mathbf{e}_i = 2x_1\mathbf{e}_1\mathbf{e}_1 + 2x_3\mathbf{e}_3\mathbf{e}_2 + 2x_2\mathbf{e}_2\mathbf{e}_3$$

folgt

$$(\boldsymbol{\nabla}_{\mathbf{x}}\mathbf{u})^T = u_{i,j}\mathbf{e}_i\mathbf{e}_j = 2x_1\mathbf{e}_1\mathbf{e}_1 + 2x_3\mathbf{e}_2\mathbf{e}_3 + 2x_2\mathbf{e}_3\mathbf{e}_2$$

b) $(\boldsymbol{\nabla}_{\mathbf{x}}\mathbf{u})^T \cdot \mathbf{u}$:

$$K_{ij}\mathbf{e}_i\mathbf{e}_j \cdot u_k\mathbf{e}_k = K_{ij}u_j\mathbf{e}_i$$

$$K_{ij}u_j\mathbf{e}_i = k_i\mathbf{e}_i = 2x_1^3\mathbf{e}_1 + 2x_2^2x_3\mathbf{e}_2 + x_2x_3^2\mathbf{e}_3$$

Die Koordinaten des Vektors $\mathbf{k}$ erhält man auch durch Multiplikation der Koordinatenmatrizen von $\mathbf{K}$ und $\mathbf{u}$

$$\begin{bmatrix} 2x_1 & 0 & 0 \\ 0 & 0 & 2x_3 \\ 0 & 2x_2 & 0 \end{bmatrix} \begin{bmatrix} x_1^2 \\ x_3^2 \\ x_2^2 \end{bmatrix} = \begin{bmatrix} 2x_1^3 \\ 2x_2^2x_3 \\ 2x_2x_3^2 \end{bmatrix}$$

Einfacher läßt sich das gleiche Ergebnis wie folgt ableiten

$$\begin{aligned}(\boldsymbol{\nabla}_{\mathbf{x}}\mathbf{u})^T \cdot \mathbf{u} &= (2x_1\mathbf{e}_1\mathbf{e}_1 + 2x_3\mathbf{e}_2\mathbf{e}_3 + 2x_2\mathbf{e}_3\mathbf{e}_2) \cdot (x_1^2\mathbf{e}_1 + x_3^2\mathbf{e}_2 + x_2^2\mathbf{e}_3) \\ &= 2x_1^3\mathbf{e}_1 + 2x_2^2x_3\mathbf{e}_2 + 2x_2x_3^2\mathbf{e}_3\end{aligned}$$

$(\boldsymbol{\nabla}_{\mathbf{x}}\mathbf{u})^T \times \mathbf{u}$: Analog zum vorhergehenden Ergebnis erhält man

$$\begin{aligned}(\boldsymbol{\nabla}_{\mathbf{x}}\mathbf{u})^T \times \mathbf{u} &= (2x_1\mathbf{e}_1\mathbf{e}_1 + 2x_3\mathbf{e}_2\mathbf{e}_3 + 2x_2\mathbf{e}_3\mathbf{e}_2) \times (x_1^2\mathbf{e}_1 + x_3^2\mathbf{e}_2 + x_2^2\mathbf{e}_3) \\ &= 2x_1\mathbf{e}_1\mathbf{e}_1 \times (x_3^2\mathbf{e}_2 + x_2^2\mathbf{e}_3) + 2x_3\mathbf{e}_2\mathbf{e}_3 \times (x_1^2\mathbf{e}_1 + x_3^2\mathbf{e}_2)\end{aligned}$$

$$+2x_2\mathbf{e}_3\mathbf{e}_2 \times (x_1^2\mathbf{e}_1 + x_2^2\mathbf{e}_3)$$
$$= 2x_1\mathbf{e}_1(x_3^2\mathbf{e}_3 - x_2^2\mathbf{e}_2) + 2x_3\mathbf{e}_2(x_1^2\mathbf{e}_2 - x_3^2\mathbf{e}_1)$$
$$+2x_2\mathbf{e}_3(-x_1^2\mathbf{e}_3 + x_2^2\mathbf{e}_1)$$

Dieser Tensor 2. Stufe kann auch wie folgt dargestellt werden

$$(\nabla_{\mathbf{X}}\mathbf{u})^T \times \mathbf{u} = -2x_1x_2^2\mathbf{e}_1\mathbf{e}_2 + 2x_1x_3^2\mathbf{e}_1\mathbf{e}_3 - 2x_3^3\mathbf{e}_2\mathbf{e}_1$$
$$+2x_3x_1^2\mathbf{e}_2\mathbf{e}_2 + 2x_2^3\mathbf{e}_3\mathbf{e}_1 - 2x_2x_1^2\mathbf{e}_3\mathbf{e}_3$$

c) grad **u**:

$$\text{grad } \mathbf{u} = \nabla_{\mathbf{X}}\mathbf{u} = u_{j,i}\mathbf{e}_i\mathbf{e}_j = 2x_1\mathbf{e}_1\mathbf{e}_1 + 2x_3\mathbf{e}_3\mathbf{e}_2 + 2x_2\mathbf{e}_2\mathbf{e}_3$$

div **u**:

$$\text{div } \mathbf{u} = \nabla_{\mathbf{X}} \cdot \mathbf{u} = u_{j,i}\mathbf{e}_i \cdot \mathbf{e}_j = u_{i,i} = 2x_1$$

rot **u**:

$$\text{rot } \mathbf{u} = \nabla_{\mathbf{X}} \times \mathbf{u} = u_{j,i}\mathbf{e}_i \times \mathbf{e}_j = 2x_1\mathbf{e}_1 \times \mathbf{e}_1 + 2x_3\mathbf{e}_3 \times \mathbf{e}_2 + 2x_2\mathbf{e}_2 \times \mathbf{e}_3$$
$$= 2(x_2 - x_3)\mathbf{e}_1$$

Ergänzende Literatur zum Kapitel 2:

1. J.G. Oldroyd: Finite Strains in an Anisotropic Elastic Continuum. Proc. R. Soc. London A 200(1950), 345 - 358
2. R.S. Rivlin, J.L. Erickson: Stress-Deformation-Relation for Isotropic Material. Arch. Mech. Anal. 4(1955), 323 - 425
3. M. Hanin, M. Reiner: On Isotropic Tensor-Functions and the Measure of Deformation. ZAMP 7(1956), 377 - 393
4. B. Seth: Generalized Strain Measures with Application to Physical Problems. In: IUTAM-Symposium on Second Order Effects in Elasticity, Plasticity and Fluid Dynamics Haifa 1962 (Eds. M Reiner and D. Abir). Pergamon Press, 1964, 162 - 172
5. B. Seth: Measure Concept in Mechanics. Int. J. Nonlinear Mech. 1(1966), 35 - 40
6. J.F. Fitzgerald: A Tensorial Hencky Measure of Strain and Strain Rate for Finite Deformations. J. Apl. Phys. 51(1980), 5111 - 5115
7. A. Hoger, D. Carlson: Determination of Stretch and Rotation in the Polar Decomposition of the Deformation Gradient. Quart. Appl. Math. (1984), 113 - 117
8. K. Morman: The Generalized Strain Measure with Application to Nonhomogeneous Deformations in Rubber-like Solids. Trans. ASME J. Appl. Mech. 53(1986), 726 - 728
9. P. Haupt: Foundations of Continuum Mechanics. In: Continuum Mechanics in Enviromental Sciences and Geophysics (ed. by K. Hutter). Springer-Verlag, 1993

3 Kinetische Größen und Gleichungen

Die Aussagen der Kinetik der Kontinua sind, wie die der Kinematik, unabhängig von speziellen Materialeigenschaften der betrachteten Körper. Sie gelten somit gleichermaßen für alle Festkörper und Fluide.

Ausgangspunkt dieses Kapitels ist die Klassifikation der äußeren Belastungen auf einen materiellen Körper und die Analyse des Antwortverhaltens von Festkörpern oder Fluiden auf die Wirkung dieser Belastungen. Dazu wird der Spannungsbegriff eingeführt und es werden verschiedene Möglichkeiten zur Definition von Spannungsvektoren und Spannungstensoren diskutiert. Durch die Beschränkung der Betrachtungen auf klassische Punktkontinua, bei denen Wechselwirkungen zwischen materiellen Punkten ausschließlich durch Zentralkräfte erfaßt werden, können die kinetischen Größen und Gleichungen wesentlich vereinfacht werden. Notwendige Verallgemeinerungen für polare Kontinua enthalten die am Ende des Kapitels 3 angegebenen Literaturhinweise. Die Ableitung der statischen Gleichgewichtsbedingungen und der Bewegungsgleichungen für klassische Kontinua bildet den Übergang zu den Bilanzgleichungen der Kontinuumsmechanik. Die Verbindung der kinetischen Größen mit den kinematischen über Konstitutivgleichungen führt auf materialabhängige Aussagen, die erst später diskutiert werden.

3.1 Klassifikation der äußeren Belastungen

Alle auf einen Körper wirkenden Kräfte haben den Charakter von Körper- oder Volumenkräften und von Oberflächenkräften. Ihre Ursachen können rein mechanischer, aber auch thermischer, elektromagnetischer oder anderer Art sein. Hier werden zunächst nur mechanische Belastungen betrachtet.

Nimmt man an, daß nicht nur Kräfte, sondern auch davon unabhängige Momente auftreten, kann man für die äußeren Belastungen folgende Einteilung vornehmen:

1. Körper- oder Volumenlasten (Kräfte und Momente)
2. Oberflächenlasten (Kräfte und Momente)

Die Belastungen werden im allgemeinen als stetig verteilte Funktionen im Volumen oder auf der Oberfläche betrachtet. Es bereitet aber keine Schwierigkeiten, auch konzentrierte Lasten, d.h. Einzelkräfte und Einzelmomente, zu erfassen.

Ein Körper habe eine bestimmte stetige Massendichteverteilung $\rho(\mathbf{x})$. Die Körper- oder Volumenlasten sind stetige Funktionen, die in jedem materiellen Punkt des Körpers wirken, sie haben Feldeigenschaften. Gravitations-, Trägheits- oder magnetische Kräfte stellen u.a. Volumenkräfte dar. Die Quellen solcher Kraftfelder liegen außerhalb des Körpers, man spricht von äußeren Volumenkräften. Analog kann man sich äußere Quellen für Volumenmomentenfelder vorstellen.

Volumenkräfte können auf die Volumeneinheit oder auf die Masseneinheit bezogen werden. Sei $\mathbf{k}^V$ die auf die Volumeneinheit und $\mathbf{k}^m \equiv \mathbf{k}$ die auf die Masseneinheit bezogene Kraftdichte (im folgenden wird stets $\mathbf{k}$ für $\mathbf{k}^m$ geschrieben), dann gilt

$$\rho(\mathbf{x},t)\mathbf{k}(\mathbf{x},t) = \mathbf{k}^V \tag{3.1}$$

mit der skalaren Feldgröße ρ und den vektoriellen Feldgrößen $\mathbf{k}$ und $\mathbf{k}^V$:

$\mathbf{k}(\mathbf{x},t)$ Massenkraftdichte
$\mathbf{k}^V(\mathbf{x},t)$ Volumenkraftdichte
$\rho(\mathbf{x},t)$ Massendichte

Die Volumenkraftdichten, die mit der Gewichtskraft, der Fliehkraft oder allgemein mit Potentialkräften verbunden sind, lassen sich beispielsweise wie folgt darstellen:

– die Gewichtskraft

$$\rho\mathbf{k} = -\rho g \mathbf{e}_3$$

g Erdbeschleunigung, $\mathbf{e}_3$ Basisvektor, der der Erdbeschleunigung entgegengesetzt gerichtet ist

– die Fliehkraft

$$\rho\mathbf{k} = -\rho\boldsymbol{\omega} \times (\boldsymbol{\omega} \times \mathbf{x})$$

$\boldsymbol{\omega}$ Winkelbeschleunigung

– allgememeine Potentialkraft

$$\rho\mathbf{k} = -\rho\boldsymbol{\nabla}_{\mathbf{x}}\Pi$$

Das entsprechende Kraftpotential Π lautet für die Beispiele Gewichtskraft und Fliehkraft

$$\Pi = \mathbf{e}_3 \cdot \mathbf{x} g \quad \text{bzw.} \quad \Pi = -\frac{1}{2}|\boldsymbol{\omega} \times \mathbf{x}|^2$$

Für Volumenmomente gilt analog die Gleichung

$$\rho(\mathbf{x},t)\mathbf{l}^m(\mathbf{x},t) = \mathbf{l}^V \tag{3.2}$$

$\mathbf{l}^m(\mathbf{x},t)$ Massenmomentdichte
$\mathbf{l}^V(\mathbf{x},t)$ Volumenmomentdichte

Äußere Oberflächenlasten wirken immer auf eine Fläche. Man spricht daher auch von Kontaktlasten. Die Fläche kann entweder die Oberfläche $A(V)$ des Gesamtkörpers, aber auch eine gemeinsame Grenzfläche von Teilkörpern bzw. zwei verschiedenen Körpern sein. Äußere Oberflächenlasten gibt es auch im Grenzflächenbereich von Festkörper und Fluid, z.B. der hydrostatische Druck eines Fluids auf einen im Fluid befindlichen Festkörper. Oberflächenlasten können wiederum als Oberflächenkräfte oder Oberflächenmomente auftreten. Oberflächenkräfte pro Flächeneinheit führen auf Spannungsvektoren, Oberflächenmomente pro Flächeneinheit auf Momentenspannungsvektoren:

$\mathbf{t}$ Spannungsvektor

$\boldsymbol{\mu}$ Momentenspannungsvektor

Sie sind durch folgende Grenzwerte definiert

$$\mathbf{t} = \lim_{\triangle\mathbf{A} \to 0} \frac{\triangle\mathbf{f}}{\triangle\mathbf{A}}; \quad \boldsymbol{\mu} = \lim_{\triangle\mathbf{A} \to 0} \frac{\triangle\mathbf{m}}{\triangle\mathbf{A}} \tag{3.3}$$

$\triangle\mathbf{f}$ und $\triangle\mathbf{m}$ sind die auf die Oberfläche $\triangle\mathbf{A} = \mathbf{n}\triangle A$ entfallenden resultierenden Kraft- und Momentenvektoren. Man erkennt, daß diese Vektoren nicht nur von ihrer Lage auf der Oberfläche, sondern auch von der Orientierung des Flächenelementes $d\mathbf{A} = \mathbf{n}dA$ abhängen

$$\mathbf{t} = \mathbf{t}(\mathbf{x}, \mathbf{n}, t); \quad \boldsymbol{\mu} = \boldsymbol{\mu}(\mathbf{x}, \mathbf{n}, t) \tag{3.4}$$

Die auf den Körper wirkende resultierende äußere Kraft $\mathbf{f}^R$ erhält man durch Integration der äußeren Volumen- und Oberflächenkräfte

$$\mathbf{f}^R = \int_V \rho\mathbf{k}\, dV + \int_A \mathbf{t}\, dA \tag{3.5}$$

Einzelkräfte werden entweder gesondert addiert oder die Integrale werden als *Stiltjes*-Integrale betrachtet, die auch Einzelkräfte mit umfassen. Für das resultierende Moment aller äußeren Kräfte in Bezug auf den Koordinatenursprung 0 gilt

$$\mathbf{m}_0^R = \int_V \rho(\mathbf{l}^m + \mathbf{x} \times \mathbf{k})\, dV + \int_A (\boldsymbol{\mu} + \mathbf{x} \times \mathbf{t})\, dA \tag{3.6}$$

Im Rahmen der klassischen Mechanik werden Momente allgemein als Kräftepaare definiert. Für die klassische Kontinuumsmechanik geht dann für den materiellen Punkt mit $dV \to 0$ auch der Hebelarm des Kräftepaares gegen Null. Es gibt somit im klassischen Kontinuumsmodell weder Volumenmomentendichten noch Momentenspannungsvektoren. Momentendichtefelder und Momentenspannungen sind erst für polare Kontinua zu berücksichtigen. Für die klassische Kontinuumsmechanik, d.h. für nichtpolare Festkörper-

oder Fluidmodelle, erhält man die Gl. (3.6) in einer vereinfachten Form ohne Volumen- und Oberflächenmomente

$$\mathbf{m}_0^R = \int_V \rho(\mathbf{x} \times \mathbf{k})\, dV + \int_A (\mathbf{x} \times \mathbf{t})\, dA \tag{3.7}$$

3.2 Cauchyscher Spannungsvektor und Spannungstensor

Als Folge äußerer Krafteinwirkungen entsteht im Inneren des Körpers ein Beanspruchungszustand. Als Maß für die Beanspruchung in einem Punkt des Körpers gilt die dort herrschende Spannung. Ausgangspunkt für eine solche Vereinbarung ist das Spannungsprinzip von *Euler-Cauchy*:

Als Folge äußerer Kräfte existiert auf jeder Fläche des Körpers (Schnittfläche zwischen Teilkörpern oder äußere Begrenzungsfläche A) mit einem Flächennormaleneinheitsvektor $\mathbf{n}(\mathbf{x}, t)$ *ein Vektorfeld von Spannungsvektoren* $\mathbf{t}(\mathbf{x}, \mathbf{n}, t)$. *Fällt die Fläche mit der Oberfläche des Körpers zusammen, sind die Spannungsvektoren* $\mathbf{t}(\mathbf{x}, \mathbf{n}, t)$ *gleich den aus den Oberflächenkräften folgenden Spannungsvektoren (tractions).*

Die Vernachlässigung der Mikrostruktur eines realen Körpers und die Annahme einer stetigen Verteilung seiner Materie hat auch für die Spannungen als Maß innerer Beanspruchungen die Konsequenz, daß eigentlich Mittelwerte für ein materielles Volumenelement berechnet werden.

Spannungen innerhalb eines Körpers werden mit Hilfe von Schnittbetrachtungen ermittelt. Bild 3.1 zeigt die Wirkung äußerer Kräfte auf ein Flächenelement der Schnittfläche eines Teilkörpers. $d\mathbf{f}$ ist der resultierende Kraftvektor und $d\mathbf{m}$ der resultierende Momentenvektor auf $d\mathbf{A}$, $\mathbf{n}$ der Normaleneinheitsvektor. Entsprechend den Gln. (3.3) erhält man den Spannungs- bzw. den Momentenspannungsvektor

$$\mathbf{t}(\mathbf{x}, \mathbf{n}, t) = \frac{d\mathbf{f}}{d\mathbf{A}}; \quad \boldsymbol{\mu}(\mathbf{x}, \mathbf{n}, t) = \frac{d\mathbf{m}}{d\mathbf{A}}$$

Da für klassische Kontinua keine Oberflächenmomente betrachtet werden, gilt $\boldsymbol{\mu} \equiv 0$ und es bleibt nur der Spannungsvektor $\mathbf{t}$.

Schlußfolgerung: *Als Maß für die innere Kraft im Punkt P eines Körper wird der Spannungsvektor*

$$\mathbf{t}(\mathbf{x}, \mathbf{n}, t) = \frac{d\mathbf{f}}{d\mathbf{A}}$$

eingeführt. $\mathbf{t}$ *ist im allgemeinen abhängig vom Ort, von der Zeit und von der Orientierung der Schnittfläche. Jedes Schnittflächenelement in einem Punkt P mit der gleichen Tangentialebene hat den gleichen Vektor* $\mathbf{n}$ *und führt*

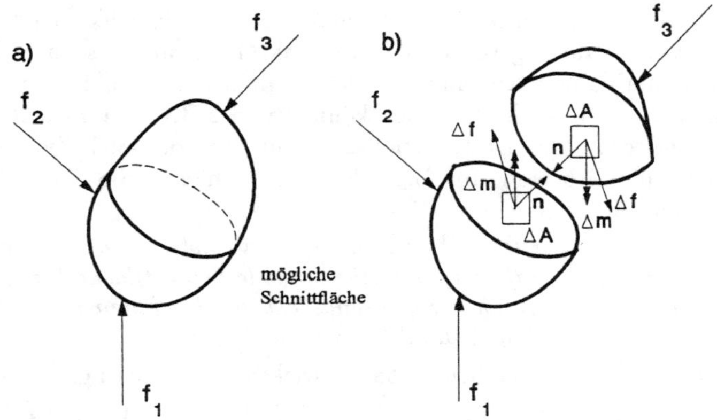

Bild 3.1 a) Gesamtkörper mit äußeren Kräften, b) Teilkörper mit äußeren Kräften und auf das Element $d\mathbf{A}$ der gemeinsamen Schnittfläche entfallenden resultierenden gegenseitigen Wirkungen

damit zum gleichen Spannungsvektor $\mathbf{t}$*, d.h. unterschiedliche Oberflächenkrümmungen im Punkt P haben keinen Einfluß auf* $\mathbf{t}$*, solange* $\mathbf{n}$ *sich nicht verändert (Cauchysches Spannungsprinzip). Für jeden Punkt des Körpers gilt* $\mathbf{t}(\mathbf{n}) = -\mathbf{t}(-\mathbf{n})$ *(Cauchysches Lemma), d.h. übt der Teilkörper A auf den Teilkörper B im Punkt P die Spannung* $\mathbf{t}$ *aus, ist die Wirkung von B auf A gleich der Spannung* $-\mathbf{t}$ *(actio = reactio). Die Spannungsvektoren haben dann den gleichen Betrag, aber entgegengesetzte Richtung.*

Der Spannungsvektor $\mathbf{t}$ ist also nicht nur vom Ortsvektor $\mathbf{x}$ und der Zeit t abhängig, sondern auch noch vom Vektor $\mathbf{n}$, der die Orientierung der Schnittfläche im betrachteten Punkt P angibt. Der Vektor $\mathbf{t}$ beschreibt somit kein eigentliches Vektorfeld, da er wegen beliebig vieler Schnittflächen in P den Spannungszustand in diesem Punkt nicht eindeutig angibt.

Definition: *Die Gesamtheit aller denkbaren Spannungsvektoren für einen materiellen Punkt P definiert den Spannungszustand in diesem Punkt.*

In der Werkstoffprüfung unterscheidet man zwei unterschiedliche Spannungsdefinitionen:

1. Nennspannungen
Die aktuelle Kraft wird auf eine Schnittfläche in der Referenzkonfiguration bezogen.
2. Wahre Spannungen
Die aktuelle Kraft wird auf eine Schnittfläche in der aktuellen Konfiguration bezogen.

In der Kontinuumsmechanik hat man weitere Möglichkeiten für die Definition von Spannungsvektoren, da sowohl die Kräfte als auch die Schnittflächen unabhängig voneinander in der Referenz- oder in der Momentankonfiguration betrachtet werden können und z.B. unter Beachtung der polaren Zerlegung des Deformationsgradiententensors auch Zwischenkonfigurationen möglich sind. Im folgenden wird zunächst die *Cauchy*sche Spannungsdefinition verwendet.

Definition: *Der Cauchysche Spannungsvektor ist ein wahrer Spannungsvektor. Die aktuelle Kraft wird auf eine aktuelle Schnittfläche bezogen. Die Gesamtheit der Cauchyschen Spannungsvektoren für einen Punkt P bestimmt den wahren Spannungszustand für diesen Punkt.*

Ein im Punkt P einer Schnittfläche wirkender Spannungsvektor $\mathbf{t}$ kann in der durch $\mathbf{t}$ und $\mathbf{n}$ aufgespannten Ebene zerlegt werden (Bild 3.2). Dabei ist

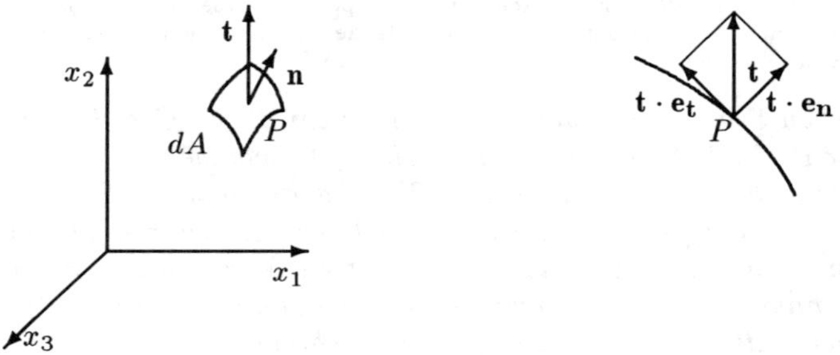

Bild 3.2 Zerlegung des Spannungsvektors t

$\mathbf{n} \equiv \mathbf{e_n}$ der Einheitsvektor in Normalenrichtung, $\mathbf{e_t}$ - der Einheitsvektor in Tangentenrichtung.

$$\mathbf{t} = t_\mathbf{n}\mathbf{e_n} + t_\mathbf{t}\mathbf{e_t}; \quad t_\mathbf{n} = \mathbf{t}\cdot\mathbf{e_n}, \quad t_\mathbf{t} = \sqrt{t^2 - t_\mathbf{n}^2} = \mathbf{t}\cdot\mathbf{e_t} \tag{3.8}$$

Der Spannungsvektor hat dann eine normale und eine tangentiale Komponente. Bei Oberflächenspannungen kann es zweckmäßiger sein, eine Zerlegung von $\mathbf{t}$ in die Koordinatenrichtungen $\mathbf{e}_i$ des Basissystems vorzunehmen

$$\mathbf{t} = t_i\mathbf{e}_i; \quad t_i = \mathbf{t}\cdot\mathbf{e}_i = t\cos(\mathbf{t},\mathbf{e}_i) \tag{3.9}$$

Die Gesamtheit aller Spannungsvektoren in einem Punkt P charakterisiert den von $\mathbf{n}$ unabhängigen Spannungszustand. Es kann nun gezeigt werden, daß bereits 3 Spannungsvektoren bezüglich nicht komplanarer Schnittflächen durch P den Spannungszustand in diesem Punkt eindeutig festlegen. Dies führt auf den *Cauchy*schen Spannungstensor zur Beschreibung des wahren Spannungszustandes in einem Körper, d.h. der Spannungszustand wird durch ein Tensorfeld dargestellt.

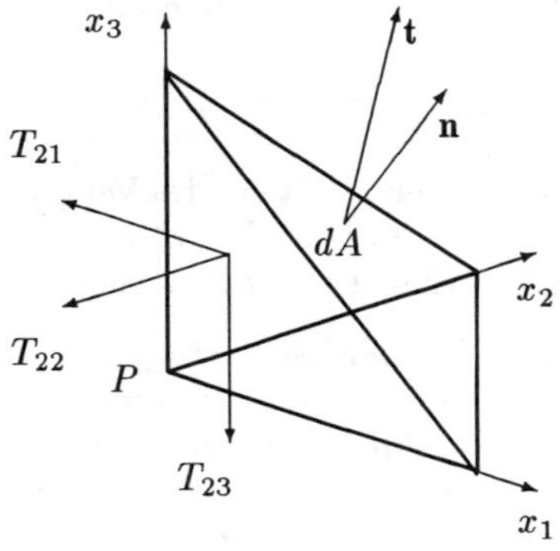

Bild 3.3 Differentielles Tetraedervolumenelement dV im Punkt P. Allgemeine Schnittfläche $d\mathbf{A} = \mathbf{n}dA$ mit dem Spannungsvektor $\mathbf{t}(\mathbf{n})$, Schnittfläche $x_2 = 0$ mit den Komponenten des Spannungsvektors $\mathbf{t}_2(-\mathbf{e}_2)$

Betrachtet wird nun ein differentielles Volumenelemenet im Punkt P in der Form eines Tetraeders (Bild 3.3). Drei zueinander orthogonale Flächen des differentiellen Tetraeder liegen in den Ebenen $x_1 = 0, x_2 = 0$ und $x_3 = 0$, die vierte Fläche hat eine beliebige Orientierung $\mathbf{n}$. Für $dV \to 0$ gehen alle Flächen durch den Punkt P. Weiter gelten folgende Vereinbarungen:

$\mathbf{t}_i$ sind die Spannungsvektoren auf den Schnittflächen $x_i =$ konst., d.h. mit den Normaleneinheitsvektoren $\mathbf{n}_i \equiv \mathbf{e}_i, i = 1, 2, 3$

$$\mathbf{t}_i = T_{i1}\mathbf{e}_1 + T_{i2}\mathbf{e}_2 + T_{i3}\mathbf{e}_3 = T_{ij}\mathbf{e}_j \tag{3.10}$$

T_{ij} sind die Koordinaten des Spannungsvektors $\mathbf{t}_i$;
Der erste Index (i) kennzeichnet die Schnittfläche mit dem Normaleneinheitsvektor $\mathbf{n}_i$. Der zweite Index (j) kennzeichnet die Richtung der Komponenten eines Spannungsvektors $\mathbf{t}_i$ in Bezug auf die Basiseinheitsvektoren $\mathbf{e}_j, j = 1, 2, 3$. Für „positive Schnittflächen" gilt $\mathbf{n}_j = \mathbf{e}_j$ und die Komponenten $T_{ij}\mathbf{e}_j$ von $\mathbf{t}_i$ haben die Richtung der positiven Koordinaten. Für „negative Schnittflächen" gilt $\mathbf{n}_j = -\mathbf{e}_j$ und die Komponenten von $\mathbf{t}_i$ zeigen in Richtung der negativen Koordinaten.

Für das differentielle Volumenelement (Bild 3.3) können nun Gleichgewichtsbedingungen formuliert werden. Beachtet man die Beziehungen

$$dA_i = n_i dA; \; n_i = \mathbf{n} \cdot \mathbf{e}_i = \cos(\mathbf{n}, \mathbf{e}_i), \; i = 1, 2, 3 \tag{3.11}$$

erhält man beispielsweise die Gleichgewichtsbedingung für die x_2-Richtung

$$t_2 dA = T_{22}n_2 dA + T_{32}n_3 dA + T_{12}n_1 dA$$

Analoge Gleichungen gelten für $t_1 dA$ und $t_3 dA$ und man erhält allgemein

$$t_i = T_{ji} n_j, \ i = 1,2,3 \Longleftrightarrow \mathbf{t}(\mathbf{x}, \mathbf{n}, t) = \mathbf{n} \cdot \mathbf{T}(\mathbf{x}, t) \tag{3.12}$$

Damit sind alle Koordinaten $t_i = \mathbf{t} \cdot \mathbf{e}_i$ des Vektors $\mathbf{t}(\mathbf{x}, \mathbf{n}, t)$ einer beliebigen Schnittfläche im Punkt P aus den Koordinaten von 3 Spannungsvektoren für 3 orthogonale Schnittflächen in P berechenbar.

Schlußfolgerung: *Der Spannungsvektor $\mathbf{t_n} = \mathbf{t}$ im Punkt $\mathbf{x}$ einer gegebenen Schnittfläche mit dem Normalenvektor $\mathbf{n}$ ist vollständig durch drei Spannungsvektoren $\mathbf{t}_{\mathbf{e}_i} \equiv \mathbf{t}_i$ bestimmt, die auf den drei Koordinatenflächen wirken, die sich gegenseitig in $\mathbf{x}$ durchdringen. Der Spannungsvektor $\mathbf{t_n}$ ist eine lineare Funktion von $\mathbf{n}$. Die Gleichung*

$$\mathbf{t}(\mathbf{x}, \mathbf{n}, t) = \mathbf{n} \cdot \mathbf{T}(\mathbf{x}, t) \qquad \textit{Cauchysches Fundamentaltheorem} \tag{3.13}$$

beschreibt den Zusammenhang des von $\mathbf{n}$ abhängigen Spannungsvektors $\mathbf{t}$ mit dem von $\mathbf{n}$ unabhängigen Spannungstensor $\mathbf{T}$. Der Spannungszustand in $\mathbf{x}$ ist somit entweder durch drei Spannungsvektoren $\mathbf{t}_{\mathbf{e}_i} \equiv \mathbf{t}_i$ oder durch 9 Tensorkomponenten $T_{ij}\mathbf{e}_i\mathbf{e}_j$ eindeutig bestimmt. Spannungskomponenten rechtwinklig zur Schnittfläche heißen Normalspannungen, Spannungskomponenten in der Schnittfläche heißen Tangential- oder Schubspannungen.

Für die Tensorkoordinaten $T_{ij} = \sigma_{ij}$ gilt dann
$i = j$ Normalspannungskoordinaten des Tensors
$i \neq j$ Schubspannungskoordinaten des Tensors
Die Spannungen heißen positiv, wenn ihre Komponenten für ein positives Schnittufer in Richtung der positiven Koordinatenachsen, für ein negatives Schnittufer in Richtung der negativen Koordinatenachsen zeigen. Bild 3.4 zeigt dies beispielhaft für die Flächen $x_1 =$ konst und $x_2=$ konst eines infinitesimalen Würfels im Punkt P.

Zusammenfassend ergeben sich für den *Cauchy*schen Spannungstensor folgende Gleichungen

$$\mathbf{t}(\mathbf{x}, \mathbf{n}, t) = \frac{d\mathbf{f}(\mathbf{x}, t)}{d\mathbf{A}(\mathbf{x}, t)}; \quad d\mathbf{A} = \mathbf{n} dA$$

$$\mathbf{t} = t_\mathbf{n} \mathbf{e_n} + t_\mathbf{t} \mathbf{e_t}; \quad t_\mathbf{n} = \mathbf{t} \cdot \mathbf{e_n}; \quad t_\mathbf{t} = \mathbf{t} \cdot \mathbf{e_t} = \sqrt{t^2 - t_\mathbf{n}^2}; \quad \mathbf{e_n} \equiv \mathbf{n}$$

$$\mathbf{t} = t_i \mathbf{e}_i; \quad t_i = \mathbf{t} \cdot \mathbf{e}_i$$

$$\mathbf{t}(\mathbf{x}, \mathbf{n}, t) = \mathbf{n} \cdot \mathbf{T}(\mathbf{x}, t); \quad t_i = T_{ji} n_j; \quad T_{ji} \equiv \sigma_{ji}$$

$$T_{ji} = \mathbf{e}_j \cdot \mathbf{T} \cdot \mathbf{e}_i$$

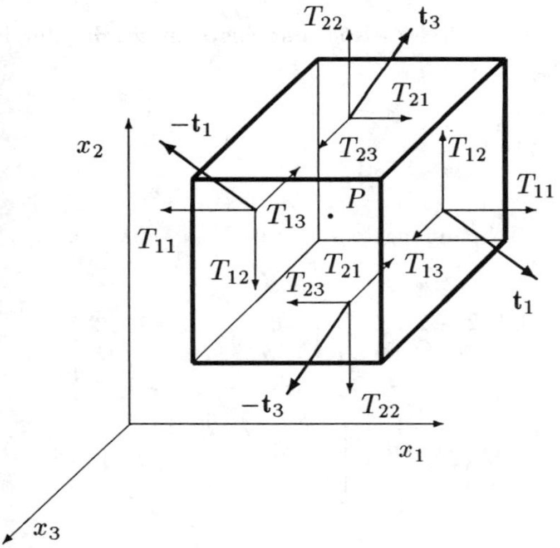

Bild 3.4 Definition positiver Spannungen für die Schnittflächen x_1 = konst und x_2 = konst eines infinitesimalen Würfels

Vor einer Verallgemeinerung der Spannungsdefinition sollen zunächst die Gleichgewichtsbedingungen und die Bewegungsgleichungen mit Hilfe der bisher eingeführten Größen formuliert und der *Cauchy*sche Spannungstensor genauer analysiert werden.

3.3 Übungsbeispiele mit Lösungen zum Abschnitt 3.2

1. In einem Punkt P des Kontinuums ist der Spannungszustand durch folgenden Tensor gegeben

$$\mathbf{T} = 7\mathbf{e}_1\mathbf{e}_1 + 0\mathbf{e}_1\mathbf{e}_2 - 2\mathbf{e}_1\mathbf{e}_3 + 0\mathbf{e}_2\mathbf{e}_1 + 5\mathbf{e}_2\mathbf{e}_2 + 0\mathbf{e}_2\mathbf{e}_3 - 2\mathbf{e}_3\mathbf{e}_1 + 0\mathbf{e}_3\mathbf{e}_2 + 4\mathbf{e}_3\mathbf{e}_3$$

Man berechne den Spannungsvektor **t** für die durch den Normaleneinheitsvektor

$$\mathbf{n} = \frac{2}{3}\mathbf{e}_1 - \frac{2}{3}\mathbf{e}_2 + \frac{1}{3}\mathbf{e}_3$$

bestimmte Schnittebene.

Lösung:

$$\mathbf{t}(\mathbf{x},\mathbf{n}) = \mathbf{n}\cdot\mathbf{T} \Longrightarrow t_i = T_{ji}n_j \Longrightarrow t_1 = \frac{14}{3} - \frac{2}{3}; t_2 = -\frac{10}{3}; t_3 = -\frac{4}{3} + \frac{4}{3}$$

Man erhält den Spannungsvektor

$$\mathbf{t} = 4\mathbf{e}_1 - \frac{10}{3}\mathbf{e}_2 + 0\mathbf{e}_3$$

2. Ein Spannungstensor $\mathbf{T} = T_{ij}\mathbf{e}_i\mathbf{e}_j$ hat im kartesischen Koordinatensystem **x** die Koordinaten

$$T_{ij} = \begin{bmatrix} 2 & -2 & 0 \\ -2 & \sqrt{2} & 0 \\ 0 & 0 & -\sqrt{2} \end{bmatrix}$$

Man berechne die Koordinaten für ein gedrehtes Koordinatensystem $\mathbf{x}'$, das durch die Drehmatrix

$$Q_{ij} = \begin{bmatrix} 0 & 1/\sqrt{2} & 1/\sqrt{2} \\ 1/\sqrt{2} & 1/2 & -1/2 \\ -1/\sqrt{2} & 1/2 & -1/2 \end{bmatrix}$$

gegeben ist.

Lösung:

Die Transformationsgleichung für den Spannungstensor lautet

$$T'_{ij} = Q_{ik}Q_{jl}T_{kl} = Q_{ik}T_{kl}Q_{lj}$$

Danach erhält man

$$T'_{ij} = \begin{bmatrix} 0 & 1/\sqrt{2} & 1/\sqrt{2} \\ 1/\sqrt{2} & 1/2 & -1/2 \\ -1/\sqrt{2} & 1/2 & -1/2 \end{bmatrix} \begin{bmatrix} 2 & -2 & 0 \\ -2 & \sqrt{2} & 0 \\ 0 & 0 & -\sqrt{2} \end{bmatrix} \begin{bmatrix} 0 & 1/\sqrt{2} & -1/\sqrt{2} \\ 1/\sqrt{2} & 1/2 & 1/2 \\ 1/\sqrt{2} & -1/2 & -1/2 \end{bmatrix}$$

$$= \begin{bmatrix} -2/\sqrt{2} & -2/\sqrt{2} & -1 \\ 2/\sqrt{2}-1 & -2/\sqrt{2}+2/\sqrt{2} & \sqrt{2}/2 \\ -2/\sqrt{2}-1 & 2\sqrt{2}+\sqrt{2}/2 & \sqrt{2}/2 \end{bmatrix} \begin{bmatrix} 0 & 1/\sqrt{2} & -1/\sqrt{2} \\ 1/\sqrt{2} & 1/2 & 1/2 \\ 1/\sqrt{2} & -1/2 & -1/2 \end{bmatrix}$$

$$= \begin{bmatrix} 0 & 0 & 2 \\ 0 & 1-\sqrt{2} & -1 \\ 2 & -1 & 1+\sqrt{2} \end{bmatrix}$$

Damit sind die Koordinaten des Tensors $\mathbf{T}' = T'_{ij}\mathbf{e}'_i\mathbf{e}'_j$ bekannt.

3.4 Gleichgewichtsbedingungen und Bewegungsgleichungen

Greifen an einem Körper Oberflächenkräfte $\mathbf{t}dA$ und Volumenkräfte $\rho\mathbf{k}dV$ an, die für den Gesamtkörper im statischen Gleichgewicht sind, gelten nach Gl. (3.7) folgende Beziehungen

$$\int_V \rho\mathbf{k}\, dV + \int_A \mathbf{t}\, dA = \mathbf{0} \tag{3.14}$$

$$\int_V (\mathbf{x} \times \rho\mathbf{k})\, dV + \int_A (\mathbf{x} \times \mathbf{t})\, dA = \mathbf{0} \tag{3.15}$$

Betrachtet man zunächst Gl. (3.14) und beachtet den Zusammenhang zwischen dem Spannungsvektor $\mathbf{t}$ und dem Spannungstensor $\mathbf{T}$

$$\mathbf{t} = \mathbf{n} \cdot \mathbf{T} \quad \text{bzw.} \quad t_i = T_{ji}n_j,$$

erhält man durch Anwendung des Divergenztheorems

$$\int_A \mathbf{t}\, dA = \int_A \mathbf{n} \cdot \mathbf{T}\, dA = \int_V \nabla_{\mathbf{x}} \cdot \mathbf{T}\, dV \tag{3.16}$$

Damit folgt mit Gl. (3.14)

$$\int_V (\rho\mathbf{k} + \nabla_{\mathbf{X}} \cdot \mathbf{T})\, dV = \mathbf{0} \tag{3.17}$$

Gl. (3.17) stellt das integrale Gleichgewicht für ein beliebiges Kontinuum dar. Damit gilt diese Gleichung auch für jedes beliebig kleine Kontrollvolumen V des Körpers. Im Grenzfall $V \to 0$ erhält man dann bei vorausgesetzter Stetigkeit und hinreichender Glattheit des Integranden die differentielle Gleichgewichtsgleichung

$$\nabla_{\mathbf{X}} \cdot \mathbf{T} + \rho\mathbf{k} = \mathbf{0} \quad \text{bzw.} \quad \operatorname{div}\mathbf{T} + \rho\mathbf{k} = \mathbf{0} \tag{3.18}$$

oder

$$T_{ji,j} + \rho k_i = 0 \tag{3.19}$$

Ergänzt man die Gl. (3.14) im Sinne von *Newton/d'Alambert* noch durch Trägheitskräfte $-\ddot{\mathbf{x}}dM = -\ddot{\mathbf{x}}\rho dV$, gilt

$$\int_V \rho\mathbf{k}\, dV + \int_A \mathbf{t}\, dA - \int_V \ddot{\mathbf{x}}\rho\, dV = \mathbf{0},$$

d.h.

$$\int_V (\rho\mathbf{k} + \nabla_{\mathbf{X}} \cdot \mathbf{T} - \rho\ddot{\mathbf{x}})\, dV = \mathbf{0}, \tag{3.20}$$

und nach den gleichen Überlegungen wie beim statischen Gleichgewicht folgt

$$\begin{aligned} \rho\ddot{\mathbf{x}} &= \nabla_{\mathbf{X}} \cdot \mathbf{T} + \rho\mathbf{k} \quad \text{bzw.} \quad \rho\ddot{\mathbf{x}} = \operatorname{div}\mathbf{T} + \rho\mathbf{k} \\ \rho\ddot{x}_i &= T_{ji,j} + \rho k_i \end{aligned} \tag{3.21}$$

Schlußfolgerung: *Für jeden materiellen Punkt des Kontinuums gelten die Gleichgewichtsbedingungen*

$$\nabla_{\mathbf{X}} \cdot \mathbf{T} + \rho\mathbf{k} = \mathbf{0}$$

Bei fehlenden Volumenkräften vereinfacht sich die Gleichgewichtsaussage zu

$$\nabla_{\mathbf{X}} \cdot \mathbf{T} = \mathbf{0}$$

Bei Aufgaben der Kinetik müssen zusätzlich zu den Volumenkräften $\rho\mathbf{k}dV$ *noch Trägheitskräfte* $-\ddot{\mathbf{x}}\rho dV$ *berücksichtigt werden und man erhält die Bewegungsgleichungen des Kontinuums*

$$\rho\ddot{\mathbf{x}} = \nabla_{\mathbf{X}} \cdot \mathbf{T} + \rho\mathbf{k} \quad \textit{1. Cauchy-Eulersches Bewegungsgesetz} \tag{3.22}$$

Es wird später gezeigt, daß die Gl. (3.22) eine lokale Formulierung der Impulsbilanzgleichung ist.

Jetzt muß noch die Aussage der Gl. (3.15) für den Spannungstensor $\mathbf{T}$ untersucht werden. Die Gleichung formuliert in Ergänzung zum Kräftegleichgewicht das Momentengleichgewicht für den Körper bezüglich des Koordinatenursprungs 0. Gl. (3.15) ergibt für $\mathbf{t} = \mathbf{n} \cdot \mathbf{T}$

$$\int_V (\mathbf{x} \times \rho \mathbf{k})\, dV + \int_A [\mathbf{x} \times (\mathbf{n} \cdot \mathbf{T})]\, dA = \mathbf{0}$$

Mit dem Divergenztheorem

$$\int_A [\mathbf{x} \times (\mathbf{n} \cdot \mathbf{T})]\, dA = -\int_A [\mathbf{n} \cdot (\mathbf{T} \times \mathbf{x})]\, dA = \int_V [\boldsymbol{\nabla}_{\mathbf{X}} \cdot (\mathbf{T} \times \mathbf{x})]\, dV$$

und der Identität

$$\boldsymbol{\nabla}_{\mathbf{X}} \cdot (\mathbf{T} \times \mathbf{x}) = (\boldsymbol{\nabla}_{\mathbf{X}} \cdot \mathbf{T}) \times \mathbf{x} + \mathbf{T} \times \boldsymbol{\nabla}_{\mathbf{X}} \mathbf{x} = -(\mathbf{x} \times \boldsymbol{\nabla}_{\mathbf{X}} \cdot \mathbf{T}) - \mathbf{I} \times \mathbf{T}$$

nimmt die Momentengleichgewichtsgleichung folgende Form an

$$\int_V [\mathbf{x} \times (\boldsymbol{\nabla}_{\mathbf{X}} \cdot \mathbf{T} + \rho \mathbf{k})]\, dV + \int_V \mathbf{I} \times \mathbf{T}\, dV = \mathbf{0} \tag{3.23}$$

Mit Gl. (3.18) verschwindet das erste Integral und mit der vorausgesetzten Stetigkeit für den Integranden des zweiten Integrals kann wieder ein beliebig kleines Kontrollvolumen betrachtet werden, so daß für den Grenzübergang $dV \to 0$ auch $\mathbf{I} \times \mathbf{T} = \mathbf{0}$ folgt. Die Gleichung $\mathbf{I} \times \mathbf{T}$ kann allgemein nur für symmetrische Tensoren Null sein, d.h. der *Cauchy*sche Spannungstensor ist symmetrisch (2. *Cauchy-Euler*sches Bewegungsgesetz)

$$\mathbf{T} = \mathbf{T}^T \tag{3.24}$$

Die Ableitung ändert sich nicht, falls auch Trägheitskräfte einbezogen werden.

Schlußfolgerung: *Der Cauchysche Spannungstensor ist für den Fall, daß keine Momentenspannungen im Kontinuum auftreten, ein symmetrischer Tensor. Mit* $\mathbf{T} = \mathbf{T}^T$ *gilt auch* $\mathbf{n} \cdot \mathbf{T} = \mathbf{T} \cdot \mathbf{n}$ *und*

$$\boldsymbol{\nabla}_{\mathbf{X}} \cdot \mathbf{T} + \rho \mathbf{k} = \boldsymbol{\nabla}_{\mathbf{X}} \cdot \mathbf{T}^T + \rho \mathbf{k} = \mathbf{0}$$

In der klassischen Kontinuumsmechanik wird oft die Symmetrie des Cauchyschen Spannungstensors als Axiom eingeführt (Boltzmannsches Axiom).

Damit gelten für den *Cauchy*schen Spannungstensor zusammenfassend folgende Gleichungen

$$
\begin{array}{ll}
\nabla_{\mathbf{x}} \cdot \mathbf{T} + \rho \mathbf{k} = \mathbf{0} & ; T_{ji,j} + \rho k_i = 0 \\
\nabla_{\mathbf{x}} \cdot \mathbf{T} + \rho \mathbf{k} = \rho \ddot{\mathbf{x}} & ; T_{ji,j} + \rho k_i = \rho \ddot{x}_i \\
\mathbf{T} = \mathbf{T}^T & ; T_{ij} = T_{ji}
\end{array}
$$

Vorgegebene Oberflächenkräfte $\bar{\mathbf{t}}$ (Kraftrandbedingungen) werden in der Form $\mathbf{T} \cdot \mathbf{n} = \bar{\mathbf{t}}, \mathbf{x} \in A$ als Ergänzung der Gleichgewichtsbedingungen angegeben. Für die Lösung der Bewegungsgleichungen werden noch Anfangsbedingungen benötigt.

Die 1. und die 2. *Cauchy-Euler*sche Feldgleichung (Gln. (3.22) und (3.24)) geben auch den Zusammenhang zwischen dem *Cauchy*schen Spannungszustand in einem beliebigen materiellen Punkt des Körpers und dem dazugehörigen Verschiebungsfeld an.

$$
\begin{array}{ll}
\nabla_{\mathbf{x}} \cdot \mathbf{T} + \rho \mathbf{k} = \rho \dfrac{D^2 \mathbf{u}}{Dt^2} & ; \mathbf{T} = \mathbf{T}^T \\
T_{ji,j} + \rho k_i = \rho \ddot{u}_i & ; T_{ij} = T_{ji}
\end{array}
$$

Die Aufspaltung von $\mathbf{T}$ in einen Kugeltensor und einen Deviator hat besonders für isotrope Kontinua Bedeutung

$$
\begin{aligned}
\mathbf{T} &= \frac{1}{3} \mathbf{T} \cdot\cdot \mathbf{I}\, \mathbf{I} + (\mathbf{I} - \frac{1}{3} \mathbf{T} \cdot\cdot \mathbf{I}\, \mathbf{I}) \\
T_{ij} &= \frac{1}{3} T_{kk} \delta_{ij} + (T_{ij} - \frac{1}{3} T_{kk} \delta_{ij}) \\
\mathbf{T} &= \mathbf{T}^K + \mathbf{T}^D
\end{aligned}
$$

Der Kugeltensor für einen hydrostatischen Spannungszustand

$$\mathbf{T} = -p\mathbf{I}$$

mit dem für jedes Volumenelement gleichen hydrostatischen Druck p hat die Form

$$\mathbf{T}^K = -p\mathbf{I}$$

und für den Deviator erhält man

$$\mathbf{T}^D = -p\mathbf{I} + p\mathbf{I} = \mathbf{0}$$

Ferner folgt aus $\mathbf{t} = \mathbf{T} \cdot \mathbf{n}$ auch $\mathbf{t} = -p\mathbf{n}$.

Schlußfolgerung: *Für den hydrostatischen Spannungszustand* $\mathbf{T} = -p\mathbf{I}$ *hat jeder Spannungsvektor* $\mathbf{t}$ *die Richtung des Normalenvektors* $\mathbf{n}$ *der Schnittfläche. Für isotrope Kontinua bewirkt der Kugeltensor nur Volumenänderungen, der Deviator nur Gestaltänderungen. Bei anisotropen Kontinua kann aber ein hydrostatischer Spannungszustand auch Gestaltänderungen herbeiführen.*

Die Symmetrie von $\mathbf{T}$ ist Voraussetzung für die Hauptachsentransformation des *Cauchy*schen Spannungstensors. Das Ergebnis einer Hauptachsentransformation von $\mathbf{T}$ ist, daß $\mathbf{T} \cdot \mathbf{n} = \mathbf{t}$ und $\mathbf{n}$ kollinare Vektoren sind. In den Hauptebenen wirken dann nur Normal- und keine Schubspannungen. Für einen hydrostatischen Spannungszustand ist somit jedes Koordinatensystem ein Hauptachsensystem. Die Berechnung der Hauptwerte und Hauptrichtungen für *Cauchy*sche Spannungstensoren erfolgt nach den im Abschnitt 1.2 angegebenen Gleichungen. Die wichtigsten Aussagen werden hier noch einmal kurz zusammengefaßt.

Definition des Eigenwertproblems

$$(T_{ij} - \sigma\delta_{ij})n_j = 0_i \tag{3.25}$$

Bedingungsgleichung für nichttriviale Lösungen

$$\det(T_{ij} - \sigma\delta_{ij}) = 0 \tag{3.26}$$

Charakteristische Gleichung

$$\sigma^3 - I_1(\mathbf{I})\sigma^2 + I_2(\mathbf{I})\sigma - I_3(\mathbf{I}) = 0 \tag{3.27}$$

Invarianten des Spannungstensors

$$\begin{aligned} I_1(\mathbf{T}) &= T_{ii} = \mathbf{T} \cdot\cdot \mathbf{I}; \\ I_2(\mathbf{T}) &= \frac{1}{2}[I_1(\mathbf{T}^2) - I_1^2(\mathbf{T})] = \frac{1}{2}(T_{ii}T_{jj} - T_{ij}T_{ji}); \\ I_3(\mathbf{T}) &= \det(T_{ij}) = \det\mathbf{T} \end{aligned} \tag{3.28}$$

Hauptrichtungen $n^{(\alpha)}$ zu den Hauptspannungen $\sigma_{(\alpha)}, \alpha = I, II, III$

$$(T_{ij} - \sigma_{(\alpha)}\delta_{ij})n_j^{(\alpha)} = 0_i \quad n_k^{(\alpha)}n_k^{(\alpha)} = 1$$

(keine Summation über α)

Alle Hauptspannungen sind reell, für $\sigma_I \neq \sigma_{II} \neq \sigma_{III}$ sind die Hauptrichtungen eindeutig bestimmbar und zueinander orthogonal. Ordnet man die Hauptspannungen in der Reihenfolge $\sigma_I > \sigma_{II} > \sigma_{III}$, ergibt sich für die maximale Schubspannung der Wert $(1/2)(\sigma_I - \sigma_{III})$. Der Spannungstensor $\mathbf{T}$ kann auf Hauptachsen transformiert werden und hat dann Diagonalform mit den Hauptspannungen als Diagonalelemente. Man kann ferner folgende Spannungszustände unterscheiden:

1. Sind zwei Hauptspannungen Null, liegt einfacher oder einachsiger Zug oder Druck vor.
2. Ist nur eine Hauptspannung Null, heißt der Spannungszustand eben oder zweiachsig.

Für die Hauptspannungen $\sigma_{(\alpha)}$ des Kugeltensors $\mathbf{T}^K$ gilt

$$\sigma_I = \sigma_{II} = \sigma_{III} = \frac{1}{3}T_{kk} = -p$$

Der Tensor hat Diagonalform, jede Richtung ist Hauptrichtung.

Für den Spannungsdeviator gelten folgende Aussagen

$$\mathbf{T}^D = \mathbf{T} - \frac{1}{3}\mathbf{T}\cdot\cdot\mathbf{I}\,\mathbf{I} \quad \text{bzw.} \quad T_{ij}^D = T_{ij} - \frac{1}{3}T_{kk}\delta_{ij} \tag{3.29}$$

Für $i = j$ erhält man, falls alle Normalspannungen gleich sind,

$$T_{ii}^D = T_{ii} - \frac{1}{3}T_{kk}\delta_{ii} = T_{ii} - \frac{1}{3}T_{ii}3 = 0 \tag{3.30}$$

(keine Summation über i), d.h. der Kugeltensor (hydrostatischer Spannungszustand) ist ein reiner dreiachsiger Normalspannungszustand, der Deviator ein reiner Schubspannungszustand. Im allgemeinen Fall folgt aus

$$T_{ij}^D = T_{ij} - \delta_{ij}T_{kk}/3$$

$$T_{ij}^D = T_{ij} \quad \text{für} \quad i \neq j, \qquad T_{ij}^D = T_{ij} - \frac{1}{3}T_{kk}\delta_{ij} \quad \text{für} \quad i = j \tag{3.31}$$

Die Hauptspannungen des Deviatortensors werden aus der charakteristischen Gleichung berechnet, d.h. aus

$$(\sigma^D)^3 - I_1(\mathbf{T}^D)(\sigma^D)^2 + I_2(\mathbf{T}^D)\sigma^D - I_3(\mathbf{T}^D) = 0 \tag{3.32}$$

mit den Invarianten

$$\begin{aligned} I_1(\mathbf{T}^D) &= T_{ii}^D = 0; \\ I_2(\mathbf{T}^D) &= -\frac{1}{2}(T_{ij}^D T_{ji}^D); \\ I_3(\mathbf{T}^D) &= \det(T_{ij}^D) \end{aligned} \tag{3.33}$$

Die charakteristische Gleichung vereinfacht sich somit zu

$$(\sigma^D)^3 + I_2(\mathbf{T}^D)(\sigma^D) - I_3(\mathbf{T}^D) = 0$$

Schreibt man $I_2(\mathbf{T}^D)$ ausführlich

$$-I_2(\mathbf{T}^D) = \frac{1}{2}\left[(T_{11}^D)^2 + (T_{22}^D)^2 + (T_{33}^D)^2 + (T_{12}^D)^2 + (T_{23}^D)^2 + (T_{31}^D)^2\right]$$
$$= \frac{1}{6}\left[(T_{11} - T_{22})^2 + (T_{22} - T_{33})^2 + (T_{33} - T_{11})^2\right]$$
$$+T_{12}^2 + T_{23}^2 + T_{31}^2$$
$$= \frac{3}{2}T_{Oktaeder}^2, \tag{3.34}$$

erkennt man den Zusammenhang mit der sogenannten Oktaederschubspannung $T_{Oktaeder}$, die für die Beurteilung von Versagenszuständen eine besondere Rolle spielt

$$T_{Oktaeder} = \frac{1}{3}\left[(T_{11} - T_{22})^2 + (T_{22} - T_{33})^2 + (T_{33} - T_{11})^2\right.$$
$$\left.+6(T_{12}^2 + T_{23}^2 + T_{31}^2)\right]^{(1/2)}$$
$$= \frac{1}{3}\sqrt{(\sigma_I - \sigma_{II})^2 + (\sigma_{II} - \sigma_{III})^2 + (\sigma_{III} - \sigma_I)^2}$$
$$= \frac{1}{3}\sqrt{2I_1^2(\mathbf{T}) - 6I_2(\mathbf{T})} \tag{3.35}$$

3.5 Übungsbeispiele mit Lösungen zum Abschnitt 3.4

1. Für einen Spannungstensor $\mathbf{T}$ im Punkt P seien die Hauptspannungen σ_I, σ_{II}, σ_{III} und die dazugehörigen Hauptrichtungen $\mathbf{n}^I, \mathbf{n}^{II}, \mathbf{n}^{III}$ bekannt. Man berechne die maximale Schubspannung und die zugeordnete Richtung.

Lösung: Die Hauptrichtungen bilden ein orthonormales Basissystem, wenn man $\mathbf{n}^i \equiv \mathbf{e}_i, i = 1, 2, 3$ setzt. $\mathbf{e}_i$ sind die Einheitsvektoren eines kartesischen Koordinatensystems. Der Einheitsnormalenvektor $\mathbf{n}$ für eine beliebige Schnittfläche durch P hat dann die allgemeine Form

$$\mathbf{n} = n_1\mathbf{e}_1 + n_2\mathbf{e}_2 + n_3\mathbf{e}_3$$

Der zu $\mathbf{T}$ gehörende Spannungsvektor

$$\mathbf{t} = n_1\sigma_I\mathbf{e}_1 + n_2\sigma_{II}\mathbf{e}_2 + n_3\sigma_{III}\mathbf{e}_3$$

dieser Schnittfläche kann man nach Gl. (3.8) in eine normale und eine tangentiale Komponente zerlegen

$$\mathbf{t} = t_{\mathbf{n}}\mathbf{e}_{\mathbf{n}} + t_{\mathbf{t}}\mathbf{e}_{\mathbf{t}}, \quad t_{\mathbf{n}} = \mathbf{n}\cdot\mathbf{t} = n_i^2\sigma_i, \quad t_{\mathbf{t}}^2 = \mathbf{t}^2 - t_{\mathbf{n}}^2$$

und man erhält

$$t_{\mathbf{t}}^2 = n_i^2\sigma_i^2 - (n_i^2\sigma_i)^2$$

Für gegebene σ_i-Werte ist $t_{\mathbf{t}}^2$ eine Funktion der Koordinaten n_i des Einheitsnormalenvektors $\mathbf{n}$. Gesucht ist daher zunächst das Maximum für $t_{\mathbf{t}}^2(n_i)$ mit der Nebenbedingung $n_in_i = 1$. Notwendige Bedingung dafür ist

$$dt_{\mathbf{t}}^2 = \frac{\partial t_{\mathbf{t}}^2}{\partial n_i}dn_i = 0$$

Wegen der Unabhängigkeit aller dn_i gelten dann die Bedingungsgleichungen für einen Extremwert

$$\frac{\partial t_{\mathbf{t}}^2}{\partial n_i} = 0 \quad \text{mit der Nebenbedingung} \quad n_i n_i = 1$$

Die Anwendung der *Lagrange*schen Multiplikatorenmethode ergibt

$$\frac{\partial}{\partial n_i}\left[t_{\mathbf{t}}^2(n_i) - \lambda n_i^2\right] = 0, \quad \frac{\partial t_{\mathbf{t}}^2}{\partial n_i} - 2\lambda n_i = 0, \quad i = 1, 2, 3,$$

d.h. man erhält 4 Gleichungen für die Berechnung der 4 Unbekannten n_1, n_2, n_3, λ

$$\begin{aligned}
2n_1[\sigma_I^2 - 2(\sigma_I n_1^2 + \sigma_{II} n_2^2 + \sigma_{III} n_3^2)\sigma_I] &= n_1\lambda \\
2n_2[\sigma_{II}^2 - 2(\sigma_I n_1^2 + \sigma_{II} n_2^2 + \sigma_{III} n_3^2)\sigma_{II}] &= n_2\lambda \\
2n_3[\sigma_{III}^2 - 2(\sigma_I n_1^2 + \sigma_{II} n_2^2 + \sigma_{III} n_3^2)\sigma_{III}] &= n_3\lambda \\
n_1^2 + n_2^2 + n_3^2 &= 1
\end{aligned}$$

Aus den Gleichungen folgen 2 Gruppen von Lösungen für die n_i, die Funktion $t_{\mathbf{t}}^2 = t_{\mathbf{t}}^2(n_1, n_2, n_3)$ hat für diese Lösungen stationäre Werte und die Nebenbedingung wird erfüllt

a) $(n_1, n_2, n_3) : (\pm 1, 0, 0); (0, \pm 1, 0); (0, 0, \pm 1)$

b) $(n_1, n_2, n_3) : (\pm 1/\sqrt{2}, \pm 1/\sqrt{2}, 0); (\pm 1/\sqrt{2}, 0, \pm 1/\sqrt{2}); (0, \pm 1/\sqrt{2}, \pm 1/\sqrt{2})$

Für die durch die Lösungsgruppe a) bestimmten Schnittebenen ist jeweils $t_{\mathbf{t}}^2 = t_{\mathbf{t}} = 0 \Longrightarrow t_{\mathbf{t}}^2$ hat für diese Schnittebenen den minimalen Wert 0. Für die durch die Lösungsgruppe b) bestimmten Schnittebenen gilt

$$1.\ \mathbf{n} = \pm\frac{1}{\sqrt{2}}\mathbf{e}_1 \pm \frac{1}{\sqrt{2}}\mathbf{e}_2 \Longrightarrow t_{\mathbf{t}}^2 = \frac{1}{4}(\sigma_I - \sigma_{II})^2$$

$$2.\ \mathbf{n} = \pm\frac{1}{\sqrt{2}}\mathbf{e}_1 \pm \frac{1}{\sqrt{2}}\mathbf{e}_3 \Longrightarrow t_{\mathbf{t}}^2 = \frac{1}{4}(\sigma_I - \sigma_{III})^2$$

$$3.\ \mathbf{n} = \pm\frac{1}{\sqrt{2}}\mathbf{e}_2 \pm \frac{1}{\sqrt{2}}\mathbf{e}_3 \Longrightarrow t_{\mathbf{t}}^2 = \frac{1}{4}(\sigma_{II} - \sigma_{III})^2$$

Die maximale Schubspannung ist dann

$$\max(t_{\mathbf{t}}) = \max(\frac{1}{2}|\sigma_I - \sigma_{II}|; \frac{1}{2}|\sigma_I - \sigma_{III}|; \frac{1}{2}|\sigma_{II} - \sigma_{III}|)$$

oder

$$t_{\mathbf{t}_{max}} = \frac{1}{2}(t_{\mathbf{n}_{max}} - t_{\mathbf{n}_{min}})$$

Im allgemeinen ordnet man die Hauptspannungen in der Reihenfolge

$$\sigma_I \geq \sigma_{II} \geq \sigma_{III} \quad \Longrightarrow \quad t_{\mathbf{t}_{max}} \equiv \tau_{max} = \frac{1}{2}(\sigma_I - \sigma_{III})$$

Für die Schnittfläche mit $\tau = \tau_{max}$ erhält man die Normalspannung

$$t_{\mathbf{n}} \equiv \frac{1}{2}(t_{\mathbf{n}_{max}} + t_{\mathbf{n}_{min}}) \Longrightarrow \frac{1}{2}(\sigma_I + \sigma_{III})$$

Die durch die Lösungsgruppe a) bestimmten Schnittebenen sind die Hauptspannungsebenen, die durch die Lösungsgruppe b) bestimmten Schnittebenen sind gegenüber jeweils zwei Hauptspannungsebenen um 45^0 geneigt.

2. In einem Punkt P ist der Spannungstensor **T** durch die folgenden Komponenten gegeben

$$\mathbf{T} = T_{ij}\mathbf{e}_i\mathbf{e}_j = 5\mathbf{e}_1\mathbf{e}_2 - 6\mathbf{e}_2\mathbf{e}_2 - 12\mathbf{e}_2\mathbf{e}_3 - 12\mathbf{e}_3\mathbf{e}_2 + \mathbf{e}_3\mathbf{e}_3$$

a) Welchen Wert hat die maximale Schubspannung im Punkt P?

b) Man berechne die Komponenten des Spannungstensors im Punkt P für ein in die

Hauptspannungsebenen gedrehtes Koordinatensystem $\mathbf{x}'$ und für ein in die Hauptschubspannungsebene gedrehtes Koordinatensystem $\mathbf{x}''$.

Lösung:

Die Hauptspannungen berechnen sich aus

$$\begin{vmatrix} 5-\sigma & 0 & 0 \\ 0 & -6-\sigma & -12 \\ 0 & -12 & 1-\sigma \end{vmatrix} = 0$$

$$(5-\lambda)[(6+\lambda)(1-\lambda)+144] = 0 \Longrightarrow \sigma_1 = 10, \sigma_2 = 5, \sigma_3 = -15$$

Die maximale Schubspannung beträgt dann

$$\tau_{max} = \frac{1}{2}(\sigma_1 - \sigma_3) = 12,5$$

In Bezug auf das Hauptachsensystem x_1', x_2', x_3' mit den Basisvektoren $\mathbf{e}_1', \mathbf{e}_2', \mathbf{e}_3'$ nimmt der Tensor $\mathbf{T}$ folgende Form an

$$\mathbf{T}' = 10\mathbf{e}_1'\mathbf{e}_1' + 5\mathbf{e}_2'\mathbf{e}_2' - 15\mathbf{e}_3'\mathbf{e}_3'$$

Für das Koordinatensystem x_i'' erhält man mit

$$(n_1, n_2, n_3) = (\pm\frac{1}{\sqrt{2}}, 0, \pm\frac{1}{\sqrt{2}})$$

eine Drehung der x_1'- und der x_3'-Achse um 45^0, für x_2'' gilt $x_2'' = x_2'$. Transformiert man den Tensor $\mathbf{T}'$ der Hauptspannungen in den Tensor $\mathbf{T}''$, erhält man für die Tensorkoordinaten die Transformationsgleichung $T_{ij}'' = Q_{ik}T_{kl}'Q_{lj}$ mit den Koordinatenmatrizen

$$T_{kl}' = \begin{bmatrix} 10 & 0 & 0 \\ 0 & 5 & 0 \\ 0 & 0 & -15 \end{bmatrix}; Q_{ik} = \begin{bmatrix} \sqrt{2}/2 & 0 & \sqrt{2}/2 \\ 0 & 1 & 0 \\ -\sqrt{2}/2 & 0 & \sqrt{2}/2 \end{bmatrix}; Q_{lj} = \begin{bmatrix} \sqrt{2}/2 & 0 & -\sqrt{2}/2 \\ 0 & 1 & 0 \\ -\sqrt{2}/2 & 0 & \sqrt{2}/2 \end{bmatrix}$$

Damit ist der Spannungstensor im Punkt P bezüglich der Koordinaten x_i'' wie folgt definiert

$$\mathbf{T}'' = -2,5\mathbf{e}_1\mathbf{e}_1 - 12,5\mathbf{e}_1\mathbf{e}_3 + 5\mathbf{e}_2\mathbf{e}_2 - 12,5\mathbf{e}_3\mathbf{e}_1 - 2,5\mathbf{e}_3\mathbf{e}_3$$

Zur anschaulichen Deutung seien die Koordinatenmatrizen der Tensoren $\mathbf{T}, \mathbf{T}'$ und $\mathbf{T}''$ noch einmal nebeneinandergestellt

$$T_{kl} = \begin{bmatrix} 5 & 0 & 0 \\ 0 & -6 & -12 \\ 0 & -12 & 1 \end{bmatrix}; \ T_{kl}' = \begin{bmatrix} 10 & 0 & 0 \\ 0 & 5 & 0 \\ 0 & 0 & -15 \end{bmatrix}; \ T_{kl}'' = \begin{bmatrix} -2,5 & 0 & -12,5 \\ 0 & 5 & 0 \\ -12,5 & 0 & -2,5 \end{bmatrix}$$

3.6 Spannungsvektoren und Spannungstensoren nach Piola-Kirchhoff

Die bisherige Beschreibung des Spannungsvektors und des Spannungstensors erfolgte ausschließlich in *Euler*schen Koordinaten. Bei dem nach *Cauchy* definierten wahren Spannungsvektor und wahren Spannungstensor wird ein aktueller Kraftvektor auf ein aktuelles orientiertes Flächenelement bezogen. Man bleibt somit konsequent in der Momentankonfiguration. Analog zu den Deformations- bzw. Verzerrungstensoren können Spannungen aber nicht nur auf die Momentankonfiguration bezogen werden. Es erweist sich für zahlreiche Anwendungen besonders in der Festkörpermechanik als günstiger, die Spannungsgrößen in *Lagrange*schen Koordinaten zu formulieren und zumindest die Volumenelemente und die Flächenelemente auf die Referenzgeometrie zu beziehen. Es müssen dann die Transformationsgleichungen (2.10, 2.11)

$$dV = \det\mathbf{F} dV_0;\ d\mathbf{A} = \det\mathbf{F}(\mathbf{F}^{-1})^T d\mathbf{A}_0;\ dA_j = \frac{\rho_0}{\rho} F_{ij}^{-1} dA_{0i}$$

berücksichtigt werden.

Definition: *Bezieht man den aktuellen differentiellen Kraftvektor* $d\mathbf{f}$ *auf ein orientiertes differentielles Flächenelement* $d\mathbf{A}_0 = \mathbf{n}_0 dA_0$ *in der Referenzkonfiguration, erhält man einen Nennspannungsvektor*

$$^I\mathbf{t} = \frac{d\mathbf{f}}{d\mathbf{A}_0}$$

Der zugehörige Tensor $^I\mathbf{P}$*, der den Spannungszustand in einem materiellen Punkt der Referenzkonfiguration, d.h. in Lagrangeschen Koordinaten, beschreibt, heißt 1. Piola-Kirchhoffscher oder auch Lagrangescher Spannungstensor.* $^I\mathbf{P}(\mathbf{a}, t)$ *ist ein Nennspannungstensor.*

Wie der Deformationsgradiententensor $\mathbf{F}$, der einen Linienelementvektor $d\mathbf{a}$ der Referenzkonfiguration mit dem zugehörigen Vektor $d\mathbf{x}$ in der aktuellen Konfiguration verbindet, verknüpft der Tensor $^I\mathbf{P}$ einen aktuellen Kraftvektor $d\mathbf{f}$ mit einem orientierten Flächenelement $d\mathbf{A}_0$ der Referenzkonfiguration. $^I\mathbf{P}$ ist somit wie $\mathbf{F}$ ein Doppelfeldvektor.

Aus

$$\mathbf{t} = \frac{d\mathbf{f}}{d\mathbf{A}}$$

und

$$^I\mathbf{t} = \frac{d\mathbf{f}}{d\mathbf{A}_0}$$

folgt

$$\mathbf{t} dA =^I \mathbf{t} dA_0 = d\mathbf{f};\quad \mathbf{t} =^I \mathbf{t}(\det\mathbf{F})^{-1}\mathbf{F}^T;\quad ^I\mathbf{t} = \mathbf{t}\det\mathbf{F}(\mathbf{F}^{-1})^T \tag{3.36}$$

Aus den Gln. (3.11) und (3.12) erhält man mit

$$\sigma_{ji} \equiv T_{ji},\ t_i = T_{ji} n_j;\ dA_j = dA\ n_j;\ df_i = T_{ji} dA_j \tag{3.37}$$

Bezieht man den aktuellen Kraftvektor $d\mathbf{f}$ auf das Ausgangselement $d\mathbf{A}_0$, folgt entsprechend

$$df_i =^I P_{ji} dA_{0j},\quad ^It_i =^I P_{ji} n_{0j};\ dA_{0j} = dA_0 n_{0j} \tag{3.38}$$

Der Tensor ${}^I\mathbf{P} = {}^I P_{ij}\mathbf{e}_i\mathbf{e}_j$ ist, wie noch näher gezeigt wird, im Gegensatz zum Tensor $\mathbf{T} = T_{ij}\mathbf{e}_i\mathbf{e}_j$ im allgemeinen nicht symmetrisch. Unter Beachtung der Transformationsgleichung für das Flächenelement

$$dA_{0j} = (\det\mathbf{F})^{-1} F_{ij} dA_i$$

erhält man den Zusammenhang zwischen dem *Cauchy*schen und dem ersten *Piola-Kirchhoff*schen Spannungstensor

$$\begin{aligned} \mathbf{t} &= \mathbf{n}\cdot\mathbf{T};\ {}^I\mathbf{t} = \mathbf{n}_0 \cdot {}^I\mathbf{P} \\ t_i &= T_{ji}n_j;\ {}^I t_i = {}^I P_{ji} n_{0j} \end{aligned} \tag{3.39}$$

$$\begin{aligned} \mathbf{T} &= (\det\mathbf{F})^{-1}\mathbf{F}\cdot{}^I\mathbf{P}; \quad & {}^I\mathbf{P} &= (\det\mathbf{F})\mathbf{F}^{-1}\cdot\mathbf{T} \\ T_{ij} &= (\det\mathbf{F})^{-1} F^I_{ik} P_{kj}; \quad & {}^I P_{ij} &= (\det\mathbf{F}) F^{-1}_{ik} T_{kj} \end{aligned} \tag{3.40}$$

Formuliert man jetzt das Kraft- und das Momentengleichgewicht in der Referenzkonfiguration (Gl. (3.41)), erhält man analog zu den Gln. (3.14) bis (3.24) die Bewegungsgleichungen in *Lagrange*schen Koordinaten

$$\begin{aligned} &\int_{A_0} \mathbf{n}_0 \cdot {}^I\mathbf{P}\, dA_0 + \int_{V_0} \rho_0\mathbf{k}_0\, dV_0 - \int_{V_0} \ddot{\mathbf{x}}\rho_0\, dV_0 = \mathbf{0} \\ &\int_{A_0} [\mathbf{a}\times(\mathbf{n}_0\cdot{}^I\mathbf{P})]\, dA_0 + \int_{V_0} (\mathbf{a}\times\rho_0\mathbf{k}_0)\, dV_0 = \mathbf{0} \end{aligned} \tag{3.41}$$

$$\begin{aligned} &\ddot{\mathbf{x}}\rho_0 = \nabla_{\mathbf{a}} \cdot {}^I\mathbf{P} + \rho\mathbf{k}_0 \\ &{}^I\mathbf{P}\cdot\mathbf{F}^T = \mathbf{F}\cdot{}^I\mathbf{P}^T \end{aligned} \tag{3.42}$$

Das Momentengleichgewicht liefert die Symmetrie für ${}^I\mathbf{P}\cdot\mathbf{F}^T$, aber nicht für ${}^I\mathbf{P}$ selbst. Beachtet man die Symmetrie des *Cauchy*schen Spannungstensors $\mathbf{T}$, erhält man mit $T_{ij} = (1/2)(T_{ij} + T_{ji})$ nach Gl. (3.40) auch

$$T_{ij} = \frac{1}{2}(\det\mathbf{F}^{-1})(F_{ik}\delta_{jl} + \delta_{il}F_{jk}){}^I P_{kl} = (\det\mathbf{F}^{-1}) R_{ijkl}{}^I P_{kl}$$

$${}^I P_{ij} = \frac{1}{2}(\det\mathbf{F})(F^{-1}_{ik}\delta_{jl} + \delta_{il}F^{-1}_{jk})T_{kl} = (\det\mathbf{F}) S_{ijkl} T_{kl}$$

Die Tensoren R_{ijkl} und S_{ijkl} sind bezüglich zweier Indizes symmetrisch, so daß man für ${}^I P_{kl}$ keine Symmetrie erhält.

Ein unsymmetrischer Nennspannungstensor ${}^I\mathbf{P}$ ist für die Verknüpfungen von Spannungs- und Verzerrungstensoren in Konstitutivgleichungen nicht immer günstig. ${}^I\mathbf{P}$ wird daher zweckmäßig so modifiziert, daß man wieder einen symmetrischen Spannungstensor erhält. Man führt dazu einen „fiktiven Kraftvektor“ ein

$$d\mathbf{f}_0 = \mathbf{F}^{-1} \cdot d\mathbf{f}; \; df_{0i} = F_{ij}^{-1} df_j \tag{3.43}$$

Man erkennt, daß dieser fiktive Kraftvektor $d\mathbf{f}_0$ mit dem Kraftvektor $d\mathbf{f}$ der aktuellen Konfiguration durch die gleiche Transformation verbunden ist, wie ein Linienelement $d\mathbf{a}$ der Referenzkonfiguration mit dem zugeordneten $d\mathbf{x}$ der Momentankonfiguration ($d\mathbf{a} = \mathbf{F}^{-1} \cdot d\mathbf{x}$). Mit dem so transformierten Kraftvektor $d\mathbf{f}$ wird mit

$$df_{0i} = {}^{II}P_{ji} dA_{0j} \tag{3.44}$$

ein Pseudo-Spannungstensor ${}^{II}\mathbf{P}$ eingeführt.

Definition: *Bezieht man den Kraftvektor* $d\mathbf{f}_0 = \mathbf{F}^{-1} \cdot d\mathbf{f}$ *auf ein orientiertes Flächenelement* $d\mathbf{A}_0$ *der Ausgangskonfiguration, erhält man einen Pseudo-Spannungsvektor* ${}^{II}\mathbf{t}$ *mit einem zugeordneten Pseudo-Spannungstensor*

$${}^{II}\mathbf{P} = {}^{I}\mathbf{P} \cdot (\mathbf{F}^{-1})^T \quad \text{bzw.} \quad {}^{II}P_{ji} = F_{ik} {}^{I}P_{jk}$$

Man bezeichnet die Pseudo-Spannungsgrößen als 2. Piola-Kirchhoffschen Spannungsvektor bzw. Spannungstensor. Diese Spannungsgrößen haben keine direkte physikalische Interpretation, sie entsprechen aber der in der aktuellen Konfiguration gegebenen Zuordnung $d\mathbf{f} = \mathbf{T} \cdot d\mathbf{A}$ *in eine entsprechende Zuordnung* $d\mathbf{f}_0 = {}^{II}\mathbf{P} \cdot d\mathbf{A}_0$ *in der Referenzkonfiguration.*

${}^{II}\mathbf{P}$ ist im Unterschied zu ${}^{I}\mathbf{P}$ ein symmetrischer Tensor. Mit den Gleichungen

$$\begin{aligned} {}^{II}\mathbf{P} &= {}^{I}\mathbf{P} \cdot (\mathbf{F}^{-1})^T; \; {}^{I}\mathbf{P} = {}^{II}\mathbf{P} \cdot \mathbf{F}^T \\ {}^{II}P_{ij} &= {}^{I}P_{ik} F_{jk}^{-1}; \quad {}^{I}P_{ij} = {}^{II}P_{ik} F_{jk} \end{aligned} \tag{3.45}$$

erhält man unter Beachtung des Zusammenhanges von $\mathbf{T}$ und ${}^{I}\mathbf{P}$ nach Gl. (3.40) auch den Zusammenhang zwischen den Tensoren $\mathbf{T}$ und ${}^{II}\mathbf{P}$

$$\begin{aligned} {}^{II}\mathbf{P} &= (\det\mathbf{F})\mathbf{F}^{-1} \cdot \mathbf{T} \cdot (\mathbf{F}^{-1})^T; \; {}^{II}P_{ij} = (\det\mathbf{F}) F_{ik}^{-1} F_{jl}^{-1} T_{kl}; \\ \mathbf{T} &= (\det\mathbf{F})^{-1} \mathbf{F} \cdot {}^{II}\mathbf{P} \cdot \mathbf{F}^T; \quad T_{ij} = (\det\mathbf{F})^{-1} F_{ik} F_{jl}^{-1} \, {}^{II}P_{kl} \end{aligned} \tag{3.46}$$

Aus $[\mathbf{F}^{-1} \cdot \mathbf{T} \cdot (\mathbf{F}^{-1})^T]^T = \mathbf{F}^{-1} \cdot \mathbf{T}^T \cdot (\mathbf{F}^{-1})^T = \mathbf{F}^{-1} \cdot \mathbf{T} \cdot (\mathbf{F}^{-1})^T$ folgt

$${}^{II}\mathbf{P} = ({}^{II}\mathbf{P})^T \quad \text{bzw.} \quad {}^{II}P_{ij} = {}^{II}P_{ji} \tag{3.47}$$

Beachtet man die Beziehung

$$\frac{\rho_0}{\rho} = \det\mathbf{F}(\mathbf{a}, t)$$

kann man auch schreiben

$$\begin{aligned} {}^{II}\mathbf{P}(\mathbf{a}, t) &= \frac{\rho_0}{\rho} (\nabla_{\mathbf{a}} \mathbf{x})^T \cdot \mathbf{T}(\mathbf{x}, t) \cdot (\nabla_{\mathbf{a}} \mathbf{x}) \\ \mathbf{T}(\mathbf{x}, t) &= \frac{\rho_0}{\rho} (\nabla_{\mathbf{x}} \mathbf{a})^T \cdot {}^{II}\mathbf{P}(\mathbf{a}, t) \cdot (\nabla_{\mathbf{x}} \mathbf{a}) \end{aligned}$$

bzw.

$$
\begin{aligned}
{}^{II}P_{ij} &= \frac{\rho_0}{\rho} F_{ik}^{-1} T_{kl} F_{jl}^{-1} \\
T_{kl} &= \frac{\rho_0}{\rho} F_{ki} \, {}^{II}P_{ij} F_{lj}
\end{aligned}
$$

Bei bekannten *Cauchy*schen Spannungen T_{kl} (*Euler*sche Darstellung der Spannungen) erhält man die 2. *Piola-Kirchhoff*schen Spannungen (*Lagrange*sche Darstellung der Spannungen) durch eine rein kinematische Transformation. Aus der Symmetrie von T_{mn} folgt die Symmetrie für ${}^{II}P_{ij}$. Die Spannungstensoren **T** und ${}^{II}\mathbf{P}$ sind somit symmetrische Tensoren, ${}^{I}\mathbf{P}$ ist ein unsymmetrischer Tensor.

Auf die Definition weiterer Tensoren wird hier verzichtet. Es sei jedoch noch einmal darauf hingewiesen, daß bei der Verknüpfung von Spannungs- und Verzerrungstensoren ihre physikalische Zuordnung durch die sogenannte Elementararbeit dW bzw. die spezifische innere Leistung beachtet werden muß. Man spricht auch von energetisch konjugierten Tensoren. Dies ist in der angegebenen Spezialliteratur ausführlich diskutiert. Im Kapitel 4 folgen gleichfalls noch kurze Bemerkungen dazu. Hier sei nur auf folgende, für die Anwendung bei Festkörperproblemen besonders interessante Zuordnungen hingewiesen. Geometrisch lineare Aufgaben werden allgemein mit dem klassischen linearen *Euler*schen Verzerrungstensor und dem *Cauchy*schen Spannungstensor formuliert. Für große Verschiebungen, aber kleine Verzerrungen werden meist der *Green-Lagrange*sche Verzerrungstensor und der zweite *Piola-Kirchhoff*sche Spannungstensor eingesetzt. Für den Fall kleiner Verzerrungen kann man bei der für numerische Lösungen nichtlinearer Aufgaben oft benutzten „updated *Lagrange*"-Formulierung auch den *Almansi-Euler*-Verzerrungstensor und den *Cauchy*schen Spannungstensor wie bei linearen Aufgaben einsetzen. Der *Cauchy*sche und der 2. *Piola-Kirchhoff*sche Spannungstensor sowie der *Green-Lagrange*sche und der *Almansi-Euler*sche Verzerrungstensor sind auch sogenannte objektive Tensoren. Sie erfüllen bei der Formulierung von Konstitutivgleichungen das Prinzip der materiellen Objektivität. Darauf wird bei der Formulierung materialabhängiger Gleichungen näher eingegangen.

Abschließend seien die wichtigsten Ergebnisse und Gleichungen noch einmal tabellarisch zusammengefaßt. Es erfolgt eine symbolische Darstellung in *Euler*schen und *Lagrange*schen Koordinaten. Auf eine indizierte Darstellung wird verzichtet.

Äußere Kraftfelder

$\mathbf{k}^m(\mathbf{x},t) \equiv \mathbf{k}(\mathbf{x},t)$, $\mathbf{k}_0^m(\mathbf{a},t) \equiv \mathbf{k}_0(\mathbf{a},t)$ Massenkraftdichte

$\mathbf{k}^V(\mathbf{x},t)$, $\mathbf{k}_0^V(\mathbf{a},t)$ Volumenkraftdichte

$\mathbf{t}(\mathbf{x},t)$, $\mathbf{t}_0(\mathbf{a},t)$ Oberflächenkraftdichte

Resultierende äußere Kraft

$$\mathbf{f}^R(\mathbf{x},t) = \int_V \rho(\mathbf{x},t)\mathbf{k}(\mathbf{x},t)\,dV + \int_A \mathbf{t}(\mathbf{x},\mathbf{n},t)\,dA$$

$$\mathbf{f}^R(\mathbf{a},t) = \int_{V_0} \rho_0(\mathbf{a})\mathbf{k}_0(\mathbf{a},t)\,dV_0 + \int_{A_0} \mathbf{t}_0(\mathbf{a},\mathbf{n}_0,t)\,dA_0$$

Resultierendes äußeres Moment bezogen auf den Punkt 0

$$\mathbf{m}_0^R(\mathbf{x},t) = \int_V [\mathbf{x}\times\rho(\mathbf{x},t)\mathbf{k}(\mathbf{x},t)]\,dV + \int_A [\mathbf{x}\times\mathbf{t}(\mathbf{x},\mathbf{n},t)]\,dA$$

$$\mathbf{m}_0^R(\mathbf{a},t) = \int_{V_0} [\mathbf{a}\times\rho_0(\mathbf{a})\mathbf{k}_0(\mathbf{a},t)]\,dV_0 + \int_{A_0} [\mathbf{a}\times\mathbf{t}_0(\mathbf{a},\mathbf{n}_0,t)]\,dA_0$$

Spannungsvektoren und -tensoren

$$\mathbf{t}(\mathbf{x},\mathbf{n},t) = \mathbf{n}(\mathbf{x},t)\cdot\mathbf{T}(\mathbf{x},t) \quad \textit{Cauchy}$$

$${}^I\mathbf{t}(\mathbf{a},\mathbf{n}_0) = \mathbf{n}_0(\mathbf{a},t)\cdot{}^I\mathbf{P}(\mathbf{a},t) \quad \textit{Piola-Kirchhoff}\ (1.)$$

$${}^{II}\mathbf{t}(\mathbf{a},\mathbf{n}_0) = \mathbf{n}_0(\mathbf{a},t)\cdot{}^{II}\mathbf{P}(\mathbf{a},t) \quad \textit{Piola-Kirchhoff}\ (2.)$$

$$\mathbf{T}(\mathbf{a},t) = (\det\mathbf{F})^{-1}\mathbf{F}(\mathbf{a},t)\cdot{}^I\mathbf{P}(\mathbf{a},t)$$

$${}^I\mathbf{P}(\mathbf{a},t) = (\det\mathbf{F})\mathbf{F}^{-1}(\mathbf{a},t)\cdot\mathbf{T}(\mathbf{a},t)$$

$$\mathbf{T}(\mathbf{a},t) = (\det\mathbf{F})^{-1}\mathbf{F}(\mathbf{a},t)\cdot{}^{II}\mathbf{P}(\mathbf{a},t)\cdot\mathbf{F}^T(\mathbf{a},t)$$

$${}^{II}\mathbf{P}(\mathbf{a},t) = (\det\mathbf{F})\mathbf{F}^{-1}(\mathbf{a},t)\cdot\mathbf{T}(\mathbf{a},t)\cdot[\mathbf{F}^T(\mathbf{a},t)]^{-1}$$

$${}^{II}\mathbf{P}(\mathbf{a},t) = {}^I\mathbf{P}(\mathbf{a},t)\cdot[\mathbf{F}^T(\mathbf{a},t)]^{-1} = \mathbf{F}^{-1}(\mathbf{a},t)\cdot{}^I\mathbf{P}(\mathbf{a},t)$$

$${}^I\mathbf{P}(\mathbf{a},t) = \mathbf{F}(\mathbf{a},t)\cdot{}^{II}\mathbf{P}(\mathbf{a},t) = {}^{II}\mathbf{P}(\mathbf{a},t)\cdot\mathbf{F}^T(\mathbf{a},t)$$

Gleichgewicht und Bewegungsgleichungen

$$\nabla_\mathbf{x}\cdot\mathbf{T}(\mathbf{x},t) + \rho(\mathbf{x},t)\mathbf{k}(\mathbf{x},t) = \mathbf{0}$$

$$\nabla_\mathbf{x}\cdot\mathbf{T}(\mathbf{x},t) + \rho(\mathbf{x},t)\mathbf{k}(\mathbf{x},t) = \rho(\mathbf{x},t)\ddot{\mathbf{x}}(\mathbf{x},t) = \rho(\mathbf{x},t)\ddot{\mathbf{u}}(\mathbf{x},t)$$

$$\mathbf{T}(\mathbf{x},t) = \mathbf{T}^T(\mathbf{x},t)$$

$$\nabla_\mathbf{a}\cdot{}^I\mathbf{P}(\mathbf{a},t) + \rho_0(\mathbf{a})\mathbf{k}_0(\mathbf{a},t) = \mathbf{0}$$

$$\nabla_\mathbf{a}\cdot{}^I\mathbf{P}(\mathbf{a},t) + \rho_0(\mathbf{a})\mathbf{k}_0(\mathbf{a},t) = \rho_0(\mathbf{a})\ddot{\mathbf{x}}(\mathbf{a},t) = \rho_0(\mathbf{a})\ddot{\mathbf{u}}(\mathbf{a},t)$$

$$\mathbf{F}\cdot{}^I\mathbf{P}^T(\mathbf{a},t) = {}^I\mathbf{P}(\mathbf{a},t)\cdot\mathbf{F}^T$$

$$\nabla_\mathbf{a}\cdot[{}^{II}\mathbf{P}(\mathbf{a},t)\cdot\mathbf{F}^T] + \rho_0(\mathbf{a})\mathbf{k}_0(\mathbf{a},t) = \mathbf{0}$$

$$\nabla_\mathbf{a}\cdot[{}^{II}\mathbf{P}(\mathbf{a},t)\cdot\mathbf{F}^T] + \rho_0(\mathbf{a})\mathbf{k}_0(\mathbf{a},t) = \rho_0(\mathbf{a})\ddot{\mathbf{x}}(\mathbf{a},t) = \rho_0(\mathbf{a})\ddot{\mathbf{u}}(\mathbf{a},t)$$

$${}^{II}\mathbf{P}^T(\mathbf{a},t) = {}^{II}\mathbf{P}(\mathbf{a},t)$$

3.7 Übungsbeispiele mit Lösungen zum Abschnitt 3.6

1. Der aktuelle Deformationszustand eines Körpers ist durch den Positionsvektor

$$\mathbf{x} = \mathbf{x}(\mathbf{a}); \mathbf{x} = [4a_1, -\frac{1}{2}a_2, -\frac{1}{2}a_3]$$

gekennzeichnet. Der *Cauchysche* Spannungstensor $\mathbf{T} = \mathbf{T}(\mathbf{x})$ hat die Koordinaten

$$T_{ij} = \begin{bmatrix} 1 & 0 & 0 \\ 0 & 0 & 0 \\ 0 & 0 & 0 \end{bmatrix}$$

Wie lauten die Koordinaten des zugeordneten 1. und 2. *Piola-Kirchhoffschen* Tensors.

<u>*Lösung:*</u> Es gelten die Transformationsgleichungen

$$^I\mathbf{P} = (\det\mathbf{F})\mathbf{F}^{-1} \cdot \mathbf{T}; ^{II}\mathbf{P} = ^I\mathbf{P} \cdot (\mathbf{F}^{-1})^T$$

Damit erhält man

$$\mathbf{F} = 4\mathbf{e}_1\mathbf{e}_1 - \frac{1}{2}\mathbf{e}_2\mathbf{e}_2 - \frac{1}{2}\mathbf{e}_3\mathbf{e}_3 \quad \text{Diagonaltensor}$$

$$\mathbf{F}^{-1} = \frac{1}{4}\mathbf{e}_1\mathbf{e}_1 - 2\mathbf{e}_2\mathbf{e}_2 - 2\mathbf{e}_3\mathbf{e}_3 \quad \text{Diagonaltensor}$$

$$\det\mathbf{F} = \begin{vmatrix} 4 & 0 & 0 \\ 0 & -\frac{1}{2} & 0 \\ 0 & 0 & -\frac{1}{2} \end{vmatrix} = +1$$

$$^I\mathbf{P} = 1(\frac{1}{4}\mathbf{e}_1\mathbf{e}_1 - 2\mathbf{e}_2\mathbf{e}_2 - 2\mathbf{e}_3\mathbf{e}_3) \cdot (1\mathbf{e}_1\mathbf{e}_1) = \frac{1}{4}\mathbf{e}_1\mathbf{e}_1$$

$$^{II}\mathbf{P} = (\frac{1}{4}\mathbf{e}_1\mathbf{e}_1 - 2\mathbf{e}_2\mathbf{e}_2 - 2\mathbf{e}_3\mathbf{e}_3) \cdot (\frac{1}{4}\mathbf{e}_1\mathbf{e}_1) = \frac{1}{16}\mathbf{e}_1\mathbf{e}_1$$

Die *Piola-Kirchhoffschen* Spannungstensoren haben damit die Koordinatenmatrizen

$$[^IP_{ij}] = \begin{bmatrix} \frac{1}{4} & 0 & 0 \\ 0 & 0 & 0 \\ 0 & 0 & 0 \end{bmatrix}; \quad [^{II}P_{ij}] = \begin{bmatrix} \frac{1}{16} & 0 & 0 \\ 0 & 0 & 0 \\ 0 & 0 & 0 \end{bmatrix}$$

2. Man leite die 1. und die 2. *Cauchysche* Bewegungsgleichung für den 2. *Piola-Kirchhoffschen* Spannungstensor ab.

<u>*Lösung:*</u> Ausgangspunkt für die Ableitung sind die entsprechenden Bewegungsgleichungen für den 1. *Piola-Kirchhoffschen* Spannungstensor und die Transformationsgleichungen zwischen $^I\mathbf{P}$ und $^{II}\mathbf{P}$

$$\nabla_{\mathbf{a}} \cdot {}^I\mathbf{P} + \rho_0\mathbf{k}_0 = \rho_0\ddot{\mathbf{x}}; {}^I\mathbf{P} = \mathbf{F} \cdot {}^{II}\mathbf{P}; {}^I\mathbf{P} \cdot \mathbf{F}^T = \mathbf{F}^T \cdot {}^I\mathbf{P}; {}^I\mathbf{P}^T = {}^{II}\mathbf{P}^T \cdot \mathbf{F}^T$$

Damit erhält man

$$\nabla_{\mathbf{a}} \cdot (\mathbf{F} \cdot {}^{II}\mathbf{P}) + \rho_0\mathbf{k}_0 = \rho_0\ddot{\mathbf{x}}; \mathbf{F} \cdot {}^{II}\mathbf{P} \cdot \mathbf{F}^T = \mathbf{F} \cdot {}^{II}\mathbf{P} \cdot \mathbf{F}^T \Longrightarrow {}^{II}\mathbf{P} = {}^{II}\mathbf{P}^T$$

Die 1. Gleichung ist die allgemeine *Cauchysche* Bewegungsgleichung in *Langrangesche* Koordinaten und dem Spannungstensor $^{II}\mathbf{P}$, die 2. Gleichung liefert die Symmetrieaussage für $^{II}\mathbf{P}$.

3. Ein Körper befindet sich in der Momentankonfiguration

$$\mathbf{x} = \mathbf{x}(\mathbf{a}) = \frac{1}{2}a_1\mathbf{e}_1 - \frac{1}{2}a_3\mathbf{e}_2 - 4a_2\mathbf{e}_3$$

im Gleichgewichtszustand. Der *Cauchy*sche Spannungstensor hat nur eine von Null verschiedene Spannungskomponente

$$\mathbf{T} = 40\mathbf{e}_3\mathbf{e}_3$$

Man berechne
a) den 1. *Piola-Kirchhoff*schen Spannungstensor ${}^I\mathbf{P}$,
b) den 2. *Piola-Kirchhoff*schen Spannungstensor ${}^{II}\mathbf{P}$ und
c) die Spannungsvektoren ${}^I\mathbf{t}$ und ${}^{II}\mathbf{t}$ die den ${}^I\mathbf{P}$ und ${}^{II}\mathbf{P}$ für die Schnittebene der Momentankonfiguration mit dem Normaleneinheitsvektor $\mathbf{n} = \mathbf{e}_3$ zugeordnet sind.
d) Man diskutiere die erhaltenen Ergebnisse.

Lösung:

$$\mathbf{x}(\mathbf{a}) = \frac{1}{2}a_1\mathbf{e}_1 - \frac{1}{2}a_3\mathbf{e}_2 - 4a_2\mathbf{e}_3; \mathbf{a}(\mathbf{x}) = 2x_1\mathbf{e}_1 + \frac{1}{4}x_3\mathbf{e}_2 - 2x_2\mathbf{e}_3$$

$$\mathbf{F} = (\nabla_{\mathbf{a}}\mathbf{x})^T = \frac{1}{2}\mathbf{e}_1\mathbf{e}_1 - \frac{1}{2}\mathbf{e}_2\mathbf{e}_3 + 4\mathbf{e}_3\mathbf{e}_2$$

$$\mathbf{F}^{-1} = (\nabla_{\mathbf{x}}\mathbf{a})^T = 2\mathbf{e}_1\mathbf{e}_1 + \frac{1}{4}\mathbf{e}_2\mathbf{e}_3 - 2\mathbf{e}_3\mathbf{e}_2$$

$$\det\mathbf{F} = 1$$

Damit wird

a) ${}^I\mathbf{P} = \det\mathbf{F}\mathbf{F}^{-1}\cdot\mathbf{T} = \det\mathbf{F}\mathbf{T}\cdot(\mathbf{F}^{-1})^T = 1(40\mathbf{e}_3\mathbf{e}_3)\cdot(2\mathbf{e}_1\mathbf{e}_1 + \frac{1}{4}\mathbf{e}_2\mathbf{e}_3 - 2\mathbf{e}_3\mathbf{e}_2)^T = 10\mathbf{e}_3\mathbf{e}_2$

b) ${}^{II}\mathbf{P} = \mathbf{F}^{-1}\cdot{}^I\mathbf{P} = {}^I\mathbf{P}\cdot(\mathbf{F}^{-1})^T = (2\mathbf{e}_1\mathbf{e}_1 + \frac{1}{4}\mathbf{e}_2\mathbf{e}_3 - 2\mathbf{e}_3\mathbf{e}_2)\cdot 10\mathbf{e}_3\mathbf{e}_2 = \frac{10}{4}\mathbf{e}_2\mathbf{e}_2 = 2.5\mathbf{e}_2\mathbf{e}_2$

c) Das Flächenelement $d\mathbf{A}_0 = d\mathbf{a}_1 \times d\mathbf{a}_2$ mit $d\mathbf{a}_1 = da_1\mathbf{e}_1, d\mathbf{a}_2 = da_2\mathbf{e}_2$ hat die Flächennormale $\mathbf{n}_0 \equiv \mathbf{e}_3$, d.h. $d\mathbf{A}_0 = dA_0\mathbf{n}_0 \equiv dA_0\mathbf{e}_3$. Transformiert man $d\mathbf{A}_0$ in die Referenzkonfiguration, gilt

$$d\mathbf{x}_1 = \mathbf{F}\cdot d\mathbf{a}_1, d\mathbf{x}_2 = \mathbf{F}\cdot d\mathbf{a}_2$$
$$d\mathbf{A} = (\mathbf{F}\cdot d\mathbf{a}_1)\times(\mathbf{F}\cdot d\mathbf{a}_2) = dA_0[(\mathbf{F}\cdot d\mathbf{e}_1)\times(\mathbf{F}\cdot d\mathbf{e}_2)],$$

d.h.

$$d\mathbf{A} = dA\mathbf{n} = dA_0[(\mathbf{F}\cdot d\mathbf{e}_1)\times(\mathbf{F}\cdot d\mathbf{e}_2)]$$

Der Normaleneinheitsvektor $\mathbf{n}$ des Flächenelements $d\mathbf{A}$ der aktuellen Konfiguration ist rechtwinklig zu $\mathbf{F}\cdot d\mathbf{e}_1$ und $\mathbf{F}\cdot d\mathbf{e}_2$ und man erhält

$$(\mathbf{F}\cdot d\mathbf{e}_1)\cdot dA\mathbf{n} = (\mathbf{F}\cdot d\mathbf{e}_1)\cdot dA\mathbf{n} = 0$$
$$(\mathbf{F}\cdot d\mathbf{e}_3)\cdot d\mathbf{A} = dA_0(\mathbf{F}\cdot d\mathbf{e}_3)\cdot[(\mathbf{F}\cdot d\mathbf{e}_1)\times(\mathbf{F}\cdot d\mathbf{e}_2)]$$

Beachtet man die für beliebige Vektoren $\mathbf{a}, \mathbf{b}$ und $\mathbf{c}$ geltende Beziehung

$$\mathbf{a}\cdot\mathbf{b}\times\mathbf{c} = \mathbf{b}\cdot(\mathbf{a}\times\mathbf{c}) = \mathbf{c}\cdot(\mathbf{a}\times\mathbf{b}) = \begin{vmatrix} a_1 & a_2 & a_3 \\ b_1 & b_2 & b_3 \\ c_1 & c_2 & c_3 \end{vmatrix}$$

folgt $(\mathbf{F}\cdot\mathbf{e}_3)\cdot(\mathbf{F}\cdot\mathbf{e}_1)\times(\mathbf{F}\cdot\mathbf{e}_2) = \det\mathbf{F}$ und damit

$$(\mathbf{F}\cdot\mathbf{e}_3)\cdot dA\mathbf{n} = dA_0\det\mathbf{F}; \mathbf{e}_3\cdot\mathbf{F}^T\cdot\mathbf{n} = \left(\frac{dA_0}{dA}\right)\det\mathbf{F}$$

Der Vektor $\mathbf{F}^T\cdot\mathbf{n}$ hat somit die Richtung $\mathbf{e}_3$, d.h.

$$(\mathbf{F}^T\cdot\mathbf{n}) = \frac{dA_0}{dA}\det\mathbf{F}\mathbf{e}_3; dA\mathbf{n} = dA_0(\det\mathbf{F})(\mathbf{F}^{-1})^T\mathbf{e}_3$$

Das verformte Flächenelement hat damit einen Normalenvektor $\mathbf{n}$ mit der Richtung $(\mathbf{F}^{-1})^T\mathbf{e}_3$ und dem Betrag $dA = dA_0(\det\mathbf{F})|(\mathbf{F}^{-1})^T\mathbf{e}_3|$.

Hat dieses Flächenelement $d\mathbf{A}_0$ nicht eine Normalenrichtung $\mathbf{e}_3$ sondern einen beliebigen Richtungsvektor $\mathbf{n}_0$, gilt analog

$$dA\mathbf{n} = dA_0(\det\mathbf{F})(\mathbf{F}^{-1})^T \cdot \mathbf{n}, dA_0\mathbf{n}_0 = dA(\det\mathbf{F})^{-1}\mathbf{F}^T \cdot \mathbf{n}$$

Im vorliegenden Fall ist

$$\det\mathbf{F} = 1, \mathbf{n} = \mathbf{e}_3, \mathbf{F}^T \cdot \mathbf{e}_3 = 4\mathbf{e}_2,$$

d.h.

$$dA_0\mathbf{n}_0 = 4\mathbf{e}_2 \Longrightarrow \mathbf{n}_0 = \mathbf{e}_2 \Longrightarrow {}^I\mathbf{t} = \mathbf{n}_0 \cdot {}^I\mathbf{P} = 10\mathbf{e}_3, {}^{II}\mathbf{t} = \mathbf{n}_0 \cdot {}^{II}\mathbf{P} = 2,5\mathbf{e}_2$$

d) Die Vektoren $\mathbf{t} = \mathbf{n} \cdot \mathbf{T} = 40\mathbf{e}_3$ und ${}^I\mathbf{t} = 10\mathbf{e}_3$ haben die gleiche Richtung. Da das Flächenelement $d\mathbf{A}_0$ viermal so groß ist wie $d\mathbf{A}$, ist der Wert von ${}^I\mathbf{t}$ viermal kleiner als der von $\mathbf{t}$. ${}^{II}\mathbf{t} = 2,5\mathbf{e}_2$ hat eine andere Richtung und einen anderen Betrag als $\mathbf{t}$.

Ergänzende Literatur zum Kapitel 3:

1. E. & F. Cosserat: Théorie des corps déformables. A. Herman, 1909

2. H. Richter: Verzerrungstensor, Verzerrungsdeviator und Spannungstensor bei endlichen Formänderungen. ZAMM 29(1949), 65 - 75

3. R.D. Mindlin: Microstructure in Linear Elasticity. Arch. J. Rat. Mech. Anal. 16(1964), 51 - 78

4. B.A. Пальмов: Основные уравнения несимметричной упругости. Прикладная Математика и Механика 28(1964), 401 - 408 (Die Grundgleichungen der nichtsymmetrischen Elastizitätstheorie)

5. A.E. Green, R.S. Rivlin: Multipolar Continuum Mechanics. Arch. J. Rat. Mech. Anal. 17(1964), 205 - 217

6. A.C. Eringen: Simple Microfluids. Int. J. Engng. Sci. 2(1964), 205 - 217

4 Bilanzgleichungen

Bilanzgleichungen beschreiben allgemeingültige Prinzipe bzw. universelle Naturgesetze unabhängig von den speziellen Kontinuumseigenschaften. Sie gelten somit für alle Materialmodelle der Kontinuumsmechanik. Bilanzgleichungen werden zunächst in integraler Form als globale Aussagen für den Gesamtkörper angegeben. Für hinreichend glatte Felder der zu bilanzierenden Größen können aber auch lokale Formulierungen in der Form von Differentialgleichungen, die sich auf einen beliebig kleinen Teil des Körpers beziehen, gewählt werden. Bleibt bei einem zu bilanzierenden Prozeß die Bilanzgröße unverändert erhalten, haben Bilanzgleichungen den Charakter von Erhaltungssätzen.

Die Bilanzgleichungen werden im vorliegenden Kapitel in folgenden Schritten erarbeitet. Zunächst werden allgemeine Aussagen und allgemeine Strukturen der Gleichungen diskutiert, die Transporttheoreme behandelt und auf Besonderheiten kontinuierlicher Felder mit Sprungrelationen hingewiesen. Danach werden die mechanischen Bilanzgleichungen bzw. Erhaltungssätze für die Masse, den Impuls, den Drehimpuls und die Energie formuliert. Abschließend erfolgt eine Erweiterung der Bilanzgleichungen auf thermodynamische Probleme. Dazu werden zunächst die grundlegenden thermomechanischen Begriffe und Beziehungen definiert. Ausgehend von den Hauptsätzen der Thermodynamik erfolgt dann die Ableitung der erweiterten Energiebilanzen und der Aussagen zur Entropie. Diese insgesamt fünf Bilanzformulierungen bilden die Grundlage der materialunabhängigen Beschreibung der Deformationen von Festkörpern bzw. Strömungen von Fluiden. Alle Erweiterungen auf andere physikalischen Felder bleiben unberücksichtigt.

4.1 Allgemeine Formulierung von Bilanzgleichungen

Für die Ableitung von Bilanzgleichungen der Kontinuumsmechanik erweist es sich als zweckmäßig, einige allgemeine Aussagen voranzustellen. Dazu gehören Begriffsbildungen, Strukturen allgemeiner globaler und lokaler Gleichungen, materielle Zeitableitungen für durch Integrale definierte Funktionen, aber auch eine kurze Diskussion über die notwendige Ergänzung von Bilanzaussagen für nichtkontinuierliche Felder.

4.1.1 Globale und lokale Gleichungen für stetige Felder

Aufgabe der Kontinuumsmechanik als einer Feldtheorie ist die Bestimmung des Skalarfeldes der Dichte $\rho = \rho(\mathbf{a}, t)$, des Vektorfeldes der Bewegung $\mathbf{x} = \mathbf{x}(\mathbf{a}, t)$ und, bei einer thermodynamischen Erweiterung, des Skalarfeldes der Temperatur $\vartheta = \vartheta(\mathbf{a}, t)$ für alle materiellen Punkte $\mathbf{a}$ als Funktionen der Zeit t. Im folgenden wird gezeigt, daß alle dafür möglichen materialunabhängigen Aussagen auch mit Hilfe von Bilanzgleichungen formuliert werden können.

Definition: *Bilanzgleichungen sind grundlegende Erfahrungssätze der Kontinuumsmechanik, die den Zusammenhang zwischen dem Zustand bestimmter, den materiellen Körper (Kontinuum) kennzeichnender Größen und den äußeren Einwirkungen auf diesen Körper ausdrücken. Bilanzgleichungen, die die Konstanz (Erhaltung) dieser Größen beinhalten, heißen auch Erhaltungssätze. Bilanzgleichungen können für Körpermodelle unterschiedlicher Dimension und auch für andere physikalische Felder angegeben werden.*

Die Formulierung von Bilanzgleichungen beruht auf der Voraussetzung, daß man einen materiellen Körper durch einen Schnitt von seiner Umgebung trennen kann. Ein solcher Schnitt muß nicht real geführt werden, und er ist nicht von vornherein eindeutig bestimmt. Die Lage eines „gedachten Schnittes“ und damit die Trennung eines Gesamtsystems in einen betrachteten Körper und seine äußere Umgebung sind somit willkürlich. Die Wirkung der äußeren Umgebung auf den Körper wird durch die Änderung physikalischer Größen ausgedrückt, die den Zustand des materiellen Körpers charakterisieren. Solche Zustandsänderungen können bei „rein mechanischen Modellen“ nur durch äußere Kräfte, bei thermodynamischen Modellen auch durch Wärmewirkungen, verursacht werden.

Den momentanen Zustand eines Körpers kann man bei dreidimensionalen Modellen mathematisch durch Volumenintegrale über die Dichteverteilungen der mechanischen und/oder thermischen Größen erfassen. Die Wirkung der äußeren Umgebung muß dagegen durch Volumen- und Oberflächenintegrale über die Volumen- und/oder Oberflächendichten von „Belastungen“ ausgedrückt werden. Die Volumen- und Oberflächenintegrale können sich auf die Referenz- oder die Momentankonfiguration beziehen.

Die allgemeine Struktur einer Bilanzgleichung kann man dann wie folgt erklären. $\Psi(\mathbf{x}, t)$ und $\Psi_0(\mathbf{a}, t)$ seien die Dichteverteilungen einer skalaren mechanischen Feldgröße bezüglich der Volumenelemente dV und dV_0 der Momentan- und der Referenzkonfiguration. Die Integration über den Körper ergibt dann eine additive (extensive) Größe $Y(t)$

$$Y(t) = \int\limits_V \Psi(\mathbf{x}, t)\, dV = \int\limits_{V_0} \Psi_0(\mathbf{a}, t)\, dV_0 \tag{4.1}$$

Mit $dV = (\det\mathbf{F})dV_0$ gilt $\Psi_0(\mathbf{a}, t) = (\det\mathbf{F})\Psi(\mathbf{x}, t)$. Die materielle Zeitableitung der Funktion $Y(t)$ entspricht physikalisch der Änderungsgeschwindigkeit (Änderungsrate) des durch $\Psi(\mathbf{x}, t)$ gekennzeichneten Gesamtzustandes des Körpers. Diese Änderungsgeschwindigkeit muß offensichtlich mit der Wirkung der äußeren Umgebung auf den Körper bilanziert, d.h. im Gleichgewicht, sein. Für die Momentankonfiguration gilt dann

$$\frac{D}{Dt}Y(t) = \frac{D}{Dt}\int\limits_V \Psi(\mathbf{x}, t)\, dV = \int\limits_A \Phi(\mathbf{x}, t)\, dA + \int\limits_V \Xi(\mathbf{x}, t)\, dV \tag{4.2}$$

und für die Referenzkonfiguration

$$\frac{D}{Dt}Y(t) = \frac{D}{Dt}\int\limits_{V_0} \Psi_0(\mathbf{a}, t)\, dV_0 = \int\limits_{A_0} \Phi_0(\mathbf{a}, t)\, dA_0 + \int\limits_{V_0} \Xi_0(\mathbf{a}, t)\, dV_0 \tag{4.3}$$

Φ und Φ_0 sind skalare Oberflächendichten der äußeren Einwirkungen auf den Körper in der Momentan- und in der Referenzkonfiguration, Ξ und Ξ_0 sind die entsprechenden skalaren Volumendichten. Ausgangspunkt für die Bilanzierung der Änderungsgeschwindigkeit einer Feldgröße und der Wirkung äußerer Kräfte ist im allgemeinen die Momentankonfiguration. Durch die Transformation der Oberflächen- und der Volumenintegrale erhält man dann die Bilanzaussagen für die Referenzkonfiguration. Die Oberflächendichtewirkungen sind verbunden mit Zu- oder Abflüssen der entsprechenden Größen durch die Oberfläche des Körpers, die Volumendichten repräsentieren eine äußere Volumendichtezufuhr und die Erzeugung (Quellen) oder den Verlust (Senken) der Bilanzgröße innerhalb eines Körpers.

Die für skalare Felder formulierten Bilanzaussagen können ohne Schwierigkeiten auf Vektor- oder Tensorfelder erweitert werden. Für die weiteren Überlegungen müssen folgende Hinweise beachtet werden.

Hinweis 1: *Oberflächendichtefunktionen* $\mathbf{\Phi}$ *bezogen auf die Momentankonfiguration sind nicht nur Funktionen des Ortes* $\mathbf{x}$ *und der Zeit* t, *sondern sie hängen auch von der Orientierung des dem Punkt* $\mathbf{x}$ *zugeordneten Oberflächenelementes* $d\mathbf{A} = \mathbf{n}(\mathbf{x}, t)dA$, *d.h. von* $\mathbf{n}$ *ab. Dieser Hinweis gilt für Tensorfelder* ${}^{(n)}\mathbf{\Phi} = {}^{(n)}\mathbf{\Phi}(\mathbf{x}, \mathbf{n}, t)$ *beliebiger Stufe* $n \geq 0$. *Die Aussage kann gleichfalls auf die Oberflächendichten in der Referenzkonfiguration übertragen werden* ${}^{(n)}\mathbf{\Phi}_0 = {}^{(n)}\mathbf{\Phi}_0(\mathbf{a}, \mathbf{n}_0, t)$, $d\mathbf{A}_0 = \mathbf{n}_0(\mathbf{a}, t)dA_0$

Hinweis 2: *Für die* $\mathbf{n}$- *bzw.* $\mathbf{n}_0$-*Abhängigkeit der Oberflächendichtefunktionen* $\mathbf{\Phi}$ *bzw.* $\mathbf{\Phi}_0$ *gilt das Cauchysche Lemma*

$${}^{(n)}\mathbf{\Phi}(\mathbf{x}, \mathbf{n}, t) = \mathbf{n} \cdot {}^{(n+1)}\tilde{\mathbf{\Phi}}(\mathbf{x}, t), \quad {}^{(n)}\mathbf{\Phi}_0(\mathbf{a}, \mathbf{n}_0, t) = \mathbf{n}_0 \cdot {}^{(n+1)}\tilde{\mathbf{\Phi}}_0(\mathbf{a}, t), \tag{4.4}$$

d.h. die Abhängigkeit der Oberflächendichtefunktionen von $\mathbf{n}$ *bzw. von* $\mathbf{n}_0$ *ist immer linear. Die Beweisführung erfolgt wie für die Oberflächenkräfte im Kapitel 3. Ist* ${}^{(n)}\mathbf{\Phi}(\mathbf{x},t)$ *ein Tensor nter Stufe, dann ist* ${}^{(n+1)}\tilde{\mathbf{\Phi}}(\mathbf{x},t)$ *ein Tensor* $(n+1)$*ter Stufe.*

Hinweis 3: *Für Oberflächendichtefunktionen gilt immer das Gegenwirkungsprinzip (actio = reactio). Zwei Oberflächendichten, die auf eine Oberfläche in einem gemeinsamen materiellen Punkt wirken, deren Oberflächenorientierungen aber durch entgegengesetzt wirkende Normaleneinheitsvektoren* $\mathbf{n}$ *und* $-\mathbf{n}$ *bzw.* $\mathbf{n}_0$ *und* $-\mathbf{n}_0$ *gegeben sind, haben stets den gleichen Betrag, aber ein entgegengesetztes Vorzeichen*

$$\mathbf{\Phi}(\mathbf{n}) = -\mathbf{\Phi}(-\mathbf{n});\ \ \mathbf{\Phi}_0(\mathbf{n}_0) = -\mathbf{\Phi}_0(-\mathbf{n}_0) \tag{4.5}$$

Bilanzgleichungen für die Formulierung des Gleichgewichts zwischen den Änderungen des Zustands eines Körpers und den diese Änderungen verursachenden Flüsse von Oberflächenkraftdichten bzw. der Produktion oder dem Verlust innerer Volumendichten haben damit für die Momentankonfiguration folgende Struktur

$$\frac{D}{Dt}\int_V {}^{(n)}\mathbf{\Psi}(\mathbf{x},t)\,dV = \int_A \mathbf{n}(\mathbf{x},t)\,\cdot^{(n+1)}\,\mathbf{\Phi}(\mathbf{x},t)\,dA + \int_V {}^{(n)}\mathbf{\Xi}(\mathbf{x},t)\,dV \tag{4.6}$$

Entsprechend gilt für die Referenzkonfiguration

$$\begin{aligned}\frac{D}{Dt}\int_{V_0} {}^{(n)}\mathbf{\Psi}_0(\mathbf{a},t)\,dV_0 &\equiv \frac{\partial}{\partial t}\int_{V_0} {}^{(n)}\mathbf{\Psi}_0(\mathbf{a},t)\,dV_0\\ &= \int_{A_0} \mathbf{n}_0(\mathbf{a},t)\,\cdot^{(n+1)}\,\mathbf{\Phi}_0(\mathbf{a},t)\,dA_0 + \int_{V_0} {}^{(n)}\mathbf{\Xi}_0(\mathbf{x},t)\,dV_0\end{aligned} \tag{4.7}$$

${}^{(n)}\mathbf{\Psi}$ und ${}^{(n)}\mathbf{\Psi}_0$ sowie ${}^{(n)}\mathbf{\Xi}$ und ${}^{(n)}\mathbf{\Xi}_0$ sind Tensorfelder $n$ter Stufe $(n \geq 0)$, ${}^{(n+1)}\mathbf{\Phi}$ und ${}^{(n+1)}\mathbf{\Phi}_0$ sind dann Tensorfelder der Stufe $(n+1)$.

Die Ableitung der Beziehungen zwischen Oberflächen- und Volumengrößen der aktuellen und der Referenzkonfiguration erfolgt mit Hilfe der bekannten Transformationsgleichungen

$$\begin{aligned}\mathbf{n} &= (\det\mathbf{F})\frac{dA_0}{dA}(\mathbf{F}^{-1})^T \cdot \mathbf{n}_0 &&\Longleftrightarrow \mathbf{n}_0 = (\det\mathbf{F})^{-1}\frac{dA}{dA_0}\mathbf{F}^T \cdot \mathbf{n}\\ d\mathbf{A} &= (\det\mathbf{F})(\mathbf{F}^{-1})^T \cdot d\mathbf{A}_0 &&\Longleftrightarrow d\mathbf{A}_0 = (\det\mathbf{F})^{-1}\mathbf{F}^T \cdot d\mathbf{A}\\ dV &= (\det\mathbf{F})dV_0 &&\Longleftrightarrow dV_0 = (\det\mathbf{F})^{-1}dV\end{aligned} \tag{4.8}$$

Damit erhält man z.B. aus

$$\mathbf{\Phi}_0 \cdot d\mathbf{A}_0 = \mathbf{\Phi} \cdot d\mathbf{A} = \mathbf{\Phi} \cdot (\det\mathbf{F})(\mathbf{F}^{-1})^T \cdot d\mathbf{A}_0 \tag{4.9}$$

die Verknüpfung für $\mathbf{\Phi}_0$ und $\mathbf{\Phi}$

$$\mathbf{\Phi}_0 = (\det\mathbf{F})\mathbf{\Phi} \cdot (\mathbf{F}^{-1})^T; \quad \mathbf{\Phi}_0 = \mathbf{\Phi}_0(\mathbf{a}, \mathbf{n}_0, t), \mathbf{\Phi} = \mathbf{\Phi}(\mathbf{x}, \mathbf{n}, t), \qquad (4.10)$$

und aus $\Xi_0 dV_0 = \Xi dV = \Xi(\det\mathbf{F})dV_0$ die entsprechende Verknüpfung von Ξ_0 und Ξ

$$\Xi_0 = (\det\mathbf{F})\Xi; \ \Xi_0 = \Xi_0(\mathbf{a}, t), \Xi = \Xi(\mathbf{x}, t) \qquad (4.11)$$

Für die Aufstellung spezieller Bilanzgleichungen ist es oft günstiger, wie bei den äußeren Kräften statt mit Volumenkraftdichten mit Massenkraftdichten zu rechnen. Behält man die bisherige Bezeichnung der Dichtefunktionen $\mathbf{\Psi}$ und Ξ bei, versteht jetzt aber darunter Massedichtefunktionen, kann man die globalen mechanischen Bilanzgleichungen für die Momentankonfiguration stets in folgender Form schreiben

$$\frac{D}{Dt}\int\limits_m \mathbf{\Psi}(\mathbf{x}, t)\, dm \equiv$$

$$\frac{D}{Dt}\int\limits_V \mathbf{\Psi}(\mathbf{x}, t)\rho\, dV = \int\limits_A \mathbf{n} \cdot \mathbf{\Phi}(\mathbf{x}, t)\, dA + \int\limits_V \Xi(\mathbf{x}, t)\rho\, dV \qquad (4.12)$$

In Gl. (4.12) sind

$\mathbf{\Psi}(\mathbf{x}, t), \Xi(\mathbf{x}, t)$	Tensorfelder gleicher Stufe n $(n \geq 0)$,
$\mathbf{\Phi}(\mathbf{x}, t)$	Tensorfeld der Stufe $(n + 1)$,
$\mathbf{n}(\mathbf{x}, t)$	äußere Normale auf A,
$m(\mathbf{x}, t)$	Masse als stetige Funktion des Volumens.

Die allgemeine Bilanzgleichung (4.12) kann man physikalisch wie folgt interpretieren.

Die Änderungsgeschwindigkeit einer Bilanzgröße $\mathbf{\Psi}(\mathbf{x}, t)$ ist gleich der Summe des Zu- und des Abflusses über die Fläche A des Körpers und dem Zuwachs oder dem Verlust der Bilanzgröße im Körper.

Damit erhält man folgende Zuordnungen:

$\mathbf{\Phi}(\mathbf{x}, t)$	Fluß der Bilanzgröße $\mathbf{\Psi}(\mathbf{x}, t)$ durch A in Richtung $\mathbf{n}$,
$\Xi(\mathbf{x}, t)$	positiver oder negativer Zuwachs der Bilanzgröße $\mathbf{\Psi}(\mathbf{x}, t)$ in V.

Es sei besonders hervorgehoben, daß der Zuwachs oder der Verlust Ξ der Bilanzgröße $\mathbf{\Psi}$ unterschiedliche physikalische Ursachen haben kann. Ξ kann sowohl eine „Produktionsdichte“ durch Quellen und Senken in V oder eine durch Fernwirkung hervorgerufene „Zufuhrdichte“ sein. Für die Formulierung der allgemeinen Bilanzgleichung spielt aber die physikalische Ursache von Ξ keine Rolle.

Sind die Stetigkeitsanforderungen des Divergenztheorems durch die Dichtefunktion $\mathbf{\Psi}$ erfüllt, erhält man durch Anwendung des Theorems auf Gl. (4.12)

$$\frac{D}{Dt}\int\limits_V \boldsymbol{\Psi}(\mathbf{x},t)\rho\, dV = \int\limits_V \nabla_{\mathbf{x}} \cdot \boldsymbol{\Phi}(\mathbf{x},t)\, dV + \int\limits_V \Xi(\mathbf{x},t)\rho\, dV \tag{4.13}$$

und mit $dV \to 0$ folgt die lokale Formulierung der allgemeinen Bilanzgleichung

$$\frac{D}{Dt}[\boldsymbol{\Psi}(\mathbf{x},t)\rho] = \nabla_{\mathbf{x}} \cdot \boldsymbol{\Phi}(\mathbf{x},t) + \Xi(\mathbf{x},t)\rho \tag{4.14}$$

Transformiert man die Gleichungen in die Referenzkonfiguration, gilt global

$$\begin{aligned}\frac{\partial}{\partial t}\int\limits_{V_0} \boldsymbol{\Psi}_0(\mathbf{a},t)\rho_0\, dV_0 &= \int\limits_{A_0} \mathbf{n}_0 \cdot \boldsymbol{\Phi}_0(\mathbf{a},t)\, dA_0 + \int\limits_{V_0} \Xi_0(\mathbf{a},t)\rho_0\, dV_0 \\ &= \int\limits_{V_0} [\nabla_{\mathbf{a}} \cdot \boldsymbol{\Phi}_0(\mathbf{a},t) + \Xi_0(\mathbf{a},t)\rho_0]\, dV_0 \end{aligned} \tag{4.15}$$

und lokal

$$\frac{\partial}{\partial t}[\boldsymbol{\Psi}_0(\mathbf{a},t)\rho_0] = \nabla_{\mathbf{a}} \cdot \boldsymbol{\Phi}_0(\mathbf{a},t) + \Xi(\mathbf{a},t)\rho_0 \tag{4.16}$$

Zusammenfassend gelten für genügend glatte Felder folgende Strukturgleichungen für die Bilanz- und Erhaltungssätze.

Allgemeine Bilanzgleichungen in der aktuellen Konfiguration

$$\frac{D}{Dt}\int\limits_V \boldsymbol{\Psi}(\mathbf{x},t)\rho(\mathbf{x},t)\, dV = \int\limits_A \mathbf{n}(\mathbf{x},t) \cdot \boldsymbol{\Phi}(\mathbf{x},t)\, dA + \int\limits_V \Xi(\mathbf{x},t)\rho(\mathbf{x},t)\, dV$$

$$\frac{D}{Dt}\int\limits_V \Psi_{ij\ldots k}\rho\, dV = \int\limits_A n_l \Phi_{lij\ldots k}\, dA + \int\limits_V \Xi_{ij\ldots k}\rho\, dV$$

$$\frac{D}{Dt}\int\limits_V \boldsymbol{\Psi}(\mathbf{x},t)\rho(\mathbf{x},t)\, dV = \int\limits_V [\nabla_{\mathbf{x}} \cdot \boldsymbol{\Phi}(\mathbf{x},t) + \Xi(\mathbf{x},t)\rho(\mathbf{x},t)]\, dV$$

$$\frac{D}{Dt}\int\limits_V \Psi_{ij\ldots k}\rho\, dV = \int\limits_V [\Phi_{lij\ldots k,l}\, dV + \int\limits_V \Xi_{ij\ldots k}\rho]\, dV$$

$$\frac{D}{Dt}[\boldsymbol{\Psi}(\mathbf{x},t)\rho(\mathbf{x},t)] = \nabla_{\mathbf{x}} \cdot \boldsymbol{\Phi}(\mathbf{x},t) + \Xi(\mathbf{x},t)\rho(\mathbf{x},t)$$

$$\frac{D}{Dt}[\Psi_{ij\ldots k}\rho] = \Phi_{lij\ldots k,l} + \Xi_{ij\ldots k}\rho$$

Mit $\boldsymbol{\Psi}(\mathbf{x},t) \to \boldsymbol{\Psi}_0(\mathbf{a},t)$; $\boldsymbol{\Phi}(\mathbf{x},t) \to \boldsymbol{\Phi}_0(\mathbf{a},t)$; $\Xi(\mathbf{x},t) \to \Xi_0(\mathbf{a},t)$; $\mathbf{n}(\mathbf{x},t) \to \mathbf{n}_0(\mathbf{a},t)$; $\rho(\mathbf{x},t) \to \rho_0(\mathbf{a},t)$; $A \to A_0$, $V \to V_0$; $D/Dt \to \partial/\partial t$; $\partial/\partial\mathbf{x} \to \partial/\partial\mathbf{a}$ erhält man die entsprechenden Gleichungen für die Referenzkonfiguration.

4.1.2 Integration von Volumenintegralen mit zeitabhängigen Integrationsbereichen - Transporttheoreme

Ausgangspunkt für die Ableitung der Transporttheoreme ist wieder die Gleichung (4.1)

$$Y(t) = \int_V \Psi(\mathbf{x}, t)\, dV = \int_{V_0} \Psi_0(\mathbf{a}, t)\, dV_0; \quad \Psi_0 = (\det\mathbf{F})\Psi$$

Es werden zunächst skalare Felder Ψ bzw. Ψ_0 betrachtet. $Y(t)$ kann in zweierlei Hinsicht von t abhängen. In der Momentankonfiguration können sowohl die Dichtefunktion Ψ, als auch das Volumen V des materiellen Körpers Funktionen der Zeit sein. In der Referenzkonfiguration hängt nur Ψ_0 von t ab, V_0 ist eine konstante, zeitunabhängige Größe.

Bildet man die materielle Zeitableitung

$$\dot{Y}(t) \equiv \frac{DY(t)}{Dt} = \frac{D}{Dt}\int_V \Psi(\mathbf{x}, t)\, dV = \frac{\partial}{\partial t}\int_{V_0} \Psi_0(\mathbf{a}, t)\, dV_0, \tag{4.17}$$

erhält man für die Referenzkonfiguration sofort mit $V_0 = \text{konst}$

$$\frac{\partial}{\partial t}\int_{V_0} \Psi_0(\mathbf{x}, t)\, dV_0 = \int_{V_0} \frac{\partial}{\partial t}\Psi_0(\mathbf{x}, t)\, dV_0 \tag{4.18}$$

Für die Momentankonfiguration müssen entweder die Regeln für materielle Ableitungen von Feldgrößen in *Euler*scher Darstellung beachtet werden (Gln. (2.4), bzw. (2.5)) oder man transformiert das Integral vor der Ableitung in die Referenzkonfiguration. Im letzteren Fall erhält man

$$Y(t) = \int_V \Psi(\mathbf{x}, t)\, dV = \int_{V_0} \Psi(\mathbf{a}, t)[\det\mathbf{F}(\mathbf{a}, t)]\, dV_0 \tag{4.19}$$

$$\dot{Y}(t) = \int_{V_0} \left[\frac{\partial \Psi(\mathbf{a}, t)}{\partial t}\det\mathbf{F}(\mathbf{a}, t) + \Psi(\mathbf{a}, t)\frac{\partial}{\partial t}\det\mathbf{F}(\mathbf{a}, t)\right] dV_0 \tag{4.20}$$

Beachtet man Gl. (2.17), d.h. $(\det\mathbf{F})^{\cdot} = (\det\mathbf{F})\operatorname{div}\mathbf{v} = (\det\mathbf{F})\boldsymbol{\nabla}_{\mathbf{a}} \cdot \mathbf{v}$ folgt

$$\dot{Y}(t) = \int_{V_0} \left[\frac{\partial \Psi(\mathbf{a}, t)}{\partial t} + \Psi(\mathbf{a}, t)\boldsymbol{\nabla}_{\mathbf{a}} \cdot \mathbf{v}\right] [\det\mathbf{F}(\mathbf{a}, t)]\, dV_0 \tag{4.21}$$

und mit

$$\frac{\partial \Psi(\mathbf{a}, t)}{\partial t} = \frac{D\Psi(\mathbf{x}, t)}{Dt}$$

ergibt sich für das wieder in die Momentankonfiguration transformierte Integral

$$\dot{Y}(t) = \frac{D}{Dt}\int_V \Psi(\mathbf{x},t)\; dV = \int_V [\dot{\Psi}(\mathbf{x},t) + \Psi(\mathbf{x},t)\boldsymbol{\nabla}_{\mathbf{x}} \cdot \mathbf{v}(\mathbf{x},t)]\; dV \quad (4.22)$$

Beachtet man die materielle Ableitung

$$\dot{\Psi}(\mathbf{x},t) = \frac{\partial \Psi(\mathbf{x},t)}{\partial t} + \mathbf{v}(\mathbf{x},t) \cdot \boldsymbol{\nabla}_{\mathbf{x}} \Psi(\mathbf{x},t)$$

und die Identität

$$\Psi(\boldsymbol{\nabla}_{\mathbf{x}} \cdot \mathbf{v}) + \mathbf{v} \cdot (\boldsymbol{\nabla}_{\mathbf{x}} \Psi) = \boldsymbol{\nabla}_{\mathbf{x}} \cdot (\Psi \mathbf{v})$$

folgt

$$\frac{D}{Dt}\int_V \Psi(\mathbf{x},t)\; dV = \int_V \left[\frac{\partial \Psi(\mathbf{x},t)}{\partial t} + \boldsymbol{\nabla}_{\mathbf{x}} \cdot (\Psi \mathbf{v})\right] dV \quad (4.23)$$

Die Gl. (4.22) erhält man auch aus

$$\frac{D}{Dt}\int_V \Psi\; dV = \int_V (\Psi\; dV)^{\cdot} = \int_V \left[\dot{\Psi}\; dV + \Psi (dV)^{\cdot}\right]$$

$$= \int_V (\dot{\Psi} + \Psi \boldsymbol{\nabla}_{\mathbf{x}} \cdot \mathbf{v})\; dV$$

Faßt man die bisherigen Ableitungen zusammen, kann man das *Reynolds*sche Transporttheorem in folgenden Formen angeben

$$\frac{D}{Dt}\int_V \Psi(\mathbf{x},t)\; dV = \int_V \left[\frac{D\Psi(\mathbf{x},t)}{Dt} + \Psi(\mathbf{x},t)\boldsymbol{\nabla}_{\mathbf{x}} \cdot \mathbf{v}(\mathbf{x},t)\right] dV, \quad (4.24)$$

$$\frac{D}{Dt}\int_V \Psi(\mathbf{x},t)\; dV = \int_V \left\{\frac{\partial}{\partial t}\Psi(\mathbf{x},t) + \boldsymbol{\nabla}_{\mathbf{x}} \cdot [\Psi(\mathbf{x},t)\mathbf{v}(\mathbf{x},t)]\right\} dV \quad (4.25)$$

$$= \int_V \frac{\partial}{\partial t}\Psi(\mathbf{x},t)\; dV + \int_A \mathbf{n} \cdot [\Psi(\mathbf{x},t)\mathbf{v}(\mathbf{x},t)]\; dA$$

In der 2. Gleichung wurde das Volumenintegral über $\boldsymbol{\nabla}_{\mathbf{x}} \cdot (\Psi \mathbf{v})$ mit Hilfe des Divergenztheorems in ein Oberflächenintegral umgewandelt.

Schlußfolgerung aus dem Reynholdsschen Transportheorem: *Die materielle Änderungsgeschwindigkeit des Volumenintegrals über eine Bilanzgröße $\Psi(\mathbf{x},t)$ kann in zwei Anteile aufgespalten werden*

1. ein Volumenintegral über die lokale Ableitung der Bilanzgröße

2. ein Oberflächenintegral über die Flußgeschwindigkeit der Bilanzgröße Ψ durch die Oberfläche $A(V)$ zu einem gegebenen Zeitpunkt t.

Das Volumenintegral erfaßt somit die Zeitabhängigkeit des Integranden, das Oberflächenintegral die des Integrationsbereichs. Alle abgeleiteten Gleichungen können ohne Schwierigkeiten auf Bilanzgrößen erweitert werden, die durch Tensorfelder $\boldsymbol{\Psi}(\mathbf{x},t)$ beliebiger Stufe definiert sind. Man erhält dann z.B. die Transportgleichung

$$\frac{D}{Dt}\int_V \boldsymbol{\Psi}(\mathbf{x},t)\,dV = \int_V \frac{\partial}{\partial t}\boldsymbol{\Psi}(\mathbf{x},t)\,dV + \int_A \mathbf{n}\cdot[\boldsymbol{\Psi}(\mathbf{x},t)\mathbf{v}(\mathbf{x},t)]\,dA \tag{4.26}$$

Ist $\boldsymbol{\Psi}(\mathbf{x},t)$ eine tensorwertige Funktion beliebiger Stufe $n \geq 0$, die im gesamten Volumen des Körpers eindeutig, beschränkt und einmal stetig differenzierbar ist, gilt

$$\begin{aligned}\frac{D}{Dt}\int_V \boldsymbol{\Psi}(\mathbf{x},t)\,dV &= \int_V \left[\frac{D}{Dt}\boldsymbol{\Psi}(\mathbf{x},t) + \boldsymbol{\Psi}(\mathbf{x},t)\boldsymbol{\nabla}_{\mathbf{X}}\cdot\mathbf{v}(\mathbf{x},t)\right]dV \\ &= \int_V \left\{\frac{\partial}{\partial t}\boldsymbol{\Psi}(\mathbf{x},t) + \boldsymbol{\nabla}_{\mathbf{X}}\cdot[\boldsymbol{\Psi}(\mathbf{x},t)\mathbf{v}(\mathbf{x},t)]\right\}dV \\ &= \int_V \frac{\partial}{\partial t}\boldsymbol{\Psi}(\mathbf{x},t)\,dV + \int_A \mathbf{n}\cdot[\boldsymbol{\Psi}(\mathbf{x},t)\mathbf{v}(\mathbf{x},t)]\,dA\end{aligned}$$

Die Transformation in die Referenzkonfiguration erfolgt wie bei skalaren Feldern.

Da die Bilanzgrößen häufig als Massendichten in die Bilanzgleichungen eingehen, sei auf folgende Modifikation der Transporttheoreme hingewiesen. $\boldsymbol{\Psi}(\mathbf{x},t)$ sei jetzt ein Tensordichtefeld pro Masseneinheit. Das Volumenintegral ist dann

$$\mathbf{Y}(t) = \int_m \boldsymbol{\Psi}(\mathbf{x},t)\,dm = \int_V \boldsymbol{\Psi}(\mathbf{x},t)\rho(\mathbf{x},t)\,dV \tag{4.27}$$

Die Zeitableitung wird nun wie folgt gebildet

$$\begin{aligned}\frac{D}{Dt}\int_V (\boldsymbol{\Psi}\rho)\,dV &= \int_V \left[\frac{\partial}{\partial t}(\boldsymbol{\Psi}\rho) + \boldsymbol{\nabla}_{\mathbf{X}}\cdot(\mathbf{v}\boldsymbol{\Psi}\rho)\right]dV \\ &= \int_V \frac{\partial}{\partial t}(\boldsymbol{\Psi}\rho)\,dV + \int_A \mathbf{n}\cdot(\mathbf{v}\boldsymbol{\Psi}\rho)\,dA\end{aligned}$$

Wie im Abschnitt 4.2.1 gezeigt wird, ist

$$\begin{aligned}
&\int\limits_V \left[\frac{\partial}{\partial t}(\boldsymbol{\Psi}\rho) + \boldsymbol{\nabla}_{\mathbf{X}} \cdot (\mathbf{v}\boldsymbol{\Psi}\rho)\right] dV \\
&= \int\limits_V \left[\rho\frac{\partial \boldsymbol{\Psi}}{\partial t} + \boldsymbol{\Psi}\frac{\partial \rho}{\partial t} + \boldsymbol{\Psi}(\boldsymbol{\nabla}_{\mathbf{X}} \cdot \mathbf{v}\rho) + \rho(\boldsymbol{\nabla}_{\mathbf{X}} \cdot \mathbf{v}\boldsymbol{\Psi})\right] dV \\
&= \int\limits_V \left\{\rho\frac{\partial \boldsymbol{\Psi}}{\partial t} + \boldsymbol{\Psi}\left[\frac{\partial \rho}{\partial t} + (\boldsymbol{\nabla}_{\mathbf{X}} \cdot \mathbf{v}\rho)\right] + \rho(\boldsymbol{\nabla}_{\mathbf{X}} \cdot \mathbf{v}\boldsymbol{\Psi})\right\} dV \\
&= \int\limits_V \rho\left(\frac{\partial \boldsymbol{\Psi}}{\partial t} + \boldsymbol{\nabla}_{\mathbf{X}} \cdot \mathbf{v}\boldsymbol{\Psi}\right) dV \\
&= \int\limits_V \frac{D}{Dt}(\boldsymbol{\Psi})\rho \, dV
\end{aligned}$$

Der Ausdruck in der eckigen Klammer ist Null, da er physikalisch die Masseerhaltung darstellt. Damit gilt abschließend für tensorielle Massendichtefunktionen $\boldsymbol{\Psi}$

$$\frac{D}{Dt}\int\limits_V \boldsymbol{\Psi}\rho \, dV = \int\limits_V \frac{D\boldsymbol{\Psi}}{Dt}\rho \, dV \tag{4.28}$$

bzw.

$$\frac{D}{Dt}\int\limits_m \boldsymbol{\Psi} \, dm = \int\limits_m \frac{D\boldsymbol{\Psi}}{Dt} \, dm \tag{4.29}$$

Bilanzgleichungen können auch für ein- oder zweidimensionale Kontinua formuliert werden. Es sind dann entsprechende Transportgleichungen für Linien- und Flächenintegrale anzugeben. Die Ableitung erfolgt in gleicher Weise wie für Volumenintegrale, allerdings unter Beachtung der Transformationsgleichungen für Linien- und Flächenelemente.

Abschließend seien die wichtigsten Gleichungen noch einmal in der Indexschreibweise zusammengefaßt.

Materielle Ableitungen von Volumen-, Oberflächen- und Linienintegralen

Volumenintegrale tensorieller Feldgrößen

$$\boxed{Y_{ij\dots k}(t) = \int\limits_V \Psi_{ij\dots k}(\mathbf{x},t)\; dV}$$

$$\begin{aligned}\dot{Y}_{ij\dots k}(t) &= \frac{D}{Dt}\int\limits_V \Psi_{ij\dots k}(\mathbf{x},t)\; dV = \int\limits_V \frac{D}{Dt}\Big[\Psi_{ij\dots k}(\mathbf{x},t)\; dV\Big] \\ &= \int\limits_V \Big[\dot{\Psi}_{ij\dots k}(\mathbf{x},t) + \Psi_{ij\dots k}(\mathbf{x},t) v_{l,l}\Big]\; dV \\ &= \int\limits_V \frac{\partial}{\partial t}\Big\{\Psi_{ij\dots k}(\mathbf{x},t) + \left[v_l \Psi_{ij\dots k}(\mathbf{x},t)\right]_{,l}\Big\}\; dV\end{aligned}$$

$$\begin{aligned}\frac{D}{Dt}\int\limits_V \Psi_{ij\dots k}(\mathbf{x},t)\; dV = &\int\limits_V \frac{\partial}{\partial t}\Psi_{ij\dots k}(\mathbf{x},t)\; dV \\ &+ \int\limits_A v_l \Psi_{ij\dots k}(\mathbf{x},t)\; dA_l\end{aligned}$$

Flächenintegrale tensorieller Feldgrößen

$$\boxed{Y_{ij\dots k}(t) = \int\limits_A \Psi_{ij\dots k}(\mathbf{x},t)\; dA_l}$$

$$dA_l = n_l dA = \mathbf{e}_l \cdot d\mathbf{A}$$

$$\begin{aligned}\frac{D}{Dt}\int\limits_A \Psi_{ij\dots k}(\mathbf{x},t)\; dA_l = &\int\limits_A \Big\{ \Big[\dot{\Psi}_{ij\dots k}(\mathbf{x},t) + \Psi_{ij\dots k}(\mathbf{x},t) v_{m,m}\Big]\; dA_l \\ &- \Psi_{ij\dots k}(\mathbf{x},t) v_{m,l}\; dA_m\Big\}\end{aligned}$$

Linienintegrale tensorieller Feldgrößen

$$\boxed{Y_{ij\dots k}(t) = \int\limits_C \Psi_{ij\dots k}(\mathbf{x},t)\; dx_l}$$

$$dx_l = \mathbf{e}_l \cdot d\mathbf{x}$$

$$\frac{D}{Dt}\int\limits_C \Psi_{ij\dots k}(\mathbf{x},t)\; dx_l = \int\limits_A \Big[\dot{\Psi}_{ij\dots k}(\mathbf{x},t)\; dx_l + v_{l,m}\Psi_{ij\dots k}(\mathbf{x},t)\; dx_m\Big]$$

4.1.3 Einfluß von Sprungbedingungen

Alle bisherigen Ableitungen gingen von der Voraussetzung hinreichend glatter physikalischer Felder aus. Unstetigkeiten, wie sie mit plötzlichen Änderungen von Feldgrößen um endliche Werte verbunden sind und somit entlang ausgewählter Schnitte zu Sprungrelationen führen können, wurden ausgeschlossen. Das hat wichtige Konsequenzen. Die *Reynold*schen Transporttheoreme können uneingeschränkt in allen bisher abgeleiteten Formen angewendet werden und für Oberflächenintegrale der Form

$$\int_A \mathbf{n} \cdot \mathbf{\Phi} \, dA$$

gilt das Divergenztheorem

$$\int_A \mathbf{n} \cdot \mathbf{\Phi} \, dA = \int_V \nabla_{\mathbf{X}} \cdot \Phi \, dV$$

Für stetige Felder sind globale und lokale Bilanzformulierungen gleichwertig, d.h. es gilt uneingeschränkt das Prinzip der lokalen Wirkung. Man kann in Abhängigkeit der zu lösenden Aufgabe und vom Lösungsweg entscheiden, welche Form der Bilanzgleichungen man wählt.

Die für stetige Felder angegebenen allgemeinen Strukturgleichungen für Bilanzen (vgl. Gln. (4.12) bis (4.16)) können Sprungrelationen, die zu Unstetigkeitsflächen führen, nicht erfassen. Sie müssen daher durch Zusatzterme ergänzt werden. Dabei geht man von folgenden Überlegungen aus. Das Volumen $V(t)$ einer beliebigen Bilanzgröße $\Psi(\mathbf{x}, t)$ sei durch eine Schnittfläche $S(t)$ in zwei Teilvolumina V_1 undV_2 geteilt. Die Schnittfläche $S(t)$ sei stetig, jedes Element von S habe eine eindeutige Orientierung $\mathbf{n}_S$ (Bild 4.1). $S(t)$ bewegt sich mit der Zeit durch $V(t)$, alle Sprünge der Bilanzgröße treten an der Schnittfläche S auf. Die Geschwindigkeiten $\tilde{\mathbf{v}}(\tilde{\mathbf{x}}, t)$ für die lokalen Punkte $\tilde{\mathbf{x}}$ auf S unterscheiden sich von den Geschwindigkeiten $\mathbf{v}(\mathbf{x}, t)$ der zugeordneten Punkte $\mathbf{x}$ von V. Bei der Annäherung an einen Punkt der Oberfläche von S aus dem Teilvolumen 2 oder 1 hat die Bilanzgröße Ψ einen unterschiedlichen Grenzwert Ψ_2 oder Ψ_1. Die Differenz dieser Grenzwerte $[[\Psi]] = \Psi_2 - \Psi_1$ ist von Null verschieden und ergibt die Sprungrelationen für das Feld Ψ entlang S. Im allgemeinen wird eine Beschränktheit der Sprunggröße und ihre stetige Abhängigkeit von $\mathbf{x}$ und t vorausgesetzt. Die lokale Formulierung der allgemeinen Bilanzgleichung für stetige Felder entsprechend Gl. (4.14) ist dann durch eine Sprungbedingung in der Form

$$[[\Psi(\mathbf{v} - \tilde{\mathbf{v}}) - \mathbf{\Phi}]] \cdot \mathbf{n}_S \tag{4.30}$$

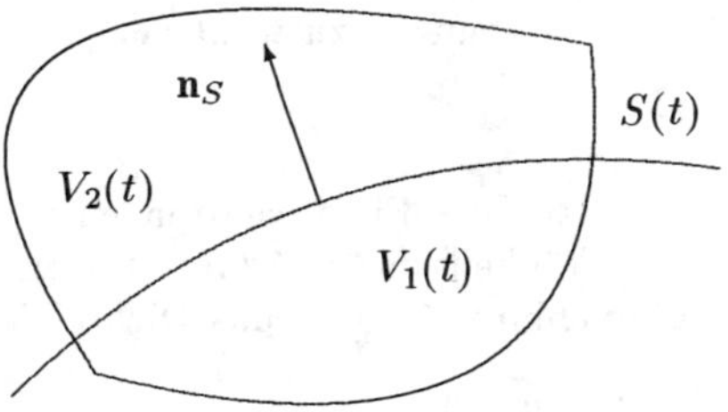

Bild 4.1 Sprungrelationen entlang einer Schnittfläche $S(t)$ des Volumens $V(t)$

zu ergänzen. Einzelheiten der Ableitung können der angegebenen Spezialliteratur entnommen werden.

4.2 Mechanische Bilanzgleichungen

Schließt man zunächst thermodynamische Aufgabenstellungen aus, besteht die Aufgabe der Kontinuumsmechanik in der Bestimmung der Felder der Dichte ρ und der Bewegung $\mathbf{x}(\mathbf{a}, t)$ für alle materiellen Punkte eines Körpers und damit auch für den Körper selbst. Die Felder sind im allgemeinen Funktionen der Zeit t. Alle bisher diskutierten materialunabhängigen Aussagen der Kinematik und der Kinetik können aus den Feldern der Dichte und der Bewegungen abgeleitet werden. Man erhält jedoch mit Hilfe der Bilanzgleichungen ein unterbestimmtes System von Gleichungen zur Berechnung des Verschiebungs-, Verzerrungs- und Spannungszustandes eines Körpers, das durch materielabhängige Gleichungen ergänzt werden muß. Darauf wird im Kapitel 5 eingegangen.

Globale Bilanzgleichungen beziehen sich auf den Gesamtkörper, lokale Bilanzgleichungen auf materielle Volumenelemente. Unter den hier geltenden Voraussetzungen stetiger Felder der klassischen Kontinua sind globale und lokale Bilanzgleichungen gleichwertig. Es gilt somit uneingeschränkt das Axiom der lokalen Wirkung.

Der Zustand eines Körpers zur Zeit t ist für jeden seiner materiellen Punkte allein durch den Zustand der Feldgrößen zur gleichen Zeit t und in der unmittelbaren (lokalen) Umgebung des jeweiligen materiellen Punktes bestimmt. Alle Bilanzaussagen (aber auch konstitutiven Annahmen) gelten für jeden beliebigen Teil eines Körpers.

Im folgenden werden im allgemeinen beide Formulierungen angegeben. Für die Anwendung numerischer Lösungsverfahren, wie z.B. die Methode der finiten Elemente, sind globale Formulierungen zu wählen.

4.2.1 Massebilanz

Die Masse ist eine der charakteristischen Eigenschaften eines materiellen Körpers. Sie ist die Ursache der Trägheit und der Gravitation. Die Masse eines Körpers ist durch das Volumenintegral über das Dichtefeld bestimmt

$$m = \int_V \rho(\mathbf{x}, t)\, dV = \int_{V_0} \rho_0(\mathbf{a})\, dV_0 \tag{4.31}$$

Die Gleichheit der Integrale beinhaltet die Aussage der globalen Masseerhaltung.

Bei fehlendem Masseaustausch über die Oberfläche und fehlendem Zuwachs oder Verlust von Masse im Inneren eines Körpers bleibt die Gesamtmasse eines Körpers für alle Zeiten konstant.

$\rho\, dV$ und $\rho_0\, dV_0$ sind die Masse eines materiellen Punktes nach und vor einer Deformation. Mit $\rho \det\mathbf{F} = \rho_0$ folgt

$$\frac{\rho_0}{\rho} = \det\mathbf{F},$$

d.h. man kann die *Jacobi*-Determinante durch ρ_0/ρ ausdrücken. Der Masseerhaltungssatz gilt auch lokal.

Die Masse $dm = \rho(\mathbf{x}, t)dV$ eines materiellen Volumens dV ist zu allen Zeiten konstant

$$dm = \rho(\mathbf{x}, t)dV = \rho_0(\mathbf{a})dV_0 = \text{konst}$$

Der Masseerhaltungssatz kennzeichnet die Stetigkeit der Masseverteilung für ein Kontinuum mit stetiger Anordnung materieller Punkte.

Geht man von der allgemeinen Bilanzgleichung (4.12) aus, erhält man mit $\boldsymbol{\Psi} \to 1$ (Skalarfeld), $\boldsymbol{\Phi} = \mathbf{0}$ (kein Masseaustausch über die umhüllende Oberfläche A) und $\boldsymbol{\Xi} \to 0$ (keine innere Masseänderung durch Produktion oder Zufuhr)

$$\frac{Dm}{Dt} = \frac{D}{Dt}\int_V \rho(\mathbf{x}, t)\, dV = \frac{\partial}{\partial t}\int_{V_0} \rho_0(\mathbf{a})\, dV_0 = 0 \tag{4.32}$$

Für die lokale Formulierung folgt dann

$$\frac{D}{Dt}(dm) = \frac{D}{Dt}(\rho\, dV) = \frac{\partial}{\partial t}(\rho_0\, dV_0) = 0 \tag{4.33}$$

Schlußfolgerung: *Ein materieller Punkt mit der Masse dm, dem Volumen dV und der Dichte ρ kann zwar sein Volumen und seine Dichte ändern, aber nicht seine Masse.*

Mit den Gln. (4.23) und (4.33) erhält man den globalen Masseerhaltungssatz in *Euler*scher Darstellung

$$\frac{D}{Dt}\int_V \rho(\mathbf{x},t)\, dV = \int_V [\dot{\rho}(\mathbf{x},t) + \rho(\mathbf{x},t)\boldsymbol{\nabla}_{\mathbf{X}} \cdot \mathbf{v}]\, dV$$
$$= \int_V \left\{\frac{\partial}{\partial t}\rho(\mathbf{x},t) + \boldsymbol{\nabla}_{\mathbf{X}} \cdot [\rho(\mathbf{x},t)\mathbf{v}]\right\} dV \qquad (4.34)$$

Daraus folgt der lokale Masseerhaltungssatz in *Euler*scher Darstellung

$$\frac{D}{Dt}\rho(\mathbf{x},t) + \rho(\mathbf{x},t)\boldsymbol{\nabla}_{\mathbf{X}} \cdot \mathbf{v}(\mathbf{x},t) = \frac{\partial}{\partial t}\rho(\mathbf{x},t) + \boldsymbol{\nabla}_{\mathbf{X}} \cdot [\rho(\mathbf{x},t)\mathbf{v}] = 0 \qquad (4.35)$$

Die Gleichung

$$\frac{D\rho}{Dt} + \rho\boldsymbol{\nabla}_{\mathbf{X}} \cdot \mathbf{v} = 0 \quad \text{bzw.} \quad \frac{D\rho}{Dt} + \rho \mathrm{div}\mathbf{v} = 0 \qquad (4.36)$$

oder

$$\frac{D\rho}{Dt} + \rho v_{i,i} = 0$$

heißt auch Kontinuitätsgleichung. Sie kann auch in der Form

$$\frac{\partial\rho}{\partial t} + \boldsymbol{\nabla}_{\mathbf{X}} \cdot (\rho\mathbf{v}) = 0 \qquad (4.37)$$

geschrieben werden.

Die Kontinuitätsgleichung liefert noch einige interessante Aussagen. Aus $\rho\, dV = \rho_0\, dV_0$ folgt

$$\frac{D\rho_0}{Dt} = \frac{1}{dV_0}(\rho\, dV)^{\cdot}$$
$$= \frac{1}{dV_0}[\dot{\rho} dV + \rho(dV)^{\cdot}]$$
$$= \frac{1}{dV_0}[\dot{\rho} + \rho\mathrm{div}\mathbf{v}]\, dV = 0$$

Mit $\rho_0 = \rho\det\mathbf{F}$ gilt dann auch $(\rho\det\mathbf{F})^{\cdot} = 0$. Außerdem folgt aus $\dot{\rho} = 0$, daß $\mathrm{div}\mathbf{v} = \boldsymbol{\nabla}_{\mathbf{X}} \cdot \mathbf{v} = 0$ sein muß.

Schlußfolgerungen: *Die Massendichte ρ_0 der Referenzkonfiguration ist immer zeitunabhängig, d.h. $\dot{\rho}_0 = \partial\rho_0/\partial t = 0$. Die materielle Ableitung der mit ρ multiplizierten Jacobi-Determinante ist stets Null. Für einen inkompressiblen (dichtebeständigen) Körper gilt mit $\dot{\rho} = 0$ auch* div**v** = 0. *Das Geschwindigkeitsfeld eines dichtebeständigen Körpers ist somit quellenfrei.*

In Gl. (4.35) kann man das Volumenintegral über $\nabla_{\mathbf{x}} \cdot (\rho \mathbf{v})$ in ein Oberflächenintegral umwandeln. Die globale Massebilanzgleichung hat dann die Form

$$\int_V \frac{\partial \rho}{\partial t}\, dV + \int_A \mathbf{n} \cdot (\rho \mathbf{v})\, dA = 0 \tag{4.38}$$

Betrachtet man nun V als ein raumfestes „Kontrollvolumen", das der Körper zur Zeit t ausfüllt, und A als die entsprechende raumfeste Oberfläche, dann liefert Gl. (4.38) folgende Aussage:

Die zeitliche Änderung der in einem Kontrollvolumen enthaltenen Masse ist gleich der über A pro Zeiteinheit in V einströmenden Masse.

$\mathbf{n} \cdot (\rho \mathbf{v}) dA$ ist die pro Zeiteinheit über ein Flächenelement dA in Richtung $\mathbf{n}$ fließende Masse. Da $\mathbf{n}$ positiv nach außen gerichtet ist, entspricht $-\mathbf{n}$ der Einströmrichtung.

Abschließend seien die wichtigsten Gleichungen zur Massebilanz noch einmal zusammengefaßt

$$\frac{Dm}{Dt} = \frac{D}{Dt}\int_V \rho(\mathbf{x},t)\, dV = \frac{\partial}{\partial t}\int_{V_0} \rho_0(\mathbf{a})\, dV_0 = 0$$

$$\frac{D}{Dt}(dm) = \frac{D}{Dt}(\rho\, dV) = \frac{\partial}{\partial t}(\rho_0\, dV_0) = 0$$

$$\int_V (\dot{\rho} + \rho \nabla_{\mathbf{x}} \cdot \mathbf{v})\, dV = \int_V \left[\frac{\partial \rho}{\partial t} + \nabla_{\mathbf{x}} \cdot (\rho \mathbf{v})\right] dV$$

$$\frac{D\rho}{Dt} + \rho \nabla_{\mathbf{x}} \cdot \mathbf{v} = \frac{\partial \rho}{\partial t} + \nabla_{\mathbf{x}} \cdot (\rho \mathbf{v}) = 0$$

$$\rho_0 = \rho \det \mathbf{F}, \quad (\rho \det \mathbf{F})^{\cdot} = 0$$

4.2.2 Impulsbilanz

Für den Impulsvektor $\mathbf{p}$ eines Körpers gilt folgende Definitionsgleichung

$$\mathbf{p}(\mathbf{x},t) = \int_m \mathbf{v}(\mathbf{x},t)\, dm = \int_V \mathbf{v}(\mathbf{x},t)\rho(\mathbf{x},t)\, dV \tag{4.39}$$

Der Impulsvektor $\mathbf{p}$ verbindet die Geschwindigkeits- und die Masseverteilung eines Körpers. Er ist eine globale Größe zur Beschreibung des kinetischen Zustandes eines Körpers. Die globale Impulsbilanz entspricht dem 2. *Newton*schen Grundgesetz für Kontinua.

Die zeitliche Änderungsgeschwindigkeit des Gesamtimpulses $\mathbf{p}(\mathbf{x},t)$ *bei der Deformation eines Körpers ist gleich der Summe aller auf den Körper von außen wirkenden Oberflächen- und Volumenkräfte.*

Damit hat die räumliche Impulsbilanzgleichung folgendes Aussehen

$$\frac{D}{Dt}\int\limits_V \mathbf{v}(\mathbf{x},t)\rho(\mathbf{x},t)\ dV = \int\limits_A \mathbf{t}(\mathbf{x},\mathbf{n},t)\ dA + \int\limits_V \mathbf{k}(\mathbf{x},t)\rho(\mathbf{x},t)\ dV \qquad (4.40)$$

Die Impulsbilanzgleichung (4.40) folgt aus der allgemeinen Bilanzgleichung (4.12) mit $\mathbf{\Psi} = \mathbf{v}, \mathbf{\Phi} = \mathbf{T}$ und $\mathbf{\Xi} = \mathbf{k}$

$$\frac{D}{Dt}\int\limits_V \mathbf{v}\rho\ dV = \int\limits_A \mathbf{n}\cdot\mathbf{T}\ dA + \int\limits_V \mathbf{k}\rho\ dV \qquad (4.41)$$

Für die Referenzkonfiguration gilt dann die materielle Impulsbilanzgleichung

$$\frac{\partial}{\partial t}\int\limits_{V_0} \mathbf{v}(\mathbf{a},t)\rho_0(\mathbf{a})\ dV_0 = \int\limits_{A_0} {}^I\mathbf{t}(\mathbf{a},\mathbf{n}_0,t)\ dA_0 + \int\limits_{V_0} \mathbf{k}_0(\mathbf{a},t)\rho_0(\mathbf{a})\ dV_0 \qquad (4.42)$$

und mit

$${}^I\mathbf{t} = \mathbf{n}_0 \cdot^I \mathbf{P}$$

$$\begin{aligned}\frac{\partial}{\partial t}\int\limits_{V_0} \mathbf{v}(\mathbf{a},t)\rho_0(\mathbf{a})\ dV_0 &= \int\limits_{A_0} \mathbf{n}_0(\mathbf{a}) \cdot^I \mathbf{P}(\mathbf{a},t)\ dA_0 \\ &+ \int\limits_{V_0} \mathbf{k}_0(\mathbf{a},t)\rho_0(\mathbf{a})\ dV_0 \qquad (4.43)\end{aligned}$$

Gl. (4.10) führt dann unter Beachtung der Symmetrie des Tensors $\mathbf{T}$ auf den bekannten Zusammenhang zwischen dem *Cauchy*schen Spannungstensor $\mathbf{T}$ und dem 1. *Piola-Kirchhoff*-Tensor ${}^I\mathbf{P}$

$${}^I\mathbf{P} = (\det\mathbf{F})\mathbf{F}^{-1}\cdot\mathbf{T}$$

Die Anwendung des Divergenztheorems auf die Gln. (4.41) und (4.43) liefert

$$\frac{D}{Dt}\int\limits_V \mathbf{v}(\mathbf{x},t)\rho(\mathbf{x},t)\ dV = \int\limits_V [\nabla_{\mathbf{x}}\cdot\mathbf{T}(\mathbf{x},t) + \mathbf{k}(\mathbf{x},t)\rho(\mathbf{x},t)]\ dV \qquad (4.44)$$

$$\frac{\partial}{\partial t}\int\limits_{V_0} \mathbf{v}(\mathbf{a},t)\rho_0(\mathbf{a})\ dV_0 = \int\limits_{V_0} [\nabla_{\mathbf{a}} \cdot^I \mathbf{P}(\mathbf{a},t) + \mathbf{k}_0(\mathbf{a},t)\rho_0(\mathbf{a})]\ dV_0 \qquad (4.45)$$

Vor dem Übergang zur lokalen Formulierung beachtet man noch Gl. (4.28) und erhält dann mit

$$\frac{D}{Dt}\int\limits_V \mathbf{v}\rho\; dV = \int\limits_V \frac{D\mathbf{v}}{Dt}\rho\; dV \tag{4.46}$$

und folglich die lokale Impulsbilanzgleichung in der Form

$$\boldsymbol{\nabla}_{\mathbf{x}} \cdot \mathbf{T}(\mathbf{x},t) + \rho(\mathbf{x},t)\mathbf{k}(\mathbf{x},t) = \rho(\mathbf{x},t)\frac{D\mathbf{v}(\mathbf{x},t)}{Dt} \tag{4.47}$$

$$\boldsymbol{\nabla}_{\mathbf{a}} \cdot^{I} \mathbf{P}(\mathbf{a},t) + \rho_0(\mathbf{a})\mathbf{k}_0(\mathbf{a},t) = \rho_0(\mathbf{a})\frac{\partial\mathbf{v}(\mathbf{a},t)}{\partial t} \tag{4.48}$$

Die lokale Impulsbilanz führt somit wieder auf die bekannten Bewegungsgleichungen für das klassische Kontinuum, die im Kapitel 3 abgeleitet wurden.

Wie bei der Massebilanz soll abschließend die Bilanzaussage durch Anwendung des *Reynolds*chen Transporttheorems (4.25) umgeformt werden

$$\frac{D}{Dt}\int\limits_V \mathbf{v}(\mathbf{x},t)\rho(\mathbf{x},t)\; dV = \int\limits_V \frac{\partial}{\partial t}[\mathbf{v}(\mathbf{x},t)\rho(\mathbf{x},t)]\; dV + \int\limits_A [\mathbf{v}(\mathbf{x},t)\rho(\mathbf{x},t)][\mathbf{v}(\mathbf{x},t)\cdot\mathbf{n}]\; dA \tag{4.49}$$

Diese Gleichung kann wie folgt interpretiert werden:

Das Integral

$$\frac{D}{Dt}\int\limits_V \mathbf{v}(\mathbf{x},t)\rho(\mathbf{x},t)\; dV$$

entspricht der resultierenden Kraft, die auf die im Kontrollvolumen V zur Zeit t fixierte Masse wirkt. Diese ist gleich der Summe der zeitlichen Änderung des Impulses im Kontrollvolumen V und der pro Zeiteinheit über A ausfließenden Größe $\mathbf{v}\rho$.

Diese Formulierung der Impulsbilanzgleichung wird generell in der Fluidmechanik bevorzugt.

Damit stehen für die Impulsbilanz folgende Gleichungen zur Verfügung.

$$\mathbf{p} = \int\limits_m \mathbf{v}\; dm = \int\limits_V \mathbf{v}\rho\; dV = \int\limits_{V_0} \mathbf{v}\rho_0\; dV_0$$

$$\frac{D\mathbf{p}}{Dt} = \int\limits_A \mathbf{n}\cdot\mathbf{T}\; dA + \int\limits_V \mathbf{k}\rho\; dV$$

$$\frac{D\mathbf{p}}{Dt} = \int\limits_{A_0} \mathbf{n}_0 \cdot^{I} \mathbf{P}\; dA_0 + \int\limits_{V_0} \mathbf{k}_0\rho_0\; dV_0$$

$$\nabla_{\mathbf{x}} \cdot \mathbf{T} + \rho \mathbf{k} = \rho \frac{D\mathbf{v}}{Dt}; \qquad T_{ij,i} + \rho k_j = \rho \frac{Dv_j}{Dt}$$
$$\nabla_{\mathbf{a}} \cdot^{I} \mathbf{P} + \rho_0 \mathbf{k}_0 = \rho_0 \frac{\partial \mathbf{v}}{\partial t}; \qquad {}^{I}P_{ij,i} + \rho_0 k_{0j} = \rho_0 \frac{Dv_j}{Dt}$$
$$\nabla_{\mathbf{a}} \cdot ({}^{II}\mathbf{P} \cdot \mathbf{F}^T) + \rho_0 \mathbf{k}_0 = \rho_0 \frac{\partial \mathbf{v}}{\partial t}; \qquad ({}^{II}P_{ik}F_{jk})_{,i} + \rho_0 k_{0j} = \rho_0 \frac{Dv_j}{Dt}$$

4.2.3 Drehimpulsbilanz

Die Gl. (4.50) definiert den globalen Drehimpuls- oder Drallvektor $\mathbf{l}$

$$\mathbf{l}_O(\mathbf{x}, t) = \int_V \mathbf{x} \times \rho(\mathbf{x}, t)\mathbf{v}(\mathbf{x}, t)\, dV \tag{4.50}$$

Der Drehimpuls ist wie der Impuls eine globale Größe zur Beschreibung des kinetischen Zustands eines Körpers. Die Bilanzaussage lautet jetzt:

Die Änderungsgeschwindigkeit des Gesamtdrehimpulses des Körpers $\mathbf{l}_O(\mathbf{x}, t)$ *in bezug auf einen gewählten Punkt O ist gleich dem Gesamtmoment aller von außen auf den Körper wirkenden Oberflächen- und Volumenkräfte bezüglich des gleichen Punktes O.*

Die räumliche Drehimpulsbilanzgleichung hat damit folgende Form

$$\begin{aligned}\frac{D}{Dt}\int_V [\mathbf{x} \times \rho(\mathbf{x}, t)\mathbf{v}(\mathbf{x}, t)]\, dV &= \int_V [\mathbf{x} \times \rho(\mathbf{x}, t)\mathbf{k}(\mathbf{x}, t)]\, dV \\ &+ \int_A [\mathbf{x} \times \mathbf{t}(\mathbf{x}, \mathbf{n}, t)]\, dA \\ &= \int_V [\mathbf{x} \times \rho(\mathbf{x}, t)\mathbf{k}(\mathbf{x}, t)]\, dV \\ &+ \int_A [\mathbf{x} \times \mathbf{n} \cdot \mathbf{T}(\mathbf{x}, t)]\, dA\end{aligned} \tag{4.51}$$

Beachtet man die Identität

$$\mathbf{x} \times \mathbf{n} \cdot \mathbf{T} = -\mathbf{n} \cdot \mathbf{T} \times \mathbf{x},$$

folgt aus Gl. (4.51) unmittelbar

$$\frac{D}{Dt}\int_V \mathbf{x} \times \rho \mathbf{v}\, dV = -\int_A \mathbf{n} \cdot \mathbf{T} \times \mathbf{x}\, dA + \int_V \mathbf{x} \times \rho \mathbf{k}\, dV \tag{4.52}$$

Die Gl. (4.52) stimmt mit der allgemeinen Bilanzgleichung (4.12) für $\mathbf{\Psi} = (\mathbf{x} \times \mathbf{v}), \mathbf{\Phi} = -(\mathbf{T} \times \mathbf{x})$ und $\mathbf{\Xi} = (\mathbf{x} \times \mathbf{k})$ vollständig überein. Sie kann weiter umgeformt werden. Betrachtet man zunächst das Oberflächenintegral, läßt sich eine Umformung in ein Volumenintegral nach folgender Rechnung vornehmen

$$
\begin{aligned}
-\int_A \mathbf{n} \cdot \mathbf{T} \times \mathbf{x} \, dA &= -\int_V \nabla_{\mathbf{x}} \cdot (\mathbf{T} \times \mathbf{x}) \, dV \\
&= -\int_V (\nabla_{\mathbf{x}} \cdot \mathbf{T} \times \mathbf{x} - \mathbf{e}_i \cdot \mathbf{T} \times \frac{\partial \mathbf{x}}{\partial x_i}) \, dV \\
&= \int_V (\mathbf{x} \times \nabla_{\mathbf{x}} \cdot \mathbf{T} + \mathbf{e}_i \cdot \mathbf{T} \times \frac{\partial \mathbf{x}}{\partial x_i}) \, dV \\
&= \int_V (\mathbf{x} \times \nabla_{\mathbf{x}} \cdot \mathbf{T} + \mathbf{I} \cdot \times \mathbf{T}) \, dV
\end{aligned}
$$

Die materielle Zeitableitung des Volumenintegrals in Gl. (4.52) ergibt sich aus

$$
\begin{aligned}
\frac{D}{Dt} \int_V (\mathbf{x} \times \rho \mathbf{v}) \, dV &= \int_V \frac{D}{Dt} \Big(\mathbf{x} \times \rho \mathbf{v} \, dV \Big) \\
&= \int_V (\mathbf{x} \times \mathbf{v})(\rho dV)^{\cdot} + \int_V \rho \mathbf{v} \times \mathbf{v} \, dV + \int_V \rho \mathbf{x} \times \dot{\mathbf{v}} \, dV
\end{aligned}
$$

Die beiden ersten Volumenintegrale verschwinden aufgrund der vorausgesetzten Masseerhaltung $(\rho dV)^{\cdot} = 0$ und $\rho \mathbf{v} \times \mathbf{v} = \mathbf{0}$. Damit gilt abschließend

$$
\frac{D}{Dt} \int_V (\mathbf{x} \times \rho \mathbf{v}) \, dV = \int_V \mathbf{x} \times \rho \dot{\mathbf{v}} \, dV \tag{4.53}
$$

Faßt man die Zwischenrechnungen zusammen, ergibt sich für die räumliche Drehimpulsbilanzgleichung

$$
\int_V [\mathbf{x} \times (\rho \dot{\mathbf{v}} - \nabla_{\mathbf{x}} \cdot \mathbf{T} - \rho \mathbf{k}) + \mathbf{I} \cdot \times \mathbf{T}] \; dV = \mathbf{0} \tag{4.54}
$$

Mit der Bewegungsgl. (3.21) verschwindet der Ausdruck in der runden Klammer. Damit reduziert sich die Drehimpulsbilanzgleichung auf folgende Forderung

$$
\int_V (\mathbf{I} \cdot \times \mathbf{T}) \;\; dV = \mathbf{0} \tag{4.55}
$$

bzw. als lokale Form

$$\mathbf{I} \cdot \times \mathbf{T} = \mathbf{0} \tag{4.56}$$

Die Gl. (4.56) ist die bereits bekannte Symmetrieaussage für den *Cauchy*schen Spannungstensor $\mathbf{T} = \mathbf{T}^T$

$$\mathbf{I} \cdot \times \mathbf{T} = \mathbf{e}_i \cdot \mathbf{T} \times \mathbf{e}_i = T_{il}\varepsilon_{lik}\mathbf{e}_k \Longleftrightarrow T_{ij} = T_{ji}$$

Die materielle Formulierung der Drehimpulsbilanz führt unter Berücksichtigung der Gln. (3.42) und (3.47) auf die Symmetrieaussagen für den ersten und den zweiten *Piola-Kirchhoff*schen Spannungstensor.

Zusammenfassend gelten damit die folgenden Drehimpulsbilanzgleichungen.

$$\mathbf{l}_O = \int_V \mathbf{x} \times \mathbf{v}\rho \, dV$$

$$\begin{aligned} \frac{D\mathbf{l}_O}{Dt} &= \int_A \mathbf{x} \times \mathbf{n} \cdot \mathbf{T} \, dA + \int_V \mathbf{x} \times \rho\mathbf{k} \, dV \\ &= \int_A \mathbf{n} \cdot (\mathbf{x} \times \mathbf{T} \, dA + \int_V \mathbf{x} \times \rho\mathbf{k} \, dV \\ &= \int_V [\nabla_{\mathbf{X}} \cdot (\mathbf{x} \times T) + \mathbf{x} \times \rho\mathbf{k}] \, dV \end{aligned}$$

$$\mathbf{T} = \mathbf{T}^T; \quad {}^I\mathbf{P} \cdot \mathbf{F} = \mathbf{F} \cdot {}^I\mathbf{P}; \quad {}^{II}\mathbf{P} = {}^{II}\mathbf{P}^T$$

4.2.4 Mechanische Energiebilanz

Wirken auf einen Körper äußere Oberflächen- und Volumenkräfte, wird am Körper Arbeit geleistet, durch die eine Deformation hervorgerufen wird. Als Folge der am Körper geleisteten Arbeit nimmt dieser Energie auf. Ein Teil dieser gesamten mechanischen Energie W wird für die Deformation als kinetische Energie K, d.h. als Bewegungsenergie, verbraucht. Die Differenz der Gesamtenergie und der kinetischen Energie ist dann die verbleibende innere Energie U, die bei Festkörpern der Verzerrungsenergie und bei Fluiden der Energie entspricht, die eine viskose Dissipation während der Strömung ermöglicht. Es gilt dann folgende Bilanzaussage:

Die Änderungsgeschwindigkeit der Gesamtenergie eines Körpers ist gleich der Leistung aller Oberflächen- und Volumenkräfte am Körper, die eine Deformation verursachen.

Mit den Definitionsgleichungen

$$K = \frac{1}{2}\int\limits_V \mathbf{v}\cdot\mathbf{v}\rho\, dV \qquad \text{Kinetische Energie des Körpers} \qquad (4.57)$$

$$U = \int\limits_V u\rho\, dV \qquad \text{Innere Energie des Körpers} \qquad (4.58)$$

$$(K + U) \qquad \text{Mechanische Geamtenergie des Körpers} \qquad (4.59)$$

$$P_a = \int\limits_A \mathbf{t}\cdot\mathbf{v}\, dA + \int\limits_V \mathbf{k}\cdot\mathbf{v}\rho\, dV \quad \text{Leistung der äußeren Kräfte,} \qquad (4.60)$$

wobei $(1/2)\mathbf{v}\cdot\mathbf{v}$ und u die entsprechenden spezifischen Energien oder Energiedichten sind, erhält man die Bilanzgleichung in der Form

$$\frac{D}{Dt}\Big(K + U\Big) = P_a$$

$$\frac{D}{Dt}\int\limits_V \left(\frac{1}{2}\mathbf{v}\cdot\mathbf{v} + u\right)\rho\, dV = \int\limits_A \mathbf{t}\cdot\mathbf{v}\, dA + \int\limits_V \mathbf{k}\cdot\mathbf{v}\rho\, dV$$

$$= \int\limits_A \mathbf{n}\cdot\mathbf{T}\cdot\mathbf{v}\, dA + \int\limits_V \mathbf{k}\cdot\mathbf{v}\rho\, dV \qquad (4.61)$$

Gl. (4.61) folgt aus der allgemeinen Bilanzgleichung (4.12) mit

$$\mathbf{\Psi} \to \frac{1}{2}\mathbf{v}\cdot\mathbf{v} + u, \qquad \mathbf{\Phi} = \mathbf{T}\cdot\mathbf{v}, \qquad \mathbf{\Xi} \to \mathbf{k}\cdot\mathbf{v}$$

Geht man von der lokalen räumlichen Impulsbilanzgleichung (4.47) aus

$$\rho\dot{\mathbf{v}} = \nabla_{\mathbf{X}}\cdot\mathbf{T} + \rho\mathbf{k}$$

und multipliziert diese Gleichung skalar mit $\mathbf{v}$

$$\rho\dot{\mathbf{v}}\cdot\mathbf{v} = \nabla_{\mathbf{X}}\cdot\mathbf{T}\cdot\mathbf{v} + \rho\mathbf{k}\cdot\mathbf{v},$$

erhält man mit der Produktregel

$$\nabla_{\mathbf{X}}\cdot(\mathbf{T}\cdot\mathbf{v}) = \nabla_{\mathbf{X}}\cdot\mathbf{T}\cdot\mathbf{v} + \mathbf{T}\cdot\cdot(\nabla_{\mathbf{X}}\mathbf{v})^T \qquad (4.62)$$

und

$$\dot{\mathbf{v}}\cdot\mathbf{v} = \frac{D}{Dt}\left(\frac{1}{2}\mathbf{v}\cdot\mathbf{v}\right)$$

$$\rho\frac{D}{Dt}\left(\frac{1}{2}\mathbf{v}\cdot\mathbf{v}\right) = \nabla_{\mathbf{X}}\cdot(\mathbf{T}\cdot\mathbf{v}) - \mathbf{T}\cdot\cdot(\nabla_{\mathbf{X}}\mathbf{v})^T + \rho\mathbf{k}\cdot\mathbf{v} \qquad (4.63)$$

Unter der Voraussetzung der Gültigkeit der lokalen Impulsbilanzgleichung ist Gl. (4.63) eine Identität. Für stetig differenzierbare Felder kann man über dV integrieren und erhält

$$\int_V \rho \frac{D}{Dt}\left(\frac{1}{2}\mathbf{v} \cdot \mathbf{v}\right) dV = \int_V \left[\boldsymbol{\nabla}_{\mathbf{x}} \cdot (\mathbf{T} \cdot \mathbf{v}) - \mathbf{T} \cdot\cdot (\boldsymbol{\nabla}_{\mathbf{x}}\mathbf{v})^T + \rho\mathbf{k} \cdot \mathbf{v}\right] dV \quad (4.64)$$

Bei Anwendung des Masseerhaltungssatzes $(\rho dV)^{\cdot} = 0$ und des Divergenztheorems auf das Volumenintegral über $\boldsymbol{\nabla}_{\mathbf{x}} \cdot (\mathbf{T} \cdot \mathbf{v})$ ergibt sich

$$\frac{D}{Dt}\int_V \left(\frac{1}{2}\mathbf{v} \cdot \mathbf{v}\right)\rho \, dV + \int_V \mathbf{T} \cdot\cdot (\boldsymbol{\nabla}_{\mathbf{x}}\mathbf{v})^T \, dV = \int_A [\mathbf{n} \cdot (\mathbf{T} \cdot \mathbf{v})] \, dA + \int_V \mathbf{k} \cdot \mathbf{v} \rho \, dV \quad (4.65)$$

Vergleicht man die Gln. (4.61) und (4.65) erhält man

$$\frac{D}{Dt}\int_V u\rho \, dV = \int_V \mathbf{T} \cdot\cdot (\boldsymbol{\nabla}_{\mathbf{x}}\mathbf{v})^T \, dV = P_i \quad (4.66)$$

P_i ist die Spannungsleistung. Damit ist die Änderungsgeschwindigkeit der inneren Energie U des Körpers gleich der Spannungsleistung P_i. Die Bilanzgleichung kann damit wie folgt formuliert werden:

Die Änderungsrate der kinetischen Energie und die Leistung der inneren Kräfte (Spannungen) sind gleich der Leistung aller äußeren Kräfte.

Der Ausdruck

$$\frac{1}{\rho}\mathbf{T} \cdot\cdot (\boldsymbol{\nabla}_{\mathbf{x}}\mathbf{v})^T = \frac{1}{\rho}\mathbf{T} \cdot\cdot \mathbf{L} \quad (4.67)$$

kennzeichnet die spezifische Spannungsleistung pro Masseeinheit bzw. die Spannungsleistungsdichte. Der *Cauchy*sche Spannungstensor **T** ist symmetrisch, der Geschwindigkeitsgradiententensor **L** kann additiv in den symmetrischen Streckgeschwindigkeitstensor **D** und den antisymmetrischen Spintensor **W** aufgespalten werden. Damit gilt auch

$$\frac{1}{\rho}\mathbf{T} \cdot\cdot \mathbf{L} = \frac{1}{\rho}\mathbf{T} \cdot\cdot (\mathbf{D} + \mathbf{W}) = \frac{1}{\rho}\mathbf{T} \cdot\cdot \mathbf{D} \quad (4.68)$$

Für die globale räumliche Bilanzgleichung gilt folglich

$$\frac{D}{Dt}\int_V \left(\frac{1}{2}\mathbf{v} \cdot \mathbf{v}\right)\rho \, dV = \int_A \mathbf{n} \cdot (\mathbf{T} \cdot \mathbf{v}) \, dA + \int_V \left(\mathbf{k} \cdot \mathbf{v} - \frac{1}{\rho}\mathbf{T} \cdot\cdot \mathbf{D}\right)\rho \, dV \quad (4.69)$$

Diese Gleichung folgt aus Gl. (4.12) mit

$$\Psi \to \frac{1}{2}\mathbf{v}\cdot\mathbf{v}; \quad \mathbf{\Phi} = \mathbf{T}\cdot\mathbf{v}; \quad \Xi \to \mathbf{k}\cdot\mathbf{v} - \frac{1}{\rho}\mathbf{T}\cdot\cdot\mathbf{D} \tag{4.70}$$

Für die materielle Formulierung der Bilanzgleichungen drückt man die Spannungsleistung mit Hilfe des *Green*schen Verzerrungsgeschwindigkeitstensors $\dot{\mathbf{G}}$ und des 2. *Piola-Kirchhoff*schen Spannungstensors aus. Mit

$$\dot{\mathbf{G}} = \frac{D}{Dt}\left[\frac{1}{2}\left(\mathbf{F}^T\cdot\mathbf{F} - \mathbf{I}\right)\right] = \mathbf{F}^T\cdot\mathbf{D}\cdot\mathbf{F}$$

und $\rho \det\mathbf{F} = \rho_0$ erhält man die spezifische Spannungsleistung in der Referenzkonfiguration

$$\begin{aligned}\frac{1}{\rho}\mathbf{T}\cdot\cdot\mathbf{D} &= \frac{1}{\rho_0}(\det\mathbf{F})\mathbf{T}\cdot\cdot\left[\left(\mathbf{F}^{-1}\right)^T\cdot\dot{\mathbf{G}}\cdot\mathbf{F}^{-1}\right]\\ &= \frac{1}{\rho_0}(\det\mathbf{F})\left[\mathbf{F}^{-1}\cdot\mathbf{T}\cdot\left(\mathbf{F}^{-1}\right)^T\right]\cdot\cdot\dot{\mathbf{G}}\\ &= \frac{1}{\rho_0}\,{}^{II}\mathbf{P}\cdot\cdot\dot{\mathbf{G}},\end{aligned}$$

d.h.

$$\frac{1}{\rho(\mathbf{x},t)}\mathbf{T}(\mathbf{x},\mathbf{t})\cdot\cdot\mathbf{D}(\mathbf{x},\mathbf{t}) = \frac{1}{\rho_0(\mathbf{a})}\,{}^{II}\mathbf{P}(\mathbf{a},t)\cdot\cdot\dot{\mathbf{G}}(\mathbf{a},t) \tag{4.71}$$

Die globale Bilanzgleichung für die Referenzkonfiguration lautet dann

$$\begin{aligned}\frac{\partial}{\partial t}\int\limits_{V_0}\left(\frac{1}{2}\mathbf{v}\cdot\mathbf{v}\right)\rho_0\,dV_0 &= \int\limits_{A_0}\mathbf{n}_0\cdot\left({}^{II}\mathbf{P}\cdot\mathbf{v}\right)dA_0\\ &\quad + \int\limits_{V_0}\left[\mathbf{k}_0\cdot\mathbf{v} - \frac{1}{\rho_0}\,{}^{II}\mathbf{P}\cdot\cdot\dot{\mathbf{G}}\right]\rho_0\,dV_0\end{aligned} \tag{4.72}$$

Aus den Gln. (4.69) bzw. (4.72) kann man erkennen, daß das Volumenintegral auf der rechten Gleichungsseite sowohl einen Zufuhr- und einen Produktionsterm hat. Im Unterschied zu den Bilanzgleichungen der Masse, des Impulses und des Drehimpulses ist die mechanische Energie daher im allgemeinen keine konservative Größe.

Bezeichnet man die Leistung aller von außen wirkenden Kräfte mit

$$P_a = \frac{DW_a}{Dt} \qquad (W_a \text{ Arbeit des äußeren Kräfte}),$$

die Leistung aller inneren Kräfte mit

$$P_i = \frac{DW_i}{Dt} \qquad (W_i \text{ Formänderungsarbeit})$$

und die kinetische Energie mit K, erhält man Gl. (4.69) in folgender Form

$$\frac{D}{Dt}\Big(W_a\Big) = \frac{D}{Dt}\Big(K + W_i\Big) \tag{4.73}$$

bzw.

$$P_a = \dot{K} + P_i \tag{4.74}$$

Die Leistung aller äußeren Kräfte ist gleich der Änderung der mechanischen Energie des Körpers.

Definition: *Ein mechanisches System heißt konservativ, wenn sich die Leistung der äußeren Kräfte und die Spannungsleistung als lokale Zeitableitungen skalarwertiger Funktionen ausdrücken lassen.*

Sind $W_P(t)$ die potentielle Energie der äußeren Kräfte und W_F die Formänderungs- oder Verzerrungsenergie der inneren Kräfte, muß für konservative Systeme gelten

$$P_a(t) = -\frac{DW_P(t)}{Dt}; \qquad P_i(t) = \frac{DW_F(t)}{Dt} \tag{4.75}$$

W_P wird durch die aktuelle Lage des Körpers definiert, W_F hängt vom aktuellen Verzerrungzustand ab. Für konservative Aufgaben der Kontinuumsmechanik erhält man mit $W_K(t) \equiv K(t)$ die Aussage

$$\begin{aligned} \frac{D}{Dt}\Big[W_K(t) + W_P(t) + W_F(t)\Big] &= 0; \\ W_K(t) + W_P(t) + W_F(t) &= \text{konst.} \end{aligned} \tag{4.76}$$

Energieerhaltungssatz: *Die mechanische Gesamtenergie eines Körpers bleibt bei seiner Bewegung erhalten.*

Interessant sind auch noch die folgenden Umformungen der Gl. (4.61)

$$\begin{aligned} \frac{D}{Dt}\int_V \left(\frac{1}{2}\mathbf{v}\cdot\mathbf{v} + u\right)\rho\, dV &= \int_V \frac{D}{Dt}\left[\left(\frac{1}{2}\mathbf{v}\cdot\mathbf{v} + u\right)\rho\, dV\right] \\ &= \int_V \frac{D}{Dt}\left(\frac{1}{2}\mathbf{v}\cdot\mathbf{v} + u\right)\rho\, dV + \int_V \left(\frac{1}{2}\mathbf{v}\cdot\mathbf{v} + u\right)\frac{D}{Dt}(\rho\, dV) \\ &= \int_V \dot{\mathbf{v}}\cdot\mathbf{v}\rho\, dV + \int_V \dot{u}\rho\, dV \end{aligned} \tag{4.77}$$

$$\begin{aligned} \int_A \mathbf{n}\cdot(\mathbf{T}\cdot\mathbf{v})\, dA &= \int_V \nabla_{\mathbf{x}}\cdot(\mathbf{T}\cdot\mathbf{v})\, dV \\ &= \int_V \nabla_{\mathbf{x}}\cdot\mathbf{T}\cdot\mathbf{v} + \mathbf{T}\cdot\cdot(\nabla_{\mathbf{x}}\mathbf{v})^T\, dV \end{aligned} \tag{4.78}$$

Einsetzen in Gl. (4.61) liefert

$$\int\limits_V \left[\dot{u}\rho - \mathbf{T}\cdot\cdot(\nabla_{\mathbf{x}}\mathbf{v})^T + (\rho\dot{\mathbf{v}} - \nabla_{\mathbf{x}}\cdot\mathbf{T} - \rho\mathbf{k})\cdot\mathbf{v}\right] dV = 0 \qquad (4.79)$$

Diese Gl. gilt für beliebig kleine Volumina des Körpers. Da nach Gl. (4.56) der in runde Klammern gesetzte Ausdruck im Integranden verschwindet, erhält man die lokale Energiebilanzgleichung in räumlicher Darstellung in folgender Form

$$\dot{u}\rho = \mathbf{T}\cdot\cdot(\nabla_{\mathbf{x}}\mathbf{v})^T = \mathbf{T}\cdot\cdot\mathbf{D} \qquad (4.80)$$

u entspricht bei rein mechanischen Bilanzgleichungen der inneren Energiedichte, die rechte Seite ist die entsprechende mechanische Leistung (Spannungsleistung), die mit der Deformation eines Festkörpers oder Fluids verbunden ist.

Bei der Transformation in die Referenzkonfiguration folgt

$$\rho_0\dot{u} = {}^{II}\mathbf{P}\cdot\cdot\dot{\mathbf{G}} \qquad (4.81)$$

Aus den Gln. (4.80) und (4.81) erhält man

$$\dot{u} = \frac{1}{\rho}\mathbf{T}\cdot\cdot\mathbf{D}; \qquad \dot{u} = \frac{1}{\rho_0}\,{}^{II}\mathbf{P}\cdot\cdot\dot{\mathbf{G}} \qquad (4.82)$$

Die jeweiligen rechten Seiten der Gln. (4.82) definieren die spezifische innere Leistung (Spannungsleistung in *Euler*scher und *Lagrange*scher Darstellung. Man bezeichnet $(\mathbf{T},\mathbf{D})$ und $({}^{II}\mathbf{P},\dot{\mathbf{G}})$ als äquivalente konjugierte Verknüpfung von Spannungstensoren mit den zeitlichen Ableitungen von Verzerrungstensoren. Solche Verknüpfungen haben für die Materialtheorie eine große Bedeutung. Es ist aus dieser Sicht günstig, solche Konjugationstensorpaare zu wählen, die nicht nur über die spezifische Spannungsleistung, sondern zusätzlich auch durch eine einfache Materialgleichung verknüpft sind. So wird z.B. später gezeigt, daß für linear elastisches Materialverhalten und finite Deformationen eine Verknüpfung zwischen ${}^{II}\mathbf{P}$ und $\mathbf{G}$ auch in folgender Form besteht

$${}^{II}\mathbf{P} = {}^{(4)}\mathbf{E}\cdot\cdot\mathbf{G} \qquad (4.83)$$

${}^{(4)}\mathbf{E}$ ist ein vierstufiger Materialtensor.

Natürlich kann man auch eine konjugierte kinematische Größe zum Spannungstensor ${}^{I}\mathbf{P}(\mathbf{a},t)$ angeben. Ausgangspunkt ist die Gleichung

$$\frac{1}{\rho}\mathbf{T}\cdot\cdot(\nabla_{\mathbf{x}}\mathbf{v})^T \Longrightarrow \frac{1}{\rho}[(\det\mathbf{F})^{-1}\mathbf{F}\cdot{}^{I}\mathbf{P}]\cdot\cdot(\nabla_{\mathbf{x}}\mathbf{v})^T$$

Beachtet man die Beziehungen

$$\frac{D}{Dt}(d\mathbf{x}) = (\nabla_{\mathbf{x}}\mathbf{v})^T\cdot d\mathbf{x}, \qquad \frac{D}{Dt}(\mathbf{F}\cdot d\mathbf{a}) = (\nabla_{\mathbf{x}}\mathbf{v})^T\cdot(\mathbf{F}\cdot d\mathbf{a})$$

$$\frac{D\mathbf{F}}{Dt} = (\boldsymbol{\nabla}_{\mathbf{X}}\mathbf{v})^T \cdot \mathbf{F}; (\boldsymbol{\nabla}_{\mathbf{X}}\mathbf{v})^T = \frac{D\mathbf{F}}{Dt} \cdot \mathbf{F}^{-1}$$

erhält man

$$\frac{1}{\rho}\mathbf{T} \cdot \cdot (\boldsymbol{\nabla}_{\mathbf{X}}\mathbf{v})^T = \left[\frac{1}{\rho}(\det\mathbf{F}^{-1}\mathbf{F} \cdot {}^I\,\mathbf{P}\right] \cdot \cdot \frac{D\mathbf{F}}{Dt} \cdot \mathbf{F}^{-1},$$

und mit den Identitäten

$$\mathrm{Sp}(\mathbf{A} \cdot \mathbf{B} \cdot \mathbf{C} \cdot \mathbf{D}) = \mathrm{Sp}(\mathbf{B} \cdot \mathbf{C} \cdot \mathbf{D} \cdot \mathbf{A}) = \mathrm{Sp}(\mathbf{C} \cdot \mathbf{D} \cdot \mathbf{A} \cdot \mathbf{B})$$

sowie $\det\mathbf{F} = \rho_0/\rho$ folgt $\rho^{-1}\mathbf{T} \cdot \cdot (\boldsymbol{\nabla}_{\mathbf{X}}\mathbf{v})^T = \rho_0^{-1}\,{}^I\mathbf{P} \cdot \cdot \dot{\mathbf{F}}$, d.h.

$$\dot{u} = \frac{1}{\rho_0}\,{}^I\mathbf{P} \cdot \cdot \dot{\mathbf{F}}, \tag{4.84}$$

$({}^I\mathbf{P}, \dot{\mathbf{F}})$ ist auch eine äquivalente konjugierte Verknüpfung eines Spannungstensors mit der materiellen Ableitung einer kinematischen Größe. $({}^I\mathbf{P}, \dot{\mathbf{F}})$ bezieht sich auf die Referenzkonfiguration.

Die wichtigsten Energiebilanzen sind nachfolgend zusammengefaßt.

Mechanische Energiebilanzgleichungen

$$\frac{D}{Dt}\int\limits_V \left(\frac{1}{2}\mathbf{v} \cdot \mathbf{v} + u\right) \rho\, dV = \int\limits_A \mathbf{t} \cdot \mathbf{v}\, dA + \int\limits_V \mathbf{k} \cdot \mathbf{v}\rho\, dV$$

$$= \int\limits_A \mathbf{n} \cdot \mathbf{T} \cdot \mathbf{v}\, dA + \int\limits_V \mathbf{k} \cdot \mathbf{v}\rho\, dV$$

$$\frac{D}{Dt}\int\limits_V \frac{1}{2}\mathbf{v} \cdot \mathbf{v}\rho\, dV = \int\limits_A \mathbf{n} \cdot \mathbf{T} \cdot \mathbf{v}\, dA + \int\limits_V \rho \left(\mathbf{k} \cdot \mathbf{v} - \frac{1}{\rho}\mathbf{T} \cdot \cdot \mathbf{D}\right) dV$$

$$\frac{D}{Dt}\int\limits_V u\rho\, dV = \int\limits_V \mathbf{T} \cdot \cdot (\boldsymbol{\nabla}_{\mathbf{X}}\mathbf{v})^T\, dV = \int\limits_V \mathbf{T} \cdot \cdot \mathbf{D}\, dV$$

$$\frac{\partial}{\partial t}\int\limits_{V_0} \left(\frac{1}{2}\mathbf{v} \cdot \mathbf{v}\right)\rho_0\, dV_0 = \int\limits_{A_0} \mathbf{n}_0 \cdot ({}^{II}\mathbf{P} \cdot \mathbf{v})\, dA_0$$

$$+ \int\limits_{V_0} \left(\mathbf{k}_0 \cdot \mathbf{v} - \frac{1}{\rho_0}\,{}^{II}\mathbf{P} \cdot \cdot \dot{\mathbf{G}}\right) \rho_0\, dV_0$$

$$\rho\dot{u} = \mathbf{T} \cdot \cdot \mathbf{D}; \qquad \rho_0\dot{u} = {}^{II}\,\mathbf{P} \cdot \cdot \dot{\mathbf{G}}; \qquad \rho_0\dot{u} = {}^{I}\,\mathbf{P} \cdot \cdot \dot{\mathbf{F}}$$

$$\frac{D}{Dt}\Big[W_K(t) + W_P(t) + W_F(t)\Big] = 0$$

4.3 Thermodynamische Erweiterungen der Bilanzgleichungen

Kontinua unterliegen in zahlreichen Anwendungsfällen auch nichtmechanischen Einflüssen. Dazu zählen insbesondere thermische, elektro-magnetische und chemische Einflüsse. Die Beschreibung der Veränderungen im Kontinuum ist dann möglich, wenn entsprechende Feldvariablen definiert sind und gleichzeitig eine „Bilanzierung“ des Zusammenwirkens der unterschiedlichen Felder möglich ist. Aus der Erfahrung ist bekannt, daß alle Bewegungen von Kontinua von thermischen Erscheinungen begleitet sind. Es treten örtlich und zeitlich unterschiedliche Temperaturen auf und es fließen Wärmeströme. Bei realen Prozessen bleibt daher die mechanische Energie im allgemeinen nicht konstant. Fast alle äußeren Kräfte sind wegen der mit ihnen verbundenen Reibungsprobleme nicht konservativ und können daher nicht aus einem Potential abgeleitet werden. Da vielfach auch innere Reibungsprozesse ablaufen, d.h. Dissipation auftritt, wird die mechanische Leistung der inneren Kräfte nicht voll als mechanische Energie gespeichert, es gibt auch andere Energieformen. Läßt man neben der mechanischen Energie noch thermische Einflüsse zu, wird im Körper sowohl mechanische als auch thermische Energie gespeichert. Im Körper gibt es dann auch Wärmezufuhr und Wärmeverlust, über die Körperoberfläche fließen Wärmeströme. Es kommt zu einer Kopplung von mechanischen und thermischen Größen. Im nachfolgenden Kapitel wird exemplarisch die Erweiterung der Kontinuumsbetrachtungen auf solche gekoppelten mechanischen und thermischen Felder vorgenommen. Dabei werden schwerpunktmäßig die Hauptsätze der Kontinuumsthermodynamik und die sich aus ihnen ergebenden Konsequenzen diskutiert. Es ist von besonderer Bedeutung, daß mechanische Energie vollständig in thermische Energie umgesetzt werden kann, die Umkehrung aber nicht gilt.

4.3.1 Vorbemerkungen und Notationen

Für die Abschnitte 4.3.2 und 4.3.3 werden einige Grundbegriffe der Thermodynamik benötigt. Hier erfolgt eine Interpretation aus der Sicht der Kontinuumsmechanik. Ausgangspunkt der Betrachtungen ist erneut das Kontinuumsvolumen sowie die im Abschnitt 4.1 diskutierten Aussagen zur allgemeinen Bilanzgleichung. Im Sinne der Thermodynamik stellt das Kontinuum, welches das Volumen V einnimmt, ein thermodynamisches System dar, dessen Eigenschaften durch die Angabe eines Satzes makroskopischer Variabler eindeutig und vollständig beschreibbar sind. Beispiele für derartige makroskopische Variable sind die Energie, das Volumen, die Teilchenanzahl usw. Die umhüllende Fläche A (Oberfläche) stellt eine Abgrenzung des Kontinuums gegenüber der Umgebung dar (Systemgrenze), wobei die Oberfläche unterschiedliche Eigenschaften bezüglich ihrer Durchlässigkeit besitzen kann. Man unterscheidet isolierte (abgeschlossene), geschlossene und offene Systeme. Für isolierte Systeme setzt man voraus, daß es keinerlei Wechselwirkungen mit der Umgebung gibt, d.h. die Oberfläche ist für jegliche Austauschprozesse undurchlässig. Im Kontinuum ablaufende Prozesse werden als adiabat bezeichnet. Es gibt keine Wärmeübergänge und keinen Wärmeaustausch mit der Umgebung. Zustandsänderungen adiabater Systeme sind bei Ausschluß innerer Wärmequellen nur durch mechanische Arbeit möglich. Eine Konsequenz dieser Idealisierung ist, daß die Gesamtenergie im eingeschlossenen Kontinuum konstant ist und folglich der Makrozustand über mindestens eine Erhaltungsgröße und einen Erhaltungssatz beschrieben werden kann. Für geschlossene Systeme wird vorausgesetzt, daß ein Energieaustausch stattfinden kann (Temperaturausgleich mit der Umgebung), jedoch ein Materieaustausch nicht möglich ist. Die Energie ist damit keine Erhaltungsgröße, und folglich muß z.B. eine Bilanz für die Änderung der Gesamtenergie infolge Energieaustausch über die Oberfläche formuliert werden. Die Masse eines geschlossenen System ist jedoch konstant. Für offene Systeme wird angenommen, daß Energie- und Materieaustausch möglich sind. Damit sind die Energie und die Teilchenanzahl bzw. die Masse keine Erhaltungsgrößen. Offene Systeme werden in der Fluidmechanik auch als Kontrollräume bezeichnet. Über die Verbindung zwischen Energie und Temperatur sowie Teilchenzahl und chemisches Potential läßt sich in diesem Fall der Makrozustand kennzeichnen. Offene Systeme werden bei den folgenden Betrachtungen ausgeschlossen.

Jedem materiellen Punkt des Volumens wird im Rahmen der thermodynamischen Betrachtungen mindestens eine weitere nichtmechanische Eigenschaft zugeordnet: die absolute Temperatur θ. Sie ist eine nichtnegative Größe ($\theta \geq 0$). Die Temperatur ist vom Standpunkt der Physik eine makroskopische Interpretation der mittleren mikroskopischen Bewegungsenergie, der „thermischen Schwingungen". Die Temperatur im Kontinuum kann örtliche und zeitliche Unterschiede aufweisen.

Die klassische Thermodynamik untersucht nur thermische Gleichgewichtszustände. Man spricht daher auch von einer Thermostatik. Durch die Erweiterung auf eine Untersuchung von Nichtgleichgewichtszuständen erhält man die Thermodynamik der Prozesse oder auch die irreversible Thermodynamik. Als Grundlage thermodynamischer Untersuchungen gelten der 1. und der 2. Hauptsatz der Thermodynamik. Diese Sätze enthalten Aussagen zur Energiebilanz bzw. zum Charakter und zur Richtung von Energieaustauschprozessen. Man kann die genannten Hauptsätze durch zwei weitere Aussagen zum thermodynamischen Gleichgewicht und zum Entropiewert am absoluten Temperaturnullpunkt ergänzen. Wegen ihrer Bedeutung werden diese Aussagen dem 1. und 2. Hauptsatz vor- bzw. nachgestellt und als 0. bzw. 3. Hauptsatz bezeichnet. Man hat dann die folgenden 4 Hauptsätze:

– **0. Hauptsatz**
Alle Systeme, die mit einem System im thermodynamischen Gleichgewicht stehen, sind auch untereinander im Gleichgewicht.

– **1. Hauptsatz**
Bei der Energiebilanz eines Systems ergeben die ausgetauschte Arbeit und die Wärme zusammen die totale Energieänderung. Bei allen Energieaustauschprozessen bleibt die Summe der mechanischen und der thermischen Energie konstant.

– **2. Hauptsatz**
Wärme kann nie von selbst von einem System niederer Temperatur auf Systeme höherer Temperatur übergehen. Für abgeschlossenen Systeme nimmt die Entropie bei irreversiblen Prozessen stets zu ($dS > 0$), für Gleichgewichtszustände nimmt sie einen Extremwert an ($dS = 0$).

– **3. Hauptsatz**
Jedes System besitzt am absoluten Nullpunkt ($\theta = 0$) die Entropie $S = 0$.

Die Hauptsätze der Thermodynamik sind auch für die Betrachtung von Kontinua von grundlegender Bedeutung. Mit dem 0. Hauptsatz wird die Tatsache begründet, daß Ausgleichprozesse im Kontinuum (sowie möglicherweise mit seiner Umgebung) stets bis zum Gleichgewichtszustand ablaufen. Der 1. Hauptsatz bilanziert die Energieänderung im Kontinuum. Mit Hilfe des 2. Hauptsatzes sind Aussagen zur Prozeßrichtung möglich. Dabei sind reversible (vollständig umkehrbare) und irreversible Prozesse zu unterscheiden. Reale Prozeßverläufe im Kontinuum sind stets irreversibel. In bestimmten Fällen kann man jedoch mit guter Näherung annehmen, daß die Prozesse reversibel ablaufen. Beispiele sind mit der Festigkeitslehre und der Elastizitätstheorie gegeben. Aus dem 3. Hauptsatz folgt, daß die Entropie eine nichtnegative Größe ist. Die Entropie kann als Maß der mikroskopischen Unordnung im Kontinuum interpretiert werden.

Im Rahmen der Kontinuumsthermodynamik sind zunächst geeignete Variable zur Beschreibung der makroskopischen Eigenschaften des Kontinuums zu definieren. Man bezeichnet makroskopisch meßbare, voneinander unabhängige Parameter, die den Zustand eines Systems eindeutig beschreiben, als Zustandsvariable. Eine ausführlichere Diskussion erfolgt dazu im Kapitel 5. Die phänomenologischen Variablen lassen sich in extensive (additive) und intensive Größen einteilen. Die additiven Größen sind proportional zur Stoffmenge im System, d.h. beispielsweise zur Masse im Kontinuum. Die innere Energie eines Systems ist ein Beispiel für eine extensive Zustandesgröße. Sie hängt nur von kinematischen Variablen und von der Temperatur ab, d.h. $U = U(\text{kinematischeVariable}, \theta)$. Bei Teilung eines homogenen Systems der Gesamtmasse m in n homogene Teilsysteme mit den Massen m_i gilt

$$U_i = \left(\frac{m_i}{m}\right) U, i = 1, \ldots, n, \qquad \sum_{i=1}^{n} U_i = U, \sum_{i=1}^{n} m_i = m \tag{4.85}$$

Für inhomogene Systeme erhält man durch Einführung der inneren Massenenergiedichte

$$u = \frac{dU}{dm}$$

für jedes inhomogene Teilsystem

$$U_i = \int_{m_i} u \, dm = \int_{V_i} u\rho_i \, dV; \quad U = \int_{m} u\rho \, dm = \int_{V} u\rho \, dV \tag{4.86}$$

Intensive Größen sind unabhängig von der Stoffmenge. Unterteilt man ein im Gleichgewicht befindliches System in n Teilsysteme, hat eine intensive Zustandsgröße für jedes Teilsystem den unverändert gleichen Wert. Als Beispiele kann man u.a. die Dichte oder die Temperatur anführen.

Zwischen den phänomenologischen Variablen bestehen verschiedene Zusammenhänge; sie sind über allgemeine Bilanzen (Hauptsätze) und spezielle Konstitutivgleichungen verknüpft. Innerhalb dieses Kapitels werden nur die Bilanzen behandelt. Die Diskussion der Konstitutivgleichungen erfolgt im Kapitel 5. Diese Vorgehensweise ist dadurch gerechtfertigt, daß die Bilanzen Erfahrungssätze sind, die für alle Kontinua gleichermaßen gelten. Die Konstitutivgleichungen werden vielfach empirisch aufgestellt und haben daher einen eingeschränkten Gültigkeitsbereich. Eine Auswertung der Bilanzen für spezielle Kontinua ermöglicht jedoch Aussagen zur thermodynamischen Widerspruchsfreiheit der gewählten Konstitutivgleichungen.

Für den Abschnitt 4.3 werden folgende Einschränkung vorgenommen:

1. Das im Volumen eingeschlossene Kontinuum sei homogen, d.h. jeder materielle Punkt besitzt die gleichen Eigenschaften. Die Eigenschaften sind ortsunabhängig.
2. Es werden ausschließlich abgeschlossene und geschlossene Systeme betrachtet, d.h. ein Masseaustausch mit der Umgebung wird ausgeschlossen. Es gilt uneingeschränkt der Masseerhaltungssatz.

3. Bei der Analyse des Kontinuums werden nur mechanische und thermische Felder einbezogen. Die Wirkung anderer physikalischer Felder wird als vernachlässigbar gering angesehen.

4.3.2 Bilanz der Energie: 1. Hauptsatz der Thermodynamik

Der 1. Hauptsatz der Thermodynamik stellt die energetische Bilanz für ein beliebiges Volumen eines Körpers dar.

Satz: *Die zeitliche Änderung (materielle Zeitableitung) der Gesamtenergie W innerhalb des betrachteten Volumens ist gleich der Summe aus der Geschwindigkeit der Wärmezufuhr (Wärmezufuhrleistung) Q sowie der Leistung P_a aller äußeren Kräfte, d.h. die Änderungsgeschwindigkeit der Gesamtenergie W ist gleich der gesamten äußeren Energiezufuhr $P_a + Q$*

$$\frac{D}{Dt}W = P_a + Q \tag{4.87}$$

Die Gesamtenergie W setzt sich aus der inneren Energie U und der kinetischen Energie K zusammen

$$W = U + K \tag{4.88}$$

Für die kinetische Energie gilt Gl. (4.57)

$$K = \frac{1}{2}\int\limits_V \mathbf{v} \cdot \mathbf{v}\rho \, dV$$

Die innere Energie ist eine additive Funktion der Masse und aus den Gln. (4.85) und (4.86) folgt

$$U = \int\limits_m u \, dm = \int\limits_V \rho u \, dV$$

mit u als innerer Energiedichte pro Masseeinheit (spezifische innere Energie). Entsprechend dem eingeführten Kontinuumsmodells und der im Abschnitt 3.1 vorgenommenen Klassifikation der äußeren Kräfte sind bei der Berechnung der Leistung P_a die Wirkungen möglicher Volumen- und Flächenkräfte zu berücksichtigen. Damit erhält man

$$P_a = \int\limits_A \mathbf{t} \cdot \mathbf{v} \, dA + \int\limits_V \mathbf{k} \cdot \mathbf{v}\rho \, dV \tag{4.89}$$

Die Geschwindigkeit der Wärmezufuhr setzt sich aus zwei Teilen zusammen: der unmittelbaren Wärmezufuhr im Volumen infolge skalarer Wärmequellen r sowie der Wärmezufuhr über die das Kontinuum umhüllende Fläche A

$$Q = \int\limits_V \rho r \, dV - \int\limits_A \mathbf{n} \cdot \mathbf{h} \, dA \tag{4.90}$$

$\mathbf{h}$ ist der Wärmestromvektor pro Einheitsfläche von A. Das Vorzeichen vor dem Flächenintegral wurde so gewählt, daß ein positiver Wärmestromvektor eine Wärmezufuhr in das Kontinuum über die Oberfläche bedeutet.

Damit lautet die Gl. (4.87)

$$\dot{U} + \dot{K} = P_a + Q \tag{4.91}$$

und nach Einsetzen der Ausdrücke für U, K, P_a und Q

$$\begin{aligned} \frac{D}{Dt}\int\limits_V \left(u + \frac{1}{2}\mathbf{v}\cdot\mathbf{v}\right)\rho\, dV &= \int\limits_A \mathbf{t}\cdot\mathbf{v}\, dA + \int\limits_V \mathbf{k}\cdot\mathbf{v}\rho\, dV \\ &\quad - \int\limits_A \mathbf{n}\cdot\mathbf{h}\, dA + \int\limits_V r\rho\, dV \end{aligned} \tag{4.92}$$

Unter Beachtung von $\mathbf{t} = \mathbf{n}\cdot\mathbf{T}$ erhält man den 1. Hauptsatz auch wieder aus der allgemeinen Bilanzgleichung (4.12) mit

$$\mathbf{\Psi} \to u + \frac{1}{2}\mathbf{v}\cdot\mathbf{v}, \quad \mathbf{\Phi} = \mathbf{T}\cdot\mathbf{v} - \mathbf{h}, \quad \mathbf{\Xi} \to \mathbf{k}\cdot\mathbf{v} + r$$

Schreibt man die Energiebilanzgleichung für die Referenzkonfiguration auf, gilt

$$\begin{aligned} \frac{\partial}{\partial t}\int\limits_{V_0} \left(u + \frac{1}{2}\mathbf{v}\cdot\mathbf{v}\right)\rho_0\, dV_0 &= \int\limits_{A_0} {}^I\mathbf{t}\cdot\mathbf{v}\, dA_0 + \int\limits_{V_0} \mathbf{k}_0\cdot\mathbf{v}\rho_0\, dV_0 \\ &\quad - \int\limits_{A_0} \mathbf{n}_0\cdot\mathbf{h}_0\, dA_0 + \int\limits_{V_0} r\rho_0\, dV_0 \end{aligned} \tag{4.93}$$

Entsprechend Gl. (3.36) für die Beziehungen zwischen $\mathbf{t}$ und ${}^I\mathbf{t}$ erhält man für den Zusammenhang von $\mathbf{h}$ und $\mathbf{h}_0$

$$\mathbf{h}_0 = (\det\mathbf{F})\mathbf{F}^{-1}\cdot\mathbf{h}, \quad \mathbf{h} = (\det\mathbf{F})^{-1}\mathbf{F}\cdot\mathbf{h}_0 \tag{4.94}$$

Beachtet man die folgenden Umformungen

$$\frac{D}{Dt}\int\limits_V (\ldots)\rho\, dV = \int\limits_V \frac{D}{Dt}(\ldots)\rho\, dV$$

$$\frac{D}{Dt}\left(\frac{1}{2}\mathbf{v}\cdot\mathbf{v}\right) = \frac{1}{2}\dot{\mathbf{v}}\cdot\mathbf{v} + \frac{1}{2}\mathbf{v}\cdot\dot{\mathbf{v}} = \dot{\mathbf{v}}\cdot\mathbf{v}$$

$$\int\limits_A \mathbf{n}\cdot(\mathbf{T}\cdot\mathbf{v} - \mathbf{h})\, dA = \int\limits_V [\nabla_{\mathbf{x}}\cdot(\mathbf{T}\cdot\mathbf{v}) - \nabla_{\mathbf{x}}\cdot\mathbf{h}]\, dV$$

$$\nabla_{\mathbf{x}}\cdot(\mathbf{T}\cdot\mathbf{v}) = (\nabla_{\mathbf{x}}\cdot\mathbf{T})\cdot\mathbf{v} + \mathbf{T}\cdot\cdot(\nabla_{\mathbf{x}}\mathbf{v})^T = (\nabla_{\mathbf{x}}\cdot\mathbf{T})\cdot\mathbf{v} + \mathbf{T}\cdot\cdot\mathbf{D}$$

folgt aus Gl. (4.92)

$$\int\limits_V \left(\frac{Du}{Dt} + \underline{\dot{\mathbf{v}} \cdot \mathbf{v}}\right) \rho \, dV = \int\limits_V (\mathbf{T} \cdot \cdot \mathbf{D} - \nabla_{\mathbf{x}} \cdot \mathbf{h} + \rho r) \, dV + \int\limits_V [\underline{(\nabla_{\mathbf{x}} \cdot \mathbf{T}) \cdot \mathbf{v} + \rho \mathbf{k} \cdot \mathbf{v}}] \, dV \qquad (4.95)$$

Die unterstrichenen Terme entsprechen der Impulsbilanzgleichung. Damit kann Gl. (4.95) vereinfacht werden. Man erhält dann

$$\int\limits_V \rho \frac{Du}{Dt} \, dV = \int\limits_V (\mathbf{T} \cdot \cdot \mathbf{D} - \nabla_{\mathbf{x}} \cdot \mathbf{h} + \rho r) \, dV \qquad (4.96)$$

oder

$$\int\limits_V (\rho \dot{u} - \mathbf{T} \cdot \cdot \mathbf{D} + \nabla_{\mathbf{x}} \cdot \mathbf{h} - \rho r) \, dV = 0 \qquad (4.97)$$

Für stetige Felder erhält man damit die lokale Form der Energiebilanz

$$\rho \dot{u} = \mathbf{T} \cdot \cdot \mathbf{D} - \nabla_{\mathbf{x}} \cdot \mathbf{h} + \rho r \qquad (4.98)$$

Die Gln. (4.97) und (4.98) sind die Erweiterungen der rein mechanischen Energiebilanzgleichungen auf gekoppelte thermomechanische Energiebilanzen. Beim Verschwinden der thermischen Glieder gehen sie wieder in die mechanischen Energiebilanzen über.

Formuliert man die Bilanzaussagen für die Referenzkonfiguration, folgt die globale Gleichung

$$\int\limits_{V_0} \rho_0 \frac{\partial u}{\partial t} \, dV_0 = \int\limits_{V_0} ({}^{II}\mathbf{P} \cdot \cdot \dot{\mathbf{G}} - \nabla_{\mathbf{a}} \cdot \mathbf{h}_0 + \rho_0 r) \, dV_0 \qquad (4.99)$$

oder

$$\int\limits_{V_0} \left(\rho_0 \frac{\partial u}{\partial t} - {}^{II}\mathbf{P} \cdot \cdot \dot{\mathbf{G}} + \nabla_{\mathbf{a}} \cdot \mathbf{h}_0 - \rho_0 r\right) dV_0 = 0, \qquad (4.100)$$

und die lokale Gleichung hat die Form

$$\rho_0 \frac{\partial u}{\partial t} = {}^{II}\mathbf{P} \cdot \cdot \dot{\mathbf{G}} - \nabla_{\mathbf{a}} \cdot \mathbf{h}_0 + \rho_0 r \qquad (4.101)$$

bzw.

$$\rho_0 \frac{\partial u}{\partial t} - {}^{II}\mathbf{P} \cdot \cdot \dot{\mathbf{G}} + \nabla_{\mathbf{a}} \cdot \mathbf{h}_0 - \rho_0 r = 0 \qquad (4.102)$$

In Gl. (4.102) kann das konjugierte Paar $({}^{II}\mathbf{P}, \dot{\mathbf{G}})$ auch durch $({}^{I}\mathbf{P}, \dot{\mathbf{F}})$ ersetzt werden.

4.3.3 Bilanz der Entropie: 2. Hauptsatz der Thermodynamik

Für die weiteren Überlegungen ist das Entropiekonzept von grundsätzlicher Bedeutung. Der 1. Hauptsatz der Thermodynamik formulierte die Aussage, daß die Gesamtenergie eines materiellen Systems nicht vergrößert oder vermindert werden kann, sondern bei Erhalt der Gesamtenergie nur eine Transformation von einer in eine andere Energieform möglich ist. Der 1. Hauptsatz enthält aber keine genaueren Angaben über die Art und die die Richtung solcher Energietransformationen. Man erhält auch keine Angaben, ob Energietransformationen reversibel oder irreversibel sind.

Diese fehlenden Aussagen liefert der 2. Hauptsatz der Thermodynamik auf der Grundlage des Entropiekonzepts. Die Entropie kann dabei als ein Maß dafür angesehen werden, wieviel Energie irreversibel von einer nutzbaren in nichtnutzbare, d.h nicht mehr in mechanische Arbeit umsetzbare Energie transformiert wird. Ein physikalisches System verliert infolge seiner Erwärmung, d.h. bei einer Transformation von verfügbarer in nichtverfügbare Energie, irreversibel seinen geordneten Anfangszustand. Die Umwandlung des geordneten Anfangszustandes in einen weniger geordneten Zustand kann somit als ein Entropiezuwachs angesehen werden. Entropieproduktion in physikalischen Systemen entsprechen somit irreversiblen Systemänderungen und umgekehrt. Eine Erhaltung des Entropiewertes entspricht dann reversiblen Zustandsänderungen. Der 2. Hauptsatz erfaßt diese Aussagen in Form einer Bilanzaussage.

Für den 2. Hauptsatz der Thermodynamik sind zahlreiche Formulierungen bekannt. Für die nachfolgenden Betrachtungen wird folgende Aussage gewählt.

Satz: *Die zeitliche Änderung (materielle Ableitung) der Entropie S innerhalb des betrachteten Volumens ist nicht kleiner als die Geschwindigkeit der äußeren Entropiezufuhr.*

Die Entropie ist eine additive Funktion. Damit gilt

$$S = \int_m s \, dm = \int_V \rho s \, dV \tag{4.103}$$

mit s als innerer Entropiedichte pro Masseneinheit (spezifische innere Entropie). Der 2. Hauptsatzes der Thermodynamik lautet dann in globaler Form

$$\frac{D}{Dt} \int_V \rho s \, dV \geq \int_V \frac{r}{\theta} \rho \, dV - \int_A \frac{\mathbf{n} \cdot \mathbf{h}}{\theta} \, dA \tag{4.104}$$

Für alle realen Prozesse gilt in der Gl. (4.104) das Ungleichheitszeichen (>), d.h. reale Prozesse sind stets irreversibel. Das Gleichheitszeichen hat seine Berechtigung nur für idealisierte Prozesse, d.h. reversible Prozesse sind immer mit einer Idealisierung realer Prozesse verbunden. Gl. (4.104) wird auch als *Clausius-Duhem*-Ungleichung bezeichnet. θ ist die absolute (*Kelvin*) Temperatur. Sie ist für reale Kontinua immer größer Null

Beachtet man die Umformung

$$\int_A \frac{\mathbf{n} \cdot \mathbf{h}}{\theta}\, dA = \int_V \boldsymbol{\nabla}_{\mathbf{X}} \cdot \left(\frac{\mathbf{h}}{\theta}\right) dV = \int_V \left(\frac{\boldsymbol{\nabla}_{\mathbf{X}} \cdot \mathbf{h}}{\theta} - \frac{\mathbf{h} \cdot \boldsymbol{\nabla}_{\mathbf{X}}\theta}{\theta^2}\right) dV, \qquad (4.105)$$

folgt zunächst die lokale Formulierung der Ungleichung

$$\rho\theta\dot{s} \geq \rho r - \boldsymbol{\nabla}_{\mathbf{X}} \cdot \mathbf{h} + \frac{1}{\theta}\mathbf{h} \cdot \boldsymbol{\nabla}_{\mathbf{X}}\theta, \qquad (4.106)$$

und mit

$$\frac{1}{\theta}\mathbf{h} \cdot \boldsymbol{\nabla}_{\mathbf{X}}\theta = \mathbf{h} \cdot \boldsymbol{\nabla}_{\mathbf{X}} \ln \theta$$

folgt abschließend die lokale Ungleichung

$$\rho\theta\dot{s} - (\rho r - \boldsymbol{\nabla}_{\mathbf{X}} \cdot \mathbf{h}) - \mathbf{h} \cdot \boldsymbol{\nabla}_{\mathbf{X}} \ln \theta \geq 0 \qquad (4.107)$$

Der in Klammern gesetzte Ausdruck kann mit Hilfe von Gl. (4.98) ersetzt werden

$$\rho\theta\dot{s} + \mathbf{T} \cdot\cdot \mathbf{D} - \rho\dot{u} - \mathbf{h} \cdot \boldsymbol{\nabla}_{\mathbf{X}} \ln \theta \geq 0 \qquad (4.108)$$

Mit

$$\rho\theta\dot{s} = \rho(\theta s)^{\cdot} - \rho s\dot{\theta}$$

folgt auch

$$\rho\frac{D}{Dt}(\theta s - u) - \rho s\frac{D\theta}{Dt} + \mathbf{T} \cdot\cdot \mathbf{D} - \mathbf{h} \cdot \boldsymbol{\nabla}_{\mathbf{X}} \ln \theta \geq 0 \qquad (4.109)$$

Der Ausdruck

$$(u - \theta s) = f \qquad (4.110)$$

heißt *Helmholtz*sche freie Energie. Damit läßt sich der 2. Hauptsatz als dissipative Ungleichung schreiben

$$\mathbf{T} \cdot\cdot \mathbf{D} - \rho\frac{Df}{Dt} - \rho s\frac{D\theta}{Dt} - \mathbf{h} \cdot \boldsymbol{\nabla}_{\mathbf{X}} \ln \theta \geq 0 \qquad (4.111)$$

Die Gleichung

$$\mathbf{T} \cdot\cdot \mathbf{D} - \rho(\dot{f} + s\dot{\theta}) = \phi \geq 0 \qquad (4.112)$$

ist die spezifische Dissipationsfunktion, d.h. ϕ ist positiv definit. Die spezifische dissipative Funktion ϕ ist ein Maß für die Energiedissipation im Kontinuum. Ist $\phi = 0$, tritt keine Dissipation auf. Die Entropieungleichung hat dann die vereinfachte Form

$$\mathbf{h} \cdot \nabla_{\mathbf{X}} \ln \theta \leq 0 \quad \text{oder} \quad \frac{\mathbf{h}}{\theta} \cdot \nabla_{\mathbf{X}} \theta \leq 0 \quad \text{mit} \quad \theta > 0 \tag{4.113}$$

Die Ungleichung (4.113) kann wie folgt interpretiert werden. Sie ist offensichtlich stets erfüllt, wenn $\mathbf{h} = \mathbf{0}$ (adiabater Prozeß) oder $\nabla_{\mathbf{X}}\theta = \mathbf{0}$ (isothermer Prozeß) gilt. Für alle anderen Fälle gilt die in Bild 4.2 dargestellte Situation. Der Wärmestromvektor $\mathbf{h}$ und der Temperaturgradientenvektor $\nabla_{\mathbf{X}}\theta$ schließen bei nichtdissipativen Vorgängen einen stumpfen Winkel ein. Eine Ausnahme bildet die Orthogonalität zwischen Wärmestromvektor und Temperaturgradient.

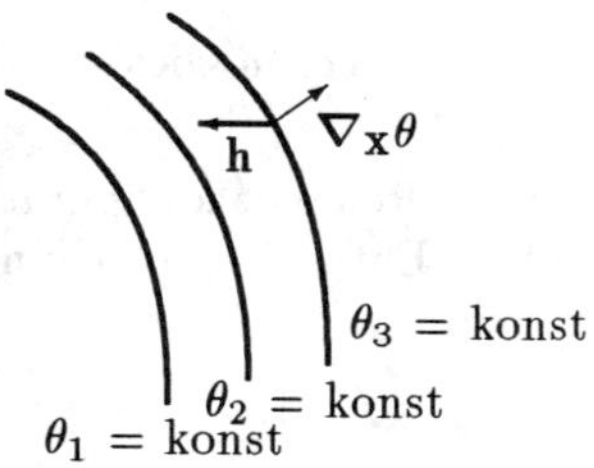

Bild 4.2 Temperaturfeld (Isolinien) ($\theta_1 < \theta_2 < \theta_3$) und Richtung des Temperaturgradienten sowie des Wärmestromvektors

Schlußfolgerung: *Der Wärmestromvektor ist entgegen der Temperaturzunahme gerichtet, d.h. der Wärmestrom hat immer die Richtung von Punkten höherer zu Punkten niedrigerer Temperatur.*

Unter Verwendung der dissipativen Funktion ϕ kann man auch den 1. Hauptsatz ausdrücken

$$\begin{aligned}\rho\theta\frac{Ds}{Dt} &= \mathbf{T} \cdot\cdot \mathbf{D} - \rho\left(\frac{Df}{Dt} + s\frac{D\theta}{Dt}\right) + (\rho r - \nabla_{\mathbf{X}} \cdot \mathbf{h}) \\ &= \phi + (\rho r - \nabla_{\mathbf{X}} \cdot \mathbf{h})\end{aligned} \tag{4.114}$$

Für dissipationsfreie Kontinua folgt dann mit $\phi = 0$ die Wärmeleitungsgleichung

$$\rho\theta\frac{Ds}{Dt} = (\rho r - \nabla_{\mathbf{X}} \cdot \mathbf{h}) \tag{4.115}$$

Folgende Sonderfälle der Gl. (4.115) haben besondere Bedeutung

1. Isotherme Prozesse ($\theta = \theta_0 =$ konst.):
An jeder Stelle des Körpers herrscht zu jedem Zeitpunkt die gleiche Temperatur θ_0. Voraussetzung dafür ist eine hohe Wärmeleitfähigkeit, d.h. jede Inhomogenität des Temperaturfeldes wird sofort ausgeglichen. Für isotherme Prozesse entfällt die Wärmeleitungsgleichung, die Temperatur θ_0 geht als konstante Größe in die Gleichungen ein. Dies führt zu einer Entkopplung thermischer und mechanischer Größen.
2. Adiabate Prozesse ($\mathbf{h} = \mathbf{0}, r = 0$):
Es gibt keinen Wärmeaustausch mit der Umgebung. Voraussetzung dafür ist eine sehr kleine Wärmeleitfähigkeit, die näherungsweise Null gesetzt werden kann. Für dissipationsfreie Kontinua gilt dann

$$\phi = 0, \quad \rho\theta\frac{Ds}{Dt} = 0 \quad \text{oder} \quad \frac{\partial s}{\partial t} + \mathbf{v} \cdot \boldsymbol{\nabla}_{\mathbf{x}} s = 0$$

Man erhält dann eine Konstanz der Entropie entlang der Bahnkurve eines materiellen Punktes. Der Prozeß ist reversibel.

Die beiden Sonderfälle sind Grenzfälle realer Prozesse und ermöglichen somit eine Abschätzung thermomechanischer Aufgaben.

Alle angegebenen Gleichungen können auch für die Referenzkonfiguration formuliert werden. Man erhält dann z.B. die globale Entropieungleichung

$$\frac{\partial}{\partial t}\int\limits_{V_0} \rho_0 s \, dV_0 \geq \int\limits_{V_0} \frac{r}{\theta}\rho_0 \, dV_0 - \int\limits_{A_0} \frac{\mathbf{n}_0 \cdot \mathbf{h}_0}{\theta} \, dA_0$$

oder die lokale Formulierung

$$\rho_0\theta\frac{\partial s}{\partial t} \geq (\rho_0 r - \boldsymbol{\nabla}_{\mathbf{a}} \cdot \mathbf{h}_0) + \frac{1}{\theta}\mathbf{h}_0 \cdot \boldsymbol{\nabla}_{\mathbf{a}}\theta$$

Eliminiert man auch hier den in Klammern stehenden Term mit Hilfe des 1. Hauptsatzes, erhält man

$$\rho_0\theta\frac{\partial s}{\partial t} - \rho_0\frac{\partial u}{\partial t} + {}^{II}\mathbf{P} \cdot\cdot \dot{\mathbf{G}} - \frac{1}{\theta}\mathbf{h}_0 \cdot \boldsymbol{\nabla}_{\mathbf{a}}\theta \geq 0 \tag{4.116}$$

oder

$$\rho_0\theta\frac{\partial s}{\partial t} - \rho_0\frac{\partial u}{\partial t} + {}^{I}\mathbf{P} \cdot\cdot \dot{\mathbf{F}} - \frac{1}{\theta}\mathbf{h}_0 \cdot \boldsymbol{\nabla}_{\mathbf{a}}\theta \geq 0 \tag{4.117}$$

Für thermomechanische Aufgaben der Kontinuumsmechanik stehen somit z.B. die folgenden lokalen Bilanzgleichungen für die aktuelle Konfiguration im Rahmen der angegebenen Modellgrenzen zur Verfügung. Auf die Angabe der globalen Gleichungen und der Gleichungen für die Referenzkonfiguration wird verzichtet.

Masseerhaltung, Kontinuitätsgleichung

$$\frac{\partial \rho}{\partial t} + \nabla_{\mathbf{x}} \cdot (\rho \mathbf{v}) = 0, \quad \frac{\partial \rho}{\partial t} + (\rho v_k)_{,k} = 0$$

$$dm = \rho(\mathbf{x}, t) dV, \quad \frac{Dm}{Dt} = 0, \quad \frac{D}{Dt}(\rho \det \mathbf{F}) = 0, \quad \rho_0 = \rho \det \mathbf{F}$$

Bewegungsgleichungen (Impuls- und Drehimpulsbilanz)

$$\rho \frac{D\mathbf{v}}{Dt} = \nabla_{\mathbf{x}} \cdot \mathbf{T} + \rho \mathbf{k}, \quad \rho \frac{Dv_j}{Dt} = T_{ij,i} + \rho k_j$$

$$\mathbf{T} = \mathbf{T}^T, \quad T_{ij} = T_{ji}$$

Energiebilanz

$$\rho \frac{Du}{Dt} = \mathbf{T} \cdot\cdot \mathbf{D} - \nabla_{\mathbf{x}} \cdot \mathbf{h} + \rho r, \quad \rho \frac{Du}{Dt} = T_{ij} D_{ji} - h_{i,i} + \rho r$$

Entropieungleichung

$$\rho \theta \frac{Ds}{Dt} \geq -\nabla_{\mathbf{x}} \cdot \mathbf{h} + \mathbf{h} \cdot \nabla_{\mathbf{x}} \ln \theta + \rho r,$$

$$\rho \theta \frac{Ds}{Dt} \geq -h_{i,i} + h_i (\ln \theta)_{,i} + \rho r$$

Ergänzende Literatur zum Kapitel 4:

1. C. Eckart: The Thermodynamics of Irreversible Processes, I - II. Phys. Rev. 58(1940), 269 - 275
2. R.S. Rivlin, J.L. Erickson: Stress-Deformation-Relation for Isotropic Material. Arch. Mech. Anal. 4(1955), 323 - 425
3. D. Macvean: Die Elementararbeit in einem Kontinuum und die Zuordnung von Spannungs- und Verzerrungstensoren. ZAMP 19(1968), 157 - 185
4. P. Blatz, S. Sharda, N. Tschoegel: Strain Energie Funktion for Rubberlike Materials based on a Generalized Measure of Strain. Trans. Soc. Rheol. 18(1974), 145 - 161
5. L. Anand: On H. Hencky's Approximate Strain Energy Function for Moderate Deformations. Trans. ASME J. Appl. Mech. 46(1979), 78 - 82
6. P. Haupt, Ch. Tsakmakis: On the Application of Dual Variables in Continuum Mechanics. J. of Cont. Mech. Thermodynamics 1(1989), 165 - 195
7. N.M. Nik-Abdullah: Die zum materiellen Strecktensor und zum logarithmischen Verzerrungstensor konjugierten Spannungstensoren der Kontinuumsmechanik. VDI-Fortschrittsberichte, Reihe 18 Mechanik/Bruchmechanik Nr. 103, 1991
8. R. Kienzler: Konzepte der Bruchmechanik. Vieweg-Verlag, 1993

5 Materialverhalten und Konstitutivgleichungen

Die bisher eingeführten Grundgleichungen der Kontinuumsmechanik sind weitestgehend unabhängig von den spezifischen Eigenschaften der Kontinua. Sie haben in diesem Sinne die Bedeutung von „Naturgesetzen", da sie für alle Kontinua gleichermaßen gelten. Andererseits ist aus der täglichen Erfahrung bekannt, daß es deutliche Unterschiede im Verhalten spezieller Kontinua bei gleichen äußeren Beanspruchungen gibt. Die Besonderheiten des konkreten Kontinuumsverhaltens sind folglich noch zu analysieren.

Ferner gibt es ein formales mathematisches Problem. Die Anzahl der das Kontinuum beschreibenden unbekannten Größen liegt deutlich über der Anzahl der bisher zur Verfügung stehenden Gleichungen. Daher sind noch sogenannte konstitutive Gleichungen einzuführen, die diese Lücke schließen. Ziel dieses Kapitels ist die Darlegung der Methodik zur Formulierung solcher Gleichungen sowie die beispielhafte Behandlung einiger Grundmodelle des Materialverhaltens.

Die Ermittlung der spezifischen, materialabhängigen Eigenschaften von Kontinua ist eine experimentelle Aufgabe. Die aus experimentellen Untersuchungen abgeleiteten mathematischen Gleichungen haben aber im allgemeinen nur eine eingeschränkte Gültigkeit. Ein allgemeines theoretisches Konzept zur Begründung einer universellen Materialgleichung existiert nicht. Daher bietet sich folgende Vorgehensweise an:

1. Formulierung plausibler Annahmen für Konstitutivgleichungen
2. Überprüfen der Widerspruchsfreiheit der Annahmen mit den materialunabhängigen Aussagen der Thermodynamik
3. Experimentelle Identifikation der konstitutiven Parameter

Alle weiteren Ausführungen beschränken sich auf die ersten beiden Punkte. Ferner werden auch Methoden der Formulierung von materialspezifischen Gleichungen erläutert und rheologische Modelle des Konstitutivverhaltens diskutiert.

5.1 Grundlegende Begriffe, Modelle und Methoden

Die Gleichungen zur Beschreibung der spezifischen Besonderheiten von Kontinua werden allgemein als *Konstitutivgleichungen* bezeichnet. Daneben treten auch die Begriffe Materialgleichungen, Stoffgleichungen, physikalische Gleichungen oder Zustandsgleichungen auf. In den nachfolgenden Ausführungen wird der Terminus Konstitutivgleichungen bevorzugt.

Definition: *Konstitutivgleichungen verknüpfen alle das makroskopische Kontinuumsverhalten beschreibenden phänomenologischen Variablen.*

Derartige phänomenologische Variable, die in Anlehnung an die Physik Konstitutivgrößen genannt werden, wurden in den bisherigen Kapiteln eingeführt: Spannungen, Verzerrungen, Temperatur, Wärmestromvektor usw. Der Zusammenhang zwischen diesen Größen kann unterschiedliche mathematische Struktur haben, z.B. algebraische Beziehungen (*Hooke*sches Gesetz), Differentialgleichungen (*Newton*sches Fluid), Integralgleichungen (viskoelastische Modelle) u.a.m.

Die Anzahl der zu definierenden Konstitutivgleichungen ist abhängig vom konkreten Kontinuumsproblem. Für die im Abschnitt 4.2 diskutierten rein mechanischen Aufgaben wurden folgende Bilanzgleichungen eingeführt: die Massebilanz (1 skalare Gleichung), die Impulsbilanz (1 vektorielle Gleichung, d.h. für dreidimensionale Feldprobleme 3 skalare Gleichungen), die Drehimpulsbilanz (1 vektorielle Gleichung bzw. 3 skalare Gleichungen) und die Energiebilanz (1 skalare Gleichung). Damit stehen insgesamt 8 skalare Gleichungen zur Verfügung. Folgende 14 Variable sind zu bestimmen: die Dichte ρ (1 skalare Variable), die Geschwindigkeit $\mathbf{v}$ (1 Vektor bzw. 3 Variable), der Spannungstensor $\mathbf{T}$ (1 Tensor 2. Stufe bzw. 9 Variable) und die innere Energie u (1 Variable). Um das zur Lösung notwendige Gleichungssystem bestimmt zu machen, müssen die Bilanzgleichungen durch 6 Konstitutivgleichungen ergänzt werden [14 (Variablenanzahl) - 8 (Anzahl der Gleichungen) = 6 (notwendige Anzahl der Konstitutivgleichungen)]. Für den in Abschnitt 4.3 diskutierten allgemeineren Fall der Thermomechanik erhöht sich die Variablenanzahl. Es treten zu den bereits aufgelisteten Variablen die Entropie s (1 Variable), die Temperatur θ (1 Variable) und der Wärmestromvektor $\mathbf{h}$ (1 Vektor bzw. 3 Variable) hinzu. Damit wären 19 Variablen zu bestimmen. Da weiterhin nur 8 Gleichungen zur Verfügung stehen, sind 11 Konstitutivgleichungen zu definieren. Die Bilanzgleichung für die Entropie liefert keine weitere Bestimmungsgleichung, sie definiert lediglich die Prozeßrichtung.

Auch im Kapitel 5 wird nur das klassische Kontinuumsmodell betrachtet und es werden polar strukturierte Kontinua ausgeschlossen. Die Aufstellung mathematischer Modelle für Materialgleichungen, d.h. für das Verhalten materieller Körper mit unterschiedlichen stofflichen Eigenschaften unter definierten Belastungen, wird damit einfacher. Alle Modelle beschreiben wieder ausschließlich phänomenologische Materialeigenschaften, d.h. es sind makroskopische Modellierungen. Ferner werden nur sogenannte einfache Körper 1. Grades betrachtet.

Definition: *Bei einfachen Körpern 1. Grades verknüpfen die konstitutiven Gleichungen nur lokale Größen, z.B. den lokalen Verzerrungstensor und den lokalen Wärmeflußvektor mit dem lokalen Spannungstensor und dem lokalen Temperaturgradienten. Alle Aussagen beziehen sich auf den gleichen materiellen Punkt und seine differentielle Umgebung ersten Grades.*

Die Einschränkung auf einfache Körper 1. Grades entspricht den Voraussetzungen einer rein lokalen Theorie, nichtlokale Effekte werden vernachlässigt.

In den einführenden Ingenieurvorlesungen zur Technischen Mechanik und zur Strömungslehre werden bereits einfache Konstitutivgleichungen behandelt, die für viele technische Anwendungen ausreichend genaue Aussagen liefern. Bei Beschränkung auf rein mechanische, lineare Aufgaben ohne Temperatureinflüsse erhält man einfache funktionelle Beziehungen zwischen kinetischen Größen, z.B. dem Spannungstensor $\mathbf{T}$, und kinematischen Größen, z.B. dem Tensor $\mathbf{G}$ der Verzerrungen oder dem Tensor $\dot{\mathbf{G}}$ der Verzerrungsgeschwindigkeiten. Die angewandte Ingenieurmechanik bezeichnet im Rahmen kleiner Verformungen im allgemeinen $\mathbf{T} \equiv \boldsymbol{\sigma}$ und $\mathbf{G} \equiv \boldsymbol{\varepsilon}$ und formuliert für einen ideal elastischen (*Hooke*schen) Körper eine Gleichung $\boldsymbol{\sigma} = \boldsymbol{\sigma}(\boldsymbol{\varepsilon})$ und für ein ideales (*Newton*sches) Fluid eine Gleichung $\boldsymbol{\sigma} = \boldsymbol{\sigma}(\dot{\boldsymbol{\varepsilon}})$.

Neue Technologien und Werkstoffe, extreme Einsatzbedingungen und komplexe bzw. kombinierte Feldwirkungen verlangen zunehmend nach erweiterten Beschreibungsmöglichkeiten des Verhaltens von Kontinua. Es ist dann erforderlich, den zeitlichen Zusammenhang solcher phänomenologischer Größen wie Beanspruchung, Verformung, Temperatur, Temperaturgradient, Wärmeaufnahme, Wärmefluß, innere Energie, Entropie usw. genauer zu erfassen. Dabei geht man konzeptionell zunehmend von einer rein empirischen Formulierung zu einer mathematischen Modellierung über, wobei stets ingenieurmäßige Annahmen getroffen werden müssen, da eine universelle Konstitutivgleichung nicht begründet werden kann. Folglich ist die Diskussion um Konstitutivgleichungen immer mit der Behandlung von Sonderfällen verbunden.

Die Ableitung von Konstitutivgleichungen für Materialmodelle kann auf induktivem Wege, gestützt auf Experimente, oder deduktiv, d.h. vorrangig auf theoretischem Wege, erfolgen. Bei der deduktiven Formulierung wird mit den Bilanzgleichungen und weiterer übergeordneter Prinzipien ein möglicher Rahmen für die Konstitutivgleichungen vorgegeben. Dieser wird schrittweise mit Hilfe der Axiome der Materialtheorie eingeengt. Für die so erhaltene Gleichungsstruktur, die mathematisch und physikalisch widerspruchsfrei sein muß, wird dann über konstitutive Annahmen die konkrete Gleichung bestimmt. Die induktive Vorgehensweise, die mit den üblichen Konzepten der Ingenieurarbeit übereinstimmt, geht von einfachsten konstitutiven Annahmen (meist empirisch für einachsiges Materialverhalten aufgestellt) aus. Kompliziertere Materialgesetze werden dann durch induktive Schlußweisen gefunden. Ein derartiges Konzept führt zu Materialgleichungen, deren physikalische Konsistenz nicht à priori gesichert ist. Neben diesen beiden Konzepten gibt es noch die Methode der rheologischen Modelle, die Elemente der induktiven und der deduktiven Schlußweisen enthält. Zunächst werden einfache, physikalisch konsistente Grundmodelle abgeleitet. Reales Materialverhalten wird dann durch Kombination von Grundmodellen approximiert.

Analysiert man den gegenwärtigen Erkenntnisstand, sind Materialgleichungen für lineare Modelle der Kontinuumsmechanik bereits weitestgehend bekannt. Es gibt aber noch viele offene Fragen bei der Modellierung von Materialgleichungen für nichtlineare Aufgaben, aber auch für neue Werkstoffe. Dies betrifft z.B. den Einsatz von Elastomeren, d.h. Materialien mit sehr großen elastischen Deformationen, die Betrachtung des plastischen Materialverhaltens bei großen Verzerrungen, Materialmodelle für Hochtemperaturkriechen, Modellierung granularer und/oder heterogener Kontinua und Materialmodelle, die Schädigungsprozesse erfassen können.

Für die Formulierung von Konstitutivgleichungen ist es als erstes notwendig, die in ihnen auftretenden Variablen zu ordnen. Das Materialverhalten muß für jeden materiellen Punkt und jeden Zeitpunkt beschrieben werden. Günstig ist es, diese Beschreibung entsprechend den Ausführungen des Abschnittes 2.1 mit den Koordinaten $\mathbf{x}$ oder $\mathbf{a}$ und der Zeit t vorzunehmen. Das Materialverhalten kann dann durch funktionale Beziehungen zwischen Konstitutivgrößen und konstitutiven Parametern gekennzeichnet werden. Im Rahmen der Thermomechanik kann u.a. die Temperatur θ als konstitutiver Parameter und der Wärmestromvektor $\mathbf{h}$ als Konstitutivgröße auftreten. Die Auswahl der konstitutiven Parameter und der Konstitutivgrößen ist subjektiv.

Für den Fall, daß man die im Kontinuum ablaufenden *Prozesse* in den materiellen Punkten beschreiben möchte, ist die Änderungsgeschichte der konstitutiven Parameter zu verfolgen.

Definition: *Die zeitliche Änderung der konstitutiven Parameter in den materiellen Punkten wird als Prozeß bezeichnet.*

Für das Beispiel der Temperatur ist damit die folgende Funktion zu ermitteln

$$\theta^{\tau} = \theta[\mathbf{x}(\mathbf{a}, \tau), \tau], \ t_0 < \tau < t$$

Die Änderungsgeschichten aller konstitutiven Parameter definieren die im Kontinuum ablaufenden Prozesse.

Abschließend ist hier noch zu klären, wann die materialabhängigen Eigenschaften des Kontinuums vollständig definiert sind.

Definition: *Das Verhalten des Kontinuums in jedem materiellen Punkt wird durch einen Satz von Konstitutivgrößen beschrieben, die Operatoren (bezüglich der Zeit t) der Prozesse in den Punkten sind.*

Die entsprechenden funktionalen Beziehungen werden als *Konstitutivgleichungen* bezeichnet. Verschiedene Materialien unterscheiden sich durch unterschiedliche Formen der Funktionale. Die Definition eines konkreten Materials ist folglich gleichbedeutend mit der Angabe der Konstitutivgleichungen.

Die angewandte Kontinuumsmechanik unterscheidet in bezug auf das Materialverhalten zwei Hauptmodellklassen, den *Festkörper* und das *Fluid.* Dabei geht sie von einfachen Definitionen aus, die eine Hilfe für die Abgrenzung der beiden Hauptmodelle sind.

Definition Festkörper: *Der Körper kann bei definierten Belastungen im Spannungsdeviator von Null verschiedene Komponenten aufbauen, d.h. er setzt einer Gestaltänderung Widerstand entgegen.*

Definition Fluid: *Der Körper kann bei definierten Belastungen keine Deviatorspannungen aufbauen, d.h. er hat keine Tendenz zur Erhaltung der Gestalt.*

In Abhängigkeit vom Einfluß der Kompressibilität auf das Materialverhalten werden Fluide häufig in die Modellklassen *Flüssigkeiten* und *Gase* unterteilt. Eine derartige Modellklassifizierung bezieht sich natürlich immer auf „ideale Körper“. Da nach dem 2. Axiom der Rheologie (s. Abschnitt 5.4) alle realen Körper sowohl Festkörper- als auch Fluideigenschaften aufweisen, die allerdings sehr unterschiedlich ausgeprägt sein können, und auch Inkompressibilität nur eine Idealisierung des realen Fluidverhaltens ist, bleiben solche Modellklassifizierungen immer subjektiv und auch von der Aufgabenstellung abhängig. Im Rahmen einer allgemeinen Einführung in die Kontinuumsmechanik ist eine Klassifizierung der Körper in Festkörper und Fluide nicht erforderlich. Die materialunabhängigen und die materialabhängigen Gleichungen beschreiben eindeutig das Verhalten eines Kontinuums, unabhängig davon, ob der Modellkörper der Klasse der Festkörper oder der Fluide zugeordnet wird.

Eine andere Möglichkeit der Klassifikation von Materialmodellen ist durch die unterschiedliche Abhängigkeit des Verhaltens von der Zeit gegeben. So unterscheidet man u.a. skleronomes (zeitunabhängiges) und rheonomes (zeitabhängiges) Materialverhalten. Zur ersten Gruppe gehört das elastische und das plastische Materialverhalten, zur zweiten Gruppe wird das viskoelastische und das viskoplastische Materialverhalten zugerechnet.

Die Modellierung des Materialverhaltens kann unterschiedlich erfolgen. Das einfachste Verfahren ist die Realisierung eines Experiments. Dabei wird der Zusammenhang zwischen äußeren Einflußfaktoren und den Veränderungen des inneren Zustandes des Kontinuums ermittelt, wobei letzteres vielfach nur durch Beobachtung äußerer Reaktionen erkennbar ist. Das Verfahren wird auf Bild 5.1 veranschaulicht. Aus dem Vergleich von Eingang und Ausgang

Bild 5.1 Veranschaulichung einer experimentellen Ermittlung des Materialverhaltens

lassen sich Rückschlüsse auf das Verhalten des Kontinuums ziehen. Analysiert man beispielsweise das Werkstoffverhalten, ist das Schema der Werkstoffversuch, wobei spannungs- und dehnungskontrollierte Versuche unterschieden werden. Die Klassifikation hängt von der gewählten Eingangsgröße ab. Die Modellierung des Materialverhaltens erfolgt dann durch Auswertung des Experiments unter Verwendung mathematisch-physikalisch begründeter Verfahren. Am häufigsten werden statistische Methoden zur Auswertung experimenteller Befunde angewendet. Die derart aufgestellten Konstitutivgleichungen haben nur einen stark eingeschränkten Einsatzbereich. Im Rahmen der Kontinuumsmechanik werden daher die induktive (ingenieurmäßige) oder deduktive Methode bevorzugt sowie rheologische Modelle für die Modellierung eingesetzt.

5.2 Einführung in die Materialtheorie

Die Entwicklung der Grundlagen der Kontinuumsmechanik hat auch zur Herausbildung einer allgemeinen Materialtheorie geführt, die heute oft als eigenständiges Teilgebiet der Kontinuumsmechanik betrachtet wird. Die Zielstellung einer solchen Materialtheorie ist es, auf deduktivem Wege systematische und rationale Methoden der mathematischen Modellierung des Materialverhaltens zu entwickeln sowie die Materialmodellgleichungen mit den

Bilanzgleichungen zu verbinden. Die klassischen Materialmodellgleichungen der Kontinuumsmechanik, die lineare Elastizität, die Viskoelastizität und die ideale Plastizität fester Körper, elastische und linear viskose Fluide sowie ideale Gase sind aus der Sicht einer allgemeinen Theorie nur erste Approximationen allgemeiner Konstitutivgleichungen. Die Modellierung des Materialverhaltens bei komplexen Beanspruchungen, die z.B. durch die Einwirkung unterschiedlicher physikalischer Felder, aber auch durch das Auftreten unterschiedlicher Phasen des Materialzustandes gekennzeichnet sein können, erfordert zunehmend auch im Ingenieurbereich genauere Kenntnisse der Materialtheorie. Die folgenden Darstellungen sollen die Grundlagen dafür verdeutlichen und damit eine Einarbeitung in die Speziallliteratur anregen und erleichtern.

5.2.1 Grundlegende Prinzipien

Mit Hilfe der grundlegenden Prinzipien der Materialtheorie lassen sich systematisch mathematisch-physikalisch begründete Konstitutivgleichungen deduktiv entwickeln. Im Ergebnis dieser Ableitungen erhält man Gleichungen, die die spezifischen Besonderheiten konkreter Kontinua beinhalten. Dabei sind zunächst drei Fragestellungen zu klären

- Formulierung der Konstitutivgleichungen
- Einarbeitung von Materialsymmetrien
- Einbeziehung von kinematischen Einschränkungen (Zwangsbedingungen)

Die *Konstitutivgleichungen* stellen die individuelle Antwort des Kontinuums auf eine äußere Beanspruchung dar (vgl. auch Bild 5.1). In Abhängigkeit vom konkreten Kontinuumsmodell werden die entsprechenden Eingangs- und Ausgangsvariablen definiert. Im einfachsten Fall sind dies die Spannungen und die Deformationen, die zur Beschreibung des mechanischen Verhaltens eines Modellkörpers genügen. Ist eine Erweiterung auf andere, z.B. thermische Effekte notwendig, nehmen die Konstitutivgleichungen komplexere Ausdrücke an. Es treten verstärkt Kopplungseffekte auf, da die in den Gleichungen auftretenden Kennwerte auch Abhängigkeiten von den nichtmechanischen Effekten zeigen. So ist beispielsweise bei der Hinzunahme thermischer Einflüsse zu klären, ob die Temperaturabhängigkeit des Elastizitätsmoduls für die Beschreibung des Konstitutivverhaltens signifikant ist und daher in das Modell einbezogen werden muß.

Die *Einarbeitung von Materialsymmetrien* kann zu wesentlichen Vereinfachungen der Konstitutivgleichungen führen. Grundlage dafür bildet die experimentelle Erfahrung, daß man bei zahlreichen Kontinua eine Richtungsabhängigkeit (Anisotropie) des Konstitutivverhaltens feststellen kann. Ursache dafür ist die jeweilige Mikrostruktur des Kontinuums. Die Anwendung von Aussagen zur Materialsymmetrie führt im allgemeinen zu Vereinfachungen der mathematischen Modellgleichungen. Es können dann Invarianzaussagen für das Materialverhalten formuliert werden, die z.B. für isotrope, transversal-isotrope, orthotrope oder andere Materialsymmetrien gelten. Ein Beispiel eines isotropen Kontinuums ist ein polykristalliner Werkstoff (statistischer Ausgleich der Orientierungen der Einzelkristalle). Anisotropien treten dagegen bei Einkristallen oder faserverstärkten Werkstoffen auf.

Die *Einarbeitung kinematischer Einschränkungen* führt gleichfalls zu Vereinfachungen der Materialmodellgleichungen. Ein Beispiel aus der Festkörpermechanik ist die plastische Inkompressibilität, d.h. die Annahme, daß Volumenänderungen rein elastisch sind. Damit werden bestimmte Deformationen für das Kontinuum ausgeschlossen. Derartige Vereinfachungen der Konstitutivgleichungen verlangen allerdings vielfach eine besonderer Sorgfalt bei der Auswahl numerischer Lösungsverfahren.

Die systematische Ableitung von Konstitutivgleichungen erfolgt auf der Basis grundlegender Axiome (konstitutiver Prinzipe), die u.a. die mathematische und physikalische Widerspruchsfreiheit sichern. Zu diesen konstitutiven Axiomen der Materialtheorie gehören

- Kausalität
- Determinismus
- Äquipräsenz
- Materielle Objektivität
- Lokale Wirkung
- Gedächtnis
- Physikalische Konsistenz

Die Auswahl der abhängigen und der unabhängigen Variablen wird durch das *Kausalitätsprinzip* geregelt. Für thermomechanische Kontinua können als unabhängige Variable die Bewegung und die Temperatur eingeführt werden. In Abhängigkeit von diesen Variablen ändern sich die Spannungen, die Wärmeströme, die freie Energie und die Entropie. Sie sind das Antwortverhalten des Kontinuums auf Änderungen der unabhängigen Variablen im Sinne des in Bild 5.1 dargestellten Schemas.

Das *Determinismusaxiom* (Prinzip der Determiniertheit) besagt, daß der aktuelle Zustand des Kontinuums durch die aktuelle Beanspruchung sowie die gesamte Vorgeschichte bestimmt wird. Dies schließt ein, daß das Verhalten im betrachteten materiellen Punkt durch das Verhalten aller anderen materiellen Punkte beeinflußt wird. Damit sind die abhängigen Variablen Zeitfunktionale der unabhängigen Variablen bzw. genauer der Geschichte der unabhängigen Variablen.

Das *Äquipräsenzaxiom* (Prinzip der Äquipräsenz) besagt, daß der Satz der unabhängigen Variablen, der in eine Konstitutivgleichung eingeht, auch in allen übrigen Konstitutivgleichungen für das gegebene Kontinuumsmodell enthalten sein muß, d.h. konstitutive Variable müssen immer in allen Gleichungen erfaßt sein, um mögliche Wechselwirkungen zu erkennen. Dies gilt bis zum Auftreten weiterer einschränkender Annahmen, die sich auf spezielle Konstitutivgleichungen beziehen.

Entsprechend dem *Axiom der materiellen Objektivität (Beobachterindifferenz)* dürfen die Konstitutivgleichungen nicht von der Wahl des Bezugssystems bzw. von Bewegungen des Beobachtersystems im Raum abhängen. Betrachtet man beispielsweise zwei Bewegungen $\mathbf{x}$ und $\overline{\mathbf{x}}$, die durch eine Starrkörperbewegung und eine Zeittransformation miteinander verbunden sind, gilt allgemein

$$\overline{\mathbf{x}}(\mathbf{a}, \overline{t}) = \mathbf{Q}(t)\mathbf{x}(\mathbf{a}, t) + \mathbf{c}(t), \quad \overline{t} = t - t_0, \quad \mathbf{Q} \cdot \mathbf{Q}^T = \mathbf{I}, \quad \det\mathbf{Q} = 1 \quad (5.1)$$

Dabei ist $t_0 =$ konst., $\mathbf{Q}(t)$ ist ein beliebiger, zeitabhängiger orthogonaler Tensor, der Starrkörperrotationen beschreibt, und $\mathbf{c}(t)$ ist ein beliebiger, zeitabhängiger Vektor, der eine Translationen kennzeichnet. Die beiden Bewegungen, die über die Transformationsgleichung (5.1) verbunden sind, werden als objektiv äquivalent bezeichnet. Die Konstitutivgleichungen dürfen sich nach dem Objektivitätsprinzip bei Transformationen entsprechend Gl. (5.1) nicht verändern. Die Gl. (5.1) enthält 3 Sonderfälle:

a) konstante Zeitverschiebung
b) Starrkörpertranslation
c) Starrkörperrotation

Für die hier analysierten Probleme ist vor allem die Beobachterunabhängigkeit bei Starrkörperrotationen zu prüfen. Die Translationen sind für den Fall bedeutsam, daß Referenz- und Momentankonfiguration durch eine Translation miteinander verknüpft sind. Zeitverschiebungen werden u.a. bei relativistischen Aufgabenstellungen bedeutsam. Auf weitere Fragen im Zusammenhang mit der materiellen Objektivität wird im Abschnitt 5.2.2 eingegangen.

Nach dem *Axiom der lokalen Wirkung* wird der Zustand in den materiellen Punkten einzig durch die unmittelbare Umgebung des materiellen Punktes beeinflußt. Fernwirkungen werden vernachlässigt. Für hinreichend glatte Funktionen kann man dann *Taylor*-Reihenentwicklungen bezüglich der Differenz zwischen dem betrachteten materiellen Punkt $\mathbf{a}$ und einem benachbarten Punkt $\tilde{\mathbf{a}}$ vornehmen. Beispielsweise gilt dann für die Temperatur im Punkt $\tilde{\mathbf{a}}$

$$\theta(\tilde{\mathbf{a}}, t) = \theta(\mathbf{a}, t) + (\tilde{\mathbf{a}} - \mathbf{a}) \cdot \boldsymbol{\nabla}_{\mathbf{a}}\theta(\mathbf{a}, t) + (1/2)(\tilde{\mathbf{a}} - \mathbf{a}) \cdot \boldsymbol{\nabla}_{\mathbf{a}}\boldsymbol{\nabla}_{\mathbf{a}}\theta(\mathbf{a}, t) \cdot (\tilde{\mathbf{a}} - \mathbf{a}) + \ldots$$

Damit können die Funktionen mit beliebiger Genauigkeit durch Reihenentwicklungen dargestellt werden. Mit entsprechenden Abbruchbedingungen lassen sich die Materialien weiter klassifizieren. Bricht man beispielsweise die Reihenentwicklung nach der 1. Ableitung ab, erhält man sogenannte *einfache Materialien*. Für diesen Fall genügt die Kenntnis der Originalgrößen und ihrer ersten Ableitungen nach dem Ort. Dies ist der Gradient und das entsprechende einfache Material kann folglich auch als Material 1. Grades bezeichnet werden. Für die überwiegende Anzahl der praktisch wichtigen Fälle genügt eine solche Approximation.

Das *Gedächtnisprinzip* ermöglicht Vereinfachungen bezüglich der zeitlichen Beschreibungen. Dabei sind zwei Modifikationen zu unterscheiden: das glatte Gedächtnis und das schwindende Gedächtnis (*fading memory*). Im ersten Fall kann eine *Taylor*-Reihenentwicklung für differentiell kleine Zeitintervalle $\tilde{t} - t$ unter der Voraussetzung der hinreichenden Glattheit der Funktionen vorgenommen werden. Für das Beispiel der Temperatur gilt dann beispielsweise

$$\theta(\mathbf{a}, \tilde{t}) = \theta(\mathbf{a}, t) + (\tilde{t} - t)\dot{\theta}(\mathbf{a}, t) + (1/2)(\tilde{t} - t)^2\ddot{\theta}(\mathbf{a}, \tilde{t}) + \ldots \tag{5.2}$$

Somit kann die Temperatur mit beliebiger Genauigkeit approximiert werden. Im zweiten Fall wird davon ausgegangen, daß im Falle der Berücksichtigung der Zustandsgeschichte des Kontinuums auf den aktuellen Zustand weiter zurückliegende Ereignisse einen geringeren Einfluß als kürzer zurückliegende haben. Damit ist die Möglichkeit zur Darstellung der konstitutiven Beziehungen über eine Reihe von Gedächtnisintegralen und dem Abruch dieser Reihe im Sinne einer endlichen Aproximation gegeben. Dieses Konzept hat große Bedeutung für die Beschreibung viskoelastischen Materialverhaltens.

Die *physikalische Konsistenz* (Prinzip der physikalischen Verträglichkeit) besagt, daß die Konstitutivgleichungen nicht den Bilanzen widersprechen dürfen. Damit ist stets die Erfüllung der im Kapitel 4 abgeleiteten Bilanzen zu prüfen, wobei die Hauptsätze der Thermodynamik bzw. die dissipative Ungleichung von besonderer Bedeutung sind.

5.2.2 Objektive Tensoren und objektive Zeitableitungen

Die Unabhängigkeit der Konstitutivgleichungen von der Wahl des Bezugssystems zur Beschreibung der Deformationen eines Körpers (Beobachterindifferenz, materielle Objektivität) ist für die weiteren Aussagen von grundsätzlicher Bedeutung. Es sollen daher im folgenden notwendige Aussagen zur

Objektivität mechanischer Größen und ihrer Zeitableitungen zusammengefaßt werden.

Für die Bewegung eines starren Körpers gelten folgende Gleichungen:

– Translation

$$\mathbf{x}(\mathbf{a}, t) = \mathbf{a} + \mathbf{c}(t), \quad \mathbf{c}(t = 0) = \mathbf{0}$$

Der Verschiebungsvektor $\mathbf{u} = \mathbf{x} - \mathbf{a} \equiv \mathbf{c}(t)$ ist unabhängig von $\mathbf{a}$, d.h. jeder materielle Punkt des starren Körpers verschiebt sich in der Zeit t um den gleichen Betrag und in die gleiche Richtung.

– Rotation um einen festen Punkt $\mathbf{x} = \mathbf{d}$

$$\mathbf{x}(\mathbf{a}, t) = \mathbf{R}(t) \cdot (\mathbf{a} - \mathbf{d})$$

$\mathbf{R}$ ist ein orthogonaler Drehtensor mit $\mathbf{R}(t = 0) = \mathbf{I}$, $\mathbf{R} \cdot \mathbf{R}^T = \mathbf{I}, \det\mathbf{R} = 1$, $\mathbf{d}$ ist ein konstanter Positionsvektor. Der materielle Punkt $\mathbf{a}$ hat zu jeder Zeit t immer die Position $\mathbf{x} = \mathbf{d}$, d.h. die Rotation erfolgt um den festen Punkt $\mathbf{x} = \mathbf{d}$. Für $\mathbf{d} = \mathbf{0}$ ist $\mathbf{x} = \mathbf{R}(t) \cdot \mathbf{a}$, d.h. die Rotation erfolgt um den Bezugspunkt 0.

– Allgemeine Starrkörperbewegung

$$\mathbf{x}(\mathbf{a}, t) = \mathbf{R}(t) \cdot (\mathbf{a} - \mathbf{d}) + \mathbf{c}(t)$$

mit $\mathbf{R}(t = 0) = \mathbf{I}$ und $\mathbf{c}(t = 0) = \mathbf{d}$

Die Gleichung beschreibt die Translation $\mathbf{c}(t)$ eines beliebig gewählten materiellen Bezugspunktes $\mathbf{a} = \mathbf{d}$ und eine Rotation $\mathbf{R}(t)$ um diesen Punkt. Für die materielle Ableitung gilt dann

$$\dot{\mathbf{x}} \equiv \mathbf{v} = \dot{\mathbf{R}} \cdot (\mathbf{a} - \mathbf{d}) + \dot{\mathbf{c}}$$

und mit $(\mathbf{a} - \mathbf{d}) = \mathbf{R}^T \cdot (\mathbf{x} - \mathbf{c})$ gilt

$$\mathbf{v} = \dot{\mathbf{R}} \cdot \mathbf{R}^T \cdot (\mathbf{x} - \mathbf{c}) + \dot{\mathbf{c}}$$

Da aufgrund der Orthogonalität $\mathbf{R} \cdot \mathbf{R}^T = \mathbf{I}$ ist, folgt $\dot{\mathbf{R}} \cdot \mathbf{R}^T + \mathbf{R} \cdot \dot{\mathbf{R}}^T = \mathbf{0}$, d.h. $\dot{\mathbf{R}} \cdot \mathbf{R}^T = -(\dot{\mathbf{R}} \cdot \mathbf{R}^T)^T$. $\dot{\mathbf{R}} \cdot \mathbf{R}^T$ ist daher ein antimetrischer Tensor, dem ein dualer Vektor $\boldsymbol{\omega}$ zugeordnet werden kann

$$\mathbf{v} = \boldsymbol{\omega} \times (\mathbf{x} - \mathbf{c}) + \dot{\mathbf{c}} = \boldsymbol{\omega} \times \mathbf{r} + \dot{\mathbf{c}}$$

Man betrachtet jetzt zwei gegeneinander bewegte Bezugssysteme $\mathbf{x}(t)$ und $\overline{\mathbf{x}}(t)$. Das System $\mathbf{x}$ sei raumfest, das System $\overline{\mathbf{x}}(t)$ ein bewegtes System. Ferner gelte $\bar{t} = t$, es gibt keine konstante Zeitverschiebung, und beide Systeme fallen zur Referenzzeit $t_0 = 0$ zusammen. Es gilt dann

$$\overline{\mathbf{x}}(\mathbf{a}, t) = \mathbf{Q}(t) \cdot (\mathbf{x} - \mathbf{x}_0) + \mathbf{c}(t)$$

$\mathbf{x}_0$ ist der Positionsvektor des Basispunktes, $\mathbf{c}(t)$ die relative Verschiebung des Bezugspunktes und $\mathbf{Q}$ ein zeitabhängiger orthogonaler Tensor

$$\mathbf{Q} \cdot \mathbf{Q}^T = \mathbf{I}, \mathbf{Q}^T = \mathbf{Q}^{-1},$$

der eine Drehung ($\det\mathbf{Q} = +1$), aber auch eine Spiegelung ($\det\mathbf{Q} = -1$) darstellen kann. Man denkt sich nun einen „ruhenden Beobachter“ mit dem System $\mathbf{x}$ und einen „bewegten Beobachter“ mit dem System $\overline{\mathbf{x}}$ verbunden.

Eine Größe oder eine Gleichung heißt objektiv, d.h. invariant gegenüber Starrkörpertranslationen und -rotationen, wenn beide Beobachter zu gleichen Aussagen bei ihrer Beobachtung oder Messung kommen.

Für Vektoren gilt folgende Überlegung. Sind $\mathbf{x}_1, \mathbf{x}_2$ die Lagevektoren zweier materieller Punkte im ruhenden, $\overline{\mathbf{x}}_1, \overline{\mathbf{x}}_2$ im bewegten Bezugssystem, so unterscheiden sich zwar die Lagevektoren $\mathbf{x}_i$ und $\overline{\mathbf{x}}_i$, der Differenzvektor $\mathbf{x}_1 - \mathbf{x}_2$ bzw. $\overline{\mathbf{x}}_1 - \overline{\mathbf{x}}_2$, der den Abstand der beiden materiellen Punkte P_1, P_2 angibt, hat für beide Beobachter den gleichen Wert

$$\overline{\mathbf{x}}_1 = \mathbf{Q}(t) \cdot (\mathbf{x}_1 - \mathbf{x}_0) + \mathbf{c}(t), \quad \overline{\mathbf{x}}_2 = \mathbf{Q}(t) \cdot (\mathbf{x}_2 - \mathbf{x}_0) + \mathbf{c}(t)$$

$$\overline{\mathbf{x}}_1 - \overline{\mathbf{x}}_2 = \mathbf{Q}(t) \cdot (\mathbf{x}_1 - \mathbf{x}_2), \quad \overline{\mathbf{x}}_1 - \overline{\mathbf{x}}_2 = \overline{\mathbf{y}}, \quad \mathbf{x}_1 - \mathbf{x}_2 = \mathbf{y}$$

Für die Verbindungsvektoren $\overline{\mathbf{y}}, \mathbf{y}$ der Punkte P_1, P_2 im System $\overline{\mathbf{x}}$ bzw. $\mathbf{x}$ folgt

$$\overline{\mathbf{y}} = \mathbf{Q}(t) \cdot \mathbf{y}$$

Betrachtet wird nun ein Tensor $\mathbf{T}$, der im System $\mathbf{x}$ einen beobachterinvarianten Vektor $\mathbf{y}$ in einen beobachterinvarianten Vektor $\mathbf{z}$ transformiert

$$\mathbf{z} = \mathbf{T} \cdot \mathbf{y}$$

Für das System $\overline{\mathbf{x}}$ gilt dann analog

$$\overline{\mathbf{z}} = \overline{\mathbf{T}} \cdot \overline{\mathbf{y}}$$

und da nach Voraussetzung $\overline{\mathbf{z}} = \mathbf{Q} \cdot \mathbf{z}, \overline{\mathbf{y}} = \mathbf{Q} \cdot \mathbf{y}$ ist, folgt

$$\overline{\mathbf{z}} = \mathbf{Q} \cdot \mathbf{z} = \mathbf{Q} \cdot \mathbf{T} \cdot \mathbf{y} = \mathbf{Q} \cdot \mathbf{T} \cdot \mathbf{Q}^T \cdot \overline{\mathbf{y}},$$

d.h.

$$\overline{\mathbf{T}} \cdot \overline{\mathbf{y}} = \mathbf{Q} \cdot \mathbf{T} \cdot \mathbf{Q}^T \cdot \overline{\mathbf{y}}$$

$$\overline{\mathbf{T}} = \mathbf{Q} \cdot \mathbf{T} \cdot \mathbf{Q}^T$$

Die Gleichungen $\overline{\mathbf{y}} = \mathbf{Q} \cdot \mathbf{y}$ und $\overline{\mathbf{T}} = \mathbf{Q} \cdot \mathbf{T} \cdot \mathbf{Q}^T$ sind so zu interpretieren, daß ein Beobachter im raumfesten und ein Beobachter im bewegten Bezugssystem den gleichen Vektor bzw. den gleichen Tensor 2. Stufe feststellen, die Koordinaten der Vektoren bzw. Tensoren natürlich im jeweiligen System anzugeben sind. Zwischen den 3 Vektor- bzw. den 9 Tensorkoordinaten gelten somit die Beziehungen wie bei einer Drehung des Koordinatensystems.

Definition: *Skalare, Vektoren und Tensoren sind objektive räumliche Größen, falls für die Bezugssysteme* $\overline{\mathbf{x}}$ *und* $\mathbf{x}$ *folgende Aussagen gelten*

$$\begin{aligned}
\overline{\alpha} &= \alpha && \text{für Skalare} \\
\overline{\mathbf{a}} &= \mathbf{Q}(t) \cdot \mathbf{a} && \text{für Vektoren} \\
\overline{\mathbf{A}} &= \mathbf{Q}(t) \cdot \mathbf{A} \cdot \mathbf{Q}^T(t) && \text{für Dyaden} \\
{}^{(3)}\overline{\mathbf{B}} &= \mathbf{Q}(t) \cdot^{(3)} \mathbf{B} \cdot \mathbf{Q}^T(t) \cdot \mathbf{Q}^T(t) && \text{für Tensoren 3. Stufe} \\
&\ldots && \ldots
\end{aligned} \tag{5.3}$$

Damit kann die Objektivität kinematischer und kinetischer Grundgrößen überprüft werden. Die folgenden ausgewählten Beispiele zeigen, daß das meist einfach möglich ist.

1. Linienelementvektor $d\mathbf{x}$:

$$\overline{\mathbf{x}} = \mathbf{Q}(t) \cdot (\mathbf{x} - \mathbf{x}_0) + \mathbf{c}(t)$$
$$\overline{\mathbf{x}} + d\overline{\mathbf{x}} = \mathbf{Q}(t) \cdot (\mathbf{x} + d\mathbf{x} - \mathbf{x}_0) + \mathbf{c}(t)$$
$$d\overline{\mathbf{x}} = \mathbf{Q}(t) \cdot d\mathbf{x} \tag{5.4}$$
$$\begin{aligned} d\overline{\mathbf{x}} \cdot d\overline{\mathbf{x}} = d\overline{s}^2 &= \mathbf{Q}(t) \cdot d\mathbf{x} \cdot \mathbf{Q}(t) \cdot d\mathbf{x} \\ &= d\mathbf{x} \cdot \mathbf{Q}^T(t) \cdot \mathbf{Q}(t) \cdot d\mathbf{x} = d\mathbf{x} \cdot d\mathbf{x} = ds^2 \end{aligned}$$
$$d\overline{s}^2 = ds^2 \tag{5.5}$$

Schlußfolgerung: *Der Linienelementvektor* $d\mathbf{x}$ *ist ein objektiver Vektor.*

2. Deformationsgradiententensor $\mathbf{F}$

$$d\overline{\mathbf{x}} = \overline{\mathbf{F}} \cdot d\overline{\mathbf{a}}, d\mathbf{x} = \mathbf{F} \cdot d\mathbf{a}, d\overline{\mathbf{x}} = \mathbf{Q}(t) \cdot d\mathbf{x}$$
$$\mathbf{Q}(t) \cdot d\mathbf{x} = d\overline{\mathbf{x}} = \overline{\mathbf{F}} \cdot d\overline{\mathbf{a}},$$
$$\mathbf{Q}(t) \cdot \mathbf{F} \cdot d\mathbf{a} = \overline{\mathbf{F}} \cdot d\overline{\mathbf{a}}$$

Da $d\overline{\mathbf{a}} = d\mathbf{a}$ ist (gleiches materielles Linienelement zur festen Referenzzeit $t_0 = 0, \mathbf{Q}(t_0 = 0) = \mathbf{I}$), folgt

$$\overline{\mathbf{F}} = \mathbf{Q} \cdot \mathbf{F} \tag{5.6}$$

Schlußfolgerung: *Der Deformationsgradiententensor* $\mathbf{F} = (\nabla_{\mathbf{a}}\mathbf{x})^T$ *ist kein objektiver Tensor.*

3. Geschwindigkeitsvektor $\mathbf{v}$

$$\overline{\mathbf{x}} = \mathbf{Q}(t) \cdot (\mathbf{x} - \mathbf{x}_0) + \mathbf{c}(t)$$
$$\dot{\overline{\mathbf{x}}} \equiv \overline{\mathbf{v}} = \dot{\mathbf{Q}}(t) \cdot (\mathbf{x} - \mathbf{x}_0) + \mathbf{Q}(t) \cdot \mathbf{v} + \dot{\mathbf{c}}(t) \tag{5.7}$$

Schlußfolgerung: *Der Geschwindigkeitsvektor* $\mathbf{v}$ *ist kein objektiver Vektor.*

4. Geschwindigkeitsgradiententensor $\mathbf{L} = \nabla_{\mathbf{x}}\mathbf{v}^T$

$$\overline{\mathbf{v}}(\overline{\mathbf{x}}, t) = \dot{\mathbf{Q}}(t) \cdot (\mathbf{x} - \mathbf{x}_0) + \mathbf{Q}(t) \cdot \mathbf{v}(\mathbf{x}, t) + \dot{\mathbf{c}}$$
$$\overline{\mathbf{v}}(\overline{\mathbf{x}} + d\overline{\mathbf{x}}, t) = \dot{\mathbf{Q}}(t) \cdot (\mathbf{x} + d\mathbf{x} - \mathbf{x}_0) + \mathbf{Q}(\mathbf{t}) \cdot \mathbf{v}(\mathbf{x} + \mathbf{dx}, \mathbf{t}) + \dot{\mathbf{c}}$$

Subtrahiert man die 1. von der 2. Gleichung, folgt

$$(\nabla_{\mathbf{x}}\overline{\mathbf{v}})^T \cdot d\overline{\mathbf{x}} = \mathbf{Q}(t) \cdot (\nabla_{\mathbf{x}}\mathbf{v})^T \cdot d\mathbf{x} + \dot{\mathbf{Q}}(t) \cdot d\mathbf{x}$$

und mit $d\overline{\mathbf{x}} = \mathbf{Q} \cdot d\mathbf{x}$

$$[(\nabla_{\mathbf{x}}\overline{\mathbf{v}})^T \cdot \mathbf{Q}(\mathbf{t}) - \mathbf{Q}(\mathbf{t}) \cdot (\nabla_{\mathbf{x}}\mathbf{v})^{\mathbf{T}} - \dot{\mathbf{Q}}(\mathbf{t})] \cdot \mathbf{dx} = \mathbf{0}$$
$$(\nabla_{\mathbf{x}}\overline{\mathbf{v}})^T = \mathbf{Q}(t) \cdot (\nabla_{\mathbf{x}}\mathbf{v})^T \cdot \mathbf{Q}^T(t) + \dot{\mathbf{Q}}(t) \cdot \mathbf{Q}^T(t)$$

$$\overline{\mathbf{L}} = \mathbf{Q}(t) \cdot \mathbf{L} \cdot \mathbf{Q}^T(t) + \dot{\mathbf{Q}}(t) \cdot \mathbf{Q}^T(t) \tag{5.8}$$

Da $\mathbf{L} = \frac{1}{2}(\mathbf{L} + \mathbf{L}^T) + \frac{1}{2}(\mathbf{L} - \mathbf{L}^T) = \mathbf{D} + \mathbf{W}$ folgt auch

$$\overline{\mathbf{D}} = \mathbf{Q}(t) \cdot \mathbf{D} \cdot \mathbf{Q}^T(t), \quad \overline{\mathbf{W}} = \mathbf{Q}(t) \cdot \mathbf{W} \cdot \mathbf{Q}^T(t) + \dot{\mathbf{Q}}(t) \cdot \mathbf{Q}^T(t) \tag{5.9}$$

Schlußfolgerung: *Der Geschwindigkeitsgradiententensor und der Spintensor sind keine objektive Tensoren, der Deformations- oder Streckgeschwindigkeitstensor* **D** *ist objektiv.*

5. Verzerrungstensoren

$$\mathbf{C} = \mathbf{F}^T \cdot \mathbf{F}$$

$$\overline{\mathbf{C}} = \overline{\mathbf{F}}^T \cdot \overline{\mathbf{F}} = [\mathbf{Q}(t) \cdot \mathbf{F}]^T \cdot [\mathbf{Q}(t) \cdot \mathbf{F}] = [\mathbf{F}^T \cdot \mathbf{Q}^T(t) \cdot \mathbf{Q}(t) \cdot \mathbf{F} = \mathbf{F}^T \cdot \mathbf{F}$$

$$\overline{\mathbf{C}} = \mathbf{C} \tag{5.10}$$

$$\mathbf{B} = \mathbf{F} \cdot \mathbf{F}^T$$

$$\overline{\mathbf{B}} = \overline{\mathbf{F}} \cdot \overline{\mathbf{F}}^T = [\mathbf{Q}(t) \cdot \mathbf{F}] \cdot [\mathbf{Q}(t) \cdot \mathbf{F}]^T = \mathbf{Q}(t) \cdot \mathbf{F} \cdot \mathbf{F}^T \cdot \mathbf{Q}^T(t)$$

$$\overline{\mathbf{B}} = \mathbf{Q}(t) \cdot \mathbf{B} \cdot \mathbf{Q}^T(t) \tag{5.11}$$

Damit gilt auch unter Beachtung, daß der Einheitstensor immer objektiv ist und der inverse Tensor eines objektiven Tensors gleichfalls objektiv wird

$$\mathbf{G} = \frac{1}{2}(\mathbf{C} - \mathbf{I})$$

$$\overline{\mathbf{G}} = \frac{1}{2}(\overline{\mathbf{C}} - \overline{\mathbf{I}}) = \frac{1}{2}(\mathbf{C} - \mathbf{I})$$

$$\overline{\mathbf{G}} = \mathbf{G} \tag{5.12}$$

$$\mathbf{A} = \frac{1}{2}(\mathbf{I} - \mathbf{B}^{-1})$$

$$\overline{\mathbf{A}} = \frac{1}{2}(\overline{\mathbf{I}} - \overline{\mathbf{B}}^{-1})$$

$$\overline{\mathbf{A}} = \overline{\mathbf{Q}}(t) \cdot \mathbf{G} \cdot \overline{\mathbf{Q}}^T(t) \tag{5.13}$$

Schlußfolgerung: *Die Verzerrungstensoren* $\mathbf{B}, \mathbf{B}^{-1}$ *und* **A** *erfüllen das Kriterium der räumlichen Objektivität, die Tensoren* **C** *und* **G** *erfüllen dieses Kriterium nicht. Als körperbezogene materielle Verzerrungstensoren werden aber* $\mathbf{C}(\mathbf{a}, t), \mathbf{G}(\mathbf{a}, t)$ *durch Starrkörperbewegungen nicht beeinflußt, d.h. es gilt*

$$\overline{\mathbf{C}}(\mathbf{a}, t) = \mathbf{C}(\mathbf{a}, t), \qquad \overline{\mathbf{G}}(\mathbf{a}, t) = \mathbf{G}(\mathbf{a}, t)$$

Sie sind somit als körperbezogene Verzerrungstensoren objektiv.

6. Spannungstensoren

Für die wahren Spannungen (*Cauchy*scher Spannungstensor **T**) und die zugehörigen Kraftvektoren wird Objektivität vorausgesetzt

$$\overline{\mathbf{T}} = \mathbf{Q}(t) \cdot \mathbf{T} \cdot \mathbf{Q}^T(t)$$

Für die *Piola-Kirchhoff*-Tensoren erhält man folgende Aussagen unter Beachtung der Beziehungen für den inversen Deformationsgradienten

$$\overline{\mathbf{F}}^{-1} = (\mathbf{Q}\cdot\mathbf{F})^{-1} = \mathbf{F}^{-1}\cdot\mathbf{Q}^{-1} = \mathbf{F}^{-1}\cdot\mathbf{Q}^{T}$$

$$\begin{aligned}
{}^{II}\mathbf{P} &= \frac{\rho_0}{\rho}\mathbf{F}^{-1}\cdot\mathbf{T}\cdot(\mathbf{F}^{-1})^T \\
{}^{II}\overline{\mathbf{P}} &= \frac{\rho_0}{\rho}\overline{\mathbf{F}}^{-1}\cdot\overline{\mathbf{T}}\cdot(\overline{\mathbf{F}}^{-1})^T \\
&= \frac{\rho_0}{\rho}\mathbf{F}^{-1}\cdot\mathbf{T}\cdot(\mathbf{F}^{-1})^T \\
{}^{II}\overline{\mathbf{P}} &= {}^{II}\mathbf{P} \qquad (5.14) \\
{}^{I}\mathbf{P} &= {}^{II}\mathbf{P}\cdot\mathbf{F}^T \\
{}^{I}\overline{\mathbf{P}} &= {}^{II}\overline{\mathbf{P}}\cdot\overline{\mathbf{F}}^T = \mathbf{Q}\cdot{}^{I}\mathbf{P} \qquad (5.15)
\end{aligned}$$

Schlußfolgerung: *Der 1. Piola-Kirchhoffsche Tensor ${}^{I}\mathbf{P}$ ist nicht objektiv. Der 2. Piola-Kirchhoffsche Tensor ${}^{II}\mathbf{P}$ ist als körperbezogener Tensor objektiv.*

7. Spannungsgeschwindigkeitstensor $\dot{\mathbf{T}}$

Die materielle Zeitableitung objektiver Tensoren beliebiger Stufe führt nicht zwangsläufig auf objektive Tensorraten. Betrachtet man z.B. den objektiven Spannungstensor $\mathbf{T}$, erhält man die Transformationsgleichungen für die Spannungsgeschwindigkeiten $\dot{\mathbf{T}}$ und $\dot{\overline{\mathbf{T}}}$ aus

$$\overline{\mathbf{T}} = \mathbf{Q}(t)\cdot\mathbf{T}\cdot\mathbf{Q}^T(t)$$

zu

$$\frac{D\overline{\mathbf{T}}}{Dt} = \dot{\mathbf{Q}}(t)\cdot\mathbf{T}\cdot\mathbf{Q}^T(t) + \mathbf{Q}(t)\cdot\dot{\mathbf{T}}\cdot\mathbf{Q}^T(t) + \mathbf{Q}(t)\cdot\mathbf{T}\cdot\dot{\mathbf{Q}}^T(t)$$

Schlußfolgerung: *Die materielle Zeitableitung des Cauchyschen Spannungstensors ist nicht objektiv.*

Aus der letzten Schlußfolgerung kann man ableiten, daß es notwendig ist, objektive Spannungsgeschwindigkeiten zu formulieren. Daß dies auch möglich ist, zeigen die nachfolgenden Ableitungen. Besondere Bedeutung für die Anwendung in der Kontinuumsmechanik haben die *Jaumann*sche und die konvektive Spannungsgeschwindigkeit. Die *Jaumann*sche Ableitung wird hier als Beispiel genauer betrachtet.

Zunächst werden sogenannte relative Tensoren eingeführt, für die die aktuelle Konfiguration als Bezugskonfiguration definiert wird. Ist z.B. $\mathbf{x}$ der aktuelle Lagevektor zur Zeit t und $\tilde{\mathbf{x}}$ der Lagevektor des gleichen materiellen Punktes zur Zeit τ, dann gilt

$$\tilde{\mathbf{x}} = \tilde{\mathbf{x}}_t(\mathbf{x},\tau) \quad \text{mit} \quad \mathbf{x} = \tilde{\mathbf{x}}_t(\mathbf{x},t)$$

$\tilde{\mathbf{x}}_t(\mathbf{x},\tau)$ ist die Bewegungsgleichung des materiellen Punktes mit t als Referenzzeit. Der untere Index t zeigt an, daß die variable aktuelle Zeit t als

Referenzzeit gewählt wurde, d.h. $\tilde{\mathbf{x}}_t(\mathbf{x}, \tau)$ ist auch eine Funktion von t. Die differentiellen Vektoren $d\mathbf{x}$ und $d\tilde{\mathbf{x}}$ eines materiellen Elementes zur aktuellen Zeit t und zur Zeit τ sind wie folgt verbunden

$$d\tilde{\mathbf{x}} = \tilde{\mathbf{x}}_t(\mathbf{x} + d\mathbf{x}, \tau) - \tilde{\mathbf{x}}_t(\mathbf{x}, \tau) = (\nabla_{\mathbf{x}} \tilde{\mathbf{x}}_t)^T \cdot d\mathbf{x}$$

$$d\tilde{\mathbf{x}} = \mathbf{F}_t \cdot d\mathbf{x} \tag{5.16}$$

$\mathbf{F}_t(\mathbf{x}, \tau)$ heißt relativer Deformationsgradiententensor, und da für $\tau = t, d\tilde{\mathbf{x}} = d\mathbf{x}$ ist, gilt $\mathbf{F}_t(\mathbf{x}, t) = \mathbf{I}$. Die polare Zerlegung von $\mathbf{F}_t$ entspricht der Zerlegung für $\mathbf{F}$

$$\mathbf{F}_t = \mathbf{R}_t \cdot \mathbf{U}_t = \mathbf{V}_t \cdot \mathbf{R}_t; \quad \mathbf{F}_t = \mathbf{R}_t = \mathbf{U}_t = \mathbf{V}_t = \mathbf{I} \quad \text{für} \quad \tau = t$$

$\mathbf{U}_t, \mathbf{V}_t$ sind der relative Rechts- bzw. Linksstrecktensor, $\mathbf{R}_t$ der relative Drehtensor. Damit können auch die relativen Deformationsmaßtensoren $\mathbf{C}_t, \mathbf{B}_t, \mathbf{C}_t^{-1}, \mathbf{B}_t^{-1}$ analog zum Abschnitt 2.8 definiert werden. Bei Änderung des Bezugssystems gelten für relative kinematische Größen folgende Transformationsgesetze

$$d\overline{\mathbf{x}}(t) = \mathbf{Q}(t) \cdot d\mathbf{x}(t); \qquad d\overline{\tilde{\mathbf{x}}}(\tau) = \mathbf{Q}(\tau) \cdot d\tilde{\mathbf{x}}(\tau) \tag{5.17}$$

Mit

$$d\tilde{\mathbf{x}}(\tau) = \mathbf{F}_t(\mathbf{x}, \tau) \cdot d\mathbf{x}(t); \qquad d\overline{\tilde{\mathbf{x}}}(\tau) = \overline{\mathbf{F}}_t(\overline{\mathbf{x}}, \tau) \cdot d\overline{\mathbf{x}}(t) \tag{5.18}$$

erhält man (es wird nur die Zeitabhängigkeit angegeben)

$$\begin{aligned} \overline{\mathbf{F}}_t(\tau) \cdot d\overline{\mathbf{x}}(t) &= d\overline{\tilde{\mathbf{x}}}(\tau) = \mathbf{Q}(\tau) \cdot d\tilde{\mathbf{x}}(\tau) = \mathbf{Q}(\tau) \cdot \mathbf{F}_t(\tau) \cdot d\mathbf{x}(t) \\ &= \mathbf{Q}(\tau) \cdot \mathbf{F}_t(\tau) \cdot \mathbf{Q}^T(t) \cdot d\overline{\mathbf{x}}(t) \\ \overline{\mathbf{F}}_t(\tau) &= \mathbf{Q}(\tau) \cdot \mathbf{F}_t(\tau) \cdot \mathbf{Q}^T(t) \cdot \end{aligned} \tag{5.19}$$

Schlußfolgerung: *Auch der relative Deformationsgradiententensor* $\mathbf{F}_t(\mathbf{x}, \tau)$ *ist nicht objektiv. Außerdem sind die Transformationsgesetze für* $\mathbf{F}$ *und* $\mathbf{F}_t$ *unterschiedlich*

$$\overline{\mathbf{F}}(\mathbf{x}, t) = \mathbf{Q}(t) \cdot \mathbf{F}(\mathbf{x}, t); \quad \overline{\mathbf{F}}_t(\mathbf{x}, \tau) = \mathbf{Q}(\tau) \cdot \mathbf{F}_t(\mathbf{x}, \tau) \cdot \mathbf{Q}^T(t)$$

Diese Aussage gilt aber nicht allgemein für alle im Abschnitt 2.8 definierten Deformations- und Verzerrungstensoren. Im einzelnen lassen sich folgende Gleichungen ableiten

$$\begin{aligned} \overline{\mathbf{R}}_t &= \mathbf{Q}(\tau) \cdot \mathbf{R}_t \cdot \mathbf{Q}^T(t), \\ \overline{\mathbf{U}}_t &= \mathbf{Q}(t) \cdot \mathbf{U}_t \cdot \mathbf{Q}^T(t), \\ \overline{\mathbf{V}}_t &= \mathbf{Q}(\tau) \cdot \mathbf{V}_t \cdot \mathbf{Q}^T(\tau), \\ \overline{\mathbf{C}}_t &= \mathbf{Q}(t) \cdot \mathbf{C}_t \cdot \mathbf{Q}^T(t), \\ \overline{\mathbf{C}}_t^{-1} &= \mathbf{Q}(t) \cdot \mathbf{C}_t^{-1} \cdot \mathbf{Q}^T(t), \\ \overline{\mathbf{B}}_t &= \mathbf{Q}(\tau) \cdot \mathbf{B}_t \cdot \mathbf{Q}^T(\tau), \\ \overline{\mathbf{B}}_t^{-1} &= \mathbf{Q}(\tau) \cdot \mathbf{B}_t^{-1} \cdot \mathbf{Q}^T(\tau), \end{aligned} \tag{5.20}$$

Für den relativen Geschwindigkeitsgradiententensor $\mathbf{L}_t(\mathbf{x},\tau)$ erhält man folgende Ableitung

$$\begin{aligned}
d\tilde{\mathbf{x}}(\tau) &= \tilde{\mathbf{x}}_t(\mathbf{x}+d\mathbf{x},\tau) - \tilde{\mathbf{x}}_t(\mathbf{x},\tau) = (\nabla_{\mathbf{X}}\tilde{\mathbf{x}}_t)^T \cdot d\mathbf{x}\\
d\tilde{\mathbf{x}}(\tau) &= \mathbf{F}_t(\mathbf{x},\tau)\cdot d\mathbf{x}\\
\frac{D\tilde{\mathbf{x}}(\tau)}{D\tau} &= \tilde{\mathbf{v}}(\mathbf{x}+d\mathbf{x},\tau) = \tilde{\mathbf{v}}_t(\mathbf{x},\tau) = [\nabla_{\mathbf{X}}\tilde{\mathbf{v}}_t(\mathbf{x},\tau)]^T \cdot d\mathbf{x}\\
\frac{D\tilde{\mathbf{x}}(\tau)}{D\tau} &= \frac{D\tilde{\mathbf{F}}_t}{D\tau}\cdot d\mathbf{x}
\end{aligned}$$

Damit gilt auch

$$\frac{D\mathbf{F}_t(\mathbf{x},\tau)}{D\tau} = [\nabla_{\mathbf{X}}\tilde{\mathbf{v}}_t(\mathbf{x},\tau)]^T = \mathbf{L}_t(\mathbf{x},\tau) \tag{5.21}$$

bzw.

$$\left.\frac{D\mathbf{F}_t(\mathbf{x},\tau}{D\tau}\right|_{\tau=t} = [\nabla_{\mathbf{X}}\tilde{\mathbf{v}}_t(\mathbf{x},t)]^T = \mathbf{L}_t(\mathbf{x},t) \tag{5.22}$$

Mit der polaren Zerlegung

$$\frac{D\mathbf{F}_t}{D\tau} = \frac{D\mathbf{R}_t}{D\tau}\cdot\mathbf{U}_t + \mathbf{R}_t\cdot\frac{D\mathbf{U}_t}{D\tau}$$

und unter Beachtung, daß füt $\tau = t$ $\mathbf{U}_t = \mathbf{R}_t = \mathbf{I}$ gilt, erhält man

$$\mathbf{L}_t(\mathbf{x},t) = [\nabla_{\mathbf{X}}\mathbf{v}(\mathbf{x},t)]^T = \left.\frac{D\mathbf{U}_t}{D\tau}\right|_{\tau=t} + \left.\frac{D\mathbf{R}_t}{D\tau}\right|_{\tau=t} \tag{5.23}$$

Da

$$\left.\frac{D\mathbf{U}_t(\tau)}{D\tau}\right|_{\tau=t} = \left[\left.\frac{D\mathbf{U}_t(\tau)}{D\tau}\right|_{\tau=t}\right]^T, \qquad \text{(Symmetriebedingung)}$$

$$\left.\frac{D\mathbf{R}_t(\tau)}{D\tau}\right|_{\tau=t} = -\left[\left.\frac{D\mathbf{R}_t(\tau)}{D\tau}\right|_{\tau=t}\right]^T, \qquad \text{(Antimetriebedingung)},$$

erhält man wegen der Eindeutigkeit der Zerlegung eines Tensors in einen symmetrischen und einen antisymmetrischen Tensor

$$\mathbf{L}_t(\mathbf{x},t) = \mathbf{D}_t(\mathbf{x},t) + \mathbf{W}_t(\mathbf{x},t) = \left.\frac{D\mathbf{U}_t(\tau)}{D\tau}\right|_{\tau=t} + \left.\frac{D\mathbf{R}_t(\tau)}{D\tau}\right|_{\tau=t}$$

$$\mathbf{D}_t(\mathbf{x},t) = \left.\frac{D\mathbf{U}_t(\tau)}{D\tau}\right|_{\tau=t}; \quad \mathbf{W}_t(\mathbf{x},t) = \left.\frac{D\mathbf{R}_t(\tau)}{D\tau}\right|_{\tau=t} \tag{5.24}$$

Der Spintensor $\mathbf{W}$ ist nicht objektiv, denn es gilt

$$\overline{\mathbf{R}}_t = \mathbf{Q}(\tau) \cdot \mathbf{R}_t \cdot \mathbf{Q}^T(t)$$

$$\frac{D\overline{\mathbf{R}}_t}{D\tau} = \frac{D\mathbf{Q}(\tau)}{D\tau} \cdot \overline{\mathbf{R}}_t \cdot \mathbf{Q}^T(t) + \mathbf{Q}(\tau) \cdot \frac{D\mathbf{R}_t}{D\tau} \cdot \mathbf{Q}^T(t)$$

$$\left.\frac{D\overline{\mathbf{R}}_t}{D\tau}\right|_{\tau=t} \equiv \overline{\mathbf{W}} = \mathbf{Q}(t) \cdot \mathbf{W} \cdot \mathbf{Q}^T(t) + \frac{D\mathbf{Q}(t)}{Dt} \cdot \mathbf{Q}^T(t) \tag{5.25}$$

Für den Tensor $\mathbf{D}$ ist das Objektivitätskriterium erfüllt

$$\overline{\mathbf{U}}_t = \mathbf{Q}(t) \cdot \mathbf{U}_t \cdot \mathbf{Q}^T(t)$$

$$\frac{D\overline{\mathbf{U}}_t}{D\tau} = \mathbf{Q}(t) \cdot \frac{D\mathbf{U}_t}{D\tau} \cdot \mathbf{Q}^T(t)$$

$$\left.\frac{D\overline{\mathbf{U}}_t}{D\tau}\right|_{\tau=t} \equiv \overline{\mathbf{D}} = \mathbf{Q}(t) \cdot \mathbf{D} \cdot \mathbf{Q}^T(t) \tag{5.26}$$

Ausgangspunkt der Überlegungen über relative Tensoren war die Tatsache, daß die materielle Ableitung des objektiven Spannungstensors $\mathbf{T}$ nicht mehr objektiv ist. Betrachtet man dagegen den erweiterten Ausdruck

$$\frac{D\mathbf{T}}{Dt} + \mathbf{T} \cdot \mathbf{W} - \mathbf{W} \cdot \mathbf{T},$$

ist dieser objektiv, denn es gilt

$$\begin{aligned}\frac{D\overline{\mathbf{T}}}{Dt} + \overline{\mathbf{T}} \cdot \overline{\mathbf{W}} - \overline{\mathbf{W}} \cdot \overline{\mathbf{T}} &= \dot{\mathbf{Q}}(t) \cdot \mathbf{T} \cdot \mathbf{Q}^T(t) + \mathbf{Q}(t) \cdot \dot{\mathbf{T}} \cdot \mathbf{Q}^T(t)\\ &\quad + \mathbf{Q}(t) \cdot \mathbf{T} \cdot \dot{\mathbf{Q}}^T(t)\\ &\quad + \mathbf{Q}(t) \cdot \mathbf{T} \cdot \mathbf{Q}^T(t) \cdot \overline{\mathbf{W}} - \overline{\mathbf{W}} \cdot \mathbf{Q}(t) \cdot \mathbf{T} \cdot \mathbf{Q}^T(t)\end{aligned}$$

$$\frac{D\overline{\mathbf{T}}}{Dt} + \overline{\mathbf{T}} \cdot \overline{\mathbf{W}} - \overline{\mathbf{W}} \cdot \overline{\mathbf{T}} = \mathbf{Q}(t) \cdot \left[\frac{D\mathbf{T}}{Dt} + \mathbf{T} \cdot \mathbf{W} - \mathbf{W} \cdot \mathbf{T}\right] \cdot \mathbf{Q}^T(t) \tag{5.27}$$

Schlußfolgerung: *Für jeden objektiven Tensor* $\overline{\mathbf{A}} = \mathbf{Q} \cdot \mathbf{A} \cdot \mathbf{Q}^T$ *ist die materielle Ableitung*

$$\mathbf{A}^{\nabla} = \frac{D\mathbf{A}}{Dt} + \mathbf{A} \cdot \mathbf{W} - \mathbf{W} \cdot \mathbf{A}$$

auch objektiv. Für einen objektiven Vektor $\overline{\mathbf{a}} = \mathbf{Q} \cdot \mathbf{a}$ *ist die materielle Ableitung*

$$\mathbf{a}^{\nabla} = \frac{D\mathbf{a}}{Dt} - \mathbf{W} \cdot \mathbf{a}$$

objektiv.

Man kann diese Überlegungen einfach verallgemeinern. Definiert man einen Tensor

$$\mathbf{J}_t(\tau) = \mathbf{R}_t^T(\tau) \cdot \mathbf{T}_t(\tau) \cdot \mathbf{R}_t(\tau)$$

mit dem *Cauchy*schen Spannungstensor $\mathbf{T}$ und dem orthogonalen Drehtensor $\mathbf{R}$, gilt für $\tau = t$ mit $\mathbf{R}_t(t) = \mathbf{R}_t^T(t) = \mathbf{I}$

$$\mathbf{J}_t(t) = \mathbf{T}_t(t)$$

Es läßt sich zeigen, daß die materielle Ableitung

$$\left.\frac{D\mathbf{J}_t(\tau)}{D\tau}\right|_{\tau=t}$$

eine objektive Spannungsableitung ist. Aus

$$\mathbf{J}_t(\tau) = \mathbf{R}_t^T(\tau) \cdot \mathbf{T}_t(\tau) \cdot \mathbf{R}_t(\tau)$$

folgt mit

$$\begin{aligned}
\overline{\mathbf{R}}_t(\tau) &= \mathbf{Q}(\tau) \cdot \mathbf{R}_t(\tau) \cdot \mathbf{Q}^T(\tau) \\
\overline{\mathbf{J}}_t(\tau) &= \overline{\mathbf{R}}_t^T(\tau) \cdot \overline{\mathbf{T}}(\tau) \cdot \overline{\mathbf{R}}_t(\tau) \\
&= \mathbf{Q}(t) \cdot \mathbf{R}_t^T(\tau) \cdot \mathbf{T}^T(\tau) \cdot \mathbf{R}_t(\tau) \cdot \mathbf{Q}^T(t) \\
&= \mathbf{Q}(t) \cdot \mathbf{J}_t(\tau) \cdot \mathbf{Q}^T(t) \qquad (5.28)
\end{aligned}$$

Definition: *Die Ableitung*

$$\left.\frac{D\mathbf{J}(\tau)}{D\tau}\right|_{\tau=t} = \left.\frac{D[\mathbf{R}_t(\tau) \cdot \mathbf{T}(\tau) \cdot \mathbf{R}_t^T(\tau)]}{D\tau}\right|_{\tau=t} = \frac{D_j}{D\tau}\mathbf{T} \equiv \mathbf{T}^\nabla$$

heißt 1. Jaumannsche Ableitung des Spannungstensors $\mathbf{T}$.

Mit

$$\frac{D[\mathbf{R}_t \cdot \mathbf{T}_t \cdot \mathbf{R}_t^T]}{D\tau} = \frac{D\mathbf{R}_t}{D\tau} \cdot \mathbf{T}_t \cdot \mathbf{R}_t^T + \mathbf{R}_t \cdot \frac{D\mathbf{T}_t}{D\tau} \cdot \mathbf{R}_t^T + \mathbf{R}_t \cdot \mathbf{T}_t \cdot \frac{D\mathbf{R}_t^T}{D\tau}$$

$$\mathbf{R}_t(\tau = t) = \mathbf{R}_t^T(\tau = t) = \mathbf{I}$$

und

$$\left.\frac{D\mathbf{R}_t}{D\tau}\right|_{\tau=t} = \mathbf{W}(t); \qquad \left.\frac{D\mathbf{R}_t^T}{D\tau}\right|_{\tau=t} = \mathbf{W}^T(t) = -\mathbf{W}(t)$$

erhält man

$$\left.\frac{D\mathbf{J}(\tau)}{D\tau}\right|_{\tau=t} \equiv \mathbf{T}^\nabla = \dot{\mathbf{T}}(t) + \mathbf{T}(t) \cdot \mathbf{W}(t) - \mathbf{W}(t) \cdot \mathbf{T}(t) \qquad (5.29)$$

bzw.

$$T_{ij}^\nabla = \dot{T}_{ij} + T_{ik}W_{kj} - W_{ik}T_{kj}$$

Schlußfolgerung: *Die Jaumannsche Spannungsgeschwindigkeit gibt die zeitliche Änderung von* $\mathbf{T}$ *im bewegten Bezugssystem an. Ein Beobachter, der mit dem materiellen Element rotiert, stellt die zeitliche Änderung* $\mathbf{T}^\nabla$ *von* $\mathbf{T}$ *fest. Für* $\mathbf{T}^\nabla = \mathbf{0}$ *erhält man aus Gl. (5.29) die Änderung von* $\mathbf{T}$ *infolge einer Starrkörperdrehung.*

Verallgemeinerung:
Die Nten Ableitungen des objektiven symmetrischen Tensors $\mathbf{J}_t(\tau) = \mathbf{R}_t^T(\tau) \cdot \mathbf{T}_t(\tau) \cdot \mathbf{R}_t(\tau)$ zum Zeitpunkt $\tau = t$

$$\left.\frac{D^N \mathbf{J}(\tau)}{D\tau^N}\right|_{\tau=t} = \frac{D_j^N}{D\tau^N}\mathbf{T}, \quad N = 1, 2, \ldots \tag{5.30}$$

heißen Nte *Jaumann*sche Ableitungen des Spannungstensors $\mathbf{T}$ und es gilt

$$\left.\frac{D^N \overline{\mathbf{J}}(\tau)}{D\tau^N}\right|_{\tau=t} = \mathbf{Q}(t) \cdot \left.\frac{D^N \mathbf{J}(\tau)}{D\tau^N}\right|_{\tau=t} \cdot \mathbf{Q}(t)$$

Auf die Ableitung weiterer objektiver Spannungsgeschwindigkeiten wird hier verzichtet und auf die Spezialliteratur verwiesen. Besondere Bedeutung haben die sogenannten konvektiven oder *Oldroyd*schen Ableitungen. Sie sind in der Klasse aller objektiven Zeitableitungen enthalten, die sich in der Form

$$\mathbf{T}^\nabla + \alpha(\mathbf{T} \cdot \mathbf{D} + \mathbf{D} \cdot \mathbf{T}), \quad \alpha \text{ beliebig} \tag{5.31}$$

darstellen lassen. Für die *Oldroyd*sche 1. Ableitung $\mathbf{T}^\bigcirc$ gilt dann z.B. folgende Definitionsgleichung

$$\mathbf{T}^\bigcirc = \dot{\mathbf{T}} + \mathbf{T} \cdot \mathbf{L} + \mathbf{L}^T \cdot \mathbf{T} = \mathbf{T}^\nabla + \mathbf{T} \cdot \mathbf{D} + \mathbf{D} \cdot \mathbf{T} \tag{5.32}$$

Ausgangspunkt ist auch hier, wie bei der *Jaumann*schen Ableitung, die Einführung eines objektiven relativen Tensors

$$\mathbf{K}_t(\tau) = \mathbf{F}_t^T(\tau) \cdot \mathbf{T}_t(\tau) \cdot \mathbf{F}_t(\tau), \quad \mathbf{K}_t(\tau = t) = \mathbf{T}(t)$$

$$\overline{\mathbf{K}}_t(\tau) = \mathbf{Q}(\tau) \cdot \mathbf{K}_t(\tau) \cdot \mathbf{Q}^T(\tau); \quad \left.\frac{D\mathbf{K}_t(\tau)}{D\tau}\right|_{\tau=t} = \mathbf{T}^\bigcirc(t)$$

$$\overline{\mathbf{T}}^\bigcirc(t) = \mathbf{Q}(t) \cdot \mathbf{T}^\bigcirc(t) \cdot \mathbf{Q}^T(t)$$

In die Berechnung der Spannungsleistung für die aktuelle Konfiguration $\rho\dot{u} = \mathbf{T} \cdot\cdot \mathbf{D}$ gehen die objektiven Tensoren $\mathbf{T}$ und $\mathbf{D}$ ein. Für die Referenzkonfiguration gilt entsprechend $\rho\dot{u} = ^{II}\mathbf{P} \cdot\cdot \dot{\mathbf{G}}$. Für $^{II}\mathbf{P}$ als körperbezogener Tensor wurde die Indifferenz gegenüber Starrkörperbewegung bereits überprüft. Für den körperbezogenen Verzerrungstensor $\mathbf{G}$ gilt die gleiche Aussage. Die materielle Zeitableitung von $\mathbf{G}$ ist entsprechend Abschnitt 2.10

$$\dot{\mathbf{G}} = \mathbf{F}^T \cdot \mathbf{D} \cdot \mathbf{F},$$

d.h. $\dot{G}_{ij} = F_{ik}^T D_{kl} F_{lj} = F_{ki} F_{lj} D_{kl}$. Die Überlagerung einer Starrkörperbewegung ergibt

$$\begin{aligned} \dot{\overline{\mathbf{G}}} = \overline{\mathbf{F}}^T \cdot \overline{\mathbf{D}} \cdot \overline{\mathbf{F}} &= (\mathbf{Q} \cdot \mathbf{F})^T \cdot (\mathbf{Q} \cdot \mathbf{D} \cdot \mathbf{Q}^T) \cdot (\mathbf{Q} \cdot \mathbf{F}) \\ &= \mathbf{F}^T \cdot \mathbf{Q}^T \cdot \mathbf{Q} \cdot \mathbf{D} \cdot \mathbf{Q}^T \cdot \mathbf{Q} \cdot \mathbf{F} = \mathbf{F}^T \cdot \mathbf{D} \cdot \mathbf{F} = \dot{\mathbf{G}} \end{aligned}$$

Schlußfolgerung: *Der körperbezogene Green-Lagrangesche Verzerrungsgeschwindigkeitstensor* $\dot{\mathbf{G}}$ *ist invariant gegenüber Starrkörperbewegungen, d.h.* $\overline{\dot{\mathbf{G}}} = \dot{\mathbf{G}}$. *Er ist somit objektiv.*

Prüft man die materielle Ableitung des objektiven *Almansi-Euler*schen Verzerrungstensors $\mathbf{A}$ auf Objektivität, erhält man

$$\dot{\mathbf{A}} = \mathbf{D} - \mathbf{A} \cdot \mathbf{L} - \mathbf{L}^T \cdot \mathbf{A}$$
$$\overline{\dot{\mathbf{A}}} = \overline{\mathbf{D}} - \overline{\mathbf{A}} \cdot \overline{\mathbf{L}} - \overline{\mathbf{L}}^T \cdot \overline{\mathbf{A}}$$

und mit

$$\overline{\mathbf{D}} = \mathbf{Q} \cdot \mathbf{D} \cdot \mathbf{Q}^T, \overline{\mathbf{A}} = \mathbf{Q} \cdot \mathbf{A} \cdot \mathbf{Q}^T, \overline{\mathbf{L}} = \mathbf{Q} \cdot \mathbf{L} \cdot \mathbf{Q}^T + \dot{\mathbf{Q}} \cdot \mathbf{Q}^T$$

folgt

$$\overline{\dot{\mathbf{A}}} = \mathbf{Q} \cdot \dot{\mathbf{A}} \cdot \mathbf{Q}^T - \mathbf{Q} \cdot (\mathbf{A} \cdot \mathbf{Q}^T \cdot \dot{\mathbf{Q}}) \cdot \mathbf{Q}^T - \mathbf{Q} \cdot (\dot{\mathbf{Q}}^T \cdot \mathbf{Q} \cdot \mathbf{A}) \cdot \mathbf{Q}^T$$

Schlußfolgerung: *Der Almansi-Eulersche Verzerrungsgeschwindigkeitstensor ist nicht objektiv.*

Aus Gl. (2.69) kann man aber direkt ablesen, daß die *Oldroyd*sche Zeitableitung von $\mathbf{A}$ den Streckgeschwindigkeitstensor $\mathbf{D}$ ergibt

$$\mathbf{A}^{\bigcirc} = \mathbf{D}$$

Die wichtigsten Ergebnisse dieses Abschnittes sind in Tabelle 5.1 übersichtlich zusammengefaßt.

5.2.3 Allgemeine Konstitutivgleichungen thermomechanischer Materialien

Ausgangspunkt für die deduktive Ableitung der materialabhängigen Gleichungen für ausgewählte Festkörper- oder Fluidmodelle ist die Formulierung allgemeiner Konstitutivgleichungen. Dabei erfolgt eine Beschränkung auf mechanische und thermische Feldgrößen, um die nachfolgenden Ableitungen der Methoden der Materialtheorie nicht zu erschweren. Aus dem gleichen Grund werden im Rahmen der Beispiele auch nur einfache Materialien 1. Grades betrachtet.

Der thermodynamische Zustand wird durch die Bewegung $\mathbf{x} = \mathbf{x}(\mathbf{a}, t)$ und die Temperatur $\theta = \theta(\mathbf{a}, t)$ der materiellen Punkte $\mathbf{a}$ zur Zeit t des Kontinuums bestimmt. $\mathbf{x}$ und θ sind unabhängige Variable. Als abhängige Variable, d.h. konstitutive Größen, werden der Spannungstensor, der Wärmestromvektor, die freie Energie und die Entropie postuliert.

Für allgemeine Materialmodellle muß angenommen werden, daß der gegenwärtige Zustand nicht nur von der momentanen Belastung, sondern von der gesamten Belastungsgeschichte $t_0 < \tau \leq t$ abhängt und daß das Verhalten eines ausgewählten materiellen Punktes $\mathbf{a}$ auch durch das Verhalten

	Materielle Objektivität		
	$\overline{\mathbf{S}}=\mathbf{Q}\cdot\mathbf{S}\cdot\mathbf{Q}^T$	$\overline{\mathbf{S}}=\mathbf{S}$	keine
Deformationsgradiententensor $\mathbf{F}$			×
Geschwindigkeitsgradiententensor $\mathbf{L}$			×
Verzerrungstensoren $\mathbf{B}$	×		
$\mathbf{B}^{-1}$	×		
$\mathbf{C}$		×	
$\mathbf{C}^{-1}$		×	
$\mathbf{A}$	×		
$\mathbf{G}^{-1}$		×	
Verzerrungsgeschwindigkeitstensoren $\dot{\mathbf{G}}$		×	
$\dot{\mathbf{A}}$			×
Streckgeschwindigkeitstensor $\mathbf{D}$	×		
Spintensor $\mathbf{W}$			×
Spannungstensoren $\mathbf{T}$	×		
${}^{I}\mathbf{P}$			×
${}^{II}\mathbf{P}$		×	
Spannungsgeschwindigkeitstensoren $\dot{\mathbf{T}}$			×
$\mathbf{T}^{\triangledown}$	×		
$\mathbf{T}^{\bigcirc}$	×		

Tabelle 5.1 Materielle Objektivität kinematischer und kinetischer Tensoren

aller anderen Punkte $\tilde{\mathbf{a}}$ des Körpers beeinflußt wird. Setzt man für die Funktionen $\mathbf{x}(\tilde{\mathbf{a}},\tau)$ und $\theta(\tilde{\mathbf{a}},\tau)$ Stetigkeit für $\tilde{\mathbf{a}}$ und τ voraus, ist ihre Darstellung durch *Taylor*reihen für die Punkte $\mathbf{a}$ nach Potenzen von $(\tilde{\mathbf{a}}-\mathbf{a})$ und für die Zeit τ nach Potenzen von $(\tau - t)$ möglich. Die Anwendung der Prinzipe der lokalen Wirkung und des schwindenden Gedächtnisses berechtigt dazu, die Reihenentwicklungen für $\mathbf{x}(\tilde{\mathbf{a}},\tau)$ und $\theta(\tilde{\mathbf{a}},\tau)$ jeweils nach der ersten Ableitung nach $\tilde{\mathbf{a}}$ bzw. τ abzubrechen. Die konstitutiven Größen hängen dann außer von $\mathbf{a}$ und θ auch noch von $\nabla_{\mathbf{a}}\mathbf{x}$, $\nabla_{\mathbf{a}}\theta$ und $\dot{\theta}$ ab. Die explizite Abhängigkeit von $\mathbf{x}$ bzw. $\dot{\mathbf{x}}$ entfällt unter der Voraussetzung der Gültigkeit des Prinzips der materiellen Objektivität, da nur die Verzerrungen bzw. die Verzerrungsgeschwindigkeiten und nicht Starrkörperbewegungen das Materialverhalten beeinflussen. Für viele reale Materialien muß auch für die Gradienten $\nabla_{\mathbf{a}}\mathbf{x}$ und $\nabla_{\mathbf{a}}\theta$ die Belastungsgeschichte erfaßt werden. Der Abbruch der entsprechenden Reihenentwicklungen nach der ersten Zeitableitung führt dann dazu, daß auch $\nabla_{\mathbf{a}}\dot{\mathbf{x}}$ und $\nabla_{\mathbf{a}}\dot{\theta}$ als konstitutive Parameter auftreten.

Die Konstitutivgleichungen für einfaches thermomechanisches Material haben somit folgende allgemeine Form

$$\begin{aligned}
\mathbf{P}(\mathbf{a},t) &= \mathbf{P}\ \{\mathbf{a},\theta(\mathbf{a},t),\dot{\theta}(\mathbf{a},t),\nabla_{\mathbf{a}}\theta(\mathbf{a},t),\nabla_{\mathbf{a}}\dot{\theta}(\mathbf{a},t),\mathbf{\Gamma}(\mathbf{a},t)\}\\
\mathbf{h}_0(\mathbf{a},t) &= \mathbf{h}_0\ \{\mathbf{a},\theta(\mathbf{a},t),\dot{\theta}(\mathbf{a},t),\nabla_{\mathbf{a}}\theta(\mathbf{a},t),\nabla_{\mathbf{a}}\dot{\theta}(\mathbf{a},t),\mathbf{\Gamma}(\mathbf{a},t)\}\\
f(\mathbf{a},t) &= f\ \{\mathbf{a},\theta(\mathbf{a},t),\dot{\theta}(\mathbf{a},t),\nabla_{\mathbf{a}}\theta(\mathbf{a},t),\nabla_{\mathbf{a}}\dot{\theta}(\mathbf{a},t),\mathbf{\Gamma}(\mathbf{a},t)\}\\
s(\mathbf{a},t) &= s\ \{\mathbf{a},\theta(\mathbf{a},t),\dot{\theta}(\mathbf{a},t),\nabla_{\mathbf{a}}\theta(\mathbf{a},t),\nabla_{\mathbf{a}}\dot{\theta}(\mathbf{a},t),\mathbf{\Gamma}(\mathbf{a},t)\}
\end{aligned} \tag{5.33}$$

Der Parametersatz $\mathbf{\Gamma}$ umfaßt die die Deformationen kennzeichnenden mechanischen Parameter $\nabla_{\mathbf{a}}\mathbf{x}(\mathbf{a},t), \nabla_{\mathbf{a}}\dot{\mathbf{x}}(\mathbf{a},t)$. Der Spannungstensor $\mathbf{P}$ kann der 1. oder der 2. *Piola-Kirchhoff*-Tensor sein. Die explizite Abhängigkeit der konstitutiven Gleichungen von der materiellen Koordinate $\mathbf{a}$ sagt aus, daß jedem Punkt des Körpers prinzipiell ein anderes Materialverhalten zugeordnet werden kann. Für homogene Körper entfällt die explizite Abhängigkeit von $\mathbf{a}$. Allgemein können Konstitutivgleichungen Funktionale (Operatoren) der Zeit sein. Dies ist durch das Symbol $\{\ldots\}$ gekennzeichnet. Hat die Belastungsgeschichte keinen Einfluß auf das aktuelle Materialverhalten, sind die Konstitutivgleichungen Funktionen der konstitutiven Parameter. Es wird dann das Symbol $(\ldots)$ verwendet. Es kann auch gezeigt werden, daß für einfaches thermomechanisches Material der Parametersatz $\mathbf{\Gamma}$ aus Gl. (5.33) gleichwertig durch die Variablen $\mathbf{C}, \dot{\mathbf{C}}, \rho^{-1}, \dot{\rho}$ ersetzt werden kann

$$\begin{aligned}
\mathbf{P}(\mathbf{a},t) &= \mathbf{P}\ \{\mathbf{a},\theta,\dot{\theta},\nabla_{\mathbf{a}}\theta,\nabla_{\mathbf{a}}\dot{\theta},\mathbf{C},\dot{\mathbf{C}},\rho^{-1},\dot{\rho}\}\\
\mathbf{h}_0(\mathbf{a},t) &= \mathbf{h}\ \{\mathbf{a},\theta,\dot{\theta},\nabla_{\mathbf{a}}\theta,\nabla_{\mathbf{a}}\dot{\theta},\mathbf{C},\dot{\mathbf{C}},\rho^{-1},\dot{\rho}\}\\
f(\mathbf{a},t) &= f\ \{\mathbf{a},\theta,\dot{\theta},\nabla_{\mathbf{a}}\theta,\nabla_{\mathbf{a}}\dot{\theta},\mathbf{C},\dot{\mathbf{C}},\rho^{-1},\dot{\rho}\}\\
s(\mathbf{a},t) &= s\ \{\mathbf{a},\theta,\dot{\theta},\nabla_{\mathbf{a}}\theta,\nabla_{\mathbf{a}}\dot{\theta},\mathbf{C},\dot{\mathbf{C}},\rho^{-1},\dot{\rho}\}
\end{aligned} \tag{5.34}$$

Man erkennt, daß die Konstitutivgleichungen (5.34) sowohl ein elastisches als auch ein viskoses Antwortverhalten des Kontinuums wiedergeben können. Die Konstitutivgleichungen für den einfachen thermoelastischen Festkörper oder das einfache thermoviskose Fluid sind somit in den Gln. (5.34) als Spezialfälle enthalten.

Das Prinzip der physikalischen Konsistenz, d.h. Widerspruchsfreiheit der Konstitutivgleichungen zu den allgemeinen Bilanzgleichungen und der Entropieungleichung führt in Abhängigkeit von speziellen Materialmodellen zur weiteren Konkretisierung der allgemeinen Konstitutivgleichungen (5.33), (5.34). Für einfaches thermoviskoelastisches Materialverhalten, dessen Zeitabhängigkeit nur vom Anfangszustand und nicht von der Vorgeschichte abhängt, können die elastischen Verzerrungen und die Verzerrungsgeschwindigkeiten durch $\mathbf{C}$ bzw. $\dot{\mathbf{C}}$ als Parameter erfaßt werden. Eine davon unabhängige Abhängigkeit von den Parametern $\rho, \dot{\rho}$ ist nicht gegeben, so daß diese Parameter unterdrückt werden können.

Für thermoviskoelastische Festkörper oder Fluide mit einfachem Materialverhalten ohne Einfluß der Belastungsgeschichte kann somit von folgenden allgemeinen Konstitutivgleichungen ausgegangen werden

$$\begin{aligned} \mathbf{P}(\mathbf{a},t) &= \mathbf{P}\ \{\mathbf{a},\theta,\dot{\theta},\nabla_{\mathbf{a}}\theta,\nabla_{\mathbf{a}}\dot{\theta},\mathbf{C},\dot{\mathbf{C}}\} \\ \mathbf{h}_0(\mathbf{a},t) &= \mathbf{h}\ \{\mathbf{a},\theta,\dot{\theta},\nabla_{\mathbf{a}}\theta,\nabla_{\mathbf{a}}\dot{\theta},\mathbf{C},\dot{\mathbf{C}}\} \\ f(\mathbf{a},t) &= f\ \{\mathbf{a},\theta,\dot{\theta},\nabla_{\mathbf{a}}\theta,\nabla_{\mathbf{a}}\dot{\theta},\mathbf{C},\dot{\mathbf{C}}\} \\ s(\mathbf{a},t) &= s\ \{\mathbf{a},\theta,\dot{\theta},\nabla_{\mathbf{a}}\theta,\nabla_{\mathbf{a}}\dot{\theta},\mathbf{C},\dot{\mathbf{C}}\} \end{aligned} \tag{5.35}$$

Bei Fluiden ohne elastisches Materialverhalten kann noch die Abhängigkeit von $\mathbf{C}$ unterdrückt werden. Es gibt keine Bezugskonfiguration, zu der Verzerrungen angegeben werden können. Ein solches Fluid hat keine „Erinnerung" an vorhergehende Konfigurationen, es ist nur durch den Momentanzustand bestimmt. Für nichtelastische Fluide wird daher im allgemeinen die aktuelle Konfiguration als Bezugskonfiguration gewählt. Mit $\mathbf{a} \to \mathbf{x}, \mathbf{P} \to \mathbf{T}, \dot{\mathbf{C}} \to \mathbf{D}$ erhält man

$$\begin{aligned} \mathbf{T}(\mathbf{x},t) &= \mathbf{T}\ \{\mathbf{x},\theta,\dot{\theta},\nabla_{\mathbf{x}}\theta,\nabla_{\mathbf{x}}\dot{\theta},\mathbf{D},\rho^{-1}\} \\ \mathbf{h}_0(\mathbf{x},t) &= \mathbf{h}\ \{\mathbf{x},\theta,\dot{\theta},\nabla_{\mathbf{x}}\theta,\nabla_{\mathbf{x}}\dot{\theta},\mathbf{D},\rho^{-1}\} \\ f(\mathbf{x},t) &= f\ \{\mathbf{x},\theta,\dot{\theta},\nabla_{\mathbf{x}}\theta,\nabla_{\mathbf{x}}\dot{\theta},\mathbf{D},\rho^{-1}\} \\ s(\mathbf{x},t) &= s\ \{\mathbf{x},\theta,\dot{\theta},\nabla_{\mathbf{x}}\theta,\nabla_{\mathbf{x}}\dot{\theta},\mathbf{D},\rho^{-1}\} \end{aligned} \tag{5.36}$$

Für rein thermoelastische Festkörper ohne Viskosität können dagegen alle materiellen Zeitableitungen vernachlässigt werden

$$\begin{aligned} \mathbf{P}(\mathbf{a},t) &= \mathbf{P}\ \{\mathbf{a},\theta,\nabla_{\mathbf{a}}\theta,\mathbf{C}\} \\ \mathbf{h}_0(\mathbf{a},t) &= \mathbf{h}\ \{\mathbf{a},\theta,\nabla_{\mathbf{a}}\theta,\mathbf{C}\} \\ f(\mathbf{a},t) &= f\ \{\mathbf{a},\theta,\nabla_{\mathbf{a}}\theta,\mathbf{C}\} \\ s(\mathbf{a},t) &= s\ \{\mathbf{a},\theta,\nabla_{\mathbf{a}}\theta,\mathbf{C}\} \end{aligned} \tag{5.37}$$

Die allgemeinen Konstitutivgleichungen (5.33) bis (5.37) sind Ausgangspunkt für die deduktive Ableitung spezieller Konstitutivgleichungen für Festkörper und Fluide. Die Gln. (5.33) bis (5.37) erfüllen die Axiome der Materialtheorie bis auf die vollständige physikalische Konsistenz.

5.2.4 Beispiele deduktiv abgeleiteter Konstitutivgleichungen

5.2.4.1 Elastisches einfaches Material

Als erstes Beispiel wird ideal-elastisches Materialverhalten ohne thermische Einflüsse betrachtet (rein mechanische Materialgleichung). Die Konstitutivgleichungen sind dann Funktionen und nicht Funktionale. Sie reduzieren sich im rein mechanischen Fall auf eine funktionelle Abhängigkeit der Spannungs- und Verzerrungstensoren. Unter Beachtung der materiellen Objektivität muß diese die folgende Form haben

$$^{II}\mathbf{P}(\mathbf{a},t) = \mathbf{f}(\mathbf{C}) \quad \text{bzw.} \quad ^{II}\mathbf{P}(\mathbf{a},t) = \mathbf{g}(\mathbf{G}),$$

denn es gilt

$$^{II}\overline{\mathbf{P}} = \mathbf{f}(\overline{\mathbf{C}}),\ \overline{\mathbf{C}} = \mathbf{C} \quad \text{bzw.} \quad ^{II}\overline{\mathbf{P}} = \mathbf{f}(\overline{\mathbf{G}}),\ \overline{\mathbf{G}} = \mathbf{G}, ^{II}\overline{\mathbf{P}} = ^{II}\mathbf{P}$$

Für die deduktive Ableitung wird vorausgesetzt, daß entsprechend der Definition eines einfachen Materials der Deformationszustand allein durch den Gradienten von $\mathbf{x}(\mathbf{a},t)$, d.h. den Deformationsgradiententensor $\mathbf{F}(\mathbf{a},t)$ erfaßt wird.

Ausgangspunkt der deduktiven Ableitung ist die auf die Volumeneinheit der Referenzkonfiguration bezogene Elementararbeit. Die Konstitutivgleichungen (5.37) reduzieren sich unter den getroffenen Annahmen auf

$$^{I}\mathbf{P}(\mathbf{a},t) = {}^{I}\mathbf{P}(\mathbf{F})$$

und man erhält die Elementararbeit

$$\delta W_i = \frac{1}{\rho_0}\, {}^{I}\mathbf{P} \cdot\cdot \delta\mathbf{F}$$

Die Arbeit hängt nur von den Deformationen zur aktuellen Zeit t ab. Die aufgewendete Verformungsarbeit wird vollständig im Körper als Verzerrungsenergie gespeichert. Unter Beachtung von Gl. (4.84) gilt dann auch

$$\delta W_i = \delta u = \frac{1}{\rho_0}\, {}^{I}\mathbf{P} \cdot\cdot \delta\mathbf{F}$$

mit $u = u(\mathbf{F})$ als spezifische Energiedichtefunktion. Die Energiedichtefunktion darf nicht von Starrkörperbewegungen abhängen. Die Forderung der materiellen Objektivität führt damit auf $u(\mathbf{F}) = u(\overline{\mathbf{F}})$. Für alle orthogonalen Transformationen $\mathbf{Q}$ gilt somit

$$\begin{aligned} u(\mathbf{F}) &= u(\mathbf{Q}\cdot\mathbf{F}) = u\left(\sqrt{(\mathbf{Q}\cdot\mathbf{F})^T \cdot (\mathbf{Q}\cdot\mathbf{F})}\right) \\ &= u\left(\sqrt{\mathbf{F}^T\cdot\mathbf{Q}^T\cdot\mathbf{Q}\cdot\mathbf{F}}\right) = u\left(\sqrt{\mathbf{F}^T\cdot\mathbf{F}}\right) = u(\mathbf{U}) \end{aligned}$$

Mit $\mathbf{U}^2 = \mathbf{C}$ und $\mathbf{G} = \frac{1}{2}(\mathbf{C}-\mathbf{I})$ gilt auch $u(\mathbf{U}) = \hat{u}(\mathbf{C})$ bzw. $u(\mathbf{U}) = \check{u}(\mathbf{G})$. Aus

$$\delta u(\mathbf{F}) = \frac{\partial u(\mathbf{F})}{\partial\mathbf{F}} \cdot\cdot \delta\mathbf{F}^T = \left[\frac{\partial u(\mathbf{F})}{\partial\mathbf{F}}\right]^T \cdot\cdot \delta\mathbf{F} = [u(\mathbf{F})_{,\mathbf{F}}]^T \cdot\cdot \delta\mathbf{F}$$

folgt zunächst

$$\frac{1}{\rho_0}\, {}^{I}\mathbf{P} = \left[\frac{\partial u(\mathbf{F})}{\partial\mathbf{F}}\right]^T = \left[\frac{\partial \hat{u}(\mathbf{C})}{\partial\mathbf{F}}\right]^T \tag{5.38}$$

Die letzte Ableitung läßt sich prinzipiell nach der Kettenregel berechnen

$$\frac{\partial \hat{u}(\mathbf{C})}{\partial \mathbf{F}} = \frac{\partial \hat{u}(\mathbf{C})}{\partial \mathbf{C}} \cdot\cdot \left(\frac{\partial \mathbf{C}}{\partial \mathbf{F}}\right)^T$$

Einfacher kommt man jedoch auf das gesuchte Ergebnis, wenn man den Zusammenhang zwischen **C** und **F** beachtet. Dann gilt entsprechend Anhang A.3

$$\frac{\partial \hat{u}(\mathbf{F}^T \cdot \mathbf{F})}{\partial \mathbf{F}} = 2\mathbf{F} \cdot \left[\frac{\partial \hat{u}(\mathbf{F}^T \cdot \mathbf{F})}{\partial (\mathbf{F}^T \cdot \mathbf{F})}\right]^T = 2\mathbf{F} \cdot \left[\frac{\partial \hat{u}(\mathbf{C})}{\partial \mathbf{C}}\right]^T$$

Nach Einsetzen in Gl. (5.38) folgt aufgrund der Symmetriebedingung

$$\frac{\partial \hat{u}(\mathbf{C})}{\partial \mathbf{C}} = \left[\frac{\partial \hat{u}(\mathbf{C})}{\partial \mathbf{C}}\right]^T$$

$${}^{I}\mathbf{P} = \left\{2\rho_0 \mathbf{F} \cdot \left[\frac{\partial \hat{u}(\mathbf{C})}{\partial \mathbf{C}}\right]^T\right\}^T = 2\rho_0 \frac{\partial \hat{u}(\mathbf{C})}{\partial \mathbf{C}} \cdot \mathbf{F}^T = 2\rho_0 \mathbf{F} \cdot \frac{\partial \hat{u}(\mathbf{C})}{\partial \mathbf{C}} \qquad (5.39)$$

Unter Beachtung der Transformationsbeziehungen $\mathbf{T} = (\det \mathbf{F})^{-1}\, {}^{I}\mathbf{P} \cdot \mathbf{F}^T$, ${}^{II}P = \mathbf{F}^{-1} \cdot {}^{I}\mathbf{P}$ kann man die Konstitutivgleichung auch für den *Cauchy*schen Spannungstensor **T** und den 2. *Piola-Kirchhoff*-Tensor ${}^{II}\mathbf{P}$ schreiben

$$\mathbf{T} = 2\rho \mathbf{F} \cdot \frac{\partial \hat{u}}{\partial \mathbf{C}} \cdot \mathbf{F}^T$$

$${}^{II}\mathbf{P} = 2\rho_0 \frac{\partial \hat{u}(\mathbf{C})}{\partial \mathbf{C}} = \mathbf{f}(\mathbf{C}) \quad \text{bzw.} \quad {}^{II}\mathbf{P} = \rho_0 \frac{\partial \check{u}(\mathbf{G})}{\partial \mathbf{G}} = \mathbf{g}(\mathbf{G})$$

Damit ist eine allgemeine Konstitutivgleichung der Elastizitätstheorie großer Deformationen für ein spezielles isothermes Materialmodell gefunden. Besonders einfach wird die Konstitutivgleichung mit Hilfe des 2. *Piola-Kirchhoff*schen Spannungstensors ${}^{II}\mathbf{P}$ und des *Green-Lagrange*schen Verzerrungstensors **G** ausgedrückt, für die auch die Unabhängigkeit vom Bezugssystem besonders deutlich wird

$${}^{II}\mathbf{P} = \mathbf{f}(\mathbf{G}) \quad \Longleftrightarrow \quad {}^{II}\overline{\mathbf{P}} = \mathbf{f}(\overline{\mathbf{G}})$$

Erhält man ${}^{II}\mathbf{P}$ wie im vorliegenden Fall durch Ableitung der Verzerrungsenergiedichtefunktion $\rho_0 u(\mathbf{G}, \mathbf{a})$ (auch Spannungspotentialfunktion) nach **G**, liegt hyperelastisches Materialverhalten vor. Gl. (5.39) gilt für nichtlinear elastisches, anisotropes und isothermes Material. Für die meisten Anwendungen liegen aber Sonderfälle der Anisotropie vor. Im einfachsten Fall ist das Material richtungsunabhängig. Die Energiedichtefunktion $u = u(\mathbf{C})$ kann dann wesentlich vereinfacht werden. Sie hängt im isotropen Fall nur von den Invarianten des Tensors **C** ab

$$u = \hat{u}(\mathbf{C}) = \hat{u}[I_1(\mathbf{C}), I_2(\mathbf{C}), I_3(\mathbf{C})]$$

Unter Berücksichtigung der im Abschnitt A.3 angeführten Differentiationsregeln für Tensorfunktionen gilt

$$\frac{\partial \hat{u}(\mathbf{C})}{\partial \mathbf{C}} = \frac{\partial \hat{u}}{\partial I_1}\frac{\partial I_1}{\partial \mathbf{C}} + \frac{\partial \hat{u}}{\partial I_2}\frac{\partial I_2}{\partial \mathbf{C}} + \frac{\partial \hat{u}}{\partial I_3}\frac{\partial I_3}{\partial \mathbf{C}}$$

Mit

$$I_1(\mathbf{C}) = \mathrm{Sp}\,\mathbf{C},$$
$$I_2(\mathbf{C}) = \frac{1}{2}[I_1^2(\mathbf{C}) - I_1(\mathbf{C}^2)],$$
$$I_3(\mathbf{C}) = \frac{1}{3}[I_1(\mathbf{C}^3) + 3I_1(\mathbf{C})I_2(\mathbf{C}) - I_1^3(\mathbf{C})]$$

folgt

$$\frac{\partial I_1}{\partial \mathbf{C}} = \mathbf{I},$$
$$\frac{\partial I_2}{\partial \mathbf{C}} = I_1\mathbf{I} - \mathbf{C},$$
$$\frac{\partial I_3}{\partial \mathbf{C}} = \mathbf{I}\cdot\mathbf{C}^2 + \mathbf{I}I_2(\mathbf{C}) + I_1(\mathbf{C})[I_1(\mathbf{C})\mathbf{I} - \mathbf{C}] - I_1^2(\mathbf{C})\mathbf{C}$$

und damit

$$\hat{u}_{,\mathbf{C}} = \left(\frac{\partial \hat{u}}{\partial I_1} + I_1\frac{\partial \hat{u}}{\partial I_2} + I_2\frac{\partial \hat{u}}{\partial I_3}\right)\mathbf{I} - \left(\frac{\partial \hat{u}}{\partial I_2} + I_1\frac{\partial \hat{u}}{\partial I_3}\right)\mathbf{C} + \frac{\partial \hat{u}}{\partial I_3}\mathbf{C}^2$$
$$= \phi_0\mathbf{I} + \phi_1\mathbf{C} + \phi_2\mathbf{C}^2, \quad \phi_i = \phi_i(I_1, I_2, I_3)$$
$${}^{I}\mathbf{P} = 2\rho_0\mathbf{F}\cdot(\phi_0\mathbf{I} + \phi_1\mathbf{C} + \phi_2\mathbf{C}^2)$$

Für jede isotrope Tensorfunktion $\mathbf{f}(\mathbf{A})$ gilt für alle orthogonalen Tensoren $\mathbf{Q}$ die Beziehung

$$\mathbf{Q}\cdot\mathbf{f}(\mathbf{A})\cdot\mathbf{Q}^T = \mathbf{f}(\mathbf{Q}\cdot\mathbf{A}\cdot\mathbf{Q}^T)$$

und eine Darstellung

$$\mathbf{f}(\mathbf{A}) = \phi_0\mathbf{I} + \phi_1\mathbf{A} + \phi_2\mathbf{A}^2$$

Für den isotropen elastischen Körper kann die konstitutive Gleichung daher auch in der Form

$${}^{II}\mathbf{P} = \psi_0\mathbf{I} + \psi_1\mathbf{G} + \psi_2\mathbf{G}^2$$

geschrieben werden, wobei jetzt die ψ_i Funktionen der Invarianten von $\mathbf{G}$ sind.

Die Deformationen eines Körpers können durch innere Zwangsbedingungen eingeschränkt werden. Diese Bedingungen haben dann Einfluß auf die Konstitutivgleichungen. Ist z.B. eine innere Zwangsbedingung durch die Gleichung

$$f(\mathbf{F}) = 0$$

gegeben, folgt aus der Forderung der materiellen Objektivität

$$f(\mathbf{Q}\cdot\mathbf{F}) = f(\mathbf{F}) = f\left[\sqrt{(\mathbf{Q}\cdot\mathbf{F})^T\cdot(\mathbf{Q}\cdot\mathbf{F}}\right] = f(\sqrt{\mathbf{F}^T\cdot\mathbf{Q}^T\cdot\mathbf{Q}\cdot\mathbf{F}}$$
$$= f(\sqrt{\mathbf{F}^T\cdot\mathbf{F}}) = f(\mathbf{U})$$

Mit $\mathbf{U}^2 = \mathbf{C}$ kann man die Zwangsbedingung $f(\mathbf{F}) = f(\mathbf{U}) = 0$ auch in der Form

$$\lambda(\mathbf{C}) = 0$$

schreiben. λ ist wie f eine skalarwertige Funktion eines tensoriellen Arguments.

Die durch die innere Zwangsbedingung vorgegebene Einschränkung der allgemeinen Deformation eines Körpers führt zu zusätzlichen Kontaktkräften und die Konstitutivgleichungen müssen so modifiziert werden, daß diese Kräfte möglich sind. Zusatzkräfte sind nicht durch die Bewegungen des Körpers bestimmt, d.h. daß Prinzip des Determinismus gilt nicht für diese Kräfte, und sie dürfen keine Arbeit leisten. Der Spannungstensor $\mathbf{Z}$ der durch die Zwangsbedingung geweckten Kontaktkräfte führt somit auch zu keiner Spannungsleistung

$$\mathbf{Z}\cdot\cdot\mathbf{D} = 0$$

Differenziert man nun $\lambda(\mathbf{C})$ materiell nach der Zeit, gilt

$$\dot{\lambda}(\mathbf{C}) = \frac{\partial\lambda}{\partial\mathbf{C}}\cdot\cdot\dot{\mathbf{C}} = \lambda_{,\mathbf{C}}\cdot\cdot\dot{\mathbf{C}} = 0, \quad \lambda_{,\mathbf{C}} = \lambda_{,\mathbf{C}}^T, \dot{\mathbf{C}} = \dot{\mathbf{C}}^T$$

und mit

$$\dot{\mathbf{C}} = (\mathbf{F}^T)^{\cdot}\cdot\mathbf{F} + \mathbf{F}^T\cdot\dot{\mathbf{F}} = 2\mathbf{F}^T\cdot\mathbf{D}\cdot\mathbf{F}$$

erhält man

$$\lambda_{,\mathbf{C}}\cdot\cdot\dot{\mathbf{C}} = \lambda_{,\mathbf{C}}\cdot\cdot(\mathbf{F}^T\cdot\mathbf{D}\cdot\mathbf{F}) = (\mathbf{F}\cdot\lambda_{,\mathbf{C}}\cdot\mathbf{F}^T)\cdot\cdot\mathbf{D} = 0,$$

d.h. wegen $\mathbf{Z}\cdot\cdot\mathbf{D} = 0$ und $(\mathbf{F}\cdot\lambda_{,\mathbf{C}}\cdot\mathbf{F}^T)\cdot\cdot\mathbf{D} = 0$ gilt auch

$$\mathbf{Z} = \alpha\mathbf{F}\cdot\lambda_{,\mathbf{C}}\cdot\mathbf{F}^T$$

Der Tensor $\mathbf{Z}$ der inneren Zwangsspannung ist bis auf einen skalaren Faktor α durch die Zwangsbedingung $\lambda(\mathbf{C}) = 0$ bestimmt.

Betrachtet man als Beispiel für eine innere Zwangsbedingung die Inkompressibilität. Dann ist $\det\mathbf{F} = 1$, d.h. die Bewegung ist isochor. Damit gilt auch

$$\det\mathbf{C} = \det(\mathbf{F}^T\cdot\mathbf{F}) = \det\mathbf{F}^T\det\mathbf{F} = 1$$

Man kann die kinematische Zwangsbedingung offensichtlich in folgender Form angeben

$$\lambda(\mathbf{C}) = \det\mathbf{C} - 1 = 0, \dot{\lambda}(\mathbf{C}) = (\det\mathbf{C})\dot{\mathbf{C}} \cdot\cdot \dot{\mathbf{C}}^{-1}$$

Wegen der Symmetrie von $\mathbf{C}, \dot{\mathbf{C}}, \mathbf{C}^{-1}$ und $\det\mathbf{C} = 1$ gilt auch

$$\dot{\lambda}(\mathbf{C}) = (\det\mathbf{C})\mathbf{C}^{-1} \cdot\cdot \dot{\mathbf{C}} = \mathbf{C}^{-1} \cdot\cdot \dot{\mathbf{C}}$$

Durch Vergleich folgt dann

$$\lambda_{,\mathbf{C}} = \mathbf{C}^{-1} = (\mathbf{F}^T \cdot \mathbf{F})^{-1} = \mathbf{F}^{-1} \cdot (\mathbf{F}^{-1})^T$$

Nach Einsetzen in die Gleichung für $\mathbf{Z}$ erhält man

$$\mathbf{Z} = \alpha\mathbf{F} \cdot \mathbf{F}^{-1} \cdot (\mathbf{F}^{-1})^T \cdot \mathbf{F}^T = \alpha\mathbf{I}$$

Für die Inkompressibilität muß man somit den Spannungstensor $\mathbf{T}$ unter Beachtung $\rho = \rho_0$, d.h.

$$\begin{aligned}\mathbf{T} &= 2\rho\mathbf{F} \cdot \hat{u}_{,\mathbf{C}} \cdot \mathbf{F}^T = 2\rho\mathbf{F} \cdot \hat{u}_{,\mathbf{C}} \cdot \mathbf{F}^T \\ &= 2\rho_0\mathbf{F} \cdot \left[\left(\frac{\partial\hat{u}}{\partial I_1} + I_1\frac{\partial\hat{u}}{\partial I_2} + I_2\frac{\partial\hat{u}}{\partial I_3}\right)\mathbf{I} - \left(\frac{\partial\hat{u}}{\partial I_2} + I_1\frac{\partial\hat{u}}{\partial I_3}\right)\mathbf{C} + \frac{\partial\hat{u}}{\partial I_3}\mathbf{C}^2\right] \cdot \mathbf{F}^T\end{aligned}$$

durch einen Tensor $\alpha\mathbf{I} \equiv -p\mathbf{I}$ ergänzen. Der Faktor α kann physikalisch als hydrostatischer Druck $-p$ interpretiert werden.

Beachtet man auch, daß $I_3(\mathbf{C}) = (\det\mathbf{F})^2 = 1$ ist, entfallen die Ableitungen nach I_3 und man erhält die vereinfachte Gleichung für $\mathbf{T}$

$$\mathbf{T} = 2\rho_0\mathbf{F} \cdot \left[\left(\frac{\partial\hat{u}}{\partial I_1} + I_1\frac{\partial\hat{u}}{\partial I_2}\right)\mathbf{I} - \frac{\partial\hat{u}}{\partial I_2}\mathbf{C}\right] \cdot \mathbf{F}^T - p\mathbf{I}$$

Da $\mathbf{F} \cdot \mathbf{I} \cdot \mathbf{F}^T = \mathbf{C}$ und $\mathbf{F} \cdot \mathbf{C} \cdot \mathbf{F}^T = \mathbf{C}^2$ gilt, läßt sich die vereinfachte Gleichung auch in folgender Form darstellen

$$\mathbf{T} = -p\mathbf{I} + \chi_1\mathbf{C} + \chi_2\mathbf{C}^2, \qquad \chi_i = \chi_i(I_1, I_2)$$

Dies entspricht dem Darstellungssatz für isotrope symmetrische Tensoren. Die Funktion χ_0 vereinfacht sich hier zu $-p$.

Die *Piola-Kirchhoff*schen Spannungstensoren für inkompressibles einfaches elastisches Material erhält man mit Hilfe der entsprechenden Transformationsgleichungen

$$\begin{aligned}{}^I\mathbf{P} &= (\det\mathbf{F})\mathbf{F}^{-1} \cdot \mathbf{T} \\ &= 2\rho_0\left[\left(\frac{\partial\hat{u}}{\partial I_1} + I_1\frac{\partial\hat{u}}{\partial I_2}\right)\mathbf{I} - \frac{\partial\hat{u}}{\partial I_2}\mathbf{C}\right] \cdot \mathbf{F}^T - p\mathbf{F}^{-1} \\ {}^{II}\mathbf{P} &= \mathbf{F}^{-1} \cdot {}^I\mathbf{P} \\ &= 2\rho_0\left[\left(\frac{\partial\hat{u}}{\partial I_1} + I_1\frac{\partial\hat{u}}{\partial I_2}\right)\mathbf{I} - \frac{\partial\hat{u}}{\partial I_2}\mathbf{C}\right] - p\mathbf{F}^{-1} \cdot \mathbf{F}^{-1}\end{aligned}$$

$$= 2\rho_0 \left[\left(\frac{\partial \hat{u}}{\partial I_1} + I_1 \frac{\partial \hat{u}}{\partial I_2} \right) \mathbf{I} - \frac{\partial \hat{u}}{\partial I_2} \mathbf{C} \right] - p\mathbf{C}^{-1}$$

Zusammenfassend gelten für ideal-elastisches einfaches isothermes Materialverhalten folgende Konstitutivgleichungen.

Nichtlinear elastisch, anisotrop

$$^{I}\mathbf{P}(\mathbf{F}) = 2\rho_0 \mathbf{F} \cdot \hat{u}_{,\mathbf{C}}(\mathbf{C})$$

$$^{II}\mathbf{P}(\mathbf{F}) = 2\rho_0 \hat{u}_{,\mathbf{C}}(\mathbf{C}) = \rho_0 \check{u}_{,\mathbf{G}}(\mathbf{G})$$

$$\mathbf{T}(\mathbf{F}) = 2\rho \mathbf{F} \cdot \hat{u}_{,\mathbf{C}}(\mathbf{C}) \cdot \mathbf{F}^T$$

Nichtlinear elastisch, isotrop

$$^{I}\mathbf{P}(\mathbf{F}) = 2\rho_0 \mathbf{F} \cdot (\phi_0 \mathbf{I} + \phi_1 \mathbf{C} + \phi_2 \mathbf{C}^2)$$

$$^{II}\mathbf{P}(\mathbf{F}) = 2\rho_0 (\phi_0 \mathbf{I} + \phi_1 \mathbf{C} + \phi_2 \mathbf{C}^2) = \rho_0 (\psi_0 \mathbf{I} + \psi_1 \mathbf{G} + \psi_2 \mathbf{G}^2)$$

$$\mathbf{T}(\mathbf{F}) = 2\rho \mathbf{F} \cdot (\phi_0 \mathbf{I} + \phi_1 \mathbf{C} + \phi_2 \mathbf{C}^2) \cdot \mathbf{F}^T$$

Nichtlinear elastisch, isotrop und inkompressibel

$$\mathbf{T} = 2\rho_0 \mathbf{F} \cdot \left[\left(\frac{\partial \hat{u}}{\partial I_1} + I_1 \frac{\partial \hat{u}}{\partial I_2} \right) \mathbf{I} - \frac{\partial \hat{u}}{\partial I_2} \mathbf{C} \right] \cdot \mathbf{F}^T - p\mathbf{I}$$

$$^{I}\mathbf{P} = 2\rho_0 \mathbf{F} \cdot \left[\left(\frac{\partial \hat{u}}{\partial I_1} + I_1 \frac{\partial \hat{u}}{\partial I_2} \right) \mathbf{I} - \frac{\partial \hat{u}}{\partial I_2} \mathbf{C} \right] \cdot \mathbf{F}^T - p\mathbf{F}^{-1}$$

$$^{II}\mathbf{P} = 2\rho_0 \left[\left(\frac{\partial \hat{u}}{\partial I_1} + I_1 \frac{\partial \hat{u}}{\partial I_2} \right) \mathbf{I} - \frac{\partial \hat{u}}{\partial I_2} \mathbf{C} \right] - p\mathbf{C}^{-1}$$

5.2.4.2 Thermoelastisches einfaches Material

Die deduktive Ableitung der Konstitutivgleichungen kann für die Momentan- oder die Referenzkonfiguration vorgenommen werden. Im nachfolgenden Beispiel des thermoelastischen einfachen Materialverhaltens werden die Ausführungen auf die Variablen in der Referenzkonfiguration bezogen, folglich sind die Gln. (5.33) sowie die entsprechenden thermodynamischen Bilanzen der Ausgangspunkt der weiteren Betrachtungen. Zunächst werden die Funktionale durch Funktionen ersetzt. Die Beschreibung thermoelastischen Materialverhaltens durch Funktionen ist dadurch gerechtfertigt, daß elastisches Materialverhalten eine Momentanreaktion auf äußere Beanspruchungen darstellt. Damit hat die Vorgeschichte keinen Einfluß. Außerdem wird homogenes Materialverhalten vorausgesetzt. Die Gln. (5.33) vereinfachen sich damit zu

$$\begin{aligned} {}^{I}\mathbf{P} &= {}^{I}\mathbf{P}\,(\theta, \nabla_{\mathbf{a}}\theta, \mathbf{\Gamma}) \\ \mathbf{h}_0 &= \mathbf{h}_0\,(\theta, \nabla_{\mathbf{a}}\theta, \mathbf{\Gamma}) \\ f &= f\,(\theta, \nabla_{\mathbf{a}}\theta, \mathbf{\Gamma}) \\ s &= s\,(\theta, \nabla_{\mathbf{a}}\theta, \mathbf{\Gamma}) \end{aligned} \tag{5.40}$$

Bei der Beschreibung des Deformationszustandes soll der Parametersatz $\mathbf{\Gamma}$ wieder nur von dem Gradienten des Positionsvektors $\mathbf{x}(\mathbf{a},t)$, d.h. von $\mathbf{F}$ abhängen. Damit wird der Einschränkung auf einfaches Material Rechnung getragen

$$\begin{aligned} {}^{I}\mathbf{P} &= {}^{I}\mathbf{P}\,(\theta, \nabla_{\mathbf{a}}\theta, \mathbf{F}) \\ \mathbf{h}_0 &= \mathbf{h}_0\,(\theta, \nabla_{\mathbf{a}}\theta, \mathbf{F}) \\ f &= f\,(\theta, \nabla_{\mathbf{a}}\theta, \mathbf{F}) \\ s &= s\,(\theta, \nabla_{\mathbf{a}}\theta, \mathbf{F}) \end{aligned} \tag{5.41}$$

Grundlage der weiteren Analyse ist die dissipative Ungleichung (4.111). Für die Referenzkonfiguration gilt

$${}^{I}\mathbf{P} \cdot\cdot \dot{\mathbf{F}} - \rho_0(\dot{f} + s\dot{\theta}) - \mathbf{h}_0 \cdot \nabla_{\mathbf{a}} \ln\theta \geq 0 \tag{5.42}$$

Entsprechend der konstitutiven Annahmen wird zunächst die materielle Zeitableitung der freien Energie angegeben

$$\dot{f} = \frac{\partial f}{\partial \theta}\dot{\theta} + \frac{\partial f}{\partial \nabla_{\mathbf{a}}\theta} \cdot (\nabla_{\mathbf{a}}\theta)^{\cdot} + \frac{\partial f}{\partial \mathbf{F}} \cdot\cdot \dot{\mathbf{F}}^{T} \tag{5.43}$$

Unter Beachtung der Identität

$$\frac{\partial f}{\partial \mathbf{F}} \cdot\cdot \dot{\mathbf{F}}^{T} = \left(\frac{\partial f}{\partial \mathbf{F}}\right)^{T} \cdot\cdot \dot{\mathbf{F}}$$

folgt nach Einsetzen von Gl. (5.43) in die dissipative Ungleichung (5.42)

$$\begin{aligned} &\left[{}^{I}\mathbf{P} - \left(\rho_0 \frac{\partial f}{\partial \mathbf{F}}\right)^{T}\right] \cdot\cdot \dot{\mathbf{F}} - \rho_0\left(s + \frac{\partial f}{\partial \theta}\right)\dot{\theta} \\ &+\rho_0 \frac{\partial f}{\partial \nabla_{\mathbf{a}}\theta} \cdot (\nabla_{\mathbf{a}}\theta)^{\cdot} - \mathbf{h}_0 \cdot \nabla_{\mathbf{a}} \ln\theta \geq 0 \end{aligned} \tag{5.44}$$

Gl. (5.44) hat die Struktur

$$Ax + By + Cz + D \geq 0$$

mit $x \longrightarrow \dot{\mathbf{F}}, y \longrightarrow \dot{\theta}, z \longrightarrow (\nabla_{\mathbf{a}}\theta)^{\cdot}$. Für beliebige x, y, z-Werte kann diese Gleichung nur erfüllt sein, wenn $A = B = C = 0, D \geq 0$ ist. Damit erhält man aus den Konstitutivgleichungen (5.41)

$${}^{I}\mathbf{P} = \rho_0 \left(\frac{\partial f}{\partial \mathbf{F}}\right)^{T}, \; s = -\frac{\partial f}{\partial \theta}, \; \frac{\partial f}{\partial \nabla_{\mathbf{a}}\theta} = \mathbf{0}, \; -\mathbf{h}_0 \cdot \nabla_{\mathbf{a}} \ln\theta \geq 0 \tag{5.45}$$

Für die weiteren Überlegungen ist es wieder besser, die Abhängigkeit von $\mathbf{F}$ durch die Abhängigkeit von $\mathbf{F}^T \cdot \mathbf{F} = \mathbf{C}$ oder $\mathbf{G} = \frac{1}{2}(\mathbf{C} - \mathbf{I})$ zu ersetzen.

Die Auswertung der konstitutiven Gln. (5.45) läßt folgende Schlußfolgerungen zu:

1. Einfaches thermoelastisches Material ist nicht dissipativ. Für die auf die Referenzkonfiguration bezogene Dissipationsfunktion ϕ gilt unter Beachtung von Gl. (5.43)

$$\phi = {}^I\mathbf{P} \cdot\cdot \dot{\mathbf{F}} - \rho_0(\dot{f} + s\dot{\theta}) = \rho_0 \left[\left(\frac{\partial f}{\partial \mathbf{F}} \right)^T \cdot\cdot \dot{\mathbf{F}} + \frac{\partial f}{\partial \theta}\dot{\theta} - \dot{f} \right] \equiv 0$$

2. Die freie Energie hängt nicht vom Temperaturgradienten $\nabla_{\mathbf{a}}\theta$ ab

$$\frac{\partial f}{\partial \nabla_{\mathbf{a}}\theta} = 0 \Longleftrightarrow f = f(\theta, \mathbf{F})$$

3. Da der 1. Piola-Kirchhoffsche Spannungstensor ${}^I\mathbf{P}$ und die Entropie sich als Ableitungen der freien Energie f ausdrücken lassen, hängen auch ${}^I\mathbf{P}$ und s nicht von $\nabla_{\mathbf{a}}\theta$ ab

$${}^I\mathbf{P} = \rho_0 \left[\frac{\partial f(\theta, \mathbf{F})}{\partial \mathbf{F}} \right]^T, \quad s = -\frac{\partial f(\theta, \mathbf{F})}{\partial \theta}$$

Damit gelten für homogenes thermoelastisches einfaches Material die allgemeinen Konstitutivgleichungen

$${}^I\mathbf{P}(\mathbf{a}, t) = \rho_0 \left[\frac{\partial f(\theta, \mathbf{F})}{\partial \mathbf{F}} \right]^T, \quad s(\mathbf{a}, t) = -\frac{\partial f(\theta, \mathbf{F})}{\partial \theta}, \quad \mathbf{h}_0 \cdot \nabla_{\mathbf{a}} \ln \theta \geq 0$$

Der Spannungstensor ${}^I\mathbf{P}$ kann auch durch den *Cauchy*schen Spannungstensor $\mathbf{T}$ oder den 2. *Piola-Kirchhoff*schen Spannungstensor ${}^{II}\mathbf{P}$ ersetzt werden

$${}^I\mathbf{P} = \rho_0 \left(\frac{\partial f}{\partial \mathbf{F}} \right)^T \Longrightarrow \mathbf{T} = (\det\mathbf{F})^{-1}\mathbf{F} \cdot {}^I\mathbf{P} = \rho\mathbf{F} \cdot \left[\frac{\partial f(\theta, \mathbf{F})}{\partial \mathbf{F}} \right]^T,$$

$${}^I\mathbf{P} = \rho_0 \left(\frac{\partial f}{\partial \mathbf{F}} \right)^T \Longrightarrow {}^{II}\mathbf{P} = \mathbf{F}^{-1} \cdot {}^I\mathbf{P} = \rho_0\mathbf{F}^{-1} \cdot \left[\frac{\partial f(\theta, \mathbf{F})}{\partial \mathbf{F}} \right]$$

Wie im Beispiel des Abschnitts 5.2.4.1 kann die Deformation statt durch $\mathbf{F}$ auch durch $\mathbf{C}$ oder $\mathbf{G}$ ausgedrückt werden und man erhält z.B.

$$f(\theta, \mathbf{F}) \Longrightarrow \hat{f}(\theta, \mathbf{C}); \quad \frac{\partial f}{\partial \mathbf{F}} \Longrightarrow \frac{\partial \hat{f}}{\partial \mathbf{F}} = 2\frac{\partial \hat{f}}{\partial \mathbf{C}} \cdot \mathbf{F}^T$$

d.h.

$${}^I\mathbf{P} = 2\rho_0\mathbf{F} \cdot \frac{\partial \hat{f}}{\partial \mathbf{C}}, \quad \mathbf{T} = 2\rho\mathbf{F} \cdot \frac{\partial \hat{f}}{\partial \mathbf{C}} \cdot \mathbf{F}^T, \quad {}^{II}\mathbf{P} = 2\rho_0\frac{\partial \hat{f}}{\partial \mathbf{C}}$$

und mit

$$\hat{f}(\theta, \mathbf{C}) \Longrightarrow \check{f}(\theta, \mathbf{G})$$

folgt beispielsweise

$$^{II}\mathbf{P} = \rho_0 \frac{\partial \hat{f}}{\partial \mathbf{G}}$$

Eine weitere Spezialisierung der Konstitutivgleichungen erfordert Annahmen zur freien Energie f und zu dem davon abhängigen Wärmestromvektor $\mathbf{h}_0$.

Zur Vereinfachung werden die weiteren Aussagen auf kleine Verformungen beschränkt. Damit gelten die Voraussetzungen der geometrischen Linearisierung nach Abschnitt 2.12. Der Unterschied zwischen der aktuellen und der Referenzkonfiguration verschwindet. Für die Verzerrungen gilt der lineare *Cauchy*sche Verzerrungstensor $\mathbf{A}^* = \mathbf{G}^* = \boldsymbol{\varepsilon}$ und für die Spannungen der *Cauchy*sche Spannungstensor $\mathbf{T} = \boldsymbol{\sigma}$. Die Tensoren $\boldsymbol{\varepsilon}$, $\boldsymbol{\sigma}$ sowie $\dot{\boldsymbol{\varepsilon}}$ sind symmetrisch. Damit nehmen die Konstitutivgleichungen ($\mathbf{a} \approx \mathbf{x}$) folgenden Ausdruck an

$$\begin{aligned}
\boldsymbol{\sigma}(\mathbf{x}, t) &= \boldsymbol{\sigma}(\theta, \nabla_{\mathbf{x}}\theta, \boldsymbol{\varepsilon}) \\
\mathbf{h}(\mathbf{x}, \mathbf{t}) &= \mathbf{h}(\theta, \nabla_{\mathbf{x}}\theta, \boldsymbol{\varepsilon}) \\
f(\mathbf{x}, t) &= f(\theta, \nabla_{\mathbf{x}}\theta, \boldsymbol{\varepsilon}) \\
s(\mathbf{x}, t) &= s(\theta, \nabla_{\mathbf{x}}\theta, \boldsymbol{\varepsilon})
\end{aligned}$$

Die materielle Zeitableitung der freien Energie lautet jetzt

$$\dot{f} = \frac{\partial f}{\partial \theta}\dot{\theta} + \frac{\partial f}{\partial \nabla_{\mathbf{x}}\theta} \cdot (\nabla_{\mathbf{x}}\theta)^{\cdot} + \frac{\partial f}{\partial \boldsymbol{\varepsilon}} \cdot\cdot \dot{\boldsymbol{\varepsilon}}$$

Setzt man das Ergebnis in die Entropieungleichung ein, folgt

$$\begin{aligned}
&\left(\boldsymbol{\sigma} - \rho_0 \frac{\partial f}{\partial \boldsymbol{\varepsilon}}\right) \cdot\cdot \dot{\boldsymbol{\varepsilon}} - \rho_0 \left(s + \frac{\partial f}{\partial \theta}\right) \dot{\theta} + \rho_0 \frac{\partial f}{\partial \nabla_{\mathbf{a}}\theta} \cdot (\nabla_{\mathbf{x}}\theta)^{\cdot} \\
&-\mathbf{h} \cdot \nabla_{\mathbf{x}} \ln \theta \geq 0
\end{aligned}$$

Damit lauten die Konstitutivgleichungen

$$\boldsymbol{\sigma} = \rho_0 \frac{\partial f}{\partial \boldsymbol{\varepsilon}}, \quad s = -\frac{\partial f}{\partial \theta}, \quad \frac{\partial f}{\partial \nabla_{\mathbf{x}}\theta} = \mathbf{0}$$

mit

$$f(\mathbf{x}, t) = f(\theta, \boldsymbol{\varepsilon}), \boldsymbol{\sigma}(\mathbf{x}, t) = \boldsymbol{\sigma}(\theta, \boldsymbol{\varepsilon}), s(\mathbf{x}, t) = s(\theta, \boldsymbol{\varepsilon})$$

Außerdem erhält man

$$-\mathbf{h} \cdot \nabla_{\mathbf{x}} \ln \theta \geq 0$$

Trifft man jetzt wieder weitere Annahmen über die freie Energie und den Wärmestromvektor, können der Spannungstensor und die Entropie berechnet werden.

1. $\mathbf{h} = -\boldsymbol{\kappa} \cdot \nabla_{\mathbf{a}}\theta$
Diese Annahme ist die Verallgemeinerung der linearen *Fourier*schen Wärmeleitungsgleichung auf den anisotropen Fall. $\boldsymbol{\kappa}$ ist der Tensor der Wärmeleitfähigkeiten. $\mathbf{h}$ genügt der Ungleichung

$$-\mathbf{h}\cdot \nabla_{\mathbf{x}} \ln\theta = \boldsymbol{\kappa} \cdot \nabla_{\mathbf{x}}\theta \cdot \nabla_{\mathbf{x}} \ln\theta = \frac{\boldsymbol{\kappa}}{\theta}(\nabla_{\mathbf{x}}\theta)^2 \geq 0$$

Der Tensor der Wärmeleitfähigkeit ist anisotrop. Wegen

$$\frac{(\boldsymbol{\kappa} \cdot \nabla_{\mathbf{x}}\theta) \cdot \nabla_{\mathbf{x}}\theta}{\theta} \geq 0$$

folgt unter Beachtung von $\theta \geq 0$ auch

$$\boldsymbol{\kappa} \cdot\cdot \nabla_{\mathbf{x}}\theta \nabla_{\mathbf{x}}\theta \geq 0$$

und man erhält mit $\boldsymbol{\kappa} = \boldsymbol{\kappa}^S + \boldsymbol{\kappa}^A$ und der Symmetrie des Tensors $\nabla_{\mathbf{x}}\theta\nabla_{\mathbf{x}}\theta$

$$(\boldsymbol{\kappa}^S + \boldsymbol{\kappa}^A) \cdot\cdot \nabla_{\mathbf{x}}\theta \nabla_{\mathbf{x}}\theta = \boldsymbol{\kappa}^S \cdot\cdot \nabla_{\mathbf{x}}\theta \nabla_{\mathbf{x}}\theta \geq 0$$

Es genügt somit die Kenntnis des symmetrischen Anteils des Tensors $\boldsymbol{\kappa}$, d.h. die experimentelle Ermittlung der Wärmeleitfähigkeitskennwerte reduziert sich auf 6 Werte. Im isotropen Fall ist $\boldsymbol{\kappa}$ ein Tensor 0. Stufe, d.h. eine skalare Größe, und es gilt

$$\mathbf{h} = -\kappa \nabla_{\mathbf{a}}\theta, \qquad \kappa \geq 0$$

2. Weitere Aussagen liefert die *Taylor*-Reihenentwicklung der freien Energie $f = f(\theta, \boldsymbol{\varepsilon})$ um den Ausgangszustand $f = f(\theta_0, \mathbf{0})$. Dazu werden sowohl kleine Verzerrungen als auch kleine Temperaturänderungen vorausgesetzt

$$f(\theta, \boldsymbol{\varepsilon}) = f(\theta_0, \mathbf{0}) + \frac{\partial f(\theta_0, \mathbf{0})}{\partial \boldsymbol{\varepsilon}} \cdot\cdot \boldsymbol{\varepsilon} + \frac{\partial f(\theta_0, \mathbf{0})}{\partial \theta}(\theta - \theta_0)$$

$$+ \frac{1}{2}\left[\boldsymbol{\varepsilon} \cdot\cdot \frac{\partial^2 f(\theta_0, \mathbf{0})}{\partial \boldsymbol{\varepsilon}^2} \cdot\cdot \boldsymbol{\varepsilon} + 2\frac{\partial^2 f(\theta_0, \mathbf{0})}{\partial \boldsymbol{\varepsilon}\partial\theta} \cdot\cdot \boldsymbol{\varepsilon}(\theta - \theta_0)\right.$$

$$\left. + \frac{\partial^2 f(\theta_0, \mathbf{0})}{\partial \theta^2}(\theta - \theta_0)^2\right] + \ldots$$

Die freie Energie des Anfangszustandes $f(\theta_0, \mathbf{0})$ kann ohne Einschränkung der Allgemeinheit Null gesetzt werden, da in die weiteren Gleichungen nur Ableitungen von f eingehen. Die ersten Ableitungen

$$\frac{\partial f(\theta_0, \mathbf{0})}{\partial \boldsymbol{\varepsilon}} \quad \text{und} \quad \frac{\partial f(\theta_0, \mathbf{0})}{\partial \theta}$$

geben die Spannungswerte und den Entropiewert für den Anfangszustand an. Sie erfassen z.B. Eigenspannungen. Für viele Anwendungen können aber auch diese Anfangswerte Null gesetzt werden.

Die 2. Ableitungen entsprechen den konstitutiven Gleichungen einer geometrisch und physikalisch linearen Theorie thermoelastischer Materialien, falls keine höheren Ableitungen auftreten. Physikalische Nichtlinearität erfordert somit mindestens die Berücksichtigung der 3. Ableitungen.

Die lineare Theorie wird durch einen vollständigen quadratischen Ansatz für die freie Energie beschrieben. Setzt man

$$\rho_0 f(\theta, \boldsymbol{\varepsilon}) = \frac{1}{2}\boldsymbol{\varepsilon} \cdot\cdot {}^{(4)}\mathbf{E} \cdot\cdot \boldsymbol{\varepsilon} - \boldsymbol{\alpha} \cdot\cdot \boldsymbol{\varepsilon}(\theta - \theta_0) - \frac{1}{2}c(\theta - \theta_0)^2$$

mit

$$\rho_0 \frac{\partial^2 f(\theta_0, \mathbf{0})}{\partial \boldsymbol{\varepsilon}^2} = {}^{(4)}\mathbf{E}, \quad \rho_0 \frac{\partial^2 f(\theta_0, \mathbf{0})}{\partial \boldsymbol{\varepsilon} \partial \theta} = \boldsymbol{\alpha}, \quad \rho_0 \frac{\partial^2 f(\theta_0, \mathbf{0})}{\partial \theta^2} = c,$$

erhält man die Konstitutivgleichungen der linearen Thermoelastizität

$$\begin{aligned} \boldsymbol{\sigma} &= \rho_0 \frac{\partial f(\theta_0, \boldsymbol{\varepsilon})}{\partial \boldsymbol{\varepsilon}} = {}^{(4)}\mathbf{E} \cdot\cdot \boldsymbol{\varepsilon} - \boldsymbol{\alpha}(\theta - \theta_0) \\ \rho_0 s &= -\rho_0 \frac{\partial f(\theta_0, \boldsymbol{\varepsilon})}{\partial \theta} = \boldsymbol{\alpha} \cdot\cdot \boldsymbol{\varepsilon} + c(\theta - \theta_0) \end{aligned}$$

mit dem vierstufigen Elastizitätstensor ${}^{(4)}\mathbf{E}$, dem zweistufigen Tensor der linearen Wärmeausdehnungskoeffizienten $\boldsymbol{\alpha}$ und der Wärmekapazität c.

Im isotropen Fall vereinfacht sich die Gleichung für die freie Energie

$$\rho_0 f(\theta, \boldsymbol{\varepsilon}) = \mu \boldsymbol{\varepsilon} \cdot\cdot \boldsymbol{\varepsilon} + \frac{1}{2}\lambda(\boldsymbol{\varepsilon} \cdot\cdot \mathbf{I})^2 - \alpha \boldsymbol{\varepsilon} \cdot\cdot \mathbf{I}(\theta - \theta_0) - \frac{1}{2}c(\theta - \theta_0)^2$$

μ, λ sind die *Lamè*schen Konstanten, α - der lineare Wärmeausdehnungskoeffizient. Die linearen thermoelastischen Konstitutivgleichungen lauten damit für isotropes Materialverhalten

$$\begin{aligned} \boldsymbol{\sigma} &= \rho_0 \frac{\partial f(\theta_0, \boldsymbol{\varepsilon})}{\partial \boldsymbol{\varepsilon}} = 2\mu \boldsymbol{\varepsilon} + \lambda(\boldsymbol{\varepsilon} \cdot\cdot \mathbf{I})\mathbf{I} - \alpha(\theta - \theta_0)\mathbf{I} \\ \rho_0 s &= -\rho_0 \frac{\partial f(\theta_0, \boldsymbol{\varepsilon})}{\partial \theta} = \alpha \boldsymbol{\varepsilon} \cdot\cdot \mathbf{I} + c(\theta - \theta_0) \end{aligned}$$

Weitere Hinweise zu elastischen Materialmodellen findet man im Abschnitt 5.3.

Zusammenfassend gelten für thermoelastisches einfaches homogenes Material die folgenden Konstitutivgleichungen.

1. Allgemeiner Fall: $f = f(\theta, \mathbf{F}), \hat{f} = \hat{f}(\theta, \mathbf{C}), \check{f} = \check{f}(\theta, \mathbf{G})$

$$^{I}\mathbf{P}(\mathbf{a}, t) = \rho_0 \left[\frac{\partial f(\theta, \mathbf{F})}{\partial \mathbf{F}}\right]^T, s(\mathbf{a}, t) = -\frac{\partial f(\theta, \mathbf{F})}{\partial \theta}, -\mathbf{h}_0 \cdot \boldsymbol{\nabla}_{\mathbf{X}} \ln \theta \geq 0$$

$$^{I}\mathbf{P}(\mathbf{a}, t) = 2\rho_0 \left[\frac{\partial \hat{f}(\theta, \mathbf{C})}{\partial \mathbf{C}}\right]^T, s(\mathbf{a}, t) = -\frac{\partial \hat{f}(\theta, \mathbf{C})}{\partial \theta}$$

Für die Spannungsgleichung können auch alternativ eingesetzt werden

$$\mathbf{T}(\mathbf{a}, t) = 2\rho \mathbf{F} \cdot \left[\frac{\partial \hat{f}(\theta, \mathbf{C})}{\partial \mathbf{C}}\right]^T \cdot \mathbf{F}^T$$

$$^{II}\mathbf{P}(\mathbf{a}, t) = 2\rho_0 \left[\frac{\partial \hat{f}(\theta, \mathbf{C})}{\partial \mathbf{C}}\right]^T = \rho \left[\frac{\partial \check{f}(\theta, \mathbf{G})}{\partial \mathbf{G}}\right]^T$$

2. Geometrische Linearisierung

$$\boldsymbol{\sigma}(\mathbf{a}, t) = \rho_0 \frac{\partial f(\theta, \boldsymbol{\varepsilon})}{\partial \boldsymbol{\varepsilon}}, \quad s(\mathbf{a}, t) = -\frac{\partial f(\theta, \boldsymbol{\varepsilon})}{\partial \theta}, \quad -\mathbf{h}_0 \cdot \boldsymbol{\nabla}_{\mathbf{X}} \ln \theta \geq 0$$

3. Geometrische und physikalische Linearität

$$\boldsymbol{\sigma}(\mathbf{x}, t) = {}^{(4)}\mathbf{E} \cdot\cdot \boldsymbol{\varepsilon} - \boldsymbol{\alpha}(\theta - \theta_0)$$

$$\rho_0 s(\mathbf{x}, t) = \boldsymbol{\alpha} \cdot\cdot \boldsymbol{\varepsilon} + c(\theta - \theta_0)$$

4. isotroper Sonderfall

$$\boldsymbol{\sigma}(\mathbf{x}, t) = 2\mu\boldsymbol{\varepsilon} + \lambda(\boldsymbol{\varepsilon} \cdot\cdot \mathbf{I})\mathbf{I} - \alpha(\theta - \theta_0)\mathbf{I}$$

$$\rho_0 s(\mathbf{x}, t) = \alpha\boldsymbol{\varepsilon} \cdot\cdot \mathbf{I} + c(\theta - \theta_0)$$

$$\mu = \mu(\theta), \lambda = \lambda(\theta)$$

$$\sigma_{kk} = 3[K\varepsilon_{kk} - \alpha(\theta - \theta_0)], K = \lambda + \frac{2}{3}\mu$$

$$\boldsymbol{\varepsilon} = \frac{1}{2\mu}\left[\boldsymbol{\sigma} - \frac{\lambda}{2\mu + 3\lambda}(\boldsymbol{\sigma} \cdot\cdot \mathbf{I})\mathbf{I}\right] + \frac{\alpha}{3K}(\theta - \theta_0)\mathbf{I}$$

$$\varepsilon_{kk} = \frac{\alpha}{K}(\theta - \theta_0) + \frac{\sigma_{kk}}{3K}$$

bzw.

$$\boldsymbol{\varepsilon} = \frac{1}{2G}\left[\boldsymbol{\sigma} - \frac{\nu}{1+\nu}(\boldsymbol{\sigma} \cdot\cdot \mathbf{I})\mathbf{I}\right] + \alpha_t(\theta - \theta_0)\mathbf{I}$$

$$\boldsymbol{\sigma} = 2G\left\{\boldsymbol{\varepsilon} + \frac{\nu}{1 - 2\nu}\left[\boldsymbol{\varepsilon} \cdot\cdot \mathbf{I} - \frac{1+\nu}{\nu}\alpha_t(\theta - \theta_0)\right]\mathbf{I}\right\}$$

$$G = \mu = \frac{E}{2(1+\nu)}, \lambda = \frac{\nu E}{(1+\nu)(1-2\nu)},$$

$$E = \frac{\mu(3\lambda + 2\mu)}{\lambda + \mu}, \nu = \frac{\lambda}{2(\lambda + \mu)},$$

$$\alpha = (3\lambda + 2\mu)\alpha_t = 3K\alpha_t$$

5.2.4.3 Thermoviskoses Materialverhalten

Für ein thermoviskoses Fluid gelten die allgemeinen Konstitutivgleichungen (5.36). Wie für den thermoelastischen Körper muß die dissipative Ungleichung erfüllt sein, wobei sie jetzt für die aktuelle Konfiguration formuliert wird (Gl. (4.111))

$$\mathbf{T} \cdot \cdot \mathbf{D} - \rho(\dot{f} + s\dot{\theta}) - \frac{1}{\theta}\mathbf{h} \cdot \nabla_{\mathbf{x}}\theta \geq 0 \tag{5.46}$$

Entsprechend den konstitutiven Annahmen gilt für die materielle Zeitableitung unter Beachtung von $\dot{\mathbf{D}}^T = \dot{\mathbf{D}}$

$$\dot{f} = \frac{\partial f}{\partial \theta}\dot{\theta} + \frac{\partial f}{\partial \nabla_{\mathbf{x}}\theta} \cdot (\nabla_{\mathbf{x}}\theta)^{\cdot} + \frac{\partial f}{\partial \mathbf{D}} \cdot \cdot \dot{\mathbf{D}} + \frac{\partial f}{\partial \rho^{-1}}(\rho^{-1})^{\cdot} \tag{5.47}$$

Gleichung (5.47) kann auch umgeformt werden

$$\dot{f} = \frac{\partial f}{\partial \theta}\dot{\theta} + \frac{\partial f}{\partial \nabla_{\mathbf{x}}\theta} \cdot (\nabla_{\mathbf{x}}\theta)^{\cdot} + \frac{\partial f}{\partial \mathbf{D}} \cdot \cdot \dot{\mathbf{D}} + \frac{\partial f}{\partial \rho^{-1}}\rho^{-1}\mathbf{D} \cdot \cdot \mathbf{I}$$

Einsetzen in die Ungleichung (5.46) führt auf

$$-\rho\left(s + \frac{\partial f}{\partial \theta}\right)\dot{\theta} - \rho\frac{\partial f}{\partial \mathbf{D}} \cdot \cdot \dot{\mathbf{D}} - \frac{\partial f}{\partial \nabla_{\mathbf{x}}\theta} \cdot (\nabla_{\mathbf{x}}\theta)^{\cdot} + \left(\mathbf{T} - \frac{\partial f}{\partial \rho^{-1}}\mathbf{I}\right) \cdot \cdot \mathbf{D}$$
$$+ \frac{1}{\theta}\mathbf{h} \cdot \nabla_{\mathbf{x}}\theta \geq 0$$

Die Ungleichung ist linear in $\dot{\theta}, \dot{\mathbf{D}}$ und $(\nabla_{\mathbf{x}}\theta)^{\cdot}$. In Analogie zum thermoelastischen Fall folgt

$$s = -\frac{\partial f}{\partial \theta}, \frac{\partial f}{\partial \mathbf{D}} = \mathbf{0}, \frac{\partial f}{\partial \nabla_{\mathbf{x}}\theta} = \mathbf{0},$$

d.h. $f = f(\theta, \rho^{-1}, \mathbf{x})$.

Schlußfolgerung: *Die freie Energie f ist unabhängig von* $\mathbf{D}$ *und von* $\nabla_{\mathbf{x}}\theta$. *Sie ist allein eine Funktion des Ortes* $\mathbf{x}$, *der Temperatur θ und des spezifischen Volumens $\rho^{-1} = V/m$.*

Die Ungleichung reduziert sich daher auf

$$\left(\mathbf{T} - \frac{\partial f}{\partial \rho^{-1}}\mathbf{I}\right) \cdot \cdot \mathbf{D} + \frac{1}{\theta}\mathbf{h} \cdot \nabla_{\mathbf{x}}\theta \geq 0$$

Dabei ist

$$p = p(\theta, \rho^{-1}, \mathbf{x}) = -\frac{\partial f}{\partial \rho^{-1}}$$

der thermodynamische Druck. Damit kann man die Ungleichung in folgender Form darstellen

$$(\mathbf{T} + p\mathbf{I}) \cdot \cdot \mathbf{D} + \frac{1}{\theta}\mathbf{h} \cdot \nabla_{\mathbf{x}}\theta \geq 0 \tag{5.48}$$

bzw.

$$\mathbf{T}^V \cdot\cdot \mathbf{D} + \frac{1}{\theta}\mathbf{h} \cdot \nabla_{\mathbf{x}}\theta \geq 0$$

Der Tensor

$$\left(\mathbf{T} - \frac{\partial f}{\partial \rho^{-1}}\mathbf{I}\right) = (\mathbf{T} + p\mathbf{I}) = \mathbf{T}^V(\theta, \nabla_{\mathbf{x}}\theta, \mathbf{D}, \rho^{-1}, \mathbf{x})$$

heißt dissipativer Spannungstensor oder Tensor der viskosen Spannungen. Für den Spannungstensor gilt

$$\mathbf{T} = -p\mathbf{I} + \mathbf{T}^V$$

Der Deformationsgeschwindigkeitstensor $\mathbf{D}$ (auch Flußtensor) und der Temperaturgradient $\nabla_{\mathbf{x}}\theta$ sind unabhängige Prozeßgrößen, die absolute Temperatur θ ist immer nichtnegativ. Die Ungleichung (5.48) ergibt daher

$$\mathbf{T}^V \cdot\cdot \mathbf{D} \geq 0, \quad \mathbf{h} \cdot \nabla_{\mathbf{x}}\theta \geq 0$$

Beachtet man $\mathbf{T}^V \cdot\cdot \mathbf{D} = \Phi(\mathbf{D})$ folgt $\Phi(\mathbf{D}) \geq 0, \Phi(\mathbf{0}) = 0$.

Schlußfolgerung: *Die Funktion $\Phi(\mathbf{D})$ hat für $\mathbf{D} = \mathbf{0}$ ein Minimum, d.h.*

$$\frac{\partial \Phi}{\partial \mathbf{D}} = \mathbf{0}$$

für $\mathbf{D} = \mathbf{0}$. Aus $\mathbf{D} = \mathbf{0}$ folgt $\mathbf{T}^V = \mathbf{0}$, d.h. $\mathbf{T}^V$ ist nur von Null verschieden, falls eine Strömung des Fluids stattfindet.

Zusammenfassend gelten für ein thermoviskoses, inhomogenes, anisotropes, nichtlineares Fluid folgende allgemeine Konstitutivgleichungen.

$$\begin{array}{l}
\mathbf{T} = -p\mathbf{I} + \mathbf{T}^V, \quad p = p(\theta, \rho^{-1}, \mathbf{x}), \mathbf{T}^V = \mathbf{T}^V(\theta, \nabla_{\mathbf{x}}\theta, \mathbf{D}, \rho^{-1}, \mathbf{x}) \\
\mathbf{h} = \mathbf{h}(\theta, \nabla_{\mathbf{x}}\theta, \mathbf{D}, \rho^{-1}, \mathbf{x}), \quad \mathbf{h} \cdot \nabla_{\mathbf{x}}\theta \leq 0 \\
s = -\dfrac{\partial f}{\partial \theta}, f = f(\theta, \rho^{-1}, \mathbf{x}), s = s(\theta, \nabla_{\mathbf{x}}\theta, \mathbf{D}, \rho^{-1}, \mathbf{x}) \\
\mathbf{T}^V = \mathbf{0} \quad \text{für} \quad \mathbf{D} = \mathbf{0}
\end{array}$$

Die durch diese Konstitutivgleichungen gekennzeichneten Körper heißen *Stokes*sche Fluide.

Aus den allgemeinen, nichtlinearen, inhomogenen, anisotropen, thermoviskosen Konstitutivgleichungen ergeben sich in einfacher Weise wichtige Sonderfälle für lineare *Stokes*sche und *Newton*sche Fluide.

1. Anisotropes und inhomogenes Fluid (*Stokes*)

Der Deformationsgeschwindigkeitstensor $\mathbf{D}$ und der Temperaturgradient $\nabla_{\mathbf{x}}\theta$ gehen nur linear in die Konstitutivgleichungen ein

$$\mathbf{T} = -p\mathbf{I} + \mathbf{T}^V, \quad p = p(\theta, \rho^{-1}, \mathbf{x}), \quad \mathbf{T}^V = {}^{(4)}\boldsymbol{\Lambda} \cdot\cdot \mathbf{D}$$

$$\mathbf{h} = \boldsymbol{\kappa} \cdot \nabla_{\mathbf{x}}\theta, \quad \mathbf{D} \cdot\cdot {}^{(4)}\boldsymbol{\Lambda} \cdot\cdot \mathbf{D} \geq 0, \quad \nabla_{\mathbf{x}}\theta \cdot \boldsymbol{\kappa} \cdot \nabla_{\mathbf{x}}\theta \geq 0$$

$$s = -\frac{\partial f}{\partial \theta}, \quad {}^{(4)}\mathbf{\Lambda} = {}^{(4)}\mathbf{\Lambda}(\theta, \rho^{-1}, \mathbf{x}), \boldsymbol{\kappa} = \boldsymbol{\kappa}(\theta, \rho^{-1}, \mathbf{x})$$

${}^{(4)}\mathbf{\Lambda}$ Viskositätstensor

2. Isotropes und inhomogenes Fluid (*Stokes*)

Der Tensor der Viskositätskoeffizienten ${}^{(4)}\mathbf{\Lambda}$ hat bezüglich der Sonderfälle der Anisotropie die gleichen Eigenschaften wie der Elastizitätstensor ${}^{(4)}\mathbf{E}$. Im isotropen Fall gilt daher

$\mathbf{T} = -p\mathbf{I} + \lambda^V(\mathbf{I}\cdot\cdot\mathbf{D})\mathbf{I} + 2\mu^V\mathbf{D}$ isotrop bezüglich der Spannungen

$\mathbf{h} = \kappa \cdot \nabla_{\mathbf{X}}\theta$ isotrop bezüglich des Wärmestroms

λ^V, μ^V Viskositätskoeffizienten, κ Wärmeleitfähigkeitskoeffizient

3. Isotropes, isothermes, viskoses Fluid (*Newton*)

Alle Temperaturabhängigkeiten mit $\nabla_{\mathbf{X}}\theta$ verschwinden. Es bleibt die Konstitutivgleichung

$$\mathbf{T} = -p\mathbf{I} + \lambda^V(\mathbf{I}\cdot\cdot\mathbf{D})\mathbf{I} + 2\mu^V\mathbf{D}, \quad 3\lambda^V + 2\mu^V \geq 0, \quad \mu^V \geq 0$$

Für Inkompressibilität wird

$$\mathbf{T} = -p_0\mathbf{I} + 2\mu^V\mathbf{D}, \quad 2\mu^V \geq 0$$

p_0 hydrostatischer Druck

5.2.4.4 Ideales Gas

Ein einfaches Beispiel für materialtheoretisch formulierte Konstitutivgleichungen sind die Gleichungen für ideale Gase. Ausgangspunkt ist in diesem Fall die Zustandsgleichung für ideale Gase

$$pV = mR_i\theta$$

Dabei sind p der Druck, θ die Temperatur, V das Volumen, m die Gesamtmasse und R_i die individuelle Gaskonstante. Letztere hängt mit der Molmasse μ und der universellen Gaskonstanten R wie folgt zusammen

$$R_i = \frac{R}{\mu}$$

Berücksichtigt man weiterhin die Bestimmungsgleichung für die Dichte

$$\rho = \frac{m}{V},$$

erhält man den Druck zu

$$p = \frac{\rho R\theta}{\mu}, \tag{5.49}$$

Diese Gleichung enthält ausschließlich intensive Größen (ρ, p, θ), die extensive Variable V wurde ersetzt. Aus der Zustandsgleichung folgt der Spannungstensor $\mathbf{T}$ für den hydrostatischen Spannungszustand

$$\mathbf{T} = -p\mathbf{I} = -\frac{\rho R\theta}{\mu}\mathbf{I}$$

Die auf die Momentankonfiguration bezogene dissipative Ungleichung

$$\mathbf{T} \cdot \cdot \mathbf{D} - \rho \dot{f} - \rho s \dot{\theta} - \frac{1}{\theta} \mathbf{h} \cdot \boldsymbol{\nabla}_{\mathbf{a}} \theta \geq 0$$

wird zunächst umgeformt

$$\mathbf{D} = (\boldsymbol{\nabla}_{\mathbf{a}} \mathbf{v})^S \implies -\frac{1}{p} \mathbf{T} \cdot \cdot \mathbf{D} = \mathbf{I} \cdot \cdot (\boldsymbol{\nabla}_{\mathbf{a}} \mathbf{v})^S = \boldsymbol{\nabla}_{\mathbf{a}} \cdot \mathbf{v}$$

Damit folgt

$$-\frac{\rho R \theta}{\mu} \mathbf{I} \cdot \cdot \mathbf{D} - \rho \dot{f} - \rho s \dot{\theta} - \frac{1}{\theta} \mathbf{h} \cdot \boldsymbol{\nabla}_{\mathbf{a}} \theta \geq 0$$

bzw.

$$-\frac{\rho R \theta}{\mu} \boldsymbol{\nabla}_{\mathbf{a}} \cdot \mathbf{v} - \rho \dot{f} - \rho s \dot{\theta} - \frac{1}{\theta} \mathbf{h} \cdot \boldsymbol{\nabla}_{\mathbf{a}} \theta \geq 0$$

Aus der Massebilanz

$$\dot{\rho} + \rho (\boldsymbol{\nabla}_{\mathbf{a}} \cdot \mathbf{v}) = 0$$

erhält man

$$\boldsymbol{\nabla}_{\mathbf{a}} \cdot \mathbf{v} = -\frac{\dot{\rho}}{\rho}$$

Damit nimmt die dissipative Ungleichung folgende Form an

$$\dot{\rho} \frac{R \theta}{\mu} - \rho \dot{f} - \rho s \dot{\theta} - \frac{1}{\theta} \mathbf{h} \cdot \boldsymbol{\nabla}_{\mathbf{a}} \theta \geq 0$$

Mit der konstitutiven Annahme

$$f = f(\rho, \theta, \boldsymbol{\nabla}_{\mathbf{a}} \theta)$$

ergibt sich

$$\dot{f} = \frac{\partial f}{\partial \rho} \dot{\rho} + \frac{\partial f}{\partial \theta} \dot{\theta} + \frac{\partial f}{\partial \boldsymbol{\nabla}_{\mathbf{a}} \theta} \cdot (\boldsymbol{\nabla}_{\mathbf{a}} \theta)^{\cdot}$$

und nach Einsetzen in die dissipative Ungleichung

$$\left(\frac{R \theta}{\mu} - \rho \frac{\partial f}{\partial \rho} \right) \dot{\rho} - \rho \left(\frac{\partial f}{\partial \theta} + s \right) \dot{\theta} - \frac{\partial f}{\partial \boldsymbol{\nabla}_{\mathbf{a}} \theta} \cdot (\boldsymbol{\nabla}_{\mathbf{a}} \theta)^{\cdot} - \frac{1}{\theta} \mathbf{h} \cdot \boldsymbol{\nabla}_{\mathbf{a}} \theta \geq 0$$

Entsprechend der Lösungsbedingung für diese Ungleichung erhält man

$$\rho \frac{\partial f}{\partial \rho} = \frac{R \theta}{\mu}; \quad s = -\frac{\partial f}{\partial \theta}, \quad \frac{\partial f}{\partial \boldsymbol{\nabla}_{\mathbf{a}} \theta} = \mathbf{0}, \quad -\frac{1}{\theta} \mathbf{h} \cdot \boldsymbol{\nabla}_{\mathbf{a}} \theta \geq 0 \tag{5.50}$$

Folglich ist die freie Energie ausschließlich eine Funktion der Dichte und der Temperatur

$$f = f(\rho, \theta)$$

Die Integration der ersten Gleichung (5.50) führt auf

$$f = \frac{R\theta}{\mu} \ln \rho + f_1(\theta)$$

Für die Entropie erhält man

$$s = -\frac{R \ln \rho}{m} - f_1'(\theta) = s(\rho, \theta)$$

Als zusätzliche Annahme wird die *Fourier*sche Wärmeleitung für isotrope Kontinua postuliert

$$\mathbf{h} = -\kappa \boldsymbol{\nabla}_{\mathbf{a}} \theta$$

Abschließend soll noch der 1. Hauptsatz für ideale Gase analysiert werden. Es gilt

$$\rho\theta\dot{s} = \underline{\mathbf{T} \cdot\cdot \mathbf{D} - \rho\dot{f} - \rho s\dot{\theta}} + \rho r - \boldsymbol{\nabla}_{\mathbf{a}} \cdot \mathbf{h}$$

Der unterstrichene Term stellt die dissipative Funktion dar. Die Prozesse im Gas werden als dissipationsfrei angenommen, daher ist dieser Term identisch Null. Damit ergibt sich

$$\rho\theta\dot{s} = \rho r - \boldsymbol{\nabla}_{\mathbf{a}} \cdot \mathbf{h},$$

und nach Einsetzen der Konstitutivgleichungen für die Entropie und den Wärmestromvektor erhält man

$$\underline{-\rho\theta \frac{\partial^2 f_1(\theta)}{\partial \theta^2}} \dot{\theta} - \frac{R\theta\dot{\rho}}{\mu} = \rho r + \boldsymbol{\nabla}_{\mathbf{a}} \cdot (\kappa \boldsymbol{\nabla}_{\mathbf{a}} \theta)$$

Der unterstrichene Term entspricht der negativen Wärmekapazität $-c_V$ bei konstantem Volumen. Folglich gilt

$$\rho c_V \dot{\theta} - \frac{R\theta\dot{\rho}}{\mu} = \rho r + \boldsymbol{\nabla}_{\mathbf{a}} \cdot (\kappa \boldsymbol{\nabla}_{\mathbf{a}} \theta)$$

Ist $\kappa =$ konst., vereinfacht sich dieser Ausdruck nochmals

$$\rho c_V \dot{\theta} - \frac{R\theta\dot{\rho}}{\mu} = \rho r + \kappa \triangle \theta$$

Dabei ist $\triangle = \boldsymbol{\nabla}_{\mathbf{a}} \cdot \boldsymbol{\nabla}_{\mathbf{a}}$ der *Laplace*-Operator. Weitere Vereinfachungen sind möglich. Für $\dot{\rho} = 0$ (inkompressible Gase) folgt

$$\rho c_V \dot{\theta} = r + \kappa \triangle \theta$$

Für sehr schnelle adiabate Prozesse erhält man

$$\rho c_V \dot{\theta} = \frac{R\theta\dot{\rho}}{m}$$

Die Definitionsgleichung für die Wärmekapazität (experimentell bestimmbar) ermöglicht noch die Berechnung der 1. Ableitung der Funktion f_1

$$f_1''(\theta) = -\frac{c_V}{\theta} \quad \Longrightarrow \quad -f_1'(\theta) = \int\limits_0^\theta \frac{c_V}{\theta}\, d\theta + C$$

Die untere Integrationsgrenze entspricht dabei dem 3. Hauptsatz der Thermodynamik.

5.2.4.5 Newtonsche Fluide

Wegen ihrer besonderen Bedeutung sollen *Newton*sche Fluide noch einmal gesondert diskutiert werden, obwohl sie bereits als Sonderfall im Abschnitt 5.2.4.3 enthalten sind. Abweichend von Abschnitt 5.2.4.3 wird hier die Ausgangskonfiguration als Bezugsbasis genommen. Es wird vorausgesetzt, daß

1. das Fluid kein Gedächtnis hat (keine viskoelastische Phase),
2. die Spannungen Funktionen der Deformationsgeschwindigkeiten sind und
3. eine Zustandsgleichung existiert, die die Dichte, die Temperatur und den Druck miteinander verbindet.

Nach Abschnitt 5.2.4.3 wird eine Konstitutivgleichung daher in folgender Form angesetzt

$$\mathbf{T}(\mathbf{a}, t) = -p\mathbf{I} + \mathbf{f}(\mathbf{D}, \rho^{-1}, \theta), \quad \mathbf{f}(\mathbf{0}, \rho^{-1}, \theta) = \mathbf{0}$$

Der thermodynamischen Druck p ist nicht aus dem Deformationszustand bestimmbar. Befindet sich das Fluid im Zustand der Ruhe, gilt

$$\mathbf{T} = -p_0\mathbf{I}$$

mit dem hydrostatischen Druck p_0. Im allgemeinen Fall des strömenden Fluids schreibt man wieder entsprechend Abschnitt 5.2.4.3

$$\mathbf{T} = -p\mathbf{I} + \mathbf{T}^V$$

mit dem Tensor der viskosen Spannungen $\mathbf{T}^V$, der für ideale (reibungsfreie) Fluide und für Fluide im Zustand der Ruhe oder bei allgemeiner Starrkörperbewegung verschwindet.

Im folgenden wird im Sinne einfacher, isothermer Körper vorausgesetzt, daß der Tensor der viskosen Spannungen nur vom Deformationsgeschwindigkeitstensor und von $\mathbf{a}$ abhängt

$$\mathbf{T}^V = \mathbf{T}^V(\mathbf{D}, \mathbf{a})$$

Bei Homogenität entfällt auch noch die explizite Abhängigkeit von $\mathbf{a}$. Ist die Abhängigkeit von $\mathbf{D}$ nichtlinear, liegt ein nicht-*Newton*sches oder *Stokes*sches Fluid vor. Bei linearer Abhängigkeit ist es ein *Newton*sches Fluid. Nach Abschnitt 5.2.4.3 erhält man für anisotrope Fluide die Gleichung

$$\mathbf{T}^V = {}^{(4)}\mathbf{\Lambda} \cdot\cdot \mathbf{D},$$

die im isotropen Fall folgende Form annimmt

$$\mathbf{T}^V = \lambda^V(\mathbf{I} \cdot \cdot \mathbf{D})\mathbf{I} + 2\mu^V \mathbf{D} \tag{5.51}$$

Nach dem Darstellungssatz für isotrope Funktionen tensorieller Argumente (s. Anhang A.5) gilt

$$\mathbf{T} = -p\mathbf{I} + \alpha_1 \mathbf{I} + \alpha_2 \mathbf{D} + \alpha_3 \mathbf{D}^2, \qquad \alpha_i = \alpha_i[\rho, \theta, I_j(\mathbf{D})]$$

Für $\alpha_3 = 0$ folgt dann wieder die Konstitutivgleichung (5.51). Wird die 1. Invariante von $\mathbf{T}$

$$I_1(\mathbf{T}) = -3p + (3\lambda^V + 2\mu^V)(\mathbf{I} \cdot \cdot \mathbf{D}) = -3p + K^V(\mathbf{I} \cdot \cdot \mathbf{D})$$

mit K^V als viskosem Kompressionskoeffizienten berechnet, erhält man für inkompressible *Newton*sche Fluide

$$\mathbf{T} = -p\mathbf{I} + 2\mu^V \left[\mathbf{D} - \frac{1}{3} I_1(\mathbf{D})\mathbf{I}\right] = -p\mathbf{I} + 2\mu^V \mathbf{D}^D$$

Dabei ist $\mathbf{D}^D$ der Deviator von $\mathbf{D}$.

Zusammenfassend kann man feststellen, daß aus dem allgemeinen Fluidmodell für ein viskoses, kompressibles nichtlineares Fluidverhalten, d.h. der allgemeinen Modellklasse nicht-*Newton*scher oder *Stokes*scher Fluide viele Sonderfälle ableitbar sind. Besondere Bedeutung für die Anwendung haben die linearen, isotropen thermoviskosen Modelle, die sogenannten linearen *Stokes*schen Fluide bzw. die entsprechenden linear-viskosen *Newton*schen Fluide. Sind die Modellgleichungen homogen und isotrop und ist der Tensor der viskosen Spannungen $\mathbf{T}^V$ eine lineare Funktion des Verzerrungsgeschwindigkeitstensors $\mathbf{D}$, spricht man auch von *Navier-Stokes*schen Fluiden. Alle Modellgleichungen können für die Annahme einer näherungsweisen Inkompressibilität erheblich vereinfacht werden. Ideale Fluide sind reibungsfrei.

5.2.4.6 Einbeziehung von inneren Variablen

Dissipative Effekte lassen sich mit unterschiedlichen Konzepten in materialtheoretisch begründete Konstitutivgleichungen einbauen. Eine Möglichkeit wurde bereits im Abschnitt 5.2.4.5 behandelt - sie beruhte auf der Einführung einer viskosen Spannung, die von den Verzerrungsgeschwindigkeiten abhängt. Daneben können solche Effekte in Übereinstimmung mit dem Prinzip des schwindenden Gedächtnisses (*fading memory*) mit Hilfe von Gedächtnisintegralen Eingang finden. In diesem Abschnitt wird ein dritter Weg gewählt. Dazu wird zunächst die Existenz von sogenannten inneren Variablen postuliert, die ihrerseits die freie Energie beeinflussen und selbst durch Evolutionsgleichungen definiert sind. Diese Evolutionsgleichungen (meist gewöhnliche Differentialgleichungen) kennzeichnen damit die innere Entwicklung von irreversiblen (dissipativen) Prozessen im Material. Als

Beispiele derartiger Entwicklungen im Material kann man Kriechverzerrungen, Plastifizierungen, Schädigungen usw. ansehen.

Ausgangspunkt der weiteren Betrachtungen sind wiederum die im Kapitel 4 abgeleiteten Bilanzen sowie die Konstitutivgleichungen für homogene Materialien (5.40). Letztere sollen zusätzlich von $\boldsymbol{\Upsilon}_i(\mathbf{a},t)$ $(i = 1,\ldots,n)$, den inneren Variablen, abhängen. Dabei können die inneren Variablen Tensoren unterschiedlicher Stufe sein. Beispiele sind mit der isotropen Schädigung (skalare Größe), der isotropen Verfestigung (skalare Größe), der kinematischen Verfestigung (Tensor 2. Stufe), den plastischen Verzerrungen (Tensor 2. Stufe) und dem anisotropen Schädigungstensor (Tensor 4. Stufe) bekannt. Für diese innere Variablen sind Evolutionsgleichungen zu formulieren. Es ist naheliegend, daß in die Evolutionsgleichungen die konstitutiven Parameter, die inneren Variablen selbst und möglicherweise noch weitere Größen eingehen. Damit gilt

$$\frac{D\boldsymbol{\Upsilon}_i}{Dt} = \mathbf{Y}_i(\theta, \boldsymbol{\nabla}_{\mathbf{X}}\theta, \boldsymbol{\Gamma}, \boldsymbol{\Upsilon}_1, \ldots, \boldsymbol{\Upsilon}_n) \tag{5.52}$$

Dissipative Materialien werden durch folgenden Satz von Konstitutiv- und Evolutionsgleichungen beschrieben

$$\begin{aligned}
{}^I\mathbf{P}(\mathbf{a},t) &= {}^I\mathbf{P}\ (\theta, \boldsymbol{\nabla}_{\mathbf{a}}\theta, \boldsymbol{\Gamma}, \boldsymbol{\Upsilon}_1, \ldots, \boldsymbol{\Upsilon}_n)\\
\mathbf{h}_0(\mathbf{a},t) &= \mathbf{h}_0\ (\theta, \boldsymbol{\nabla}_{\mathbf{a}}\theta, \boldsymbol{\Gamma}, \boldsymbol{\Upsilon}_1, \ldots, \boldsymbol{\Upsilon}_n)\\
f(\mathbf{a},t) &= f\ (\theta, \boldsymbol{\nabla}_{\mathbf{a}}\theta, \boldsymbol{\Gamma}, \boldsymbol{\Upsilon}_1, \ldots, \boldsymbol{\Upsilon}_n)\\
s(\mathbf{a},t) &= s\ (\theta, \boldsymbol{\nabla}_{\mathbf{a}}\theta, \boldsymbol{\Gamma}, \boldsymbol{\Upsilon}_1, \ldots, \boldsymbol{\Upsilon}_n)\\
\dot{\boldsymbol{\Upsilon}}_i(\mathbf{a},t) &= \mathbf{Y}_i\ (\theta, \boldsymbol{\nabla}_{\mathbf{a}}\theta, \boldsymbol{\Gamma}, \boldsymbol{\Upsilon}_1, \ldots, \boldsymbol{\Upsilon}_n)
\end{aligned} \tag{5.53}$$

Diese sind durch die Anfangswerte zu ergänzen

$$\boldsymbol{\Upsilon}_i(\mathbf{a},t_0) = \boldsymbol{\Upsilon}_i^0(\mathbf{a}) \tag{5.54}$$

Bei der Formulierung der allgemeinen Annahmen (5.53) ist zu beachten, daß der Deformationszustand durch einen elastischen und einen inelastischen Bestandteil gekennzeichnet ist. Der inelastische Anteil kann unterschiedliche Bestandteile aufweisen: plastische Anteile, Kriechanteile usw. Da diese zu dissipativen Effekten führen, können sie mindestens einer inneren Variablen zugeordnet werden. Damit ist eine Aufspaltung der elastischen und inelastischen Anteile in allen den Verzerrungszustand kennzeichnenden Größen notwendig. Im Falle großer Verzerrungen ist dies wie folgt möglich. Für den Variablensatz $\boldsymbol{\Gamma}$ in den konstituitiven Gleichungen bietet sich als Variable $\mathbf{F}$, der Deformationsgradient, an. Nach *Lee* läßt sich dieser multiplikativ aufspalten

$$\mathbf{F} = \mathbf{F}^{el} \cdot \mathbf{F}^{inel} \tag{5.55}$$

Diese Operation kann man anschaulich interpretieren. Der Deformationsgradient **F** transformiert ein Linienelement der Referenzkonfiguration in ein Linienelement der Momentankonfiguration. Diese direkte Transformation wird mit Hilfe einer „entspannten" Zwischenkonfiguration, für die einzig die bleibenden Verzerrungen kennzeichnend sind, in zwei Abschnitte zerlegt. Zunächst transformiert $\mathbf{F}^{inel}$ das Linienelement aus der Referenzkonfiguration in die Zwischenkonfiguration. Im zweiten Schritt erfolgt mit Hilfe $\mathbf{F}^{el}$ die Transformation aus der Zwischenkonfiguration in die Momentankonfiguration. Die multiplikative Aufspaltung von **F** hat sich bei der numerischen Analyse großer plastischer Deformationen bewährt, obwohl sie physikalisch nicht einsichtig ist, da nach diesem Modell der elastische Verformungsprozeß erst nach der plastischen Deformation folgt. Das Aufsplitten hat für die auf dem Deformationsgradienten beruhenden Größen größere Auswirkungen. Berechnet man beispielsweise den Geschwindigkeitsgradiententensor entsprechend Gleichung

$$\mathbf{L} = \dot{\mathbf{F}} \cdot \mathbf{F}^{-1},$$

ergibt sich nach Einsetzen der multiplikativen Aufspaltung (5.55)

$$\mathbf{L} = \dot{\mathbf{F}}^{el} \cdot \mathbf{F}^{el^{-1}} + \mathbf{F}^{el} \cdot \dot{\mathbf{F}}^{inel} \cdot \mathbf{F}^{inel^{-1}} \cdot \mathbf{F}^{el^{-1}}$$

Der erste Summand läßt sich rein elastischen Deformationen zuordnen, der inelastische Anteil im zweiten Summanden wird allerdings auch durch elastische Anteile beeinflußt. Die formale Aufspaltung in einen elastischen und einen elastisch beeinflußten inelastischen Anteil hat natürlich auch Auswirkungen auf die Energie.

Die Probleme der Formulierung allgemeiner Konstitutivgleichungen unter Einbeziehung interner Variabler bei großen Verzerrungen, die durch die notwendige Auswahl einer *objektiven Zeitableitung* noch erschwert wird, ist Gegenstand breiter wissenschaftlicher Diskussionen. Einen Einblick dazu gibt die ergänzende Literatur. Die Darstellung der grundlegenden Methodik bei der Anwendung von inneren Variablen wird hier auf geometrische Linearität beschränkt. Der Verzerrungszustand wird durch den Tensor $\boldsymbol{\varepsilon}$ und der Spannungszustand durch den Tensor $\boldsymbol{\sigma}$ gekennzeichnet. Es verschwindet der Unterschied zwischen den Konfigurationen. Außerdem werden nur solche Materialien betrachtet, für die in Analogie zu Abschnitt 5.2.4.2 für den Wärmestromvektor das anisotrope *Fourier*sche Gesetz postuliert werden kann. Die übrigen Konstitutivgleichen sollen in vereinfachter Form als vom Temperaturgradienten unabhängig angenommen werden. Damit gehen die Konstitutiv- und die Evolutionsgleichungen (5.53) über in

$$\begin{aligned}
\boldsymbol{\sigma} &= \boldsymbol{\sigma}(\theta, \boldsymbol{\varepsilon}, \boldsymbol{\Upsilon}_1, \ldots, \boldsymbol{\Upsilon}_n) \\
\mathbf{h} &= -\boldsymbol{\kappa} \cdot \boldsymbol{\nabla}\theta \\
f &= f(\theta, \boldsymbol{\varepsilon}, \boldsymbol{\Upsilon}_1, \ldots, \boldsymbol{\Upsilon}_n) \\
s &= s(\theta, \boldsymbol{\varepsilon}, \boldsymbol{\Upsilon}_1, \ldots, \boldsymbol{\Upsilon}_n) \\
\dot{\boldsymbol{\Upsilon}}_i &= \mathbf{Y}_i(\theta, \boldsymbol{\nabla}_{\mathbf{a}}\theta, \boldsymbol{\varepsilon}, \boldsymbol{\Upsilon}_1, \ldots, \boldsymbol{\Upsilon}_n)
\end{aligned} \tag{5.56}$$

Die weitere Analyse wird in Analogie zum Abschnitt 5.2.4.2 vorgenommen. Ausgangspunkt ist die freie Energie f. Es ist jedoch zu beachten, daß die Verzerrungen aus einem elastischen und einem inelastischen Anteil bestehen. Für kleine Verzerrungen gilt die additive Aufspaltung

$$\boldsymbol{\varepsilon} = \boldsymbol{\varepsilon}^{el} + \boldsymbol{\varepsilon}^{inel} = \boldsymbol{\varepsilon}^{el} + \boldsymbol{\varepsilon}^{pl} \tag{5.57}$$

mit $\boldsymbol{\varepsilon}^{el}$ als thermoelastische Verzerrungen, $\boldsymbol{\varepsilon}^{inel}$ als inelastische Verzerrungen und $\boldsymbol{\varepsilon}^{pl}$ als plastische Verzerrungen. Als inelastische Verzerrungen werden hier nur plastische Verzerrungen zugelassen. Offensichtlich ist die plastische Verzerrung eine innere Variable. Sie stellt jedoch aufgrund der Kopplung mit den meßbaren Gesamtverzerrungen über (5.57) eine spezielle Form dar und soll daher nicht in die übrige Menge möglicher innerer Variabler, die der Kennzeichnung von Verfestigung, Entfestigung, Schädigung usw. dienen, integriert werden.

Anmerkung: *Die Entscheidung, welche Variable eine innere Variable ist, hängt stets von subjektiven Faktoren ab. Die Entscheidung über die Zuordnung folgt aus den konkreten Meßmöglichkeiten sowie den Anwendungsbelangen.*

Die freie Energie kann jetzt entsprechend (5.57) in folgender Form angenommen werden

$$f = f(\theta, \boldsymbol{\varepsilon}, \boldsymbol{\varepsilon}^{el}, \boldsymbol{\varepsilon}^{pl}, \boldsymbol{\Upsilon}_1, \ldots, \boldsymbol{\Upsilon}_n) \tag{5.58}$$

Da die Gesamtverzerrungen $\boldsymbol{\varepsilon}$, die elastischen Verzerrungen $\boldsymbol{\varepsilon}^{el}$ und die plastischen Verzerrungen $\boldsymbol{\varepsilon}^{pl}$ miteinander verbunden sind, kann man nach *Lemaitre/Chaboche* folgende Form der freien Energie bei Beachtung der Dekomposition der Gesamtverzerrungen annehmen

$$f = f(\theta, \boldsymbol{\varepsilon} - \boldsymbol{\varepsilon}^{pl}, \boldsymbol{\Upsilon}_1, \ldots, \boldsymbol{\Upsilon}_n) = f(\theta, \boldsymbol{\varepsilon}^{el}, \boldsymbol{\Upsilon}_1, \ldots, \boldsymbol{\Upsilon}_n)$$

Leitet man die freie Energie nach der Zeit ab

$$\dot{f} = \frac{\partial f}{\partial \boldsymbol{\varepsilon}^{el}} \cdot\cdot \dot{\boldsymbol{\varepsilon}}^{el} + \frac{\partial f}{\partial \theta}\dot{\theta} + \frac{\partial f}{\partial \boldsymbol{\Upsilon}_i} \odot \dot{\boldsymbol{\Upsilon}}_i$$

und setzt das Ergebnis in die dissipative Ungleichung ein, erhält man

$$\underline{\left(\boldsymbol{\sigma} - \rho \frac{\partial f}{\partial \boldsymbol{\varepsilon}^{el}}\right) \cdot \cdot \dot{\boldsymbol{\varepsilon}}^{el}} + \boldsymbol{\sigma} \cdot \cdot \dot{\boldsymbol{\varepsilon}}^{pl} - \underline{\rho \left(s + \frac{\partial f}{\partial \theta}\right) \dot{\theta}} - \rho \frac{\partial f}{\partial \boldsymbol{\Upsilon}_i} \odot \dot{\boldsymbol{\Upsilon}}_i$$
$$+ \frac{1}{\theta}(\boldsymbol{\kappa} \cdot \boldsymbol{\nabla}\theta) \cdot \boldsymbol{\nabla}\theta \geq 0 \tag{5.59}$$

Dabei wurde $\odot$ als Symbol für eine (noch) unbestimmte Multiplikationsoperation eingeführt. Ist die innere Variable ein Skalar, wird das Zeichen $\odot$ durch die gewöhnliche Multiplikation ersetzt. Steht ein Vektor oder ein Tensor als innere Variable, wird $\odot$ durch das einfache bzw. das doppelte Skalarprodukt ersetzt usw.

Die unterstrichenen Terme in der Ungleichung (5.59) waren bereits bei der Diskussion in Abschnitt 5.2.4.2 aufgetreten. Für den Fall, daß die thermoelastischen Verzerrungen als vollständig unabhängig angesehen werden können, gilt zunächst für die Spannungen

$$\boldsymbol{\sigma} = \rho \frac{\partial f}{\partial \boldsymbol{\varepsilon}^{el}} \tag{5.60}$$

Diese Annahme führt auf

$$s = -\frac{\partial f}{\partial \theta} \tag{5.61}$$

Die Gln. (5.60), (5.61) beschreiben den thermoelastischen Zustand des Materials. Dieser ist dissipationsfrei. Damit folgt aus der dissipativen Ungleichung für die mit dissipativen Vorgängen verbundenen Terme

$$\boldsymbol{\sigma} \cdot \cdot \dot{\boldsymbol{\varepsilon}}^{pl} - \rho \frac{\partial f}{\partial \boldsymbol{\Upsilon}_i} \odot \dot{\boldsymbol{\Upsilon}}_i + \frac{1}{\theta}(\boldsymbol{\kappa} \cdot \boldsymbol{\nabla}\theta) \cdot \boldsymbol{\nabla}\theta \geq 0 \tag{5.62}$$

Die beiden ersten Terme entsprechen der mechanischen, der letzte Term der thermischen Dissipation.

Eine weitere Konkretisierung ist bei Annahme der Existenz eines skalaren Dissipationspotentials möglich. Dabei kann davon ausgegangen werden, daß die thermische und die mechanische Dissipation entkoppelt werden können. Für das Dissipationspotential muß weiterhin gefordert werden, daß es konvex ist. Für die mechanische Dissipation ergibt sich im hier betrachteten Fall eine Funktion der zeitlichen Ableitungen der plastischen Verzerrungen und der inneren Variablen als mechanisches Dissipationspotential

$$\chi = \chi(\dot{\boldsymbol{\varepsilon}}^{pl}, \dot{\boldsymbol{\Upsilon}}_1, \ldots, \dot{\boldsymbol{\Upsilon}}_n)$$

Unter der Voraussetzung assozierter Gesetze (Normalenregel) gilt

$$\boldsymbol{\sigma} = \frac{\partial \chi}{\partial \dot{\boldsymbol{\varepsilon}}^{pl}} \quad \text{und} \quad \boldsymbol{\Lambda}_i = \frac{\partial \chi}{\partial \dot{\boldsymbol{\Upsilon}}_i}$$

Dabei stellen die $\mathbf{\Lambda}_i$ die zu den inneren Variablen assoziierten Größen dar. Das Dissipationspotential stellt eine Fläche im Raum der plastischen Verzerrungen und der inneren Variablen dar. Damit ist dieses Konzept eine Verallgemeinerung der aus der Plastizitätstheorie bekannten Fließflächen. Im allgemeinen Fall geht in das Dissipationspotential auch noch der Temperaturgradient ein.

5.3 Beispiele induktiv abgeleiteter Materialgleichungen

Die deduktive Ableitung von Materialgleichungen ist meist sehr aufwendig, da stets die getroffenen konstitutiven Annahmen mit Hilfe der dissipativen Ungleichung auf ihre physikalische Konsistenz überprüft werden müssen. Daher werden in der Ingenieurpraxis vielfach induktiv formulierte Materialgleichungen eingesetzt. Die Grundidee dieses Konzeptes besteht darin, daß einfachste experimentelle Erfahrungen, die meist in einachsigen Versuchen gewonnen wurden, induktiv verallgemeinertert werden. Derartige Modelle werden u.a. für die Beschreibung elastischen und plastischen Materialverhaltens sowie des Materialkriechens eingesetzt. Dabei sei noch einmal besonders hervorgehoben, daß die aus experimentellen Ergebnissen abgeleiteten Materialmodelle nur Idealisierungen des realen Materialverhaltens sein können. Reales Materialverhalten hat stets sowohl elastische als auch inelastische Eigenschaften, die allerdings unterschiedlich ausgeprägt sein können und daher das Materialverhalten signifikant beeinflussen oder vernachlässigt werden. Auch eine Zeit- oder Geschwindigkeitsabhängigkeit ist mit der Verbesserung der Meßmethoden immer nachzuweisen. Ihr Einfluß auf das Antwortverhalten von Kontinua kann aber bei vielen realen Materialien vernachlässigt werden. Die induktive Ableitung von Konstitutivgleichungen für vereinfachte ideal-elastische oder elastisch-plastische Materialmodelle und ihre näherungsweise Einordnung in die Modellklassen rheonome oder skleronome Materialgleichungen hat sich daher besonders für Ingenieuranwendungen bewährt.

5.3.1 Elastizität

Elastizität gehört zur Klasse der skleronomen Materialmodelle. Elastisches Materialverhalten ist durch folgende Eigenschaften charakterisiert, die sich experimentell ableiten lassen:

1. Im einachsigen Spannungszustand erfolgen Be- und Entlastung stets entlang des gleichen Weges.

2. Alle infolge äußerer Wirkungen entstandenen Verzerrungen verschwinden vollständig bei Wiederherstellung des spannungslosen Ausgangszustandes.
3. Die aufgewendete Verformungsarbeit wird vollständig als Verzerrungsenergie im Körper gespeichert. Die Abeit ist somit reversibel.
4. Die Verformung ist nur abhängig von der Belastungsgröße und nicht von der Belastungsgeschwindigkeit.

Es gibt damit eine eindeutige Zuordnung von Spannung und Dehnung, die im nichtlinearen Fall durch

$$\varepsilon = F(\sigma) \iff \sigma = \tilde{F}(\varepsilon)$$

gegeben ist (s. Bild 5.2). Es gelten dabei folgende Zusammenhänge für den

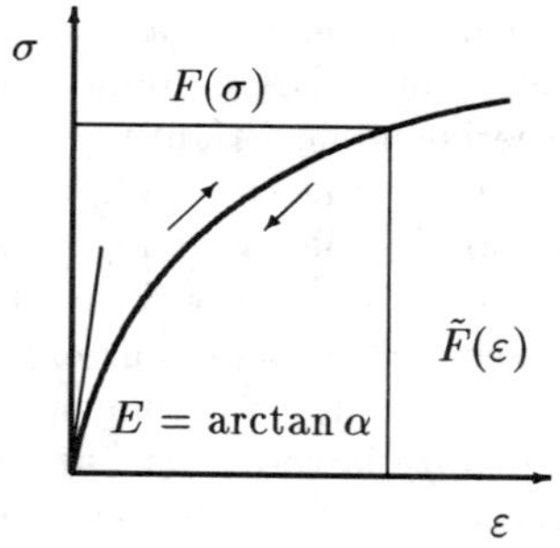

Bild 5.2 Nichtlineare Beziehung von σ und ε im einachsigen Zugversuch

Elastizitätsmodul (auch als Tangentenmodul bezeichnet)

$$\left.\frac{d\tilde{F}(\varepsilon)}{d\varepsilon}\right|_{\varepsilon=0} = E > 0$$

$$\varepsilon = \frac{\sigma}{E} f(\sigma) \iff \sigma = E\varepsilon \tilde{f}(\varepsilon)$$

Für sehr kleine Werte von ε und σ gehen die dimensionslosen Funktionen $f(\sigma)$ und $\tilde{f}(\varepsilon)$ gegen den Wert 1 und der Zusammenhang von Spannung und Verformung ist linear.

Ausgangspunkt der Beschreibung elastischen Materialverhaltens sei daher das *Hooke*sche Gesetz

$$\sigma = E\varepsilon \tag{5.63}$$

Es postuliert den linearen Zusammenhang zwischen den Nennspannungen σ und den in Richtung der Spannungen auftretenden kleinen Dehnungen ε, wobei der Proportionalitätsfaktor E die einzige materialspezifische Kenngröße ist. Diese wird als Elastizitätsmodul bezeichnet. Eine induktive Verallgemeinerung ist dann in folgender Weise denkbar. Ersetzt man die Nennspannungen σ durch den Tensor der Nennspannungen $\boldsymbol{\sigma}$ und die Dehnung ε durch den Tensor der kleinen Verzerrungen $\boldsymbol{\varepsilon}$, dann ist ein linearer Zusammenhang allgemeinster Art zwischen diesen beiden Tensoren 2. Stufe nur über einen Tensor 4. Stufe möglich (vgl. Anhang A.1), d.h. aus $\boldsymbol{\sigma} = \boldsymbol{\sigma}(\boldsymbol{\varepsilon})$ mit $\boldsymbol{\sigma}(\mathbf{0}) = \mathbf{0}$ folgt

$$\boldsymbol{\sigma} = {}^{(4)}\mathbf{E} \cdot\cdot \boldsymbol{\varepsilon}, \qquad \sigma_{ij} = E_{ijkl}\varepsilon_{kl} \tag{5.64}$$

Gl. (5.64) ist das verallgemeinerte *Hooke*sche Gesetz für anisotropes, linearelastisches Materialverhalten. Es setzt somit geometrische und physikalische Linearität voraus. Damit entfallen die Unterschiede zwischen den einzelnen Konfigurationen. Der Tensor ${}^{(4)}\mathbf{E}$ ist der *Hooke*sche Tensor oder Elastizitätstensor. Er enthält 81 Komponenten, die experimentell zu bestimmen sind. Die 81 Komponenten sind aber nicht alle unabhängig voneinader. Der Spannungstensor und der Verzerrungstensor sind symmetrische Tensoren. Entsprechend Anhang A.1 folgt damit eine Reduktion auf 36 linear-unabhängige Koordinaten. Die entsprechende Koordinatenmatrix ist eine $(6,6)$-Matrix. Ein deratiges Elastizitätsgesetz wird auch als *Cauchy*sche Elastizität bezeichnet. Eine weitere Reduktion der Anzahl der Koordinaten erhält man unter der Voraussetzung, daß elastische Formänderungen mit der Speicherung von Formänderungsenergie verbunden sind. Die spezifischen Formänderungsenergie läßt sich wie folgt berechnen

$$W = \frac{1}{2}\boldsymbol{\sigma} \cdot\cdot \boldsymbol{\varepsilon}$$

und es gilt

$$\boldsymbol{\sigma} = \frac{\partial W}{\partial \boldsymbol{\varepsilon}}$$

Ersetzt man darin den Spannungstensor entsprechend (5.64), erhält man

$$W = \frac{1}{2}({}^{(4)}\mathbf{E} \cdot\cdot \boldsymbol{\varepsilon}) \cdot\cdot \boldsymbol{\varepsilon} = \frac{1}{2}E_{ijkl}\varepsilon_{ij}\varepsilon_{kl} \tag{5.65}$$

Die 2. Ableitung nach dem Verzerrungstensor führt auf den Elastizitätstensor

$$\frac{\partial^2 W}{\partial \boldsymbol{\varepsilon} \partial \boldsymbol{\varepsilon}} = {}^{(4)}\mathbf{E}, \qquad \frac{\partial^2 W}{\partial \varepsilon_{ij} \partial \varepsilon_{kl}} = E_{ijkl}$$

Da die Reihenfolge der Differentiation vertauscht werden kann, reduziert sich die Anzahl der linear-unabhängigen Koordinaten auf 21 (s. Anhang A.1). Das entsprechende Elastizitätsgesetz wird auch als *Green*sche Elastizität bezeichnet.

Eine weitere Reduktion der Koordinaten ist durch die Berücksichtigung von Materialsymmetrien möglich. Nach dem *Curie-Neumann*schen Prinzip aus der Kristallphysik gilt:

Die Symmetriegruppen der physikalischen Kenngrößen enthalten als Untergruppe die Symmetriegruppen der Materialstruktur.

Für Materialien mit kristalliner Struktur können beispielsweise die Symmetrien der 32 Kristallklassen Einfluß auf die makroskopischen Anisotropieeigenschaften haben.

Eine Untersuchung der Sonderfälle der Anisotropie und ihrer Auswirkungen auf den Elastizitätstensor kann man wie folgt vornehmen. Eine Rotation des Koordinatensystem mit einem Winkel ω um eine beliebige Achse, deren Lage durch den Einheitsvektor $\mathbf{e}$ gekennzeichnet ist, läßt sich durch folgenden orthogonalen Tensor darstellen

$$\mathbf{Q} = \mathbf{I}\cos\omega + \mathbf{ee}(1 - \cos\omega) - \mathbf{I} \times \mathbf{e}\sin\omega$$

Für $\omega = 180^0$ erhält man

$$\mathbf{Q} = 2\mathbf{ee} - \mathbf{I},$$

für $\omega = 90^0$

$$\mathbf{Q} = \mathbf{ee} - \mathbf{I} \times \mathbf{e}$$

Eine mögliche Reduktion der Anzahl der unabhängigen Koordinaten erhält man dann durch Überprüfung folgender Gleichung

$$^{(4)}\overline{\mathbf{E}} = \mathbf{Q}^T \cdot (\mathbf{Q}^T \cdot {}^{(4)}\mathbf{E} \cdot \mathbf{Q}) \cdot \mathbf{Q}$$

Sie stellt den Zusammenhang zwischen den Materialeigenschaften in zwei Koordinatensystemen dar, die sich durch eine Drehung um den Winkel ω um eine beliebige Achse $\mathbf{e}$ unterscheiden. Diese Vorgehensweise läßt sich am besten an einem Beispiel erläutern. Der Elastizitätstensor wird für das Koordinatensystem $\mathbf{e}_1, \mathbf{e}_2, \mathbf{e}_3$ eingeführt. Das gedrehte System $\mathbf{e}_1', \mathbf{e}_2', \mathbf{e}_3'$ wird durch Drehung um $\mathbf{e}_3$ um 180^0 gebildet. Damit existiert folgender Zusammenhang zwischen den beiden Koordinatensystemen: $\mathbf{e}_1' = -\mathbf{e}_1, \mathbf{e}_2' = -\mathbf{e}_2, \mathbf{e}_3' = \mathbf{e}_3$. Zwischen den Koordinaten der Elastizitätstensoren in den beiden Koordinatensystemen erhält man folgende Zusammenhänge:

$$E_{\overline{1111}} = E_{1111}, E_{\overline{1122}} = E_{1122}, E_{\overline{1133}} = E_{1133}, E_{\overline{1123}} = -E_{1123}, \ldots$$

Für den Fall einer vorausgesetzten Symmetrie müssen die Werte der Materialtensoren in den beiden Koordinatensystemen übereinstimmen. Damit sind folgende Koordinaten identisch Null

$$E_{1123} = E_{1131} = E_{2223} = E_{2231} = E_{3323} = E_{3331} = E_{2312} = E_{3112} = 0$$

Die Anzahl der linear-unabhängigen Koordinaten reduziert sich auf 13. Die so beschriebene Drehung ist durch den orthogonalen Tensor

$$\mathbf{Q} = 2\mathbf{e}_3\mathbf{e}_3 - \mathbf{I} = \mathbf{e}_3\mathbf{e}_3 - \mathbf{e}_1\mathbf{e}_1 - \mathbf{e}_2\mathbf{e}_2$$

gekennzeichnet. Die entsprechende Determinante ist $\det\mathbf{Q} = 1$. Führt man eine orthogonale Transformation mit

$$\mathbf{Q} = -\mathbf{e}_1\mathbf{e}_1 + \mathbf{e}_2\mathbf{e}_2 + \mathbf{e}_3\mathbf{e}_3$$

durch, ist der Wert der Determinanten gleich -1. Dies entspricht einer Spiegelung bezüglich der Ebene $\mathbf{e}_2\mathbf{e}_3$. Für die Spiegelung erhält man folgende Koordinaten zu Null

$$E_{1131} = E_{1112} = E_{2231} = E_{2212} = E_{3331} = E_{3312} = E_{2331} = E_{2312} = 0$$

Auch die Spiegelung führt auf eine Koordinatenanzahl von 13. Die Sonderfälle der Materialanisotropie lassen sich damit durch Drehungen und Spiegelungen beschreiben:

1. Material mit einer Ebene der elastischen Symmetrie
Für die elastischen Materialeigenschaften existiert im Material eine Symmetrieebene. Die orthogonale Transformation stellt dabei eine Spiegelung an dieser Ebene dar. Die Anzahl der von Null verschiedenen Koordinaten reduziert sich auf 13 (Monotropie oder monoklines Materialverhalten).

2. Material mit zwei oder drei zueinander orthogonalen Ebenen der elastischen Symmetrie
Für die elastischen Materialeigenschaften existieren im Material mindestens zwei zueinander orthogonale Symmetrieebenen. Die orthogonalen Transformationen lassen sich dabei durch zwei Spiegelungen darstellen. Die Anzahl der von Null verschiedenen Koordinaten reduziert sich auf 9. Man kann zeigen, daß bei Existenz von zwei zueinander orthogonalen Symmetrieebenen die zu beiden Ebenen orthogonale Ebene gleichfalls Symmetrieebene ist. Ein weitere Reduktion der von Null verschiedenen Koordinaten ergibt sich daraus nicht. Der entsprechende Sonderfall wird als Orthotropie bezeichnet.

3. Material mit einer Symmetrieachse
Für die elastischen Materialeigenschaften existiert im Material eine Symmetrieachse bezüglich der alle elastischen Eigenschaften gleichberechtigt sind. Die Anzahl der von Null verschiedenen Koordinaten ist in diesem Fall 5. Der entsprechende Sonnderfall wird als transversale Isotropie bezeichnet.

4. Material mit zwei oder drei Symmetrieachsen
Für die elastischen Materialeigenschaften existieren im Material mindestens zwei Symmetrieachsen bezüglich der alle elastischen Eigenschaften gleichberechtigt sind. Die Anzahl der von Null verschiedenen Koordinaten ist in diesem Fall 2. Der entsprechende Sonderfall wird als Isotropie bezeichnet.

Weitere Sonderfälle sind denkbar. Entsprechende Hinweise können der ergänzenden Literatur entnommen werden. Die für die Anwendung besonders wichtigen Fälle der Materialanisotropie sind nachfolgend übersichtlich zusammengefaßt. Isotropie folgt aus dem 3. Sonderfall, wenn z.B. auch noch die x_1-Achse Symmetrieachse ist. Dann gilt $E_{2222} = E_{3333}, E_{1122} = E_{1133}, E_{1313} = E_{1212}$ und es bleiben nur 2 Materialkennwerte. Die Ingenieurkonstanten für anisotrope, linear-elastische Körper enthält Anlage B.

Für die zusammenfassende Darstellung sind x_i und x'_i die Koordinaten in den gegeneinander gedrehten kartesischen Koordinatensystemen mit den Basiseinheitsvektoren $\mathbf{e}_i$ und $\mathbf{e}'_i$ und die Q_{ij} sind die Koordinaten der (3×3)-Transformationsmatrix $\mathbf{Q}$. Der *Hooke*sche Tensor mit den Koordinaten E_{ijkl} wird als (6×6)-Matrix geschrieben.

Sonderfälle des anisotropen Materialverhaltens

$$x'_i = Q_{ij} x_j$$
$$[\sigma_{ij}]^T = [\sigma_{11}, \sigma_{22}, \sigma_{33}, \sigma_{23}, \sigma_{31}, \sigma_{12}]$$
$$[\varepsilon_{ij}]^T = [\varepsilon_{11}, \varepsilon_{22}, \varepsilon_{33}, 2\varepsilon_{23}, 2\varepsilon_{31}, 2\varepsilon_{12}]$$

1. Monotropie - Monoklines Materialverhalten

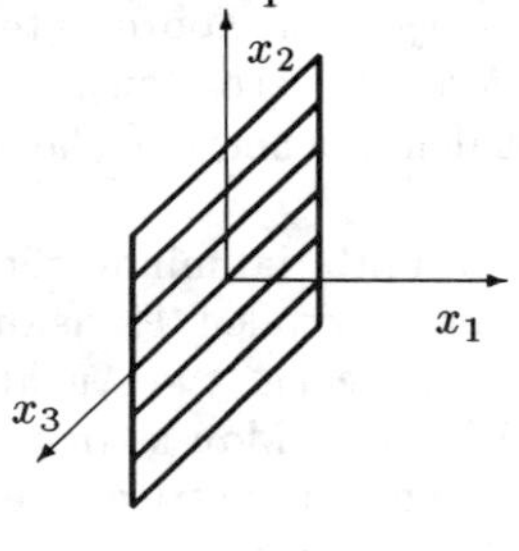

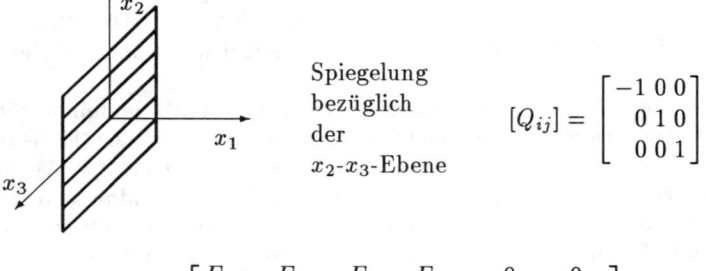

Spiegelung bezüglich der x_2-x_3-Ebene
$$[Q_{ij}] = \begin{bmatrix} -1 & 0 & 0 \\ 0 & 1 & 0 \\ 0 & 0 & 1 \end{bmatrix}$$

$$[E_{ijkl}] = \begin{bmatrix} E_{1111} & E_{1122} & E_{1133} & E_{1123} & 0 & 0 \\ & E_{2222} & E_{2233} & E_{2223} & 0 & 0 \\ & & E_{3333} & E_{3323} & 0 & 0 \\ & & & E_{2323} & 0 & 0 \\ & SYM. & & & E_{1313} & E_{1213} \\ & & & & & E_{1212} \end{bmatrix}$$

13 Materialkennwerte

2. Orthotropie - Orthogonal-anisotropes Materialverhalten

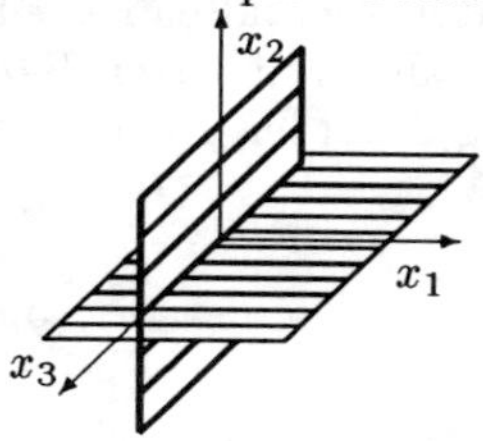

Spiegelung bezüglich der Ebenen x_2-x_3 und x_1-x_3

$$[Q_{ij}] = \begin{bmatrix} -1 & 0 & 0 \\ 0 & -1 & 0 \\ 0 & 0 & 1 \end{bmatrix}$$

$$[E_{ijkl}] = \begin{bmatrix} E_{1111} & E_{1122} & E_{1133} & 0 & 0 & 0 \\ & E_{2222} & E_{2233} & 0 & 0 & 0 \\ & & E_{3333} & 0 & 0 & 0 \\ & & & E_{2323} & 0 & 0 \\ & SYM. & & & E_{1313} & 0 \\ & & & & & E_{1122} \end{bmatrix}$$

9 Materialkennwerte

3. Transversale Isotropie - Materialsymmetrie bezüglich der Achse x_3

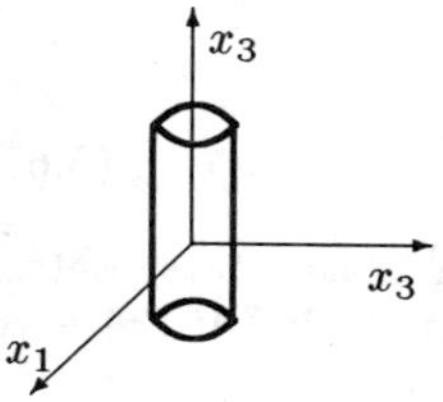

Symmetrie bezüglich der Achse x_3

$$[Q_{ij}] = \begin{bmatrix} \cos(x_1', x_1) & \sin(x_1', x_2) & 0 \\ \sin(x_2', x_1) & \cos(x_2', x_2) & 0 \\ 0 & & 0 \; 1 \end{bmatrix}$$

$$[E_{ijkl}] = \begin{bmatrix} E_{1111} & E_{1122} & E_{1133} & 0 & 0 & 0 \\ & E_{1111} & E_{1133} & 0 & 0 & 0 \\ & & E_{3333} & 0 & 0 & 0 \\ & & & E_{1313} & 0 & 0 \\ & SYM. & & & E_{1313} & 0 \\ & & & & & \dfrac{E_{1111} - E_{1122}}{2} \end{bmatrix}$$

5 Materialkennwerte

Für Isotropie, d.h. fehlende Richtungsabhängigkeit, vereinfacht sich der *Hooke*sche Tensor nochmals, da $E_{1122} = E_{1133}$ und $2E_{1313} = E_{1111} - E_{1122}$ gilt.

Die bisherigen Ausführungen zur Elastizität setzen kleine Verformungen und lineares Materialverhalten voraus. Behält man die Annahme der geometrischen Linearität bei, bereitet die Erweiterung der induktiven Ableitung von Materialgleichungen auf nichtlineares elastisches Materialverhalten keine besonderen Schwierigkeiten. Die für den einachsigen Fall formulierten Beziehungen zwischen der Spannung σ und der Dehnung ε werden zunächst als Tensorgleichungen geschrieben

$$\begin{aligned} \boldsymbol{\sigma} &= \tilde{\mathbf{F}}(\boldsymbol{\varepsilon}), & \boldsymbol{\varepsilon} &= \mathbf{F}(\boldsymbol{\sigma}) \\ \sigma_{ij} &= \tilde{F}_{ij}(\varepsilon_{kl}), & \varepsilon_{ij} &= F_{ij}(\sigma_{kl}) \end{aligned} \tag{5.66}$$

An die Tensorfunktionen sind nun bestimmte Anforderungen zu stellen

1. Zu jedem Spannungszustand muß sich ein umkehrbarer eindeutiger Verzerrungszustand ergeben.
2. Die am Körper durch die Spannungen geleistete spezifische Verzerrungsarbeit (Verzerrungsenergiedichte)

$$W(\boldsymbol{\varepsilon}) = \int\limits_{\mathbf{0}}^{\boldsymbol{\varepsilon}} \boldsymbol{\sigma} \cdot\cdot d\boldsymbol{\varepsilon}$$

darf nur vom Anfangs- und vom Endzustand und nicht vom Deformationsweg abhängen.

Als mathematische Konsequenz dieser Anforderung folgt

$$\boldsymbol{\sigma} = \tilde{\mathbf{F}}(\boldsymbol{\varepsilon}) = \frac{\partial W(\boldsymbol{\varepsilon})}{\partial \boldsymbol{\varepsilon}} \tag{5.67}$$

Gl. (5.67) ist die allgemeinste Form eines nichtlinearen Elastizitätsgesetzes für kleine Verformungen. Die Verzerrungsenergiedichtefunktion $W(\boldsymbol{\varepsilon})$ wird nun um den Anfangszustand $\boldsymbol{\varepsilon}_0$ in eine *Taylor*-Reihe entwickelt

$$\begin{aligned} W &= W_0(\boldsymbol{\varepsilon}_0) + \tilde{\boldsymbol{\varepsilon}}_0 \cdot\cdot \boldsymbol{\varepsilon} + \frac{1}{2!}\boldsymbol{\varepsilon} \cdot\cdot {}^{(4)}\mathbf{E} \cdot\cdot \boldsymbol{\varepsilon} \\ &\quad + \frac{1}{3!}\left(\boldsymbol{\varepsilon} \cdot\cdot {}^{(6)}\mathbf{E} \cdot\cdot \boldsymbol{\varepsilon}\right) \cdot\cdot \boldsymbol{\varepsilon} + \frac{1}{4!}\boldsymbol{\varepsilon} \cdot\cdot \left(\boldsymbol{\varepsilon} \cdot\cdot {}^{(8)}\mathbf{E} \cdot\cdot \boldsymbol{\varepsilon}\right) \cdot\cdot \boldsymbol{\varepsilon} + \ldots \end{aligned} \tag{5.68}$$

Der vollständige Reihenansatz für W läßt wie im Abschnitt 5.2.4.2 folgende Interpretation zu. Das Reihenglied W_0 kann Null gesetzt werden, da nur das Potential interessiert und der Bezugspunkt willkürlich sein kann. Das Reihenglied $\tilde{\boldsymbol{\varepsilon}}_0 \cdot\cdot \boldsymbol{\varepsilon}$ wird immer Null gesetzt, wenn im spannungslosen Anfangszustand keine Verzerrungen (Eigenverzerrungen) auftreten. Das Reihenglied $(1/2)\boldsymbol{\varepsilon} \cdot\cdot {}^{(4)}\mathbf{E} \cdot\cdot \boldsymbol{\varepsilon}$ entspricht der linearen Theorie. Für eine nichtlineare Elastizitätstheorie muß mindestens das 4. Reihenglied ungleich Null sein, d.h. die Materialtensoren ${}^{(2n)}\mathbf{E}$ mit $n > 2$ bestimmen die Nichtlinearität in der Konstitutivgleichung. Bei Berücksichtigung von Materialtensoren $n > 2$ steigt die Anzahl der erforderlichen Materialkennwerte rasch an. Für Sonderfälle der Anisotropie ergeben sich wieder Vereinfachungen. Im Ergebnis erhält man die in der Tabelle 5.2 aufgelistete Anzahl der von Null verschiedenen, linear-unabhängigen Koordinaten.

Sonderfall der Anisotropie	ε_0	${}^{(4)}\mathbf{E}$	${}^{(6)}\tilde{\mathbf{E}}$	${}^{(8)}\tilde{\tilde{\mathbf{E}}}$
Allgemeine Anisotropie	6	21	56	126
Orthotropie	3	9	20	42
Transversale Isotropie	1	5	9	16
Isotropie	1	2	3	4

Tabelle 5.2 Anzahl der von Null verschieden Koordinaten der Materialtensoren

Statt durch die Gl. (5.67) kann die allgemeine Konstitutivgleichung für nichtlineares anisotropes Materialverhalten bei kleinen Deformationen auch durch

$$\boldsymbol{\varepsilon} = \mathbf{F}(\boldsymbol{\sigma}) = \frac{\partial W^*(\boldsymbol{\sigma})}{\partial \boldsymbol{\sigma}} \tag{5.69}$$

angegeben werden. W^* ist dann die spezifische konjugierte oder komplementäre Verzerrungsarbeit (konjugierte Verzerrungsenergiedichtefunktion). Die Reihenentwicklung liefert für diesen Fall die Gl. (5.70)

$$W^*(\boldsymbol{\sigma}) = W_0(\boldsymbol{\sigma}_0) + \tilde{\boldsymbol{\sigma}}_0 \cdot\cdot \boldsymbol{\sigma} + \frac{1}{2!}\boldsymbol{\sigma} \cdot\cdot {}^{(4)}\mathbf{N} \cdot\cdot \boldsymbol{\sigma} + \frac{1}{3!}\left(\boldsymbol{\sigma} \cdot\cdot {}^{(6)}\mathbf{N} \cdot\cdot \boldsymbol{\sigma}\right) \cdot\cdot \boldsymbol{\sigma} + \ldots \tag{5.70}$$

für die eine analoge Interpretation wie zur Reihenentwicklung (5.68) gilt. Das Glied $\tilde{\boldsymbol{\sigma}}_0 \cdot\cdot \boldsymbol{\sigma}$ erfaßt jetzt mögliche Anfangsspannungen und kann meist Null gesetzt werden. Die Materialtensoren ${}^{(2n)}\mathbf{N}$ stellen Nachgiebigkeitstensoren dar.

Im isotropen Fall hängen die Funktionen W bzw. W^* nur von den Invarianten des Verzerrungstensors $\boldsymbol{\varepsilon}$ bzw. des Spannungstensors $\boldsymbol{\sigma}$ ab

$$W = W[I_1(\boldsymbol{\varepsilon}), I_2(\boldsymbol{\varepsilon}), I_3(\boldsymbol{\varepsilon})], \quad W^* = W^*[I_1(\boldsymbol{\sigma}), I_2(\boldsymbol{\sigma}), I_3(\boldsymbol{\sigma})] \tag{5.71}$$

Zerlegt man den Verzerrungstensor und den Spannungstensor in einen Kugeltensor und einen Deviator

$$\boldsymbol{\varepsilon} = \boldsymbol{\varepsilon}^D + \tfrac{1}{3}\boldsymbol{\varepsilon} \cdot\cdot \mathbf{II}; \; \varepsilon_{ij} = \varepsilon_{ij}^D + \tfrac{1}{3}e\delta_{ij}; \; e = \varepsilon_{kk}$$

$$\boldsymbol{\sigma} = \boldsymbol{\sigma}^D + \tfrac{1}{3}\boldsymbol{\sigma} \cdot\cdot \mathbf{II}; \; \sigma_{ij} = \sigma_{ij}^D + \tfrac{1}{3}s\delta_{ij}; \; s = \sigma_{kk}$$

und beachtet, daß für jeden Tensor 2. Stufe $\mathbf{T}$ die Tensorinvarianten $I_i(\mathbf{T})$, $i = 1, 2, 3$ umkehrbar eindeutig durch die beiden von Null verschiedenen Invarianten $I_2(\mathbf{T}^D), I_3(\mathbf{T}^D)$ und die Spur $\mathbf{T} \cdot \cdot \mathbf{I}$ ausgedrückt werden können, erhält man z.B. für W^*

$$W^* = W^*[I_1(\boldsymbol{\sigma}), I_2(\boldsymbol{\sigma}), I_3(\boldsymbol{\sigma})] \iff W^* = W^*[s, I_2(\mathbf{T}^D), I_3(\mathbf{T}^D)]$$

Damit folgt

$$\boldsymbol{\varepsilon} = \frac{\partial W^*(\boldsymbol{\sigma})}{\partial \boldsymbol{\sigma}} = \frac{\partial \hat{W}^*[s, I_2(\mathbf{T}^D), I_3(\mathbf{T}^D)]}{\partial \boldsymbol{\sigma}} \tag{5.72}$$

$$= \frac{\partial \hat{W}^*}{\partial s}\frac{\partial s}{\partial \boldsymbol{\sigma}} + \frac{\partial \hat{W}^*}{\partial I_2(\mathbf{T}^D)}\frac{\partial I_2(\mathbf{T}^D)}{\partial \boldsymbol{\sigma}} + \frac{\partial \hat{W}^*}{\partial I_3(\mathbf{T}^D)}\frac{\partial I_3(\mathbf{T}^D)}{\partial \boldsymbol{\sigma}} \tag{5.73}$$

$$s = \boldsymbol{\sigma} \cdot \cdot \mathbf{I}, \; I_2(\boldsymbol{\sigma}^D) = -\frac{1}{2}\boldsymbol{\sigma}^D \cdot \cdot \boldsymbol{\sigma}^D, \; I_3(\boldsymbol{\sigma}^D) = \det \boldsymbol{\sigma}^D$$

Mit

$$\frac{\partial s}{\partial \boldsymbol{\sigma}} = \mathbf{I}, \; \frac{\partial I_2(\boldsymbol{\sigma}^D)}{\partial \boldsymbol{\sigma}} = -\boldsymbol{\sigma}^D, \; \frac{\partial I_3(\boldsymbol{\sigma}^D)}{\partial \boldsymbol{\sigma}} = \boldsymbol{\sigma}^D \cdot \boldsymbol{\sigma}^D + \frac{2}{3}I_2(\boldsymbol{\sigma}^D)\mathbf{I}$$

erhält man

$$\boldsymbol{\varepsilon} = \frac{\partial \hat{W}^*}{\partial s}\mathbf{I} - \frac{\partial \hat{W}^*}{\partial I_2(\boldsymbol{\sigma}^D)}\boldsymbol{\sigma}^D + \frac{\partial \hat{W}^*}{\partial I_3(\boldsymbol{\sigma}^D)}\left[\underline{\boldsymbol{\sigma}^D \cdot \boldsymbol{\sigma}^D} + \frac{2}{3}I_2(\boldsymbol{\sigma}^D)\mathbf{I}\right], \tag{5.74}$$

d.h.

$$e = \varepsilon_{kk} = 3\frac{\partial \hat{W}^*}{\partial s}$$

$$\varepsilon_{ij}^D = -\frac{\partial \hat{W}^*}{\partial I_2(\boldsymbol{\sigma}^D)}\sigma_{ij}^D + \left[\underline{\sigma_{ik}^D \sigma_{kj}^D} + \frac{2}{3}I_2(\boldsymbol{\sigma}^D)\delta_{ij}\right]\frac{\partial \hat{W}^*}{\partial I_3(\boldsymbol{\sigma}^D)}$$

Die Gln. (5.74) formulieren die allgemeinsten nichtlinear elastischen Konstitutivgleichungen bei kleinen Verzerrungen für den Sonderfall der Isotropie. Die unterstrichenen Terme in den Gln. (5.74) lassen folgende Interpretation zu.

Schlußfolgerung: *Infolge der Nichtlinearität können auch im isotropen Fall bei reiner Schubbeanspruchung Dehnungen auftreten. Diese Besonderheit heißt Poynting-Effekt.*

Die experimentelle Überprüfung zeigt jedoch, daß der *Poynting*-Effekt bei kleinen Verzerrungen auch sehr klein ist und im allgemeinen vernachlässigt werden kann. Streicht man die tensoriell nichtlinearen Terme in den Gln. (5.74), kann man $\hat{W}^*$ weiter vereinfachen

$$\hat{W}^* = \hat{W}^*[s, I_2(\mathbf{T}^D), I_3(\mathbf{T}^D)] \Longrightarrow \check{W}^* = \check{W}^*[s, I_2(\mathbf{T}^D)]$$

Die spezifische komplementäre Verzerrungsenergiedichtefunktion $\check{W}^*$ hängt nur noch von s und $I_2(\mathbf{T}^D)$ ab. Aus den Gln. (5.74) folgt dann das tensoriell-lineare Materialgesetz für nichtlineares, isotropes Materialverhalten bei kleinen Verformungen

$$e = 3\frac{\partial \check{W}^*}{\partial \mathrm{Sp}\boldsymbol{\sigma}} = 3\frac{\partial \check{W}^*}{\partial s}, \ \boldsymbol{\varepsilon}^D = -\frac{\partial \check{W}^*}{\partial I_2(\boldsymbol{\sigma}^D)}\boldsymbol{\sigma}^D \tag{5.75}$$

Aus den Gln. (5.75) können weitere, für die Anwendung wichtige Sonderfälle abgeleitet werden.

1. Das Volumenverhalten ist linear, d.h. proportional zu s

$$e = ks, \ \boldsymbol{\varepsilon}^D = -\frac{\partial \check{W}_G^*}{\partial I_2(\boldsymbol{\sigma}^D)}\boldsymbol{\sigma}^D = \varphi[I_2(\boldsymbol{\sigma}^D)]\boldsymbol{\sigma}^D \tag{5.76}$$

$$\check{W}^*[s, I_2(\boldsymbol{\sigma}^D)] \implies \frac{1}{2}ks^2 + \check{W}_G^*[I_2(\boldsymbol{\sigma}^D)]$$

k ist ein Proportionalitätsfaktor, $\check{W}_G^*$ ist der Gestaltsänderungsanteil von $\check{W}^*$. Mit

$$\sigma_V^2 = -3I_2(\boldsymbol{\sigma}^D), \ K = (3k)^{-1}, \ G = [2\varphi(0)]^{-1}$$

und

$$f(\sigma_V) = \frac{1}{\varphi(0)}\varphi(-\frac{1}{3}\sigma_V^2)$$

erhält man das besonders einfache, nichtlinear isotrope Materialgesetz in der Form

$$e = \frac{s}{3K}, \ \boldsymbol{\varepsilon}^D = \frac{1}{2G}f(\sigma_V)\boldsymbol{\sigma}^D$$

2. Isotropes lineares Materialverhalten
Mit $\varphi = \varphi(0) =$ konst. folgt $f(\sigma_V) \equiv 1$ und man erhält

$$e = \frac{s}{3K}, \ \boldsymbol{\varepsilon}^D = \frac{\boldsymbol{\sigma}^D}{2G}$$

Durch Vergleich mit dem einachsigen linearen Spannungs-Dehnungsverhalten erhält man noch die Beziehungen

$$K = \frac{E}{3(1-2\nu)}, \ G = \frac{E}{2(1+\nu)},$$

d.h. K und G sind der Kompressionsmodul und der Schubmodul der klassischen linearen Elastizitätstheorie.

Die induktiv abgeleiteten elastischen Konstitutivgleichungen bei kleinen Verzerrungen lassen sich in der nachfolgenden Form zusammenfassen.

1. Allgemeiner nichtlinear-elastischer Körper

$$\boldsymbol{\varepsilon} = \mathbf{F}(\boldsymbol{\sigma}),\ \boldsymbol{\sigma} = \frac{\partial W(\boldsymbol{\varepsilon})}{\partial \boldsymbol{\varepsilon}}$$

$$\boldsymbol{\sigma} = \tilde{\mathbf{F}}(\boldsymbol{\varepsilon}),\ \boldsymbol{\varepsilon} = \frac{\partial W^*(\boldsymbol{\sigma})}{\partial \boldsymbol{\sigma}}$$

$W(\boldsymbol{\varepsilon}), W^*(\boldsymbol{\sigma})$ *Taylor*-Reihenentwicklungen bis mindestens zum 4. Glied der Reihe

Linearer Sonderfall

$$\boldsymbol{\varepsilon} = {}^{(4)}\mathbf{N} \cdot\cdot \boldsymbol{\sigma},\ \boldsymbol{\sigma} = \frac{\partial W(\boldsymbol{\varepsilon})}{\partial \boldsymbol{\varepsilon}}$$

$$\boldsymbol{\sigma} = {}^{(4)}\mathbf{E} \cdot\cdot \boldsymbol{\varepsilon},\ \boldsymbol{\varepsilon} = \frac{\partial W^*(\boldsymbol{\sigma})}{\partial \boldsymbol{\sigma}}$$

$W(\boldsymbol{\varepsilon}), W^*(\boldsymbol{\sigma})$ *Taylor*-Reihenentwicklungen bis zum 3. Glied der Reihe

2. Allgemeiner nichtlinear-elastischer isotroper Körper

$$\boldsymbol{\varepsilon} = \frac{\partial \hat{W}^*}{\partial s}\mathbf{I} - \frac{\partial \hat{W}^*}{\partial I_2(\boldsymbol{\sigma}^D)}\boldsymbol{\sigma}^D + \frac{\partial \hat{W}^*}{\partial I_3(\boldsymbol{\sigma}^D)}\left[\underline{\boldsymbol{\sigma}^D \cdot\cdot \boldsymbol{\sigma}^D} + \frac{2}{3}I_2(\boldsymbol{\sigma}^D)\mathbf{I}\right]$$

$$\hat{W}^* = \hat{W}^*[s, I_2(\boldsymbol{\sigma}^D), I_3(\boldsymbol{\sigma}^D)],\ s = \boldsymbol{\sigma} \cdot\cdot \mathbf{I}$$

Sonderfall: tensoriell-lineares Gesetz

$$e = 3\frac{\partial \check{W}^*}{\partial \mathrm{Sp}\boldsymbol{\sigma}} = 3\frac{\partial \check{W}^*}{\partial s}, \boldsymbol{\varepsilon}^D = -\frac{\partial \check{W}^*_G}{\partial I_2(\boldsymbol{\sigma}^D)}\boldsymbol{\sigma}^D$$

$$\check{W}^* = \check{W}^*[s, I_2(\mathbf{T}^D)]$$

Sonderfall: tensoriell-lineares Gesetz und lineares Volumenänderungsverhalten

$$\mathrm{Sp}\boldsymbol{\varepsilon} = k\mathrm{Sp}\boldsymbol{\sigma}, \boldsymbol{\varepsilon}^D = -\frac{\partial \check{W}^*_G}{\partial I_2(\boldsymbol{\sigma}^D)}\boldsymbol{\sigma}^D$$

$$\check{W}^* = \frac{1}{2}ks^2 + \check{W}^*_G[I_2(\boldsymbol{\sigma}^D)] = \check{W}^*_V(s) + \check{W}^*_G[I_2(\boldsymbol{\sigma}^D)]$$

Linearer Sonderfall

$$e = \frac{s}{3K},\ \boldsymbol{\varepsilon}^D = \frac{\boldsymbol{\sigma}^D}{2G},\ K = \frac{E}{3(1-2\nu)},\ G = \frac{E}{2(1+\nu)},$$

Anmerkung: *In der Literatur werden bei Diskussionen um elastisches Materialverhalten zwei weitere Begriffe eingeführt: Hyperelastizität und Hypoelastizität. Als hyperelastisch wird ein Material bezeichnet, für das eine Deformationsenergie u existiert, deren materielle Zeitableitung gleich der Leistung der Spannungen je Volumeneinheit ist. Die entsprechenden Konstitutivgleichungen müssen folglich der Gl. (4.80) genügen. Im Abschnitt 5.2.4.1 wurde dieses Materialmodell bereits betrachtet. Zu den hyperelastischen Materialien gehören beispielsweise die gummiähnlichen Werkstoffe.*

Als hypoelastisch wird ein Material bezeichnet, für das die Spannungsgeschwindigkeiten lineare Funktionen der Deformationsgeschwindigkeiten sind, z.B. $\mathbf{T}^{\nabla} = {}^{(4)}\mathbf{E} \cdot \cdot \mathbf{D}$. *Dabei stellt* $\mathbf{T}^{\nabla}$ *eine objektive Zeitableitung des Spannungstensors dar. Der Materialtensor* ${}^{(4)}\mathbf{E}$ *ist in diesem Fall nicht unbedingt eine konstante Größe. Er kann u.a. von den Spannungen, Verzerrungen usw. abhängen. Das entsprechende Konzept entspricht einer inkrementellen Beschreibung des Materialverhaltens. Einzelheiten zu den hypoelastischen Konstitutivgleichungen sowie den objektiven Ableitungen können der Spezialliteratur entnommen werden.*

5.3.2 Plastizität

Neben der Elastizität gibt es eine zweite Form des skleronomen, d.h. zeit- bzw. geschwindigkeitsunabhängigen, Materialverhaltens, die Plastizität. Im Unterschied zur Elastizität stellt man fest:

1. Plastische Beanspruchungsvorgänge sind nicht mehr reversibel, es tritt Dissipation auf.
2. Die plastische Beanspruchung ist keine Zustandsgröße, sondern abhängig vom Belastungsweg.
3. Die Belastungsgeschichte hat Einfluß auf das Antwortverhalten plastischer Materialien.

Bei sehr spröden Werkstoffen können keine plastischen Verformungen beobachtet werden oder sie sind vernachlässigbar klein. Bei duktilen Werkstoffen treten plastische Verformungen im allgemeinen nach Überschreitung eines bestimmten Spannungsniveaus auf. Im einachsigen Zugversuch ist das die Fließgrenze. Ausgangspunkt der induktiven Ableitung isothermer konstitutiver Gleichungen sind die experimentell ermittelten Abhängigkeiten von Spannungen und Dehnungen bei einachsiger Beanspruchung. Typisch sind die folgenden experimentellen Ergebnisse:

1. Quasistatische Be- und Entlastung (Bild 5.3)

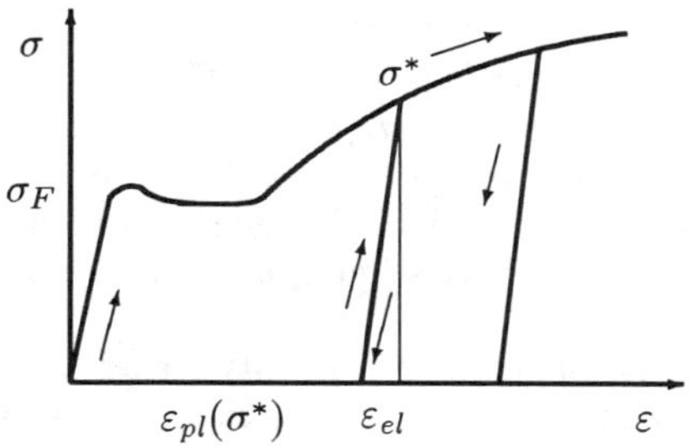

Bild 5.3 Einachsiger Zugversuch

Folgende Situationen können auftreten (σ^* maximale Spannung am Ende der Belastungsetappe)
a) $\sigma^* < \sigma_F : \sigma = \sigma(\varepsilon) \Longleftrightarrow \varepsilon = \varepsilon(\sigma)$
Die Belastung ist reinelastisch.
b) $\sigma^* \geq \sigma_F$:
$D\sigma > 0$ (Belastung)
$\varepsilon = \varepsilon_{el}$ falls $\sigma < \sigma_F$
$\varepsilon = \varepsilon_{el} + \varepsilon_{pl}$ falls $\sigma \geq \sigma_F$
$D\sigma < 0$ (Entlastung)
$\varepsilon = \varepsilon_{el} + \varepsilon_{pl}(\sigma^*)$
Die additive Aufspaltung der Gesamtdehnung in der Form $\varepsilon = \varepsilon_{el} + \varepsilon_{pl}$ kann man nur unter der Voraussetzung kleiner Verformungen feststellen. Ferner weisen die Experimente aus, daß ein Material im plastischen Zustand meist nahezu inkompressibel ist.
2. Zyklische Be- und Entlastung (Bild 5.4)

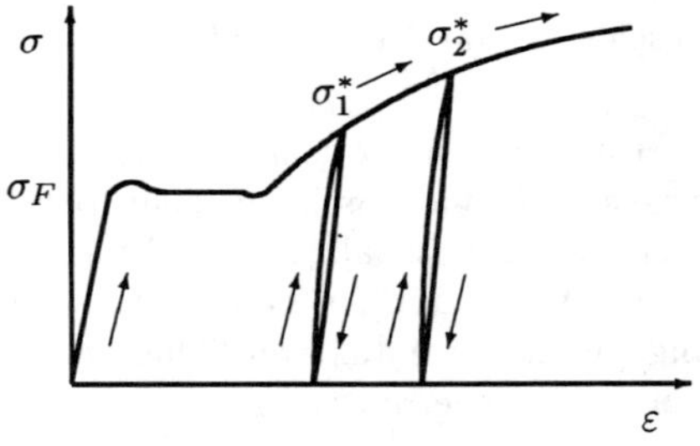

Bild 5.4 Zyklische Beanspruchung

$\sigma_i^* > \sigma_F$: Die elastische Verformungsgrenze erhöht sich, d.h. es kommt durch plastische Verformungen zu einer Materialverfestigung.
elastischer Bereich: $\varepsilon = \varepsilon(\sigma, \sigma_i^*), \sigma < \sigma_{F_i} = \sigma_i^*$
plastischer Bereich: $\varepsilon = \varepsilon(\sigma), \sigma > \sigma_{F_i}$
3. Belastungsumkehr (Bild 5.5)
Die Gesetze des elastischen Bereiches hängen jetzt vom gesamten Prozeßverlauf ab. Es überlagern sich Verfestigung und *Bauschinger*-Effekt.

Die dargestellten experimentellen Ergebnisse sind Grundlage für die Aufstellung von Materialmodellen. Dabei wird zunächst nur homogenes und isotropes Werkstoffverhalten einbezogen. Die Experimente sowie Anwendungsaspekte lassen unterschiedliche Approximationen sinnvoll erscheinen.

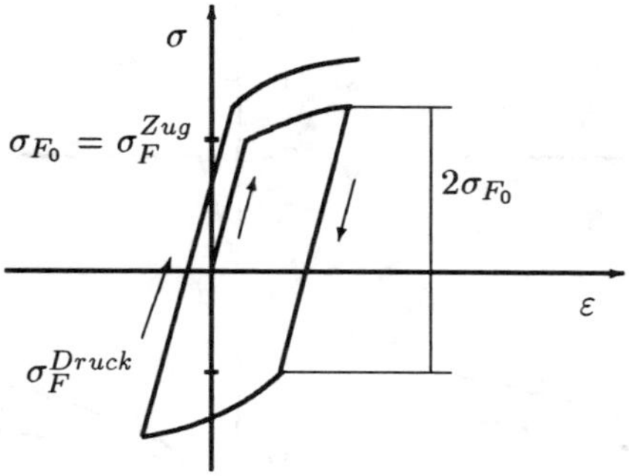

Bild 5.5 Belastungsumkehr

Das einfachste Modell der Plastizität ist das ideal-plastische (auch perfekt-plastische) Material. Dieses ist wie folgt beschreibbar

$$\begin{aligned} \sigma < \sigma_F: &\quad \varepsilon = 0 \\ \sigma = \sigma_F: &\quad \varepsilon \to \infty \end{aligned}$$

Bis zum Erreichen eines Grenzwertes der Spannungen treten keine Dehnungen auf, wird dieser Grenzwert erreicht, nehmen die Dehnungen uneingeschränkt zu. Der Grenzwert der Spannungen wird in der kontinuumsmechanisch orientierten Literatur als Fließspannung bezeichnet. Seine experimentelle Identifikation ist allerdings mit Schwierigkeiten verbunden. Das ideal-plastische Modell vernachlässigt jegliche elastische Dehnungen (die bei jedem Material auftreten) und berücksichtigt nicht die Tatsache, daß Verfestigung, Entfestigung sowie Bruch bei realen Materialien auftreten. Das Spannungs-Dehnungsverhalten für das ideal-plastische Materialverhalten ist auf Bild 5.6 a) dargestellt.

Erweiterungen des einfachsten plastischen Modells sind prinzipiell in zwei Richtungen möglich: Berücksichtigung der Verfestigung, der Entfestigung sowie des Bruchs oder Einbeziehung des elastischen Anfangsstadiums. Letzteres ist besonders einfach als linear-elastisches-ideal-plastisches Modell möglich

$$\begin{aligned} \sigma < \sigma_F: &\quad \varepsilon = \sigma/E \\ \sigma = \sigma_F: &\quad \varepsilon \to \infty \end{aligned}$$

Damit läßt sich das reale Spannungs-Dehnungsdiagramm durch zwei lineare Abschnitte approximieren. Das Spannungs-Dehnungsverhalten für das linear-elastische-plastische Materialverhalten ist auf Bild 5.6 b) dargestellt.

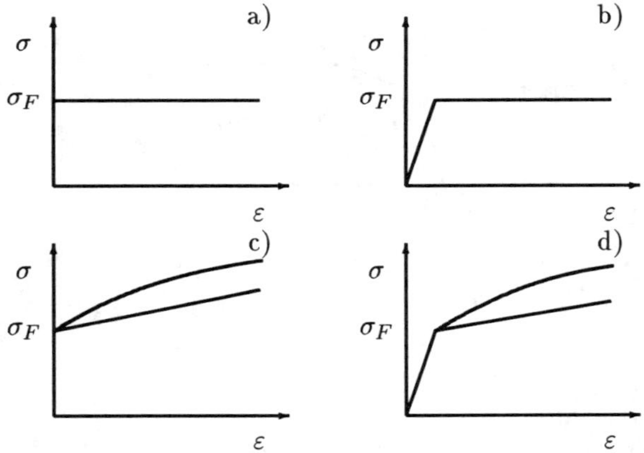

Bild 5.6 Verschiedene Idealisierungen plastischen Materialverhaltens: a) (starr) idealplastisches Materialverhalten, b) linear-elastisch-ideal-plastisches Materialverhalten, c) plastisches Materialverhalten mit Verfestigung (linear, nichtlinear), d) linear-elastisch-plastisches Materialverhalten mit Verfestigung (linear, nichtlinear)

Für die Verfestigung ist zu beachten, daß zwei unterschiedliche Formen möglich sind: die isotrope und die kinematische Verfestigung. Die isotrope Verfestigung ist dadurch gekennzeichnet, daß ein plastisch beanspruchtes Material nach einer Zwischenentlastung den plastischen Bereich bei einer höherer Fließgrenze erreicht. Dies bedeutet, daß die Fließgrenze eine Funktion des plastischen Beanspruchungszustandes ist, d.h.

$$\sigma_F = \sigma_F(\varepsilon^{pl}) \geq \sigma_{F_0} = \text{konst}$$

σ_{F_0} ist die ursprüngliche Fließgrenze bei Erstbelastung. Die kinematische Verfestigung (*Bauschinger*-Effekt) entspricht der experimentellen Tatsache, daß nach Plastifizierung im Zugbereich, vollständiger Entlastung und anschließender Druckbelastung unterschiedliche Fließgrenzen bei Zug und Druck auftreten. Diese Aussage wird durch Bild 5.5 verdeutlicht und führt zu

$$\sigma_F^{Zug} \neq |\sigma_F^{Druck}| \quad \text{bzw.} \quad \sigma_F^{Zug} + |\sigma_F^{Druck}| = 2\sigma_{F_0} = \text{konst}$$

Die Verfestigungsmodelle selbst können noch linear bzw. nichtlinear sein. Außerdem kann jedes plastische Modell mit Verfestigung mit den elastischen Anfangsdehnungen in Verbindung gebracht werden. Beispiele für das Spannungs-Dehnungsverhalten bei unterschiedlichen Verfestigungsmodellen sind auf den Bildern 5.6 c) und d) dargestellt.

Neben diesen Modellen, die sich durch abschnittsweise lineare (nichtlineare) Formulierungen mit singulären Punkten auszeichnen, sind auch stetige nichtlineare Funktionen ohne singuläre Punkte zur Beschreibung eines elastisch-plastischen Materialverhaltens üblich. Die bekannteste Formulierung stammt von *Ramberg* und *Osgood*

$$\varepsilon = \frac{\sigma}{E} + k\left(\frac{\sigma}{E}\right)^m$$

Sie enthält drei materialspezifische Kennwerte E, k, m.

Eine mehrachsige Verallgemeinerung einfacher Materialgleichungen unter Einschluß der Plastizität ist mit zwei Problemen verbunden: es müssen Spannungs-Verzerrungsbeziehungen für alle Koordinaten der entsprechenden Tensoren sowie eine Fließfunktion eingeführt werden. Ob ein Material sich im plastischen Zustand befindet, ist vom Erreichen der Fließgrenze abhängig. Bei einachsigen Beanspruchungen kann eine einfache Zuordnung des einzigen Spannungswertes zu einer Fließgrenze aus einem Experiment vorgenommen werden. Im Falle eines mehrachsigen Spannungszustandes ist der Übergang zum Spannungstensor zwingend. Dadurch wird die Festlegung geeigneter Fließgrenzen erschwert. Eine Zuordnung von unterschiedlichen Fließgrenzen zu den verschiedenen Tensorkoordinaten ist keine geeignete Lösung, da dann unendlich viele Versuche für alle denkbaren Beanspruchungszustände notwendig wären. Ein Ausweg stellt das ingenieurmäßige Konzept über die Äquivalenz von einachsigen und mehrachsigen Zuständen dar. Für eine solche Äquivalenz gibt es keine allgemeingültigen Aussagen, jedoch kann man für bestimmte Materialien und Beanspruchungszustände verschiedenen Äquivalenzhypothesen aufstellen. Die Äquivalenzaussagen können dabei für Spannungen, Verzerrungen und für energetische Aussagen getroffen werden. Bei den nachfolgenden Ausführungen erfolgt eine Beschränkung auf Spannungen und auf energetische Aussagen. Somit wird beispielsweise einer Fließgrenze (skalarwertig) eine skalarwertige Funktion des Spannungszustandes zugeordnet.

Beschränkt man sich zunächst auf isotrope Materialien, ist diese Funktion des Spannungszustandes eine Funktionen der Invarianten des Spannungstensors. Meist sind weitere Vereinfachungen möglich. Beispielsweise basiert die Hypothese von *Huber-von Mises-Hencky* auf der ausschließlichen Einbeziehung der 2. Invarianten des Spannungsdeviators. Es gilt

$$\sigma_{Vergleich} = \sqrt{\frac{3}{2}\boldsymbol{\sigma}^D \cdot\cdot \boldsymbol{\sigma}^D} \leq \sigma_F \quad \text{mit} \quad \boldsymbol{\sigma}^D = \boldsymbol{\sigma} - \frac{1}{3}\boldsymbol{\sigma} \cdot\cdot \mathbf{I}\,\mathbf{I} \qquad (5.77)$$

mit $\sigma_{Vergleich}$ als die Vergleichsspannung. Entsprechend diesem Modell wird der Übergang des Materials in den plastischen Zustand als Erreichen einer

Grenzfläche im Spannungsraum definiert, wobei im Falle des speziellen Kriteriums die Fläche durch die 2. Invariante des Spannungsdeviators und einen Materialkennwert (z.B. Fließgrenze aus dem Zugversuch) bestimmt wird. Setzt man jetzt ideal-plastisches Materialverhalten voraus, sind Spannungszustände, die zu Punkten innerhalb der Grenzfläche führen, mit verzerrungsfreien Zuständen gekoppelt. Wird in einem Punkt die Grenzfläche erreicht, erhält man uneingeschränktes Fließen, welches mit einer uneingeschränkten Zunahme der Verzerrungen verbunden ist. Wird weiterhin die Fließgrenze als konstant gegenüber dem Beanspruchungszustand angesehen, tritt keine Verfestigung ein. Eine Erweiterung auf linear-elastisches-ideal-plastisches Materialverhalten hat lediglich die Konsequenz, daß Spannungszuständen innerhalb der Fließfläche linear-elastische Verzerrungen zugeordnet werden. Weitere Hypothesen zur Äquivalenz sind denkbar und können der ergänzenden Literatur entnommen werden.

Die Spannungs-Verzerrungsbeziehungen für plastisches Materialverhalten können mit Hilfe der Deformationstheorie nach *Hencky-Ilyushin* oder nach der Fließtheorie in den Varianten von *von Mises-Levy* bzw. *Prandtl-Reuss* abgeleitet werden. Die Deformationstheorie verknüpft die Spannungen und die Verzerrungen direkt, nach der Fließtheorie werden die Inkremente der Verzerrungen einbezogen. Für bestimmte Situationen läßt sich eine Übereinstimmung der Fließtheorie und der Deformationstheorie zeigen. Aufgrund der größeren Anwendungsbreite wird hier nachfolgend nur auf die Fließtheorie eingangen.

Die Grundannahmen der Fließtheorie beruhen auf der Aussage zur Verknüpfung der Spannungen mit den Geschwindigkeiten der Verzerrungen und dem 1. Axiom der Rheologie (Volumenverzerrungen sind rein elastisch). Damit erhält man

$$\dot{\boldsymbol{\varepsilon}}^{D^{pl}} = \lambda \boldsymbol{\sigma}^D \quad \text{mit} \quad \boldsymbol{\varepsilon}^D = \boldsymbol{\varepsilon} - \frac{1}{3}\boldsymbol{\varepsilon} \cdot\cdot \mathbf{I}\,\mathbf{I} \tag{5.78}$$

Die Gl. (5.78) gilt ausschließlich für kleine Verzerrungen und

$$\boldsymbol{\varepsilon}^D = \boldsymbol{\varepsilon}^{D^{el}} + \boldsymbol{\varepsilon}^{D^{pl}}$$

Dabei ist der Sonderfall $\boldsymbol{\varepsilon}^{D^{el}} = \mathbf{0}$ eingeschlossen. Die Gl. (5.78) beschreibt den aktiven Prozeß (Belastung) und folgt aus dem *Drucker*schen Stabilitätspostulat:

Von allen plastischen Spannungszuständen, für die die Fließbedingung erfüllt ist, überführt nur der wirkliche Spannungszustand die plastische Arbeit in einen Extremwert.

Daraus folgt das assoziierte Fließgesetz

$$\dot{\boldsymbol{\varepsilon}}^{D^{pl}} = \lambda \frac{\partial f}{\partial \boldsymbol{\sigma}} \tag{5.79}$$

$f = f(\boldsymbol{\sigma}, \sigma_F)$ ist die Fließfläche.

Mit der Fließbedingung (5.77) folgt dann (5.78). Multipliziert man Gl. (5.78) mit sich selbst und beachtet die Fließbedingung (5.77) und einen anologen Ausdruck für die Geschwindigkeit der Vergleichsdehnung

$$\dot{\varepsilon}_{Vergleich} = \dot{\varepsilon}^{pl} = \sqrt{\frac{2}{3}\dot{\boldsymbol{\varepsilon}}^{D^{pl}} \cdot\cdot \dot{\boldsymbol{\varepsilon}}^{D^{pl}}},$$

ergibt sich für den unbekannten Faktor λ der folgende Term

$$\lambda = \frac{3}{2}\frac{\dot{\varepsilon}^{pl}}{\sigma_F}$$

Um weitere Fälle des plastischen Verhaltens zu behandeln, wird die Fließtheorie nachfolgend modifiziert. In Analogie zum einachsigen Experiment geht man davon aus, daß bei Erreichen der Fließfläche f eine Plastifizierung möglich ist. Setzt man weiter voraus, daß das Material ideal-plastisch ist, wird ein weiterer Zuwachs ausgeschlossen. Während der plastischen Verzerrungen gilt $f = 0$. Eine Situation, die mit $df < 0$ verbunden ist, entspricht dann einer Entlastung. Damit kann man folgende Zusammenfassung geben

$f < 0$	$df \neq 0$ oder $df = 0$	elastische Verzerrungen
$f = 0$	$df < 0$ (Entlastung)	elastische Verzerrungen
$f = 0$	$df = 0$	plastische Verzerrungen

Wenn die Aussagen über die Fließfläche f aus dem *Drucker*schen Stabilitätspostulat folgen, wird die Theorie als assoziierte Plastizitätstheorie bezeichnet. Dieses Konzept läßt sich auf Fließflächen ohne singuläre Punkte problemlos anwenden. Fließflächen mit singulären Punkten erfordern zusätzliche Überlegungen.

Zahlreiche Anwendungen verlangen nach einer Einbeziehung des elastischen Anteils der Verzerrungen. Für diesen Fall wird überwiegend die Fließtheorie nach *Prandtl-Reuss* eingesetzt. Diese beruht auf folgenden Annahmen

- die Gesamtverzerrungen lassen sich additiv aufspalten
  $$\boldsymbol{\varepsilon} = \boldsymbol{\varepsilon}^{el} + \boldsymbol{\varepsilon}^{pl}$$
- die Volumenverzerrungen sind rein elastisch
  $$\varepsilon_V = \boldsymbol{\varepsilon}^{pl} \cdot\cdot \mathbf{I} = 0$$
- es gilt die *Huber-von Mises-Hencky*-Fließbedingung
  $$f = \frac{3}{2}\boldsymbol{\sigma}^D \cdot\cdot \boldsymbol{\sigma}^D - \sigma_F^2$$
- der Zusammenhang zwischen der Geschwindigkeit der plastischen Verzerrungen und dem Spannungsdeviator ist linear
  $$\dot{\boldsymbol{\varepsilon}}^{pl} = \lambda \boldsymbol{\sigma}^D$$

Aufgrund der 2. Annahme gilt

$$\boldsymbol{\varepsilon}^{D^{pl}} = \boldsymbol{\varepsilon}^{pl} - \frac{1}{3} I_1(\boldsymbol{\varepsilon}^{pl}) \mathbf{I} = \boldsymbol{\varepsilon}^{pl}$$

und damit auch

$$\dot{\boldsymbol{\varepsilon}}^{D^{pl}} = \dot{\boldsymbol{\varepsilon}}^{pl} = \lambda \boldsymbol{\sigma}^D$$

Es kann gezeigt werden, daß damit die *Prandtl-Reuss*-Theorie im Einklang mit dem *Drucker*schen Stabilitätspostulat steht.

Um das isotrope linear-elastische-ideal-plastische Materialverhalten vollständig beschreiben zu können, ist noch das *Hooke*sche Gesetz in inkrementeller Form für die Deviatoren einzubeziehen

$$\dot{\boldsymbol{\sigma}}^D = 2G\dot{\boldsymbol{\varepsilon}}^D$$

Außerdem gilt für die Volumendehnungen

$$I_1(\dot{\boldsymbol{\sigma}}) = 3K I_1(\dot{\boldsymbol{\varepsilon}})$$

Damit folgt

$$\dot{\boldsymbol{\varepsilon}} = \frac{I_1(\dot{\boldsymbol{\sigma}})}{9K}\mathbf{I} + \frac{\dot{\boldsymbol{\sigma}}^D}{2G} + \lambda \boldsymbol{\sigma}^D$$

Diese Konstitutivgleichungen sind inkrementelle Gleichungen. Der Faktor λ entscheidet über die Mitnahme der plastischen Anteile. Für $K, G \longrightarrow \infty$ gehen diese Gleichungen in die spezielle Form (5.78) über.

Der Faktor λ kann über die Plastizitätsbedingung bestimmt werden. Bei eintretender Plastifizierung ist $f = 0$ und $df = 0$. Da die Fließfläche eine Funktion der Spannungen ist, gilt weiterhin

$$df = \frac{\partial f}{\partial \boldsymbol{\sigma}} \cdot\cdot d\boldsymbol{\sigma} = 0$$

Die weitere Ableitung basiert auf dem *Hooke*schen Gesetz für die Inkremente

$$\dot{\boldsymbol{\sigma}} = K I_1(\dot{\boldsymbol{\varepsilon}}^{el})\mathbf{I} + 2G\dot{\boldsymbol{\varepsilon}}^{D^{el}} = \left(K - \frac{2}{3}G\right) I_1(\dot{\boldsymbol{\varepsilon}}^{el})\mathbf{I} + 2G\dot{\boldsymbol{\varepsilon}}^{el}$$

Ersetzt man die elastischen Verzerrungsinkremente in der Form

$$\boldsymbol{\varepsilon}^{el} = \boldsymbol{\varepsilon} - \boldsymbol{\varepsilon}^{pl},$$

folgt

$$\dot{\boldsymbol{\sigma}} = \left(K - \frac{2}{3}G\right) I_1(\dot{\boldsymbol{\varepsilon}} - \dot{\boldsymbol{\varepsilon}}^{pl})\mathbf{I} + 2G(\dot{\boldsymbol{\varepsilon}} - \dot{\boldsymbol{\varepsilon}}^{pl})$$

Nach der Fließregel gilt

$$\dot{\boldsymbol{\varepsilon}}^{pl} = \lambda \frac{\partial f}{\partial \boldsymbol{\sigma}}$$

Nach dem Einsetzen erhält man

$$\dot{\boldsymbol{\sigma}} = \left(K - \frac{2}{3}G\right) I_1(\dot{\boldsymbol{\varepsilon}} - \lambda \frac{\partial f}{\partial \boldsymbol{\sigma}})\mathbf{I} + 2G(\dot{\boldsymbol{\varepsilon}} - \lambda \frac{\partial f}{\partial \boldsymbol{\sigma}}) \qquad (5.80)$$

Multipliziert man diesen Ausdruck mit der Ableitung der Fließfunktion nach der Spannung, erhält man nach einigen Rechenschritten den Faktor λ in der folgenden Form

$$\lambda = \frac{\dfrac{\partial f}{\partial \boldsymbol{\sigma}} \cdot\cdot \left[\left(K - \dfrac{2}{3}G\right) I_1(\dot{\boldsymbol{\varepsilon}})\mathbf{I} + 2G\dot{\boldsymbol{\varepsilon}}\right]}{\dfrac{\partial f}{\partial \boldsymbol{\sigma}} \cdot\cdot \left[\left(K - \dfrac{2}{3}G\right) \mathbf{I} \cdot\cdot \dfrac{\partial f}{\partial \boldsymbol{\sigma}}\mathbf{I} + 2G\dfrac{\partial f}{\partial \boldsymbol{\sigma}}\right]}$$

Diesem Faktor setzt man in die Gl. (5.80) ein. Das Ergebnis läßt sich dann in folgenden Form darstellen

$$\dot{\boldsymbol{\sigma}} = {}^{(4)}\mathbf{A} \cdot\cdot \dot{\boldsymbol{\varepsilon}}$$

${}^{(4)}\mathbf{A}$ ist der elastisch-plastische Tangentenmodul für linear-elastisches-ideal-plastisches Materialverhalten. Das vorgestellte Konzept ist für verschiedene Fälle der Ansisotropie sowie der Verfestigung leicht erweiterbar. In diesen Fällen nimmt der Tangentenmodul entsprechend modifizierte Ausdrücke an. Einzelheiten sind der Spezialliteratur zu entnehmen.

5.3.3 Viskosität

Viskosität gehört zur Klasse der rheonomen Materialmodelle. Sie entspricht vorrangig dem Antwortverhalten solcher Kontinua, die den Fluiden zuzuordnen sind. Für rein viskose Fluide ergeben sich experimentell signifikante Unterschiede im Vergleich zum elastischen Festkörper:

1. Das Fluid hat keinerlei Widerstand gegenüber Schubspannungen. Auch noch so kleine Schubspannungen rufen ein Fließen hervor.
2. Das Fluid hat keine definierte Gestalt und kein Gedächtnis für vorangegangene Zustände.
3. Fluidspannungen sind abhängig von Verzerrungsgeschwindigkeiten.
4. Jede Strömung ist dissipativ.

Ausgangspunkt für die Beschreibung linear viskoser Fluide ist die von *Newton* (1687) formulierte Aussage, daß für die laminare Strömung eines Fluids eine Proportionalität zwischen der Schubspannung τ und der Gleitungsgeschwindigkeit $\dot{\gamma}$ gegeben ist. Zur Erleichterung der Verallgemeinerung wird die Proportionalität in der folgenden Form dargestellt

$$T_{12} = 2\mu^V D_{12}, \qquad \mu^V \quad \text{Viskositätsmodul, dynamische Zähigkeit}$$

μ^V ist im eindimensionalen Fall der einzige materialspezifische Wert. Eine induktive Verallgemeinerung kann wie bei der Elastizität einfach vorgenommen werden, wenn man die Spannungen und die Verzerrungsgeschwindigkeiten durch die vollständigen Tensoren **T** und **D** ausgedrückt und ihren Zusammenhang wieder durch einen vierstufigen Materialtensor herstellt

$$\mathbf{T} = -p\mathbf{I} +^{(4)} \mathbf{C} \cdot \cdot \mathbf{D} = -p\mathbf{I} + \mathbf{T}^V$$

$$T_{ij} = -p\delta_{ij} + C_{ijkl}D_{kl} = -p\delta_{ij} + T_{ij}^V$$

$\mathbf{T}^V$ ist der Tensor der viskosen Spannungen. Der Spannungsanteil $-p\mathbf{I}$ entspricht dem sogenannten hydrostatischen Druck einer Flüssigkeit im Zustand der Ruhe oder einer Starrkörperbewegung. Der Tensor $\mathbf{T}^V$ ist für diesen Zustand **0**. Ein allgemeiner anisotroper Materialtensor C_{ijkl} hat für Fluide nicht die gleiche praktische Bedeutung wie der Tensor E_{ijkl} in der Elastizitätstheorie, da „übliche" Flüssigkeiten im allgemeinen eine isotrope Struktur haben. Damit reduziert sich der Tensor **C** auf 2 unabhängige Materialwerte und die lineare Konstitutivgleichung lautet vereinfacht (*Cauchy-Poisson*-Gesetz)

$$\begin{aligned} \mathbf{T} &= (-p + \lambda^V \mathrm{Sp}\mathbf{D})\mathbf{I} + 2\mu^V \mathbf{D}, \\ T_{ij} &= (-p + \lambda^V D_{kk})\delta_{ij} + 2\mu^V D_{ij} \end{aligned} \qquad (5.81)$$

λ^V und μ^V sind skalare Materialkennwerte, die Funktionen des thermodynamischen Zustandes sein können. Der Tensor der viskosen Spannungen $\mathbf{T}^V$ ist jetzt

$$\mathbf{T}^V = \lambda^V \mathrm{Sp}\mathbf{D}\mathbf{I} + 2\mu^V \mathbf{D}$$

Die Konstitutivgleichung in der Form des *Cauchy-Poisson*-Gesetzes erfüllt die Axiome der Materialtheorie. Sie charakterisiert die Newtonschen Fluide, die für die Mehrzahl technischer Anwendungen der Fluidmechanik die Grundlage bilden. Für kompressible Fluide wird p durch eine Zustandsgleichung $p = p(\rho, \theta)$ bestimmt. Für inkompressible Fluide hat der thermodynamische Zustand keinen Einfluß auf p. p ist eine Größe, die nur bis auf eine additive Konstante bestimmt ist, falls sie nicht durch die Randbedingungen festgelegt wird. Für inkompressible Fluide lassen sich somit meist nur Druckdifferenzen berechnen. Bezeichnet man die mittlere Spannungssumme $\frac{1}{3}T_{kk} = \overline{p}$, erhält man aus Gl. (5.81)

$$\overline{p} + p = \frac{1}{3}\mathrm{Sp}\mathbf{T} + p = (\lambda^V + \frac{2}{3}\mu^V)\mathrm{Sp}\mathbf{D} = K^V \mathrm{Sp}\mathbf{D}$$

Für inkompressible Fluide ist $\nabla_{\mathbf{x}} \cdot \mathbf{v} = \mathrm{Sp}\mathbf{D} = 0$ und damit $\overline{p} = -p$. Die mittlere Normalspannungssumme ist gleich dem negativen Druck. Für kompressible Fluide gilt diese Aussage nur, wenn $K^V \approx 0$ gesetzt werden kann. K^V ist die Druckzähigkeit oder der Kompressionsviskositätskoeffizient. Für die Annahme $K^V \approx 0$ sprechen zwei Erfahrungssätze:

1. Der Einfluß von K^V ist bei vielen Aufgabenstellungen von untergeordneter Bedeutung (Ausnahme: z.B. Stoßwellen).
2. Für den 2. Viskositätskoeffizienten λ^V (viskose Dilatation) stehen im allgemeinen keine Meßwerte zur Verfügung.

Man führt daher die *Stokes*sche Hypothese $K^V = 0 \Longrightarrow \lambda^V = -\frac{2}{3}\mu^V$ ein und erhält die folgenden vereinfachten Konstitutivgleichungen:
Kompressible Fluide (*Navier-Stokes*-Fluide)

$$\begin{aligned} \mathbf{T} &= -(p + \tfrac{2}{3}\mu^V \mathrm{Sp}\mathbf{D})\mathbf{I} + 2\mu^V \mathbf{D}, & T_{ij} &= -(p + \tfrac{2}{3}\mu^V D_{kk})\delta_{ij} + 2\mu^V D_{ij} \\ \mathbf{T}^V &= \lambda^V \mathrm{Sp}\mathbf{D}\mathbf{I} + 2\mu^V \mathbf{D}, & T_{ij}^V &= \lambda^V D_{kk}\delta_{ij} + 2\mu^V D_{ij} \end{aligned}$$

Inkompressible Fluide

$$\begin{aligned} \mathbf{T} &= -p\mathbf{I} + 2\mu^V \mathbf{D}, & T_{ij} &= -p\delta_{ij} + 2\mu^V D_{ij} \\ \mathbf{T}^V &= 2\mu^V \mathbf{D}, & T_{ij}^V &= 2\mu^V D_{ij} \end{aligned}$$

Für die viskose Dissipationsleistung gilt allgemein

$$\begin{aligned} \mathbf{T}^V \cdot\cdot \mathbf{D} &= \lambda^V (\mathrm{Sp}\mathbf{D})^2 + 2\mu^V \mathrm{Sp}(\mathbf{D}^2), \\ T_{ij}^V D_{ji} &= \lambda^V D_{ii} D_{kk} + 2\mu^V D_{ij} D_{ji} \end{aligned}$$

Im Grenzfall $\lambda^V = \mu^V = 0$ folgt aus dem *Cauchy-Poisson*-Gesetz die Konstitutivgleichung für reibungsfreie Fluide

$$\mathbf{T} = -p\mathbf{I}, T_{ij} = -p\delta_{ij}$$

Eine induktive Erweiterung der *Cauchy-Poisson*-Gleichung ergibt sich z.B. durch

$$\mathbf{T} = -p\mathbf{I} + \mathbf{T}^V(\mathbf{D}), \mathbf{T}(\mathbf{0}) = \mathbf{0}$$

Ist die Funktion $\mathbf{T}^V(\mathbf{D})$ nichtlinear, beschreibt die Konstitutivgleichung die Modellklasse der *Stokes*schen Fluide. Es lassen sich auch zahlreiche Modelle nicht-*Newton*scher Fluide auf induktivem Wege aufstellen.

Besondere Bedeutung für die Anwendung haben die linear-viskoelastischen Fluide (z.B. das *Maxwell*-Fluid) und die nichtlinear-viskoelastischen Fluide (z.B. *Rivlin-Ericksen*-Fluide). Hierzu muß auf die Spezialliteratur verwiesen werden.

5.3.4 Kriechen

Verschiedene Materialien neigen ab einem bestimmten Temperaturniveau (0,3 bis 0,4 der Schmelztemperatur) zum Kriechen, d.h. bei einem konstanten Beanspruchungsniveau nehmen die Verzerrungen ständig zu. Das Kriechen gehört wie die Plastizität zu den irreversiblen Deformationen, entspricht jedoch einem rheonomen Materialverhalten. Dabei wird im einachsigen Experiment beobachtet, daß Kriechvorgänge formal in 3 Etappen eingeteilt werden können: einen Primärbereich, der durch ein Überwiegen der Verfestigungsvorgänge gegenüber den Entfestigungsvorgängen im Material gekennzeichnet ist, einen Sekundärbereich, der durch ein Gleichgewicht zwischen Entfestigung und Verfestigung gekennzeichnet ist, und einen Tertiärbereich, der durch ein Überwiegen der Entfestigung charakterisiert werden kann. Die drei Bereiche sind bei verschiedenen Materialien unterschiedlich ausgeprägt und können teilweise auch völlig fehlen. Für ein Material mit allen drei Bereichen ist das Diagramm der Kriechdehnungen über der Zeit auf Bild 5.7 dargestellt. Trägt man die Geschwindigkeiten der Kriechdeh-

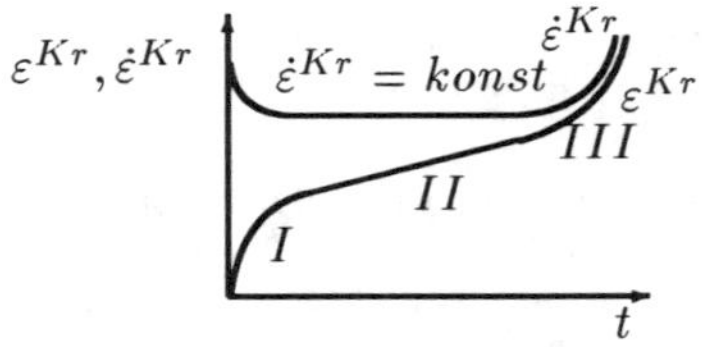

Bild 5.7 Kriechbereiche: *I* Primärkriechen, *II* Sekundärkriechen, *III* Tertiärkriechen

nungen über der Zeit auf, ergibt sich für den Primärbereich eine Abnahme der Geschwindigkeit, im Sekundärbereich bleibt der Wert konstant und im Tertiärbereich nimmt er zu. Diesen experimentellen Befunden muß bei einer phänomenologischen Beschreibung in den Gleichungen Rechnung getragen werden.

Die Beschreibung des Kriechens durch Konstitutivgleichungen ist kompliziert und es gibt daher zahlreiche Ansätze. Sie haben jedoch oftmals nur einen sehr speziellen Einsatzbereich. Außerdem lassen sich Kriecherscheinungen in der Regel nur mit nichtlinearen Gleichungen beschreiben.

Allgemein wird für die Kriechdehnungen folgender Ansatz gemacht

$$f(\varepsilon^{Kr}, \sigma, t, \theta) = 0$$

Dabei können bei Vernachlässigung anderer elastischer und inelastischer Dehnungsanteile die Kriechdehnungen ε^{Kr} mit den Gesamtdehnungen übereinstimmen. In allen anderen Fällen stellen sich die Gesamtdehnungen als

Summe der einzelnen Dehnungsanteile dar. Es kann weiterhin gezeigt werden, daß oftmals eine Aufspaltung der funktionellen Abhängigkeiten von σ, θ und t in der Form eines Produktansatzes vorgenommen werden kann. Es gilt dann

$$\varepsilon^{Kr} = f_1(\sigma) f_2(t) f_3(\theta)$$

Ein besonders einfacher Ansatz für die Funktionen f_1 und f_2 stammt von *Norton* und *Bailey*. Danach wird für die Kriechdehnungs-Zeit-Kurve

$$\varepsilon^{Kr} = Ft^m \qquad (0 < m < \infty)$$

gesetzt, für die Kriechdehnungsgeschwindigkeit-Spannungsbeziehung gilt

$$\dot{\varepsilon}^{Kr} = K\sigma^n \quad (3 < n < 7)$$

Für die Temperaturabhängigkeit werden weitere spezielle Ansätze gemacht. Da sie für verschiedene Temperaturbereiche aufgrund unterschiedlicher Deformationsmechanismen verschieden sein können, ist die Auswahl einer Gleichung zur Beschreibung der Temperaturabhängigkeit schwer. Zusammenfassend läßt sich feststellen, daß die Kriechtheorien unterschiedlichen Konzepten zugeordnet werden können, wobei die Fließtheorie (*Davenport*, *Kachanov*), die Dehnungsverfestigungstheorie (*Ludwik*, *Nadai*, *Rabotnov*) sowie die Gedächtnistheorie (*Rabotnov*) eine herausragende Stellung einnehmen. Zusätzliche Aussagen zu den unterschiedlichen Vorgehensweisen kann man der ergänzenden Literatur entnehmen.

Die mehrachsige Verallgemeinerung der Kriechtheorien läßt sich für jede Theorienvariante vornehmen. Besonders einfach ist dies für die Fließtheorie. Dabei wird in Analogie zur Plastizitätstheorie vorgegangen (s. Abschnitt 5.3.2). Voraussetzung ist die Existenz eines Kriechpotentials $\Phi(\boldsymbol{\sigma})$. Für isotropes, geometrisch-lineares Materialverhalten gehen in diesen Potentialausdruck lediglich die Invarianten des Spannungstensors ein. Für die Äquivalenz des mehrachsigen und des einachsigen Zustandes wird postuliert, daß das Potential eine Funktion der äquivalenten Spannung ist. Nimmt man einen Ansatz nach *von Mises*, gilt

$$\Phi = \sigma^2_{Vergleich} = \frac{1}{2}\boldsymbol{\sigma}^D \cdot\cdot \boldsymbol{\sigma}^D = \frac{\sigma_F^2}{3} \tag{5.82}$$

mit σ_F als Fließspannung im Zugversuch. Andere Ansätze sind möglich, sollen hier jedoch nicht weiter diskutiert werden. Der Kriechdeformationsgeschwindigkeitstensor läßt sich dann aus einem assoziierten Fließgesetz bestimmen

$$\dot{\boldsymbol{\varepsilon}}^{Kr} = \lambda \frac{\partial \Phi}{\partial \boldsymbol{\sigma}} \tag{5.83}$$

Beachtet man den Zusammenhang zwischen dem Spannungstensor und dem Deviator, folgt

$$\begin{aligned}\Phi &= \frac{1}{2}\left[\boldsymbol{\sigma}\cdot\cdot\boldsymbol{\sigma} + \frac{1}{9}(\boldsymbol{\sigma}\cdot\cdot\mathbf{I})^2\mathbf{I}\cdot\cdot\mathbf{I} - \frac{2}{3}(\boldsymbol{\sigma}\cdot\cdot\mathbf{I})^2\right]\\ &= \frac{1}{2}\left[\boldsymbol{\sigma}\cdot\cdot\boldsymbol{\sigma} - \frac{1}{3}(\boldsymbol{\sigma}\cdot\cdot\mathbf{I})^2\right]\\ &= \frac{1}{6}\left[3\boldsymbol{\sigma}\cdot\cdot\boldsymbol{\sigma} - I_1^2(\boldsymbol{\sigma})\right]\end{aligned}$$

Weiterhin gilt

$$\begin{aligned}\frac{\partial\Phi}{\partial\boldsymbol{\sigma}} &= \frac{\partial}{\partial\boldsymbol{\sigma}}\left[\frac{1}{2}\boldsymbol{\sigma}\cdot\cdot\boldsymbol{\sigma} - \frac{1}{6}I_1^2(\boldsymbol{\sigma})\right]\\ &= \boldsymbol{\sigma} - \frac{1}{3}I_1(\boldsymbol{\sigma})\mathbf{I} = \boldsymbol{\sigma}^D\end{aligned}$$

Damit erhält man das mehrachsige Kriechgesetz in der folgenden Form

$$\dot{\boldsymbol{\varepsilon}}^{Kr} = \lambda\boldsymbol{\sigma}^D \tag{5.84}$$

Das Kriechgesetz (5.84) erfüllt automatisch die Forderung, daß die Volumendeformationen elastisch sein müssen. Der Faktor λ wird wie folgt bestimmt. Ausgangspunkt ist die Äquivalenz des einachsigen und des mehrachsigen Zustandes. Multipliziert man Gl. (5.84) mit dem Spannungsdeviator, folgt die spezifische dissipierte Spannungsleistung

$$W = \boldsymbol{\sigma}^D\cdot\cdot\dot{\boldsymbol{\varepsilon}}^{Kr} = \lambda\boldsymbol{\sigma}^D\cdot\cdot\boldsymbol{\sigma}^D$$

Mit Gl. (5.82) geht diese Gleichung in den Ausdruck

$$W = \boldsymbol{\sigma}^D\cdot\cdot\dot{\boldsymbol{\varepsilon}}^{Kr} = \frac{2}{3}\lambda\sigma_F^2 \tag{5.85}$$

über. Gleichzeitig gilt diese Aussage auch für das Produkt aus äquivalenter Spannung und Kriechdehngeschwindigkeit

$$W = \sigma_{Vergleich}\dot{\varepsilon}^{Kr}_{Vergleich} \tag{5.86}$$

Der Vergleich der Gln. (5.85) und (5.86) führt zu

$$\dot{\varepsilon}^{Kr} = \frac{2}{3}\lambda\sigma_{Vergleich} \Longrightarrow \frac{2}{3}\lambda = \frac{\dot{\varepsilon}^{Kr}}{\sigma_{Vergleich}}$$

Damit gilt abschließend

$$\dot{\boldsymbol{\varepsilon}}^{Kr} = \frac{3}{2}\frac{\dot{\varepsilon}^{Kr}}{\sigma_{Vergleich}}\boldsymbol{\sigma}^D \tag{5.87}$$

Für die Vergleichskriechdehngeschwindigkeit müssen experimentelle Befunde herangezogen werden, d.h. es sind entsprechende einachsige Grundversuche durchzuführen. Dabei sind unterschiedliche Approximationen für die drei Kriechstadien üblich. Für praktische Anwendungen sind Aussagen für das Sekundärkriechen und das Tertiärkriechen bedeutsam. Für das Sekundärkriechen kann vielfach von Zustandsgleichungen der Form

$$\dot{\varepsilon}^{Kr} = \phi(\sigma_{Vergleich})$$

ausgegangen werden, wobei als Approximation das bereits diskutierte *Norton-Bailey*-Gesetz, aber auch andere (einfache) nichtlineare Funktionen verwendet werden. Für den Bereich des Tertiärkriechens wird vielfach ein Schädigungsparameter eingearbeitet, so daß das beschleunigte Kriechverhalten in das Modell eingeht. Im einfachsten Fall einer isotropen Kriechschädigung kann beispielsweise der Schädigungsparameter nach *Rabotnov* ω $(0 \leq \omega \leq 1)$ verwendet werden. Damit sind die Spannungen wie folgt zu ersetzen

$$\sigma_{Vergleich} \Longrightarrow \tilde{\sigma}_{Vergleich} = \frac{\sigma_{Vergleich}}{1-\omega}$$

Für die Schädigung ist dann noch ein Evolutionsgesetz zu formulieren

$$\dot{\omega} = \dot{\omega}(\sigma_{Vergleich}, \theta, \omega, \ldots),$$

wobei vielfach ein vereinfachter Ansatz in Analogie zum Kriechgesetz genügt

$$\dot{\omega} = B\left(\frac{\sigma_{Vergleich}}{1-\omega}\right)^m$$

B und m sind materialspezifische Parameter. Derartige Schädigungsmodelle werden derzeit in der Spezialliteratur diskutiert. Weitere Hinweise können der ergänzenden Literatur entnommen werden.

Für das *Norton-Bailey*-Gesetz

$$\dot{\varepsilon}^{Kr}_{Vergleich} = K\sigma^n_{Vergleich}$$

folgt abschließend

$$\dot{\boldsymbol{\varepsilon}}^{Kr} = \frac{3}{2}\frac{K\sigma^n_{Vergleich}}{\sigma_{Vergleich}}\boldsymbol{\sigma}^D = \frac{3}{2}K\sigma^{n-1}_{Vergleich}\boldsymbol{\sigma}^D \tag{5.88}$$

Aus dem Grundversuch sind lediglich die materialspezifischen Kenngrößen K und n zu bestimmen.

Das mehrachsige Kriechgesetz (5.88) kann in verschiedene Richtungen erweitert werden. Besonders wichtig sind die Einbeziehung der Anisotropie sowie analog zur Elastizität die Formulierung tensoriell-nichtlinearer Gleichungen. Die anisotrope Erweiterung kann, wie im Abschnitt 5.3.2 für plastisches Materialverhalten gezeigt, vorgenommen werden. Ausgangspunkt der tensoriell-nichtlinearen Formulierung ist der Darstellungssatz für isotrope Funktionen (s. Anhang A.5). Danach gilt

$$\dot{\varepsilon}^{Kr} = H_0\mathbf{I} + H_1\boldsymbol{\sigma} + H_2\boldsymbol{\sigma} \cdot \boldsymbol{\sigma},$$

wobei H_0, H_1, H_2 Funktionen der Invarianten des Spannungstensors sind. Bezieht man die drei Invarianten in den Ausdruck für die äquivalente Spannung ein, lassen sich die unbekannten Funktionen H_i identifizieren. Entsprechende Lösungsbeispiele können der ergänzenden Literatur entnommen werden.

5.4 Rheologische Modelle des Materialverhaltens

Rheologische Modelle haben eine breite Anwendung in der Kontinuumsmechanik beim Formulieren von Konstitutivgleichungen gefunden. Die Grundidee besteht dabei in einer phänomenologischen Formulierung von Materialgleichungen für Grundmodelle, wobei deren thermodynamische Konsistenz geprüft wird. Auf der Basis der Grundmodelle wird dann reales Materialverhalten durch Zusammenschalten verschiedener Grundmodelle approximiert. Die derart erhaltenen Gleichungen sind gleichfalls thermodynamisch konsistent.

Die rheologische Modellierung basiert somit auf der Idee der Ableitung konstitutiver Gleichungen mit Hilfe einfacher analoger Modelle für die Spannungs-Verzerrungs-Beziehungen. Von *Reiner* wurden einfache Modellelemente für einachsige Beanspruchungen angegeben. Sie beruhen auf der Analogie des mechanischen Verhaltens einer Feder, eines Dämpfers oder eines Reibelementes mit den Materialeigenschaften Elastizität, Viskosität und Plastizität. Wesentliche Erweiterungen der rheologischen Modellierung wurden von *Palmov* vorgenommen.

Bei der Methode der rheologischen Modellierung werden allgemein 2 Annahmen getroffen:

1. Für alle Materialgleichungen gilt eine elastische Volumendilatation (1. Axiom der Rheologie).
2. Unterschiede in den Konstitutivgleichungen für ausgewählte Materialmodelle treten signifikant nur in den Gleichungstermen auf, die für eine Gestaltänderung verantwortlich sind (2. Axiom der Rheologie).

Ferner werden im allgemeinen eine monotone Belastung, kleine Deformationen und homogenes, isotropes Materialverhalten vorausgesetzt. Die Methode der rheologischen Modellierung berücksichtigt die experimentelle Erfahrung, daß ein Körper sehr unterschiedlich auf Volumen- und auf Gestaltänderungen reagiert. Sie betrachtet in erster Näherung beide Anteile als voneinander unabhängig. Für linear-elastisches bzw. linear-viskoelastisches Materialverhalten können beispielsweise die rheologischen Grundgesetze wie folgt formuliert werden:

1. Rheologisches Grundgesetz

$$\sigma_{ii} = 3K\varepsilon_{ii} \quad \text{bzw.} \quad \sigma_m = Ke$$

mit

$$e = \varepsilon_{ii}, \sigma_m = \frac{1}{3}\sigma_{ii} = \frac{1}{3}s$$

K Kompressionsmodul

2. Rheologisches Grundgesetz

$$a_0 + a_1\varepsilon^D + a_2\dot{\varepsilon}^D + a_3\ddot{\varepsilon}^D + \ldots = b_0 + b_1\sigma^D + b_2\dot{\sigma}^D + b_3\ddot{\sigma}^D + \ldots$$

In Abhängigkeit von der Wahl der Koeffizienten a_i, b_j erhält man unterschiedliche Materialgleichungen, z.B.

a) Mit $a_0 = a_2 = a_3 = \ldots = 0, b_0 = b_2 = b_3 = \ldots = 0, a_1/b_1 = 2G$ erhält man ein elastisches Gesetz

$$\sigma_{ij}^D = 2G\varepsilon_{ij}^D$$

b) Mit $a_0 = a_1 = a_3 = \ldots = 0, b_0 = b_2 = b_3 = \ldots = 0, a_2/b_1 = 2\eta$ erhält man ein viskoses Gesetz

$$\sigma_{ij}^D = 2\eta\dot{\varepsilon}_{ij}^D = 2\mu^V\dot{\varepsilon}_{ij}^D$$

Die Beispiele a) und b) führen somit auf den *Hooke*schen Körper und das *Newton*sche Fluid.

Die Methode der rheologischen Modellierung zeichnet sich durch ihre Anschaulichkeit aus, die besonders für einachsige Beanspruchungen zutrifft. Die rheologischen Grundmodelle erfassen dann immer nur eine Phase des realen Materialverhaltens. Durch unterschiedliche Kombination der Grundmodelle wird eine Anpassung an das reale Materialverhalten vorgenommen. Zum besseren Verständnis der Methode der rheologischen Modellierung werden zunächst exemplarisch die anschaulichen eindimensionalen elementaren Grundmodelle und ihre Schaltungskombinationen erläutert und dann eine Erweiterung auf dreidimensionale Grundmodelle vorgenommen. Dabei erfolgt eine Beschränkung auf geometrisch lineare Gleichungen und isotropes Materialverhalten. Hinweise zur Erweiterung auf große Deformationen findet man in der angegebenen ergänzenden Literatur.

5.4.1 Elementare rheologische Grundmodelle

Die elementaren rheologischen Grundmodelle und ihre Schaltungen sind die anschauliche Abbildung mathematischer Gleichungen für mechanische Sachverhalte, die sich durch lineare Differentialgleichungen der Form

$$a_0\frac{d^nE}{dt^n} + a_1\frac{d^{n-1}E}{dt^{n-1}} + \ldots + a_nE = b_0\frac{d^mA}{dt^m} + b_1\frac{d^{m-1}A}{dt^{m-1}} + \ldots + b_mA \quad (5.89)$$

darstellen lassen. Dabei sind a_i, b_j konstante Koeffizienten. Entsprechend Bild 5.1 ist E die Eingangsgröße (Erregungsfunktion), z.B. verallgemeinerte Kräfte, und A die Ausgangsgröße (Antwortfunktion), z.B. verallgemeinerte Deformationen. Für lineare Differentialgleichungen gilt mit $d^n/dt^n = D^n$

$$D^n(E_1 + E_2) = D^n E_1 + D^n E_2$$

$$D^n(kE) = kD^n E$$

$$D^{n+m} E = D^n D^m E$$

Schreibt man die lineare Differentialgleichung mit Hilfe von Polynomen $R(D)$ und $Q(D)$ linearer Differentialoperatoren, gilt auch

$$R(D)E = Q(D)A \Longrightarrow \frac{R(D)}{Q(D)} = \frac{A}{E} = S(D)$$

$S(D)$ ist die Übertragungsfunktion zwischen der Erregung E und der Antwort A. Schließt man Trägheitswirkungen bzw. Massebeschleunigungen aus, kann man das eindimensionale mechanische Übertragungsverhalten von verallgemeinerten Kräften und verallgemeinerten Deformationen mit 3 elementaren rheologischen Grundmodellen beschreiben.

5.4.1.1 Das Hookesche elastische Element

Zwischen Erregung und Anwort besteht Propotionalität: $A = kE$. Dieser Sachverhalt kann durch ein linear-elastisches Federelement abgebildet werden. In der linearen Differentialgleichung (5.89) ist dann $a_n = k, b_m = 1, a_i = b_j = 0$. Bild 5.8 zeigt die symbolische Darstellung des Federelementes und die Beziehungen zwischen E und A. Für das Symbol H kann eine beliebige

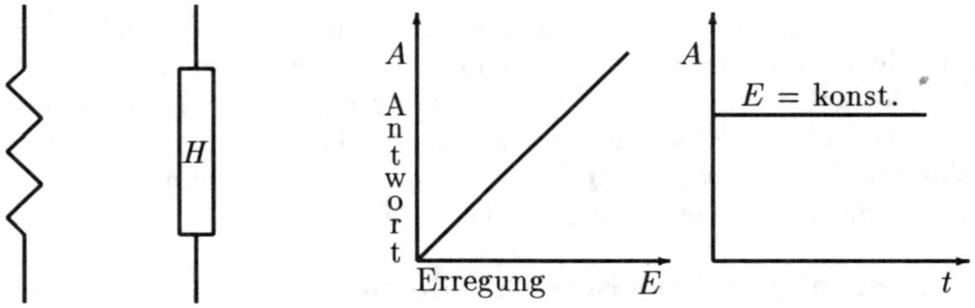

Bild 5.8 *Hooke*sches Element (Feder)

lineare Beziehung zwischen Spannungs- und Verzerrungsgrößen stehen, z.B.

$$\varepsilon = \frac{1}{E}\sigma, \gamma = \frac{1}{G}\tau, \varepsilon_{kk} = \frac{1}{3K}\sigma_{kk}, \ldots$$

5.4.1.2 Das Newtonsche viskose Element

Dieses Element bildet eine Proportionalität der Erregung und der Anwortgeschwindigkeit ab: $\dot{A} = k^V E$. Es Element folgt aus der allgemeinen Differentialgleichung (5.89) mit $a_n = k^V, b_{m-1} = 1, a_i = b_j = 0$. Der mechanische Sachverhalt kann durch ein Dämpfungselement abgebildet werden. Bild 5.9 zeigt die symbolische Darstellung des Dämpfungselementes und die Beziehungen zwischen E und A. N kann wieder unterschiedliche lineare Sachver-

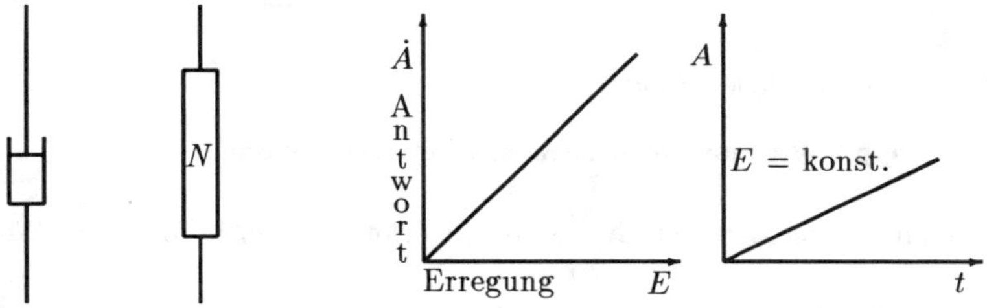

Bild 5.9 *Newton*sches Element (Dämpfer)

halte ausdrücken, z.B.

$$\dot{\varepsilon} = \frac{1}{\eta}\sigma, \dot{\gamma} = \frac{1}{\mu^V}\tau, \dot{\varepsilon}_{kk} = \frac{1}{3K^V}\sigma_{kk}, \ldots$$

5.4.1.3 Das Saint Venantsche plastische Element

Dieses Element bildet ein starr-idealplastisches Materialverhalten ab. das Element dissipiert einen Teil der durch eine äußere Erregung aufgebrachten Energie durch einen inneren Widerstand $f(t)$, der sich mit der Zeit ändern kann. Die Größe des plastischen Widerstandes $f(t)$ wird durch einen Materialparameter E_0 kontrolliert. Dieses Element wird symbolisch durch einen Reibklotzelement dargestellt. Da es nur den plastischen Widerstand verkörpert, existiert es nicht für sich allein, sondern im Zusammenhang mit einer äußeren Erregung E_a

$$E = E_a - E_0 f(t), f(0) = 0, df \geq 0, f(t \to \infty) = 1$$

Bild 5.10 zeigt das *Saint Venant*sche Element symbolisch und seine Übertragungswirkung (E entspricht der Kraftwirkung, A - der Verformung).

Für SV kann z.B. stehen

$$\sigma < \sigma_F \Longrightarrow \varepsilon = 0, \sigma = \sigma_F \Longrightarrow \varepsilon \to \infty$$

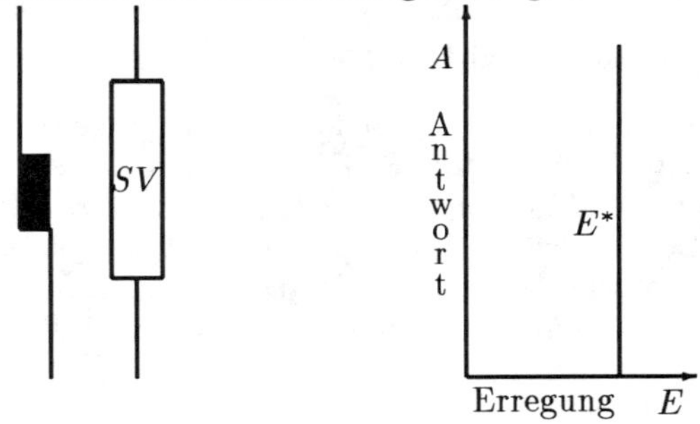

Bild 5.10 *Saint Venant*sches Element

5.4.1.4 Kopplung elementarer rheologischer Grundmodelle

Die Kopplung rheologischer Grundmodelle erfolgt immer in folgender Weise

a) Reihenschaltung
Die Erregung auf den Modellkörper muß durch jedes Element übertragen werden. Die Antwort des Modellkörpers auf eine Erregung ist somit die Summe der individuellen Antworten der Elemente

$$E = E_1 = E_2 = \ldots = E_n, A = \sum_{i=1}^{n} A_i$$

b) Parallelschaltung
Die Erregung des Modellkörpers wird auf die individuellen Elemente so aufgeteilt, daß ihre Antworten gleich sind

$$E = \sum_{i=1}^{n} E_i, A = A_1 = A_2 = \ldots = A_n$$

c) Alle komplexen Schaltungen werden aus Reihen- und Parallelschaltungsgruppen kombiniert.

Durch Kopplung elementarer Modelle erhält man die in der Spezialliteratur ausführlich beschriebenen rheologischen Modellkörper, z.B. *Maxwell*-Körper (Reihenschaltung eines H- und eines N-Elementes), *Kelvin*-Körper (Parallelschaltung eines H- und eines N-Elementes), *Burgers*-Körper (Reihenschaltung eines *Maxwell*- und eines *Kelvin*-Elementes), *Prandtl*-Körper (Reihenschaltung eines N- und eines SV-Elementes), *Bingham*-Körper (Reihenschaltung eines H-Elementes mit einer Parallelschaltung eines N- und eines SV-Elementes) usw. In der Spezialliteratur wird eine große Zahl von Kombinationsmodellen diskutiert. Kombinationsmodelle mit einem N-Element in Reihenschaltung geben primär ein Fluidverhalten wieder.

5.4.2 Allgemeine rheologische Grundmodelle

Ausgangspunkt für die Formulierung der rheologischen Grundmodelle sind konstitutive Annahmen und die Überprüfung der thermodynamischen Konsistenz. Die Grundmodelle werden dabei unter Beachtung des 1. Axioms der Rheologie formuliert:

Unter isotropem Druck verhalten sich alle Materialien gleichartig; sie sind rein elastisch.

Dieses Axiom stellt eine Einschränkung dar, die aber bei zahlreichen Ingenieuranwendungen akzeptiert werden kann. Damit können nachfolgend 4 rheologische Grundmodelle formuliert werden: das elastische Modell für Volumenverzerrungen sowie ein elastisches, ein viskoses und ein plastisches Modell für die deviatorischen Verzerrungen. Bei Beschränkung auf geometrisch lineare Beziehungen ist es nicht notwendig zwischen aktueller und Referenzkonfiguration zu unterscheiden. Damit genügt es, den Nennspannungstensor $\boldsymbol{\sigma}$ und den Tensor kleiner Verzerrungen $\boldsymbol{\varepsilon}$ zu betrachten. Die Überprüfung der thermodynamischen Konsistenz erfolgt mit Hilfe der dissipativen Ungleichung (4.111). Diese lautet für die geometrisch lineare Theorie

$$\frac{1}{3}\boldsymbol{\sigma} \cdot\cdot \dot{\boldsymbol{\varepsilon}} - \rho \dot{f} - \rho s \dot{\theta} - \mathbf{h} \cdot \boldsymbol{\nabla} \ln \theta \geq 0 \qquad (5.90)$$

Die Konsequenzen aus dem 1. Axiom der Rheologie lassen eine Aufspaltung des Spannungstensors und des Verzerrungstensors in Kugeltensor und Deviator sinnvoll erscheinen. Es gilt dann

$$\boldsymbol{\sigma} = \frac{1}{3}\boldsymbol{\sigma} \cdot\cdot \mathbf{I}\,\mathbf{I} + \boldsymbol{\sigma}^D, \qquad \boldsymbol{\varepsilon} = \frac{1}{3}\boldsymbol{\varepsilon} \cdot\cdot \mathbf{I}\,\mathbf{I} + \boldsymbol{\varepsilon}^D$$

mit $\boldsymbol{\sigma}^D$ und $\boldsymbol{\varepsilon}^D$ als Spannungsdeviator bzw. Verzerrungsdeviator.

5.4.2.1 Rheologisches Grundmodell: elastische Volumenänderungen

Zwischen den Kugeltensoren wird folgende konstitutive Gleichung postuliert

$$\boldsymbol{\sigma} \cdot\cdot \mathbf{I} = K[\boldsymbol{\varepsilon} \cdot\cdot \mathbf{I} - 3\alpha(\theta - \theta_0)]$$

bzw.

$$\sigma_h = K[\varepsilon_V - 3\alpha(\theta - \theta_0)] \qquad (5.91)$$

$\sigma_h \equiv p_0$ ist der hydrostatische (isotrope) Druck, ε_V - die Volumendeformation bei kleinen Verzerrungen, K - der Kompressionsmodul, α - der lineare Wärmeausdehnungskoeffizient und $(\theta - \theta_0)$ die Temperaturdifferenz. Die konstitutive Annahme (5.91), die auch durch das Experiment für zahlreiche Materialien bestätigt wird, soll für alle Materialmodelle des Abschnittes 5.4.2 gültig sein. Damit wird dem 1. Axiom der Rheologie genügt, da nur rein elastische Volumendeformationen zugelassen sind.

Die weiteren konstitutiven Annahmen gehen dann von der Aufspaltung des Spannungstensors in folgender Form aus

$$\boldsymbol{\sigma} = \sigma_h \mathbf{I} + \boldsymbol{\sigma}^D$$

Es wird postuliert, daß alle Konstitutivgleichungen sich in einen dem Kugeltensor und einen dem Deviator zuzuordnenden Anteil aufspalten lassen, wobei für die mit dem Deviator verbundenen Anteile im allgemeinen Funktionale der Zeit sind. Unter Beachtung der Ausführungen des Abschnittes 5.2.4.2 über die Konstitutivgleichungen thermoelastischer Materialien gilt

$$\begin{array}{lll} \boldsymbol{\sigma} &= K[\varepsilon_V - 3\alpha(\theta - \theta_0)]\mathbf{I} + \boldsymbol{\sigma}^D\{\theta^\tau, \boldsymbol{\varepsilon}^{D^\tau}\} & \\ \mathbf{h} &= -\kappa \boldsymbol{\nabla}\theta & \\ f &= f_V(\varepsilon_V, \theta) & + f_*\{\theta^\tau, \boldsymbol{\varepsilon}^{D^\tau}\} \\ s &= s_V(\varepsilon_V, \theta) & + s_*\{\theta^\tau, \boldsymbol{\varepsilon}^{D^\tau}\} \\ & \text{Volumenänderung} & \text{Gestaltänderung} \\ & \text{reinelastisch} & \text{beliebig} \end{array} \qquad (5.92)$$

Die Aufspaltung der freien Energie und der Entropie ist willkürlich vorgenommen worden. Daher wird für $\boldsymbol{\varepsilon}^{D^\tau} = \mathbf{0}$ gefordert, daß $f_* = s_* = 0$ ist. Der mit Volumenänderungen verbundene Anteil ist entsprechend den hier getroffenen konstitutiven Annahmen für alle Materialien gleich (die Materialkennwerte können unterschiedlich sein) und läßt sich aus der Elastizitätstheorie vollständig bestimmen. Die spezifischen Eigenschaften der Materialien werden durch die der Gestaltänderung zuzuordnenden Anteile ausgedrückt.

Setzt man jetzt die konstitutiven Annahmen für den Spannungstensor in die dissipative Ungleichung (5.90) ein, und beachtet

$$\mathbf{I} \cdot \cdot \mathbf{I} = 3, \boldsymbol{\varepsilon}^D \cdot \cdot \mathbf{I} = 0, \boldsymbol{\sigma}^D \cdot \cdot \mathbf{I} = 0,$$

erhält man

$$\begin{array}{l} \left\{ K[\varepsilon_V - 3\alpha(\theta - \theta_0)] - \rho \dfrac{\partial f_V}{\partial \varepsilon_V} \right\} \dot{\varepsilon}_V \\ - \rho \left(s_V + \dfrac{\partial f_V}{\partial \theta} \right) \dot{\theta} + \dfrac{\partial \kappa}{\partial \theta} (\boldsymbol{\nabla}\theta)^2 \\ + \boldsymbol{\sigma}^D \cdot \cdot \dot{\boldsymbol{\varepsilon}}^D - \rho f_* - \rho s_* \dot{\theta} \geq 0 \end{array} \qquad (5.93)$$

Die dissipative Ungleichung in der Form (5.93) muß für jeden thermodynamischen Prozeß gültig sein, folglich auch für $\boldsymbol{\varepsilon}^D = \mathbf{0}$. Damit gilt

$$\dot{\boldsymbol{\varepsilon}}^D = \mathbf{0}, f_* = 0, s_* = 0$$

Die dissipative Ungleichung (5.93) besteht folglich nur aus der ersten Zeile und man erhält

$$\rho \frac{\partial f_V}{\partial \varepsilon_V} = K[\varepsilon_V - 3\alpha(\theta - \theta_0)], \quad s_V = -\frac{\partial f_V}{\partial \theta}, \quad \kappa \geq 0 \qquad (5.94)$$

Die erste Gleichung aus (5.94) läßt sich direkt integrieren

$$\rho f_V = K\frac{\varepsilon_V^2}{2} - 3\alpha K(\theta - \theta_0)\varepsilon_V + f(\theta) \tag{5.95}$$

Damit folgt für die 2. Gleichung aus (5.94)

$$\rho s_* = 3\alpha K\varepsilon_V - f'(\theta) \tag{5.96}$$

Die Funktion $f(\theta)$ läßt sich mit Hilfe des 1. Hauptsatzes interpretieren. Für verzerrungsfreie Zustände ist sie mit der Wärmekapazität bei konstantem Volumen verbunden.

5.4.2.2 Rheologisches Grundmodell: elastische Gestaltänderungen

Es wird postuliert, daß der Spannungsdeviator, die freie Energie und die Entropie Funktionen des Verzerrungsdeviators und der Temperatur sind. Damit gilt

$$\boldsymbol{\sigma}^D = \boldsymbol{\sigma}^D(\boldsymbol{\varepsilon}^D, \theta), \quad f_* = f_*(\boldsymbol{\varepsilon}^D, \theta), \quad s_* = s_*(\boldsymbol{\varepsilon}^D, \theta) \tag{5.97}$$

Im einfachsten Fall eines linear elastischen Materials läßt sich die Verbindung zwischen dem Spannungsdeviator und dem Verzerrungsdeviator mit einer linearen Gleichung beschreiben

$$\boldsymbol{\sigma}^D = 2G(\theta)\boldsymbol{\varepsilon}^D \tag{5.98}$$

Der Schub- oder Gleitmodul G kann temperaturabhängig sein. Die Auswertung der dissipativen Gleichung führt auf

$$\boldsymbol{\sigma}^D = 2G\boldsymbol{\varepsilon}^D = \rho\frac{\partial f_*}{\partial \boldsymbol{\varepsilon}^D}, \quad s_* = -\rho\frac{\partial s_*}{\partial \theta}$$

Die erste Gleichung läßt sich elementar integrieren

$$f_* = G\boldsymbol{\varepsilon}^D \cdot\cdot\, \boldsymbol{\varepsilon}^D + f(\theta)$$

Die Funktion f kann aus der Bedingung für die freie Energie bei verzerrungsfreien Zuständen berechnet werden

$$f_*(\mathbf{0}, \theta) = 0 \Longrightarrow f \equiv 0$$

Setzt man die freie Energie in die Gleichung für die Entropie ein, erhält man abschließend

$$\rho s_* = -\frac{\partial G(\theta)}{\partial \theta}\boldsymbol{\varepsilon}^D \cdot\cdot\, \boldsymbol{\varepsilon}^D$$

Anmerkung: *Für den Fall, daß die Temperaturänderung* $(\theta - \theta_0) = 0$ *ist, erhält man für den Gesamtspannungstensor bei vorausgesetztem elastischen Materialverhalten*

$$\boldsymbol{\sigma} = \sigma_h\mathbf{I} + \boldsymbol{\sigma}^D = K\varepsilon_V\mathbf{I} + 2G\boldsymbol{\varepsilon}$$

Beachtet man weiterhin die Aufspaltung der Verzerrungen, ergibt sich daraus

$$\boldsymbol{\sigma} = \lambda\varepsilon_V \mathbf{I} + 2\mu\boldsymbol{\varepsilon}^D$$

Dies ist das lineare Elastizitätsgesetz in der Laméschen Form mit

$$\mu \equiv G, \quad \lambda = K - \frac{2G}{3} = \frac{\nu E}{(1+\nu)(1-2\nu)}$$

5.4.2.3 Rheologisches Grundmodell: viskose Gestaltänderungen

Es wird postuliert, daß der Spannungsdeviator eine Funktion des Deviators der Verzerrungsgeschwindigkeiten und der Temperatur ist. Außerdem wird für die freie Energie und die Entropie angenommen, daß sie Null sind. Damit erhält man im einfachsten Fall linear viskosen Materialverhaltens

$$\boldsymbol{\sigma}^D = 2\eta\dot{\boldsymbol{\varepsilon}}^D, \quad f_* = 0, \quad s_* = 0 \tag{5.99}$$

mit $\eta \equiv \mu^V$ als Schubviskosität (materialspezifischer Kennwert). Die Auswertung der dissipativen Gleichung führt auf

$$\boldsymbol{\sigma}^D \cdot\cdot \dot{\boldsymbol{\varepsilon}}^D = 2\eta\dot{\boldsymbol{\varepsilon}}^D \cdot\cdot \dot{\boldsymbol{\varepsilon}}^D$$

Daraus folgt, daß die Schubviskosität nicht negativ sein darf.

Anmerkung: *Für den Fall, daß das viskose Modell für die Gestaltänderung mit dem elastischen Modell für die Volumenänderung kombiniert wird, erhält man als Gesamtspannungstensor*

$$\boldsymbol{\sigma} = \sigma_h \mathbf{I} + 2\eta\dot{\boldsymbol{\varepsilon}}^D = K\varepsilon_V \mathbf{I} + 2\eta\dot{\boldsymbol{\varepsilon}}^D$$

Diese Gleichung ist der Gleichung für viskose Fluide, die bereits im Abschnitt 5.2.4.5 behandelt wurde, ähnlich

5.4.2.4 Rheologisches Grundmodell: plastische Gestaltänderungen

Für das rheologische Grundmodell „plastische Gestaltänderungen“ wird postuliert, daß für den Fall, daß das Beanspruchungsniveau gering ist, keine Verzerrungen auftreten. Wird ein bestimmtes Niveau erreicht, ist das Materialverhalten dem viskosen Materialverhalten ähnlich. Damit erhält man

$$\begin{aligned} N(\boldsymbol{\sigma}^D) &< \sigma_F, \dot{\boldsymbol{\varepsilon}}^D = \mathbf{0} \\ N(\boldsymbol{\sigma}^D) &= \sigma_F, \boldsymbol{\sigma}^D = \lambda\dot{\boldsymbol{\varepsilon}}^D \end{aligned} \tag{5.100}$$

Das mit (5.100) gekennzeichnete Materialverhalten entspricht dem idealplastischen Modell. Dabei ist $N(\boldsymbol{\sigma}^D)$ eine Norm des Spannungstensors, σ_F die Fließgrenze (materialspezifische Kenngröße, die beispielsweise aus dem Zugversuch bestimmt werden kann) und λ ein skalarer Faktor. Für die freie Energie und die Entropie wird im im Fall des viskosen Materialverhaltens angenommen, daß sie Null werden. Damit führt die dissipative Ungleichung zu der Forderung, daß λ eine nichtnegative Größe sein muß. Für die praktische Anwendung dieses Modells ist noch eine Norm anzugeben. Eine universelle Norm kann nicht definiert werden, so daß entsprechende Plastizitätshypothesen zu formulieren sind. Die Auswahl hängt vom konkreten Werkstoff sowie von den zu erwartenden Beanspruchungszuständen ab. Eine spezielle Diskussion zu den Plastizitätshypothesen wird hier nicht geführt, sondern auf die ergänzende Literatur verwiesen.

Die Gl. (5.100) kann noch umgeformt werden. Für den Fall, daß das Materialverhalten plastisch ist, gilt bei Beachtung der Eigenschaften der Norm

$$N(\boldsymbol{\sigma}^D) = N(\lambda\dot{\boldsymbol{\varepsilon}}^D) = \lambda N(\dot{\boldsymbol{\varepsilon}}^D) = \sigma_F$$

Dies ist die Bestimmungsgleichung für den skalaren Faktor λ

$$\lambda = \frac{\sigma_F}{N(\dot{\boldsymbol{\varepsilon}}^D)}$$

Damit kann das ideal-plastische Grundmodell auch wie folgt beschrieben werden

$$\begin{aligned} \boldsymbol{\varepsilon}^D &= \mathbf{0}, N(\boldsymbol{\sigma}^D) < \sigma_F \\ \boldsymbol{\varepsilon}^D &\neq \mathbf{0}, \boldsymbol{\sigma}^D = \frac{\sigma_F}{N(\dot{\boldsymbol{\varepsilon}}^D)}\dot{\boldsymbol{\varepsilon}}^D \end{aligned} \qquad (5.101)$$

5.4.2.5 Kopplung allgemeiner rheologischer Grundmodelle

Im Abschnitt 5.4.2 wurden rheologische Grundmodelle, d.h. Konstitutivgleichungen für die Spannungen, die freie Energie und die Entropie postuliert. Die Kombination des Modells „elastische Volumendeformation“ mit Modellen des Gestaltänderungsverhaltens wurde bereits in den Abschnitten 5.4.2.2 und 5.4.2.3 demonstriert. Nachfolgend sollen unterschiedliche Modelle des Gestaltänderungsverhaltens kombiniert werden. Ausgangspunkt ist das auf Bild 5.11 dargestellte Analogiemodell zur Beschreibung der Gestaltänderung. Für α kann man eines der drei eingeführten Modelle für das Ma-

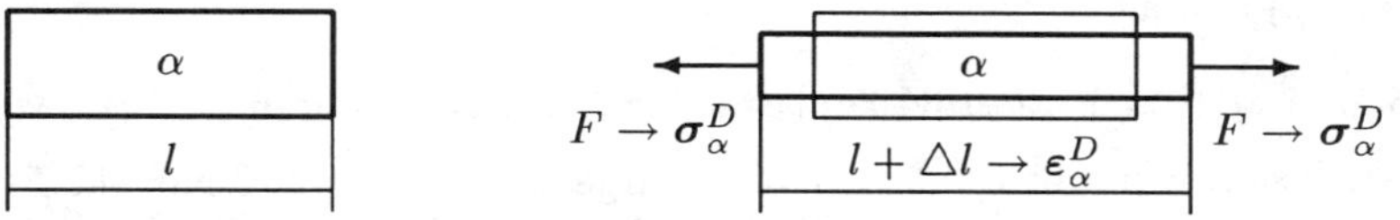

Bild 5.11 Analogiemodell für die Gestaltänderung

terialverhalten bei Gestaltänderung einsetzen. Die Kombination von zwei rheologischen Modellen läßt sich dann wieder wie bei den elementaren Modellen als Reihenschaltung oder Parallelschaltung vorstellen (s. Bild 5.12).

1. Parallelschaltung

$$\boldsymbol{\sigma}^D = \boldsymbol{\sigma}^D_\alpha + \boldsymbol{\sigma}^D_\beta, \quad \boldsymbol{\varepsilon}^D = \boldsymbol{\varepsilon}^D_\alpha = \boldsymbol{\varepsilon}^D_\beta$$

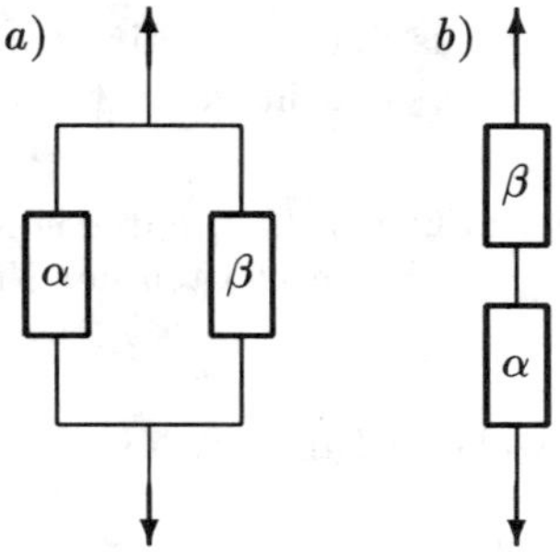

Bild 5.12 Kombinationsmöglichkeiten für rheologische Modelle: a) Parallelschaltung, b) Reihenschaltung

2. Reihenschaltung

$$\boldsymbol{\sigma}^D = \boldsymbol{\sigma}^D_\alpha = \boldsymbol{\sigma}^D_\beta, \quad \boldsymbol{\varepsilon}^D = \boldsymbol{\varepsilon}^D_\alpha + \boldsymbol{\varepsilon}^D_\beta$$

Für beide Schaltungsarten gelten folgende Beziehungen für die freie Energie und die Entropie

$$f_* = f_{*\alpha} + f_{*\beta}, \quad s_* = s_{*\alpha} + s_{*\beta}$$

Satz: *Konstitutivgleichungen, die aus beliebig kombinierten rheologischen Grundmodellen gebildet werden, genügen der dissipativen Ungleichung.*

Mit Hilfe der Kombinationionsregeln können unterschiedliche Modelle des Materialverhaltens approximiert werden. Die Kombination von elastischen und viskosen Modellen führt auf viskoelastisches Materialverhalten, die Kombination von elastischen und plastischen Grundmodellen beschreibt elastisch-plastisches Materialverhalten, die Kombination von viskosen und plastischen Grundmodellen viskoplastisches Materialverhalten. Exemplarisch wird im nächsten Abschnitt ein elastoviskoplastisches Materialverhalten approximiert.

5.4.2.6 Beispiel: Elastoviskoplastisches Materialverhalten

Analysiert wird das auf Bild 5.13 dargestellte Schaltungsmodell. Es entspricht einem elastoviskoplastischen Materialverhalten und wurde erstmals von *Bingham* 1919 vorgeschlagen. Das 3-Elemente-Modell läßt sich auf der Grundlage der Kombinationsregeln des Abschnittes 5.4.2.5 ableiten. Es stellt eine Reihenschaltung aus elastischem Grundmodell und einer Parallelschaltung dar, welche aus dem viskosen und dem plastischen Grundmodell gebildet wird. Folglich gilt

$$\boldsymbol{\sigma}^D = \boldsymbol{\sigma}^D_1 = \boldsymbol{\sigma}^D_{2/3} = \boldsymbol{\sigma}^D_2 + \boldsymbol{\sigma}^D_3$$

$$\boldsymbol{\varepsilon}^D = \boldsymbol{\varepsilon}^D_1 + \boldsymbol{\varepsilon}^D_{2/3} = \boldsymbol{\varepsilon}^D_1 + \boldsymbol{\varepsilon}^D_2 = \boldsymbol{\varepsilon}^D_1 + \boldsymbol{\varepsilon}^D_3$$

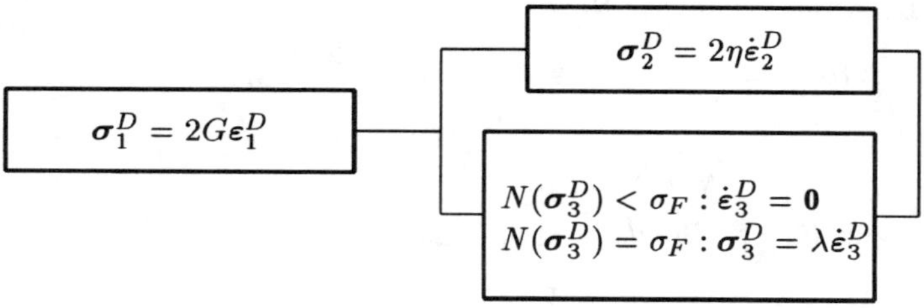

Bild 5.13 Rheologische Schaltung des *Bingham*-Materials

In diese Gleichungen sind die im Bild 5.13 dargestellten Konstitutivgleichungen einzuarbeiten. Dabei wird ausgesnutzt, daß alle Beziehungen linear sind, so daß die Ableitungen nach der Zeit elementar gebildet werden können. Es sind zwei Fälle zu unterscheiden

$$1.\ N(\boldsymbol{\sigma}_3^D) < \sigma_F \quad \text{und} \quad 2.\ N(\boldsymbol{\sigma}_3^D) = \sigma_F$$

Im ersten Fall gilt

$$N(\boldsymbol{\sigma}_3^D) < \sigma_F \Rightarrow \dot{\boldsymbol{\varepsilon}}_3^D = \mathbf{0} \Rightarrow \dot{\boldsymbol{\varepsilon}}_2^D = \mathbf{0} \Rightarrow \dot{\boldsymbol{\sigma}}^D = 2G\dot{\boldsymbol{\varepsilon}}^D$$

bzw.

$$\boldsymbol{\sigma}^D = 2G\boldsymbol{\varepsilon}^D$$

Damit verhält sich die Schaltung wie ein rein elastisches Modell.

Im zweiten Fall folgt aus der Erfüllung der Fließbedingung

$$\dot{\boldsymbol{\varepsilon}}_2^D = \frac{\boldsymbol{\sigma}_3^D}{\lambda} = \frac{\boldsymbol{\sigma}_2^D}{2\eta} \Rightarrow \boldsymbol{\sigma}_3^D = \boldsymbol{\sigma}_2^D \frac{\lambda}{2\eta}$$

Für die Spannungen folgt damit

$$\boldsymbol{\sigma}^D = \boldsymbol{\sigma}_2^D \left(1 + \frac{\lambda}{2\eta}\right)$$

Weiterhin gilt

$$\dot{\boldsymbol{\varepsilon}}^D = \dot{\boldsymbol{\varepsilon}}_1^D + \dot{\boldsymbol{\varepsilon}}_2^D = \frac{\dot{\boldsymbol{\sigma}}_1^D}{2G} + \frac{\boldsymbol{\sigma}_2^D}{2\eta} = \frac{\dot{\boldsymbol{\sigma}}^D}{2G} + \frac{\boldsymbol{\sigma}^D}{2\eta\left(1 + \frac{\lambda}{2\eta}\right)}$$

Die Ermittlung des Faktors λ muß aus der konkreten Aufgabe erfolgen. Von *Palmov* stammt folgender Vorschlag. Er setzt

$$\boldsymbol{\sigma}^D = \left(1 + \frac{\lambda}{2\eta}\right)\boldsymbol{\sigma}_2^D = \left(1 + \frac{2\eta}{\lambda}\right)\boldsymbol{\sigma}_3^D$$

und berechnet λ aus der Norm

$$N(\boldsymbol{\sigma}^D) = \left(1 + \frac{2\eta}{\lambda}\right) N(\boldsymbol{\sigma}_3^D) = \left(1 + \frac{2\eta}{\lambda}\right) \sigma_F$$

$$\Rightarrow \quad \lambda = 2\eta \frac{\sigma_F}{N(\boldsymbol{\sigma}^D) - \sigma_F}$$

Damit gilt für das *Bingham*-Modell abschließend

$$N(\boldsymbol{\sigma}^D) < \sigma_F : \dot{\boldsymbol{\varepsilon}}^D = \frac{\dot{\boldsymbol{\sigma}}^D}{2G}$$

$$N(\boldsymbol{\sigma}^D) > \sigma_F : \dot{\boldsymbol{\varepsilon}}^D = \frac{\dot{\boldsymbol{\sigma}}^D}{2G} + \frac{[N(\boldsymbol{\sigma}^D) - \sigma_F]\boldsymbol{\sigma}^D}{2\eta N(\boldsymbol{\sigma}^D)}$$

5.5 Übungsbeispiele mit Lösungen zum Kapitel 5

1. Man formuliere die konstitutiven Gleichungen für ein elastisch-plastisches Material mit Verfestigung unter Einbeziehung von inneren Variablen. Das Materialverhalten soll dabei isotrop und geometrisch linear sein.

Lösung: Ausgangspunkt der Betrachtung sind die Konstitutivgleichungen für das thermoelastische isotrope Kontinuum

$$\boldsymbol{\sigma} = \rho \frac{\partial f}{\partial \boldsymbol{\varepsilon}^{el}}, \quad s = -\frac{\partial f}{\partial \theta}$$

sowie die dissipative Ungleichung

$$\boldsymbol{\sigma} \cdot \cdot \dot{\boldsymbol{\varepsilon}}^{pl} - \rho \frac{\partial f}{\partial \boldsymbol{\Upsilon}_i} \odot \dot{\boldsymbol{\Upsilon}}_i + \frac{\kappa \boldsymbol{\nabla}\theta \cdot \boldsymbol{\nabla}\theta}{\theta} \geq 0$$

Für die Verfestigung werden zwei Modelle betrachtet:

Eine isotrope Verfestigung, die über eine skalare innere Variable, die plastische Vergleichsdehnungsgeschwindigkeit, einbezogen wird

$$\Upsilon_1 = \dot{\varepsilon}_V = \sqrt{\frac{2}{3} \dot{\boldsymbol{\varepsilon}}^{pl} \cdot \cdot \dot{\boldsymbol{\varepsilon}}^{pl}}$$

Eine kinematische Verfestigung, die über eine tensorielle innere Variable, beispielsweise die plastischen Verzerrungen, einbezogen wird

$$\boldsymbol{\Upsilon}_2 = \boldsymbol{\varepsilon}^{pl}$$

Das elastische Materialverhalten und die Verfestigungseffekte sollen entkoppelt sein, womit für die freie Energie

$$f = f^{el}(\boldsymbol{\varepsilon}^{el}, \theta) + f^{pl}(\dot{\varepsilon}_V, \boldsymbol{\varepsilon}^{pl}, \theta)$$

folgt. Die assoziierten verallgemeinerten thermodynamischen Kraftgrößen lassen sich dann als partielle Ableitungen des den dissipativen Effekten zugeordneten Anteils der freien Energie darstellen

$$R = \rho \frac{\partial f}{\partial \varepsilon_V}, \quad \mathbf{X} = \rho \frac{\partial f}{\partial \boldsymbol{\varepsilon}^{pl}}$$

R charakterisiert die gleichmäßige (isotrope) Erweiterung der Fließfläche, $\mathbf{X}$ stellt eine Translation der Fließfläche im Spannungsraum dar. Die Fließfläche selbst ist eine Funktion der Spannungen, der zu den inneren Variablen assoziierten Kraftgrößen und der Temperatur, d.h.

$$f = f(\boldsymbol{\sigma}, R, \mathbf{X}, \theta)$$

Diese hängt von den gleichen Variablen wie das konjugierte Dissipationspotential ab

$$\chi^*_{\cdot} = \chi^*(\boldsymbol{\sigma}, R, \mathbf{X}, \theta)$$

Für die Überprüfung der Bedingung für das Erreichen des plastischen Zustands ist noch die Ableitung der Fließfläche bedeutsam. Diese läßt sich formal wie folgt ableiten

$$\dot{f} = \frac{\partial f}{\partial \boldsymbol{\sigma}} \cdot\cdot \dot{\boldsymbol{\sigma}} + \frac{\partial f}{\partial R}\dot{R} + \frac{\partial f}{\partial \mathbf{X}} \cdot\cdot \dot{\mathbf{X}} + \frac{\partial f}{\partial \theta}\dot{\theta}$$

2. Der Tensor der Anfangsverzerrungen $\boldsymbol{\varepsilon}_0$ im allgemeinen Elastizitätsgesetz hat im Fall der allgemeinen Anisotropie 6 linear-unabhängige Komponenten ($\boldsymbol{\varepsilon}_0 = \boldsymbol{\varepsilon}_0^T$). Man zeige, daß die Anzahl der von Null verschiedenen Komponenten sich a) bei einer Symmetrieebene auf 4, b) bei Orthotropie auf 3 und c) bei transversaler Isotropie auf 1 reduziert.

Lösung:

a) Die Materialeigenschaften sollen symmetrisch bezüglich einer Spiegelung an der $\mathbf{e}_2\mathbf{e}_3$-Ebene sein, d.h. ein Vorzeichenwechsel bei $\mathbf{e}_1$ darf keinen Einfluß haben. Es gilt

$$\overline{\boldsymbol{\varepsilon}^D}_0 = \mathbf{Q}^T \cdot \boldsymbol{\varepsilon}^D{}_0 \cdot \mathbf{Q} \quad \text{mit} \quad \mathbf{Q} = -\mathbf{e}_1\mathbf{e}_1 + \mathbf{e}_2\mathbf{e}_2 + \mathbf{e}_3\mathbf{e}_3$$

und man erhält

$$\varepsilon_{\overline{11}_0} = \varepsilon_{11_0}, \varepsilon_{\overline{12}_0} = -\varepsilon_{12_0}, \varepsilon_{\overline{13}_0} = -\varepsilon_{13_0},$$
$$\varepsilon_{\overline{22}_0} = \varepsilon_{22_0}, \varepsilon_{\overline{23}_0} = \varepsilon_{23_0}, \varepsilon_{\overline{33}_0} = \varepsilon_{33_0}$$

Die Auswertung führt auf

$$\varepsilon_{12_0} = \varepsilon_{13_0} = 0,$$

d.h. die Anzahl der von Null verschiedenen Komponenten beträgt 4.

b) Führt man die unter a) beschriebene Operation für jede Richtung $\mathbf{e}_1, \mathbf{e}_2$ und $\mathbf{e}_3$ durch, erhält man zusätzlich

$$\varepsilon_{23_0} = 0$$

Die Anzahl der von Null verschiedenen Komponenten beträgt damit 3. c) In diesem Fall darf eine Drehung um eine Hauptachse der Orthotropie um einen beliebigen Winkel ω keinen Einfluß haben. Betrachtet man beispielsweise die Drehung um $\mathbf{e}_1$, ist diese zunächst durch den orthogonalen Tensor

$$\begin{aligned}\mathbf{Q} &= \mathbf{I}\cos\omega + \mathbf{e}_1\mathbf{e}_1(1-\cos\omega) - \mathbf{I}\times\mathbf{e}_1\sin\omega \\ &= \mathbf{e}_1\mathbf{e}_1 + (\mathbf{e}_2\mathbf{e}_2 + \mathbf{e}_3\mathbf{e}_3)\cos\omega + (\mathbf{e}_2\mathbf{e}_3 - \mathbf{e}_3\mathbf{e}_2)\sin\omega\end{aligned}$$

Damit ist

$$\overline{\boldsymbol{\varepsilon}^D}_0 = \mathbf{Q}^T \cdot \boldsymbol{\varepsilon}^D{}_0 \cdot \mathbf{Q}$$

für den Tensor

$$\boldsymbol{\varepsilon}^D{}_0 = \varepsilon_{11_0}\mathbf{e}_1\mathbf{e}_1 + \varepsilon_{22_0}\mathbf{e}_2\mathbf{e}_2 + \varepsilon_{33_0}\mathbf{e}_3\mathbf{e}_3$$

zu prüfen. Es gilt

$$\begin{aligned}\boldsymbol{\varepsilon}^D{}_0 \cdot \mathbf{Q} = {} & \varepsilon_{11_0}\mathbf{e}_1\mathbf{e}_1 + \varepsilon_{22_0}\cos\omega\mathbf{e}_2\mathbf{e}_2 + \varepsilon_{33_0}\cos\omega\mathbf{e}_3\mathbf{e}_3 \\ & + \varepsilon_{22_0}\sin\omega\mathbf{e}_2\mathbf{e}_3 - \varepsilon_{33_0}\sin\omega\mathbf{e}_3\mathbf{e}_2\end{aligned}$$

$$\begin{aligned}\mathbf{Q}\cdot\boldsymbol{\varepsilon}^D{}_0\cdot\mathbf{Q} = {} & \varepsilon_{11_0}\mathbf{e}_1\mathbf{e}_1 + \varepsilon_{22_0}\cos^2\omega\mathbf{e}_2\mathbf{e}_2 + \varepsilon_{22_0}\cos\omega\sin\omega\mathbf{e}_2\mathbf{e}_3 \\ & + \varepsilon_{33_0}\cos^2\omega\mathbf{e}_3\mathbf{e}_3 - \varepsilon_{33_0}\sin\omega\cos\omega\mathbf{e}_3\mathbf{e}_2 + \varepsilon_{22_0}\cos\omega\sin\omega\mathbf{e}_3\mathbf{e}_2 \\ & + \varepsilon_{33_0}\sin^2\omega\mathbf{e}_2\mathbf{e}_2 + \varepsilon_{22_0}\sin^2\omega\mathbf{e}_3\mathbf{e}_3 - \varepsilon_{33_0}\sin\omega\cos\omega\mathbf{e}_2\mathbf{e}_3\end{aligned}$$

Damit ergibt sich für die Komponenten

$$\begin{aligned}
\varepsilon_{\overline{11}_0} &= \varepsilon_{11_0}, \\
\varepsilon_{\overline{22}_0} &= \varepsilon_{22_0} \cos^2\omega + \varepsilon_{33_0} \sin^2\omega, \\
\varepsilon_{\overline{33}_0} &= \varepsilon_{22_0} \sin^2\omega + \varepsilon_{33_0} \cos^2\omega, \\
\varepsilon_{\overline{23}_0} &= (\varepsilon_{22_0} - \varepsilon_{33_0}) \sin\omega \cos\omega, \\
\varepsilon_{\overline{32}_0} &= (\varepsilon_{22_0} - \varepsilon_{33_0}) \sin\omega \cos\omega
\end{aligned}$$

Aus dem Komponentenvergleich erhält man zwei Aussagen. Der Tensor $\overline{\boldsymbol{\varepsilon}}$ ist gleichfalls symmetrisch. Außerdem sind die Gleichungen für beliebige ω-Werte nur dann erfüllt, wenn

$$\varepsilon_{\overline{11}_0} = \varepsilon_{11_0}, \varepsilon_{22_0} = \varepsilon_{33_0} = 0$$

gilt. Damit reduziert sich die Anzahl der von Null verschiedenen Komponenten auf 1.

3. Man zeige die mechanische Äquivalenz der auf Bild 5.14 dargestellten rheologischen Schaltungen.

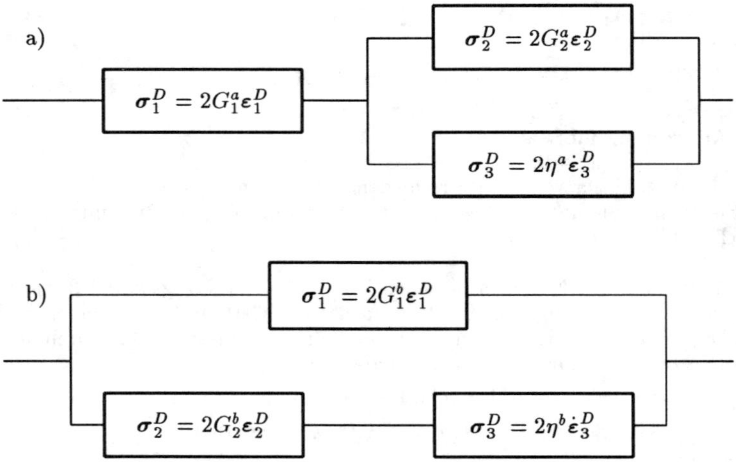

Bild 5.14 Rheologische Schaltungen des viskoelastsichen Standardmodells: a) erste Schaltungsvariante, b) zweite Schaltungsvariante

Lösung:

Modell a): Dieses Modell besteht aus einer Reihenschaltung eines elastischen Elements mit einer Parallelschaltung, die ihrerseits aus einem elastischen und einem viskosen Element besteht. Damit gilt:

$$\boldsymbol{\varepsilon}^D = \boldsymbol{\varepsilon}_1^D + \boldsymbol{\varepsilon}_{2/3}^D = \boldsymbol{\varepsilon}_1^D + \boldsymbol{\varepsilon}_2^D = \boldsymbol{\varepsilon}_1^D + \boldsymbol{\varepsilon}_3^D$$

$$\boldsymbol{\sigma}^D = \boldsymbol{\sigma}_1^D = \boldsymbol{\sigma}_{2/3}^D = \boldsymbol{\sigma}_2^D + \boldsymbol{\sigma}_3^D$$

In diese Gleichungen sind die auf dem Bild 5.14 a) dargestellten Konstitutivgleichungen einzuarbeiten. Dabei erhält man zunächst

$$\boldsymbol{\sigma}^D = \boldsymbol{\sigma}_{2/3}^D = 2G_2^a \boldsymbol{\varepsilon}_{2/3}^D + 2\eta^a \dot{\boldsymbol{\varepsilon}}_{2/3}^D$$

Andererseits gilt

$$\boldsymbol{\varepsilon}_{2/3}^D = \boldsymbol{\varepsilon}^D - \boldsymbol{\varepsilon}_1^D = \boldsymbol{\varepsilon}^D - \frac{\boldsymbol{\sigma}_1^D}{2G_1^a} = \boldsymbol{\varepsilon}^D - \frac{\boldsymbol{\sigma}^D}{2G_1^a}$$

Faßt man die Teilergebnisse zusammen und formt die Endgleichung so um, daß bei $\boldsymbol{\sigma}^D$ der Faktor 1 steht, erhält man

$$\boldsymbol{\sigma}^D + \frac{\eta^a}{G_1^a + G_2^a}\dot{\boldsymbol{\sigma}}^D = \frac{2G_2^a G_1^a}{G_1^a + G_2^a}\boldsymbol{\varepsilon}^D + \frac{2\eta^a G_1^a}{G_1^a + G_2^a}\dot{\boldsymbol{\varepsilon}}^D$$

Modell b): Dieses Modell besteht aus einer Reihenschaltung eines elastischen Elements und eines viskosen Elements, die parallel zu einem weiteren elastischen Element liegt. Damit gilt:

$$\boldsymbol{\varepsilon}^D = \boldsymbol{\varepsilon}_1^D = \boldsymbol{\varepsilon}_{2/3}^D = \boldsymbol{\varepsilon}_2^D + \boldsymbol{\varepsilon}_3^D$$

$$\boldsymbol{\sigma}^D = \boldsymbol{\sigma}_1^D + \boldsymbol{\sigma}_{2/3}^D = \boldsymbol{\sigma}_1^D + \boldsymbol{\sigma}_2^D = \boldsymbol{\sigma}_1^D + \boldsymbol{\sigma}_3^D$$

In diese Gleichungen sind die auf dem Bild 5.14 b) dargestellten Konstitutivgleichungen einzuarbeiten

$$\dot{\boldsymbol{\varepsilon}}_{2/3}^D = \dot{\boldsymbol{\varepsilon}}_2^D + \dot{\boldsymbol{\varepsilon}}_3^D = \frac{\dot{\boldsymbol{\sigma}}_2^D}{2G_2^b} + \frac{\boldsymbol{\sigma}_3^D}{2\eta^b} = \frac{\dot{\boldsymbol{\sigma}}_{2/3}^D}{2G_2^b} + \frac{\boldsymbol{\sigma}_{2/3}^D}{2\eta^b} = \dot{\boldsymbol{\varepsilon}}_1^D = \dot{\boldsymbol{\varepsilon}}^D$$

Andererseits gilt

$$\dot{\boldsymbol{\sigma}}_{2/3}^D = \boldsymbol{\sigma}^D - \boldsymbol{\sigma}_1^D$$

Faßt man wiederum die Teilergebnisse zusammen und formt die Endgleichung so um, daß bei $\boldsymbol{\sigma}^D$ der Faktor 1 steht, erhält man

$$\boldsymbol{\sigma}^D + \frac{\eta^b}{G_2^b}\dot{\boldsymbol{\sigma}}^D = 2G_1^b \boldsymbol{\varepsilon}^D + 2\eta^b\left(1 + \frac{G_1^b}{G_1^b}\right)\dot{\boldsymbol{\varepsilon}}^D$$

Beide Modelle lassen sich durch Konstitutivgleichungen beschreiben. Durch einfachen Koeffizientenvergleich erhält man die Bedingungen für die vollständige mechanische Äquivalenz beider Modelle. Allgemein lautet damit die Gleichung für den viskoelastischen Standardkörper

$$\boldsymbol{\sigma}^D + n\dot{\boldsymbol{\sigma}}^D = G_L \boldsymbol{\varepsilon}^D + G_M n \dot{\boldsymbol{\varepsilon}}^D$$

mit G_L als Langzeitschubmodul, G_M als momentanen Schubmodul und n als Relaxationszeit. Für die einzelnen Modelle lassen sich diese Größen, wie in Tabelle 5.3 angeben, berechnen. Die Koeffizienten der Konstitutivgleichung lassen sich einfach interpretieren. Bei sehr langsamen Prozessen sind die Zeitableitungen vernachlässigbar und man erhält das *Hooke*sche Gesetz für die Deviatoren mit dem Langzeitmodul. Bei schnellen Prozessen sind die Zeitableitungen dominant und das elastische Verhalten ist durch seinen Momentanzustand gekennzeichnet. Die Ralaxationszeit ist ein Maß für die Erholung des Materials.

Kenngröße	G_L	G_M	n
Modell a)	$\frac{2G_2^aG_1^a}{G_1^a+G_2^a}$	$\frac{2\eta^aG_1^a}{G_1^a+G_2^a}$	$\frac{\eta^a}{G_1^a+G_2^a}$
Modell b)	$2G_1^b$	$2\eta^b\left(1+\frac{G_1^b}{G_1^b}\right)$	$\frac{\eta^b}{G_2^b}$

Tabelle 5.3 Werte des Langzeit- und des Momentanmoduls sowie der Relaxationszeit für verschiedene rheologische Schaltungen

4. Das viskoelastische Materialmodell eines *Kelvin-Voigt*-Festkörpers stellt eine Parallelschaltung eines elastischen Modells und eines viskosen Modells dar. Unter Vernachlässigung thermischer Effekte und bei vorausgesetzter Anisotropie sowie Linearität leite man auf der Grundlage der elastischen Verzerrungsenergie und eines Dissipationspotentials die Spannungs-Verzerrungsbeziehungen ab. Wie ändern sich die Modellgleichungen beim Übergang zu isotropen Materialeigenschaften und der Berücksichtigung des 1. Axioms der Rheologie?

Lösung: Für das *Kelvin-Voigt*-Modell sind die beobachtbaren Verzerrungen die Komponenten des Tensors der Gesamtverzerrungen $\boldsymbol{\varepsilon}$. Ihnen kann man die Komponenten des Spannungstensors $\boldsymbol{\sigma}$ zuordnen. Führt man die für dieses rheologische Modell übliche Aufspaltung des Spannungstensors $\boldsymbol{\sigma}$ in einen elastischen Anteil $\boldsymbol{\sigma}^{el}$ und einen inelastischen Anteil $\boldsymbol{\sigma}^{inel}$ ein, folgt

$$\boldsymbol{\sigma} = \boldsymbol{\sigma}^{el} + \boldsymbol{\sigma}^{inel}$$

Multipliziert man diese Gleichung mit $\dot{\boldsymbol{\varepsilon}}$, erhält man die Spannungsleistung

$$P = \boldsymbol{\sigma}\cdot\cdot\dot{\boldsymbol{\varepsilon}} = \left(\boldsymbol{\sigma}^{el} + \boldsymbol{\sigma}^{inel}\right)\cdot\cdot\dot{\boldsymbol{\varepsilon}}$$

mit einem reversiblen und einem dissipativen Anteil. Mit der Verzerrungsenergie eines anisotropen linear-elastischen Materials in der Form

$$\rho f = \frac{1}{2}\boldsymbol{\varepsilon}\cdot\cdot{}^{(4)}\mathbf{E}\cdot\cdot\boldsymbol{\varepsilon}$$

folgt die elastische Spannung zu

$$\boldsymbol{\sigma}^{el} = {}^{(4)}\mathbf{E}\cdot\cdot\boldsymbol{\varepsilon}$$

Die inelastischen Spannungen können aus einem Dissipationspotential berechnet werden

$$\boldsymbol{\sigma}^{inel} = \frac{\partial\chi}{\partial\dot{\boldsymbol{\varepsilon}}}$$

Postuliert man dieses als positiv definite quadratische Form

$$\chi = \chi(\dot{\boldsymbol{\varepsilon}}) = \frac{1}{2}\dot{\boldsymbol{\varepsilon}}\cdot\cdot{}^{(4)}\mathbf{H}\cdot\cdot\dot{\boldsymbol{\varepsilon}},$$

erhält man

$$\boldsymbol{\sigma}^{inel} = {}^{(4)}\mathbf{H}\cdot\cdot\dot{\boldsymbol{\varepsilon}}$$

Addiert man beide Spannungsanteile, folgen die allgemeinen Spannungs-Verzerrungsbeziehungen

$$\boldsymbol{\sigma} = \boldsymbol{\sigma}^{el} + \boldsymbol{\sigma}^{inel} = {}^{(4)}\mathbf{E}\cdot\cdot\boldsymbol{\varepsilon} + {}^{(4)}\mathbf{H}\cdot\cdot\dot{\boldsymbol{\varepsilon}}$$

Im Falle isotropen Materialverhaltens vereinfacht sich diese Gleichung

$$\boldsymbol{\sigma} = \lambda(\mathbf{I}\cdot\cdot\boldsymbol{\varepsilon})\mathbf{I} + 2\mu\boldsymbol{\varepsilon} + \lambda^v(\mathbf{I}\cdot\cdot\dot{\boldsymbol{\varepsilon}})\mathbf{I} + 2\mu^v\dot{\boldsymbol{\varepsilon}}$$

Nach dem 1. Axiom der Rheologie sind die Volumenänderungen rein elastisch, d.h. $\lambda^v = 0$. Damit gilt abschließend

$$\boldsymbol{\sigma} = \lambda(\mathbf{I} \cdot \cdot \boldsymbol{\varepsilon})\mathbf{I} + 2(\mu\boldsymbol{\varepsilon} + \mu^v\dot{\boldsymbol{\varepsilon}})$$

5. Man analysiere ein Kombinationsmodell, das aus n in Reihe geschalteten *Kelvin-Voigt*-Modellen besteht, wobei jedes *Kelvin-Voigt*-Modell eine Parallelschaltung eines elastischen und eines viskosen Elementes darstellt.

Lösung: Das entsprechende Modell (auch als verallgemeinertes *Kelvin-Voigt*-Modell bezeichnet) wird durch folgende Gleichungen beschrieben:

(a) Konstitutivgleichungen der $k$ten Parallelschaltung

$$\boldsymbol{\sigma}_k^D = 2G_k\boldsymbol{\varepsilon}^D{}_k + 2\eta_k\dot{\boldsymbol{\varepsilon}}_k^D, \quad k = 1, \ldots, n$$

(b) Reihenschaltung der n Parallelschaltungen

$$\boldsymbol{\sigma}^D = \boldsymbol{\sigma}_1^D = \ldots = \boldsymbol{\sigma}_k^D = \ldots = \boldsymbol{\sigma}_n^D$$

$$\boldsymbol{\varepsilon}^D = \boldsymbol{\varepsilon}_1^D + \ldots + \boldsymbol{\varepsilon}_k^D + \ldots + \boldsymbol{\varepsilon}_n^D$$

Eine Analyse dieser Gleichungen ist bei Anfangsbedingungen gleich Null besonders einfach. Dazu werden alle Gleichungen mit Hilfe der *Laplace*-Transformation umgeformt. Beispielsweise gilt dann

$$\overline{\boldsymbol{\sigma}}^D = \int\limits_0^\infty \mathrm{e}^{-pt}\boldsymbol{\sigma}^D(t)\, dt$$

Damit kann man die Konstitutivgleichung für die $k$te Parallelschaltung nach dem transformierten Verzerrungsdeviator auflösen

$$\overline{\boldsymbol{\varepsilon}}_k^D = \frac{1}{2G_k(1 + T_k p)}\overline{\boldsymbol{\sigma}}^D$$

Dabei ist $T_k = \eta_k/G_k$ die Relaxationszeit des $k$ten Elements. Die Aufsummation der Verzerrungsdeviatoren führt damit auf

$$\overline{\boldsymbol{\varepsilon}}^D = \sum_{k=1}^n \frac{\overline{\boldsymbol{\sigma}}^D}{2G_k(1 + T_k p)}$$

Für praktische Anwendungen ist diese Gleichung vom Raum der *Laplace*-Variablen p in den Originalraum rückzutransformieren. Dies soll jedoch nicht Gegenstand der Diskussionen in diesem Buch sein.

Ergänzende Literatur zum Kapitel 5:

1. C.A.Truesdell, W. Noll: The non-linear Field Theories of Mechanics. - In: Encyclop. of Physics, Vol. III/3. Springer-Verlag, 1965

2. M. Reiner: Rheologie. Fachbuchverlag, 1968

3. B.D. Coleman, M.E. Gurtin: Thermodynamics with Internal State Variables. The J. of Chemical Physics 47(1967)2, 597 - 613

4. A.C. Eringen: Continuum Foundation of Rheology - New Adventures. In: Progress in Heat & Mass Transfer, Vol. 5 (ed. by W.R. Schowalter). Pergamon Press, 1972

5. W. Noll: The Foundations of Mechanics and Thermodynamics. Springer-Verlag, 1974

6. P. Perzyna: Internal variable description of plasticity. In: Problems in Plasticity (ed. by A. Sawczuk). Nordhoff International, 1974, 145 - 170

7. В.А. Пальмов: Колебания упруго-пластических тел. Наука, 1976 (Schwingungen elastisch-plastischer Körper)

8. А.И. Лурье: Нелинейная теория упругости. Наука, 1980
(A.I. Lurie: Nonlinear Theory of Elasticity. North-Holland, 1990)
9. M. Życzkowski: Combined Loadings in the Theory of Plasticity. PWN, 1981
10. G. Backhaus: Deformationsgesetze. Akademie-Verlag, 1982
11. P. Germain, Q.S. Nguyen, P. Suquet: Continuum Thermodynamics. Trans. ASME. J. Appl. Mech. 50(1983), 1010 - 1020
12. V. A. Palmov: Rheologische Modelle für Materialien bei endlichen Deformationen. Technische Mechanik 5(1984)4, 20 - 31
13. S. Kaliszky: Plastizitätslehre. VDI-Verlag, 1984
14. Th. Lehmann (Ed.): The Constitutive Law in Thermoplasticity. CISM Courses and Lectures No. 281. Springer-Verlag, 1984
15. A. Krawietz: Materialtheorie. Springer-Verlag, 1986
16. H. Balke: Zur Anisotropie deformierbarer Körper bei großen Verformungen. ZAMM 66(1986)6, 227 - 232
17. J. Simo: A Framework for Finite Strain Elastoplasticity based on Maximum Plastic Dissipation and the Multiplicative Decomposition: Part I. Continuum Formulation. Computer Methods in Applied Mechanics and Engineering 66(1988), 199 - 219
18. W.F. Chen, D.J. Han: Plasticity for Structural Engineers. Springer-Verlag, 1988
19. P.G. Applebey, N. Kadianakis: Convected Time Derivatives in Continuum Mechanics. Il Nuovo Cimento 102B(1988)6, 593 - 608
20. M. Staat, J. Ballmann: Zu Problematik tensorieller Verallgemeinerungen einachsiger nichtlinearer Materialgesetze. ZAMM 69(1989)2, 73 - 81
21. Th. Lehmann: Some Thermodynamical Considerations on Inelastic Deformations Including Damage Processes. Acta Mechanica 79(1989), 1 - 24
22. Th. Lehmann: On the balance of energy and entropy at elastic deformations of solid bodies. Eur. J. Mech. A/Solids 8(1989)3, 235 - 251
23. A.C. Eringen, G.A. Maugin: Electrodynamics of Continua I. Springer-Verlag, 1989
24. H. Altenbach, P. Schieße, A. Zolochevsky: Zum Kriechen isotroper Werkstoffe mit komplizierten Eigenschaften. Rheologica Acta 30(1991), 388 - 399
25. A. Służalec: Introduction to Nonlinear Theormomechanics. Springer-Verlag, 1991
26. J.F. Nye: Physical Properties of Crystals. Oxford Science Publications, 1992
27. J. Lemaitre: A Course on Damage Mechanics. Springer, 1992
28. H. Göldner (Hrsg.): Lehrbuch der höheren Festigkeitslehre Bd. 2, 3. Auflage. Fachbuchverlag, 1992
29. P. Haupt: Thermodynamics of Solids Mechanics, Mitteilung 8/1992, Institut für Mechanik, Uni-Gh Kassel
30. P. Haupt: On the Mathematical Modelling of Material Behaviour in Continuum Mechanics, Mitteilung 10/1992, Institut für Mechanik, Uni-Gh Kassel
31. P. Haupt: Foundations of Continuum Mechanics. In: Continuum Mechanics in Enviromental Sciences and Geophysics (ed. by K. Hutter). Springer-Verlag, 1993
32. H. Altenbach: Werkstoffmechanik. Dt. Verlag für Grundstoffindustrie, 1993
33. A. Bertram: What is the General Constitutive Equation? In: Beiträge Festschrift zum 65. Geburtstag von Rudolf Trostel. TU Berlin, 1994, 28 - 37

6 Anfangs-Randwertaufgaben der Kontinuumsmechanik

Mit den Bilanzgleichungen und den Konstitutivgleichungen können die allgemeinen Feldgleichungen abgeleitet und die Anfangs-Randwertaufgaben formuliert werden. Dies erfolgt zweckmäßig im Rahmen der durch die Konstitutivgleichungen gegebenen Modellklassen. Kapitel 6 erläutert die Vorgehensweise beispielhaft für linear elastische Festkörper und linear viskose Fluide. Die mit den Namen *Navier-Cauchy, Beltrami-Michell, Duhamel* und *Navier-Stokes* verbundenen Grundgleichungen der linearen Elastizitätstheorie, der linearen Thermoelastizitätstheorie und der linearen Theorie *Newton*scher Fluide haben für technische Anwendungen besondere Bedeutung.

6.1 Grundgleichungen der linearen Elastizitätstheorie

In der linearen Elastizitätstheorie gibt es keine Unterscheidung von *Lagrange*scher und *Euler*scher Darstellung. Die Grundgleichungen werden als Feldgleichungen in Abhängigkeit vom räumlichen Positionsvektor $\mathbf{x}$ formuliert. Es gelten generell die linearisierten kinematischen Gleichungen und es wird hier isotropes Materialverhalten vorausgesetzt. In Anlehnung an die in der Ingenieurliteratur üblichen Bezeichnungen $\mathbf{T} \equiv \boldsymbol{\sigma}, \mathbf{A}^* \equiv \boldsymbol{\varepsilon}$ werden der Spannungs- und der Verzerungstensor mit $\boldsymbol{\sigma}$ und $\boldsymbol{\varepsilon}$ bezeichnet. Es gilt weiterhin $\boldsymbol{\nabla}_{\mathbf{x}} = \boldsymbol{\nabla}_{\mathbf{a}} \equiv \boldsymbol{\nabla}$.

Die Ableitung der Feldgleichungen der Elastizitätstheorie erfolgt zunächst für die rein mechanischen Gleichungen, die Grundgleichungen der Thermoelastizität werden im Abschnitt 6.2 ergänzend behandelt. Für die Ableitung geht man von folgenden Gleichungen aus

1. *Cauchy-Euler*sche Bewegungsgleichungen
$$\boldsymbol{\nabla} \cdot \boldsymbol{\sigma} + \rho \mathbf{k} = \rho \ddot{\mathbf{u}}, \quad \boldsymbol{\sigma} = \boldsymbol{\sigma}^T$$
2. Linearisierte Verzerrungs-Verschiebungsgleichungen
$$\boldsymbol{\varepsilon} = \frac{1}{2}\left[\boldsymbol{\nabla}\mathbf{u} + (\boldsymbol{\nabla}_{\mathbf{x}}\mathbf{u})^T\right]$$
3. Linearisierte Konstitutivgleichungen (*Hooke*sches Gesetz)
$$\boldsymbol{\sigma} = \lambda \boldsymbol{\varepsilon} \cdot \cdot \mathbf{II} + 3\mu\boldsymbol{\varepsilon} = 2G\left(\frac{\nu}{1-2\nu}\boldsymbol{\varepsilon} \cdot \cdot \mathbf{II} + \boldsymbol{\varepsilon}\right)$$

oder nach $\boldsymbol{\varepsilon}$ aufgelöst

$$\boldsymbol{\varepsilon} = \frac{1}{2\mu}\left(\boldsymbol{\sigma} - \frac{\lambda}{3\lambda + 2\mu}\boldsymbol{\sigma} \cdot\cdot \mathbf{II}\right) = \frac{1}{2G}\left(\boldsymbol{\sigma} - \frac{\nu}{1+\nu}\boldsymbol{\sigma} \cdot\cdot \mathbf{II}\right)$$

Berücksichtigt man die Symmetrie des Spannungstensors $\boldsymbol{\sigma}$ verbleiben als Unbekannte 6 Spannungs-, 6 Verzerrungs- und 3 Verschiebungskoordinatenfunktionen. Für die 15 Unbekannten stehen auch 15 Gleichungen zur Verfügung.

Man kann die 15 Gleichungen entweder nach den Verschiebungen oder nach den Spannungen auflösen. Im ersten Fall setzt man das *Hooke*sche Gesetz in die Bewegungsgleichung ein und erhält

$$\begin{aligned}\rho\ddot{\mathbf{u}} &= \boldsymbol{\nabla} \cdot (\lambda\boldsymbol{\varepsilon} \cdot\cdot \mathbf{II} + 2\mu\boldsymbol{\varepsilon}) + \rho\mathbf{k}\\ &= \boldsymbol{\nabla} \cdot [\lambda(\boldsymbol{\nabla} \cdot \mathbf{u})\mathbf{I} + \boldsymbol{\varepsilon}] + \rho\mathbf{k}\\ &= \boldsymbol{\nabla} \cdot \left\{2G\left[\frac{\nu}{1-2\nu}(\boldsymbol{\nabla} \cdot \mathbf{u})\mathbf{I} + \boldsymbol{\varepsilon}\right]\right\} + \rho\mathbf{k}\end{aligned}$$

Dabei wurde die Beziehung $\boldsymbol{\varepsilon} \cdot\cdot \mathbf{I} = \mathrm{Sp}\boldsymbol{\varepsilon} = \boldsymbol{\nabla} \cdot \mathbf{u}$ berücksichtigt. Da ferner für jeden Tensor 2. Stufe der Form $\mathbf{T} = \boldsymbol{\Phi}\mathbf{I}$, $\boldsymbol{\Phi}(\mathbf{x})$ ist eine beliebige, differenzierbare, skalare Feldfunktion, die Identität

$$\boldsymbol{\nabla} \cdot \mathbf{T} = \boldsymbol{\nabla} \cdot (\boldsymbol{\Phi}\mathbf{I}) = \boldsymbol{\nabla}\boldsymbol{\Phi},$$

gilt, folgt mit $\boldsymbol{\Phi} \equiv (\lambda\boldsymbol{\nabla} \cdot \mathbf{u})$ auch

$$\boldsymbol{\nabla} \cdot [(\lambda\boldsymbol{\nabla} \cdot \mathbf{u})\mathbf{I}] = \boldsymbol{\nabla}(\lambda\boldsymbol{\nabla} \cdot \mathbf{u})$$

und man erhält

$$\begin{aligned}\rho(\mathbf{x})\ddot{\mathbf{u}}(\mathbf{x},t) &= \boldsymbol{\nabla}[\lambda(\mathbf{x})\boldsymbol{\nabla} \cdot \mathbf{u}(\mathbf{x},t)]\\ &\quad + \boldsymbol{\nabla} \cdot \left\{\mu(\mathbf{x})\left[\boldsymbol{\nabla}\mathbf{u}(\mathbf{x},t) + [\boldsymbol{\nabla}\mathbf{u}(\mathbf{x},t)]^T\right]\right\} + \rho(\mathbf{x})\mathbf{k}(\mathbf{x},t) \qquad (6.1)\end{aligned}$$

Für homogene, linear elastische Körper vereinfacht sich die partielle Differentialgleichung für den Verschiebungsvektor wegen der Konstanz von ρ, λ und μ. Mit

$$\boldsymbol{\nabla} \cdot \boldsymbol{\varepsilon} = \boldsymbol{\nabla} \cdot \frac{1}{2}\left[\boldsymbol{\nabla}\mathbf{u} + (\boldsymbol{\nabla}\mathbf{u})^T\right] = \frac{1}{2}\left[\boldsymbol{\nabla}^2\mathbf{u} + \boldsymbol{\nabla}(\boldsymbol{\nabla} \cdot \mathbf{u})\right]$$

gilt dann

$$\rho\ddot{\mathbf{u}}(\mathbf{x},t) = (\lambda + \mu)\boldsymbol{\nabla}[\boldsymbol{\nabla} \cdot \mathbf{u}(\mathbf{x},t)] + \mu\boldsymbol{\nabla}^2\mathbf{u}(\mathbf{x},t) + \rho\mathbf{k}(\mathbf{x},t) \qquad (6.2)$$

oder

$$\rho\ddot{\mathbf{u}}(\mathbf{x},t) = (\lambda + \mu)\boldsymbol{\nabla}[\boldsymbol{\nabla} \cdot \mathbf{u}(\mathbf{x},t)] - \mu\boldsymbol{\nabla} \times \boldsymbol{\nabla} \times \mathbf{u}(\mathbf{x},t) + \rho\mathbf{k}(\mathbf{x},t) \qquad (6.3)$$

Dabei wurden die Identitäten

$$\begin{aligned}
\nabla^2\mathbf{u} &= \nabla(\nabla\cdot\mathbf{u}) - \nabla\times\nabla\times\mathbf{u}\\
\nabla\cdot(\nabla\mathbf{u})^T &= \nabla(\nabla\cdot\mathbf{u})\\
\nabla\cdot\nabla\mathbf{u} &= \nabla^2\cdot\mathbf{u} = \Delta\mathbf{u}
\end{aligned}$$

berücksichtigt.

Zusammenfassend werden die *Navier-Cauchy*schen Gleichungen der linearen Elastizitätstheorie sowohl mit den *Lamé*schen Konstanten λ und μ und unter Beachtung der Gleichungen

$$\nu = \frac{\lambda}{2(\lambda+\mu)}, E = \frac{\mu(3\lambda+2\mu)}{\lambda+\mu}, G = \mu$$

mit den elastischen Moduln E, G und der Querkontraktionszahl ν formuliert.

Elastodynamik

$$(\lambda+\mu)\nabla(\nabla\cdot\mathbf{u}) + \mu\nabla^2\mathbf{u} + \rho\mathbf{k} = \rho\ddot{\mathbf{u}}$$

$$G\left[\frac{1}{1-2\nu}\nabla(\nabla\cdot\mathbf{u}) + \nabla^2\mathbf{u}\right] + \rho\mathbf{k} = \rho\ddot{\mathbf{u}}$$

Elastostatik

$$(\lambda+\mu)\nabla(\nabla\cdot\mathbf{u}) + \mu\nabla^2\mathbf{u} + \rho\mathbf{k} = \mathbf{0}$$

$$G\left[\frac{1}{1-2\nu}\nabla(\nabla\cdot\mathbf{u}) + \nabla^2\mathbf{u}\right] + \rho\mathbf{k} = \mathbf{0}$$

In Indexschreibweise lauten die *Navier-Cauchy*schen Gleichungen

Elastodynamik

$$(\lambda+\mu)u_{j,ij} + \mu u_{i,jj} + \rho k_i = \rho\ddot{u}_i$$

$$G\left[\frac{1}{1-2\nu}u_{j,ij} + u_{i,jj}\right] + \rho k_i = \rho\ddot{u}_i$$

Elastostatik

$$(\lambda+\mu)u_{j,ij} + \mu u_{i,jj} + \rho k_i = 0$$

$$G\left[\frac{1}{1-2\nu}u_{j,ij} + u_{i,jj}\right] + \rho k_i = 0$$

Für fehlende Volumenkräfte wird die elastostatische Aufgabe homogen und man erhält

$$\nabla^2\mathbf{u} + \frac{\lambda+\mu}{\mu}\nabla(\nabla\cdot\mathbf{u}) = \mathbf{0}, \nabla^2\mathbf{u} + \frac{1}{1-2\nu}\nabla(\nabla\cdot\mathbf{u}) = \mathbf{0} \qquad (6.4)$$

Durch Divergenzbildung folgt dann mit

$$\nabla \cdot \nabla^2 = \nabla^2 \nabla \cdot \mathbf{u}, \nabla \cdot \nabla(\nabla \cdot \mathbf{u}) = \nabla^2 \nabla \cdot \mathbf{u}$$

und $\nabla \cdot \mathbf{u} = \mathrm{Sp}\boldsymbol{\varepsilon} = I_1(\boldsymbol{\varepsilon})$ (Volumendehnung)

$$\nabla^2 \nabla \cdot \mathbf{u} = 0 \quad \text{oder} \quad \nabla^2 I_1(\boldsymbol{\varepsilon}) = 0 \tag{6.5}$$

Statt in der symbolischen oder der indizierten Schreibweise werden die Elastizitätsgleichungen häufig auch in speziellen Koordinaten angegeben. So erhält man als Beispiel mit

$$\Delta \equiv \frac{\partial^2}{\partial x_i \partial x_i}$$

eine sehr kompakte Darstellung der elastostatischen Gleichungen in kartesischen Koordinaten

$$\left[(1-2\nu)\delta_{ij}\Delta + \frac{\partial^2}{\partial x_i \partial x_j}\right] u_j + \frac{1-2\nu}{G}\rho k_i = 0 \tag{6.6}$$

Für die Auflösung der Gleichungen nach den Spannungen bietet sich folgender Weg an. Ausgangspunkt sind die Kompatibilitätsbedingungen für den linearen Verzerrungstensor, die bereits von *Saint Venant* (1864) aufgestellt wurden und die die Verträglichkeit zwischen den Koordinaten des Verschiebungsvektors und des Verzerrungstensors, d.h. die Integrabilität der Verzerrungs-Verschiebungsgradientengleichung, und damit ein eindeutiges stetiges Verschiebungsfeld gewährleisten

$$\nabla \times (\nabla \times \boldsymbol{\varepsilon})^T = \mathbf{0}, \tag{6.7}$$

d.h. $\varepsilon_{ijk}\varepsilon_{lmn}\varepsilon_{jm,kn} = 0$ bzw.

$$\varepsilon_{jm,kn} + \varepsilon_{kn,jm} - \varepsilon_{km,jn} - \varepsilon_{jn,km} = 0$$

Das Einsetzen des *Hooke*schen Gesetzes für $\boldsymbol{\varepsilon}$ ergibt

$$\nabla \times \left[\nabla \times \frac{1}{2G}\left(\boldsymbol{\sigma} - \frac{\nu}{1+\nu}\boldsymbol{\sigma} \cdot\cdot \mathbf{II}\right)\right]^T = \mathbf{0} \tag{6.8}$$

Betrachtet man im folgenden nur den homogenen, isotropen elastostatischen Fall, erhält man mit $\nabla \times \nabla \times \boldsymbol{\sigma} = \nabla^2 \boldsymbol{\sigma}, \boldsymbol{\sigma} \cdot\cdot \mathbf{I} = \nabla \cdot \boldsymbol{\sigma}$ und $\nabla \cdot \boldsymbol{\sigma} + \rho \mathbf{k} = \mathbf{0}$

$$\nabla^2 \boldsymbol{\sigma} + \frac{1}{1+\nu}\nabla\nabla I_1(\boldsymbol{\sigma}) + \rho\nabla\mathbf{k} + \rho(\nabla\mathbf{k})^T + \frac{\nu\rho}{1-\nu}\nabla \cdot \mathbf{k}\mathbf{I} = \mathbf{0}$$

bzw.

$$\sigma_{ij,kk} + \frac{1}{1+\nu}\sigma_{kk,ij} + \rho(k_{i,j} + k_{j,i}) + \frac{\nu\rho}{1-\nu}k_{k,k}\delta_{ij} = 0$$

Für verschwindende Volumenkräfte vereinfachen sich diese Gleichungen zu

$$\boldsymbol{\nabla}^2\boldsymbol{\sigma} + \frac{1}{1+\nu}\boldsymbol{\nabla}\boldsymbol{\nabla}I_1(\boldsymbol{\sigma}) = \mathbf{0} \quad \text{bzw.} \quad \sigma_{ij,kk} + \frac{1}{1+\nu}\sigma_{kk,ij} = 0$$

Die homogenen Gleichungen wurden 1892 von *Beltrami*, die inhomogenen Gleichungen 1900 von *Michell* angegeben. Die Erweiterung der *Beltrami-Michell*-Gleichungen auf die Elastodynamik bereitet keine Schwierigkeiten.

Schreibt man die homogenen Gleichungen in kartesischen Koordinaten, erhält man

$$\Delta\sigma_{ij} + \frac{1}{1+\nu}\frac{\partial^2 I_1(\boldsymbol{\sigma})}{\partial x_i \partial x_j} = 0 \tag{6.9}$$

Aus $\boldsymbol{\nabla}^2 I_1(\boldsymbol{\varepsilon}) = 0$ und $I_1(\boldsymbol{\sigma}) = (3\lambda + 2\mu)I_1(\boldsymbol{\varepsilon})$ folgt auch $\boldsymbol{\nabla}^2 I_1(\boldsymbol{\sigma}) = 0$ und damit $\boldsymbol{\nabla}^4\boldsymbol{\sigma} \equiv \Delta\Delta\boldsymbol{\sigma} = \mathbf{0}$, $\boldsymbol{\nabla}^4\boldsymbol{\varepsilon} \equiv \Delta\Delta\boldsymbol{\varepsilon} = \mathbf{0}$.

Schlußfolgerung: *Für fehlende oder konstante Massenkräfte* $\mathbf{k}$ *erfüllen die Invarianten* $I_1(\boldsymbol{\sigma})$ *und* $I_1(\boldsymbol{\varepsilon})$ *die Potentialgleichung (Laplace-Gleichung)* $\boldsymbol{\nabla}^2 I_1 \equiv \Delta I_1 = 0$ *und der Spannungstensor sowie der Verzerrungstensor die Bipotentialgleichung (biharmonische Gleichung)* $\boldsymbol{\nabla}^4\boldsymbol{\sigma} \equiv \Delta\Delta\boldsymbol{\sigma} = \mathbf{0}$, $\boldsymbol{\nabla}^4\boldsymbol{\varepsilon} \equiv \Delta\Delta\boldsymbol{\varepsilon} = \mathbf{0}$

Die allgemeinen Feldgleichungen müssen noch durch Anfangs- und Randbedingungen ergänzt werden. Anfangsbedingungen werden im allgemeinen in den Verschiebungen und in den Geschwindigkeiten formuliert

$$\mathbf{u}(\mathbf{x}, t_0) = \mathbf{u}_0(\mathbf{x}), \dot{\mathbf{u}}(\mathbf{x}, t_0) \equiv \dot{\mathbf{v}}(\mathbf{x}, t_0) = \dot{\mathbf{u}}_0(\mathbf{x}) \equiv \dot{\mathbf{v}}_0(\mathbf{x})$$

für alle $\mathbf{x} \in$ Körper. Bei den Randbedingungen sind folgende Fälle zu unterscheiden:

1. Randwertaufgabe (nur Oberflächenverschiebungen gegeben)
$$\mathbf{u}(\mathbf{x}, t) = \mathbf{u}_0(\mathbf{x}, t)$$
für alle $\mathbf{x} \in$ Oberfläche O
2. Randwertaufgabe (nur Oberflächenkräfte gegeben)
$$\mathbf{t}(\mathbf{x}, t) \equiv \mathbf{n}(\mathbf{x}, t) \cdot \boldsymbol{\sigma}(\mathbf{x}, t) = \mathbf{t}_0(\mathbf{x}, t)$$
für alle $\mathbf{x} \in$ Oberfläche O
3. Randwertaufgabe (gemischte Randwertaufgabe)
$$\mathbf{u}(\mathbf{x}, t) = \mathbf{u}_0(\mathbf{x}, t), \mathbf{x} \in O_1, \mathbf{t}(\mathbf{x}, t) = \mathbf{t}_0(\mathbf{x}, t), \mathbf{x} \in O_2, O_1 \cup O_2 = O$$

Obwohl die *Navier-Cauchy-* und die *Beltrami-Michell*-Gleichungen eine recht übersichtliche Struktur haben, gibt es keine allgemeine Lösung. Durch Einführung geeignet gewählter Verschiebungs- oder Spannungsfunktionen gelingt es, für ausgewählte Probleme Lösungen zu konstruieren. Klassische Lösungen stammen von *Galerkin, Papkovich* und *Neuber*. Wesentliche Vereinfachungen ergeben sich für rotationssymmetrische oder ebene Aufgaben. Hierüber existiert eine umfangreiche Spezialliteratur. Mit Hilfe leistungsfähiger numerischer Verfahren, z.B. der Finite-Elemente-Methode, sind bei korrekter Aufgabenstellung die Gleichungen der linearen Elastizitätstheorie mit vertretbarem Aufwand lösbar.

6.2 Grundgleichungen der linearen Thermoelastizität

Ausgangspunkt für die allgemeinen Gleichungen der Thermoelastizität sind die im Abschnitt 5.2.4.2 formulierten thermoelastischen Konstitutivgleichungen. Die Thermoelastizität betrachtet die innere Energie eines Körpers als Funktion der Deformation und der Temperatur. Deformationen und Temperaturänderungen sind stets miteinander verbunden. Folglich verallgemeinert die Thermoelastizität die klassische Theorie der Wärmespannungen, die die Temperaturverteilung in einem Körper mit Hilfe der ungekoppelten *Fourier*schen Wärmeleitungsgleichungen ermittelt und dann die Wärmespannungen für ein bekanntes Temperaturfeld angibt, aber auch die klassische Elastodynamik, die Bewegungen stets als adiabat voraussetzt, d.h. Wärmeänderungen laufen so langsam ab, daß sie keine Trägheitskräfte wecken.

Einfaches thermoelastisches Material ist nach Abschnitt 5.2.4.2 nicht dissipativ. Aus

$$\phi = \boldsymbol{\sigma} \cdot \cdot \dot{\boldsymbol{\varepsilon}} - \rho(\dot{f} + s\dot{\theta}) = 0$$

und dem 1. Hauptsatz der Thermodynamik in der Form

$$\rho\dot{u} = \boldsymbol{\sigma} \cdot \cdot \dot{\boldsymbol{\varepsilon}} - \boldsymbol{\nabla} \cdot \mathbf{h} + \rho r$$

folgt

$$\theta\rho\dot{s} = \boldsymbol{\nabla} \cdot \mathbf{h} + \rho r \tag{6.10}$$

Das Einsetzen in die lineare Wärmeleitungsgleichung $\mathbf{h} = -\kappa\boldsymbol{\nabla}\theta$ und die Konstitutivgleichung für die Entropie $\rho s = \alpha\boldsymbol{\varepsilon} \cdot \cdot \mathbf{I} + c(\theta - \theta_0)$ liefern

$$\theta[\alpha\dot{\boldsymbol{\varepsilon}} \cdot \cdot \mathbf{I} + c(\theta - \theta_0)^{\cdot}] = \kappa\boldsymbol{\nabla}^2(\theta - \theta_0) + \rho r \tag{6.11}$$

Diese Gleichung ist nichtlinear. Setzt man kleine Temperaturänderungen voraus, kann man die Gleichung mit

$$\left|\frac{\theta-\theta_0}{\theta_0}\right| \ll 1$$

linearisieren. Es gilt dann $\theta \approx \theta_0$ und mit $\theta - \theta_0 = \tilde{\theta}$ folgt

$$\nabla^2\tilde{\theta} - \frac{c\theta_0}{\kappa}\dot{\tilde{\theta}} - \frac{\alpha\theta_0}{\kappa}\dot{\varepsilon}\cdot\cdot\mathbf{I} = -\frac{\rho r}{\kappa}$$

bzw.

$$\nabla^2\tilde{\theta} - a\dot{\tilde{\theta}} - b\dot{\varepsilon}\cdot\cdot\mathbf{I} = -\frac{\rho r}{\kappa}, a = \frac{c\theta_0}{\kappa}, b = \frac{\alpha\theta_0}{\kappa}$$

$$\left(\nabla^2 - a\frac{\partial}{\partial t}\right)\tilde{\theta}(\mathbf{x},t) - bI_1(\dot{\varepsilon}) = -\frac{\rho r}{\kappa} \tag{6.12}$$

Damit ist die erweiterte lineare Wärmeleitungsgleichung gefunden. Sie enthält den Kopplungsterm $bI_1(\dot{\varepsilon})$, der die Temperaturänderungen mit der Geschwindigkeit der Dilatation des Körpers verbindet.

Während sich die zweite Bewegungsgleichung, die eine Symmetrieaussage für die Spannungen vornimmt, unverändert bleibt, erhält man die erste Bewegungsgleichung im Falle der Thermoelastizität durch Verknüpfung der Gleichungen

$$\nabla\cdot\boldsymbol{\sigma} + \rho\mathbf{k} = \rho\ddot{\mathbf{u}}$$

und

$$\boldsymbol{\varepsilon} = \frac{1}{2}\left[\nabla\mathbf{u} + (\nabla\mathbf{u})^T\right]$$

mit der *Duhamel-Neumann*schen Konstitutivgleichung

$$\boldsymbol{\sigma} = [\lambda(\boldsymbol{\varepsilon}\cdot\cdot\mathbf{I}) - \alpha\tilde{\theta}]\mathbf{I} + 2\mu\boldsymbol{\varepsilon} \tag{6.13}$$

Die Bewegungsgleichung hat dann auch ein Temperaturglied

$$\rho\ddot{\mathbf{u}}(\mathbf{x},t) + \alpha\nabla\tilde{\theta}(\mathbf{x},t) = (\lambda+\mu)\nabla[\nabla\cdot\mathbf{u}(\mathbf{x},t)] + \mu\nabla^2\mathbf{u}(\mathbf{x},t) + \rho\mathbf{k}(\mathbf{x},t) \tag{6.14}$$

Die beiden gekoppelten partiellen Differentialgleichungen (6.12) und (6.14) beschreiben das gekoppelte Deformations- und Temperaturfeld infolge äußerer Oberflächenkräfte und Wärmeaustausch des Körpers mit seiner Umgebung sowie infolge von Volumenkräften und Wärmequellen.

Die Anfangs- und Randbedingungen der isothermen Gleichung der linearen Elastizitätstheorie sind durch Temperaturanfangs- und Temperaturrandbedingungen zu ergänzen:

Thermische Anfangsbedingungen

$$\tilde{\theta}(\mathbf{x},t_0) = \tilde{\theta}_0(\mathbf{x}) \quad \mathbf{x}\in \text{ Körper}$$

Thermische Randbedingungen

1. Temperaturwerte sind für die Oberfläche gegeben

$$\tilde{\theta}(\mathbf{x},t) = \tilde{\theta}_0(\mathbf{x},t) \quad \mathbf{x} \in \text{Körper}$$

2. Temperaturgradienten in Richtung zur Normalen für die Oberfläche sind gegeben

$$\frac{\partial\tilde{\theta}(\mathbf{x},t)}{\partial\mathbf{n}} = \frac{\partial\tilde{\theta}_0(\mathbf{x},t)}{\partial\mathbf{n}} \quad \mathbf{x} \in \text{Körper}$$

3. Gemischte Randbedingung

$$\left(\alpha\frac{\partial}{\partial\mathbf{n}} + \beta\right)\tilde{\theta}(\mathbf{x},t) = f(\mathbf{x},t)$$

Für $\alpha = 1$ stellte die gemischte Randbedingung einen freien Wärmeaustausch über die Oberfläche mit der Umgebung dar, für $\alpha = 1$ und $\beta = 0$ auf O_1 sowie für $\alpha = 0$ und $\beta = 1$ auf O_2 ($O_1 \cup O_2 = O$) stellt die Randbedingung eine analoge Form der 3. Randbedingung für die mechanischen Größen dar.

Abschließend sind die wichtigsten Gleichungen noch einmal zusammengestellt.

Instationäre Gleichungen der Thermoelastizität

$$(\lambda+\mu)\nabla[\nabla\cdot\mathbf{u}(\mathbf{x},t)]+\mu\nabla^2\mathbf{u}(\mathbf{x},t)+\rho\mathbf{k}(\mathbf{x},t)=\rho\ddot{\mathbf{u}}(\mathbf{x},t)+\alpha\nabla\tilde{\theta}(\mathbf{x},t)$$

$$\nabla^2\tilde{\theta} - a\dot{\tilde{\theta}} - bI_1(\dot{\varepsilon}) = -\frac{\rho r}{\kappa}, a = \frac{c\theta_0}{\kappa}, b = \frac{\alpha\theta_0}{\kappa}$$

$$(\lambda+\mu)u_{j,ji} + \mu u_{i,jj} + \rho k_i = \rho\ddot{u}_i + \alpha\tilde{\theta}_{,i}$$

$$\tilde{\theta}_{,ii} - a\dot{\tilde{\theta}} - b\dot{\varepsilon}_{kk} = -\frac{\rho r}{\kappa}$$

Stationäre Gleichungen der Thermoelastizität

$$(\lambda+\mu)\nabla[\nabla\cdot\mathbf{u}(\mathbf{x},t)] + \mu\nabla^2\mathbf{u}(\mathbf{x},t) + \rho\mathbf{k}(\mathbf{x},t) = \alpha\nabla\tilde{\theta}(\mathbf{x},t)$$

$$\nabla^2\tilde{\theta} = -\frac{\rho r}{\kappa}$$

$$(\lambda+\mu)u_{j,ji} + \mu u_{i,jj} + \rho k_i = \alpha\tilde{\theta}_{,i}, \; \tilde{\theta}_{,ii} = -\frac{\rho r}{\kappa}$$

6.3 Grundgleichungen linearer viskoser Fluide

Die für technische Anwendungen wichtigsten Fluidmodelle sind die *Newton*schen Fluide und die reibungsfreien Fluide. Ausgangspunkt für die Ableitung der *Navier-Stokes*-Gleichungen für linear-viskose, isotrope Fluide und der *Euler*schen Gleichungen für reibungsfreie Fluide sind die Konstitutivgleichungen nach Abschnitt 5.2.4.4, die *Cauchy-Euler*schen Bewegungsgleichungen oder die Impulsbilanzgleichung sowie die kinematischen Beziehungen zwischen dem Deformationsgeschwindigkeits- und dem Geschwindigkeitsgradienten. Die Ableitungen erfolgen hier für den isothermen Fall. Mit den Gleichungen

$$\mathbf{T} = (-p + \lambda^V \mathrm{Sp}\mathbf{D})\mathbf{I} + 2\mu^V \mathbf{D} = (-p + \lambda^V \boldsymbol{\nabla} \cdot \mathbf{v})\mathbf{I} + 2\mu^V \mathbf{D}$$

$$\rho \frac{D\mathbf{v}}{Dt} = \boldsymbol{\nabla} \cdot \mathbf{T} + \rho\mathbf{k} \tag{6.15}$$

$$\mathbf{D} = \frac{1}{2}[\boldsymbol{\nabla}\mathbf{v} + (\boldsymbol{\nabla}\mathbf{v})^T] \;\Rightarrow\; \boldsymbol{\nabla} \cdot \mathbf{D} = \frac{1}{2}[\boldsymbol{\nabla}^2\mathbf{v} + \boldsymbol{\nabla}(\boldsymbol{\nabla} \cdot \mathbf{v})]$$

erhält man nach Einsetzen der Konstitutivgleichung in die Bewegungsgleichung

$$\rho \frac{D\mathbf{v}}{Dt} = -\boldsymbol{\nabla} p + \boldsymbol{\nabla}(\lambda^V \boldsymbol{\nabla} \cdot \mathbf{v}) + \boldsymbol{\nabla} \cdot (2\mu^V \mathbf{D}) + \rho\mathbf{k} \tag{6.16}$$

Dies sind die *Navier-Stokes*-Gleichungen mit den inhomogenen Viskositätskoeffizienten λ^V, μ^V. Diese hängen im allgemeinen Fall von der Dichte ρ und der Temperatur θ ab. Aus der allgemeinen Gleichung folgen zwei Sonderfälle der *Navier-Stokes*-Gleichung:

1. λ^V und μ^V sind konstant

$$\rho \frac{D\mathbf{v}}{Dt} = -\boldsymbol{\nabla} p + (\lambda^V + \mu^V)\boldsymbol{\nabla}(\boldsymbol{\nabla} \cdot \mathbf{v}) + \mu^V \boldsymbol{\nabla}^2\mathbf{v} + \rho\mathbf{k} \tag{6.17}$$

2. Es gilt die *Stokes*sche Bedingung für konstante λ^V, μ^V-Werte:

$$3\lambda^V + 2\mu^V = 0, \lambda^V = -\frac{2}{3}\mu^V$$

$$\rho \frac{D\mathbf{v}}{Dt} = -\boldsymbol{\nabla} p + \mu^V \left[\boldsymbol{\nabla}^2\mathbf{v} + \frac{1}{3}\boldsymbol{\nabla}(\boldsymbol{\nabla} \cdot \mathbf{v})\right] + \rho\mathbf{k} \tag{6.18}$$

Die Kontinuitätsgleichung

$$\frac{\partial \rho}{\partial t} = -\boldsymbol{\nabla} \cdot (\rho\mathbf{v})$$

liefert für inkompressible Kontinua die Gleichung $\boldsymbol{\nabla} \cdot \mathbf{v} = 0$. Die *Navier-Stokes*-Gleichung vereinfacht sich damit für Inkompressibilität auf

$$\begin{aligned}\rho \frac{D\mathbf{v}}{Dt} &= -\boldsymbol{\nabla} p + \boldsymbol{\nabla} \cdot (2\mu^V \mathbf{D}) + \rho\mathbf{k} \\ &= -\boldsymbol{\nabla} p + \boldsymbol{\nabla} \cdot \{\mu^V[\boldsymbol{\nabla}\mathbf{v} + (\boldsymbol{\nabla}\mathbf{v})^T]\} + \rho\mathbf{k}\end{aligned} \tag{6.19}$$

und für den 1. und 2. Sonderfall auf

$$\rho \frac{D\mathbf{v}}{Dt} = -\boldsymbol{\nabla} p + \mu^V \boldsymbol{\nabla}^2\mathbf{v} + \rho\mathbf{k} \tag{6.20}$$

Die *Navier-Stokes*-Gleichung läßt eine anschauliche physikalische Interpretation zu. Sie bilanziert für ein Fluidpartikel die Trägheitskräfte mit den Druckgradientenkräften, den viskosen (dissipativen) Kräften und den Volumenkräften. Für reibungsfreie Fluide verschwindet noch der Term $\mu^V \boldsymbol{\nabla}^2 \mathbf{v}$ und die *Navier-Stokes*-Gleichung geht in die *Euler*sche Gleichung über

$$\rho \frac{D\mathbf{v}}{Dt} = -\boldsymbol{\nabla} p + \rho \mathbf{k} \tag{6.21}$$

Für nichtisotherme Strömungen wird noch die Energiebilanzgleichung dem Materialmodell „*Newton*sches Fluid“ angepaßt. Mit der linearen Gleichung

$$\mathbf{T}^V = (\lambda^V \boldsymbol{\nabla} \cdot \mathbf{v})\mathbf{I} + 2\mu^V \mathbf{D}$$

für den Reibspannungstensor und der linearen Wärmeleitungsgleichung

$$\mathbf{h} = -\kappa \boldsymbol{\nabla} \theta$$

erhält man für die Energiebilanz

$$\begin{aligned} \rho \frac{Du}{Dt} &= \mathbf{T} \cdot\cdot \mathbf{D} - \boldsymbol{\nabla} \cdot \mathbf{h} + \rho r \\ &= (-p\mathbf{I} + \mathbf{T}^V) \cdot\cdot \mathbf{D} - \kappa \boldsymbol{\nabla}^2 \theta + \rho r \\ &= -p \mathrm{Sp} \mathbf{D} + \lambda^V (\mathrm{Sp} \mathbf{D})^2 + 2\mu^V \mathrm{Sp} \mathbf{D}^2 + \kappa \boldsymbol{\nabla}^2 \theta + \rho r \end{aligned} \tag{6.22}$$

Mit der Dissipationsfunktion

$$\phi = \lambda^V (\mathrm{Sp}\mathbf{D})^2 + 2\mu^V \mathrm{Sp}\mathbf{D}^2 = \mathbf{T}^T \cdot\cdot \mathbf{D}$$

folgt die Energiebilanzgleichung in der Form

$$\rho \frac{Du}{Dt} = -p \mathrm{Sp}\mathbf{D} + \phi + \kappa \boldsymbol{\nabla}^2 \theta + \rho r \tag{6.23}$$

Beachtet man die Kontinuitätsgleichung

$$\frac{D\rho}{Dt} = -\rho \boldsymbol{\nabla} \cdot \mathbf{v} = -\rho \mathrm{Sp}\mathbf{D},$$

gilt auch

$$\mathrm{Sp}\mathbf{D} = -\frac{1}{\rho} \frac{D\rho}{Dt}$$

und die Energiegleichung lautet

$$\rho \frac{Du}{Dt} = -\frac{p}{\rho} \frac{D\rho}{Dt} = \phi + \kappa \boldsymbol{\nabla}^2 \theta + \rho r \tag{6.24}$$

Führt man weiterhin die freie Energie $f = u - \theta s$ ein, kann man die Energiegleichung für *Newton*sche Fluide auch in eine Entropiebilanz umformen. Aus

$$f = f(\rho^{-1}, \theta), \dot{f} = \frac{\partial f}{\partial \rho^{-1}} (\rho^{-1})^{\cdot} + \frac{\partial f}{\partial \theta} \dot{\theta}, \dot{u} = \dot{f} + s\dot{\theta} + \dot{s}\theta$$

folgt dann mit

$$(\rho^{-1})^{\cdot} = \rho^{-1}\mathrm{Sp}\mathbf{D}, \quad \frac{\partial f}{\partial \rho^{-1}} = -p, \frac{\partial f}{\partial \theta} = -s$$

$$\rho\theta\dot{s} = \phi + \kappa\nabla^2\theta + \rho r \tag{6.25}$$

Mit den Gln. (6.22) bis (6.25) sind unterschiedliche Formulierungen für die allgemeine Wärmeleitungsgleichung für *Newton*sche Fluide gegeben. Liegt für ein Fluid eine spezielle Zustandsgleichung $p = p(\rho^{-1}, \theta)$ vor, kann $\partial f/\partial\rho^{-1}$ explizit berechnet werden und s erhält man durch Integration von $\partial f/\partial\theta$ für ρ^{-1} = konst. Dies wird z.B. für den Sonderfall des idealen Gases im Abschnitt 5.2.4.4 erläutert.

Fordert man die Gültigkeit der *Stokes*schen Bedingung $\lambda^V = -(2/3)\mu^V$, d.h. setzt man voraus, daß der hydrostatische Druck $-p_0 = (1/3)\sigma_{kk}$ und der thermodynamische Druck $p(\rho^{-1}, \theta)$ näherungsweise gleich sind, kann man die Gleichungen für $\dot{u}$ bzw. $\dot{s}$ weiter vereinfachen. Es gilt dann

$$\mathbf{T}^V = \mu^V\left[-\frac{2}{3}(\nabla\cdot\mathbf{v})\mathbf{I} + 2\mathbf{D}\right]; \phi = \mu^V\left[2\mathrm{Sp}\mathbf{D}^2 - \frac{2}{3}(\mathrm{Sp}\mathbf{D})^2\right] \tag{6.26}$$

Für inkompressible *Newton*sche Fluide folgt

$$\mathbf{T}^V = 2\mu^V\mathbf{D}; \phi = 2\mu^V\mathrm{Sp}\mathbf{D}^2 \tag{6.27}$$

Unter Beachtung der jeweils gültigen Definition für die Dissipationsfunktion ϕ haben die Energiebilanzgleichung und Entropiebilanzgleichung formal das gleiche Aussehen wie im allgemeinen Fall.

Für inkompressible Fluide kann die allgemeine Wärmeleitungsgleichung umgeformt werden. Es gilt dann auch $\dot{u} = \theta\dot{s}$ (*Gibbs*sche Gleichung) und $\dot{u} = c\dot{\theta}$, so daß man die folgende Gleichung erhält

$$\rho c\dot{\theta} = \phi + \kappa\nabla^2\theta + \rho r \tag{6.28}$$

Die genauere Ableitung und Begründung kann der ergänzenden Literatur entnommen werden.

Für reibungsfreie Fluide folgt aus der Vernachlässigung der Reibung auch die Vernachlässigung der Wärmeleitung. Die Konstitutivgleichung für den Wärmestromvektor **h** lautet dann $\mathbf{h} = \mathbf{0}$ und da auch $\phi = 0$ gilt, vereinfachen sich die Gln. (6.23) und (6.25) zu

$$\rho\dot{u} = -p\mathrm{Sp}\mathbf{D}; \qquad \rho\theta\dot{s} = 0 \tag{6.29}$$

Für reibungsfreie, inkompressible Fluide wird mit $\mathrm{Sp}\mathbf{D} = 0$

$$\rho\dot{u} = 0 \tag{6.30}$$

Die Lösung des Systems partieller Differentialgleichungen für *Newton*sche Fluide bereitet erhebliche Schwierigkeiten. Das hat folgende Ursachen:

1. Die konvektiven Terme $\mathbf{v}\cdot\nabla\mathbf{v}$ und $\mathbf{v}\cdot\nabla u$, $\mathbf{v}\cdot\nabla s$ oder $\mathbf{v}\cdot\nabla\theta$ der materiellen Ableitungen $\dot{\mathbf{v}}$ und $\dot{u}, \dot{s}$ oder $\dot{\theta}$ und die thermoviskose Dissipation $\mathbf{T}^V \cdot\cdot\mathbf{D}$ machen die Systemgleichungen nichtlinear.
2. Die Systemgleichungen haben eine ausgeprägte Kopplung.
3. Die Systemgleichungen enthalten infolge der Reibungsterme höhere Ableitungen.

Die Aufstellung vereinfachter spezieller Modellgleichungen spielt daher bei der Anwendung linearer Fluidmodelle zur Lösung technischer Aufgaben eine wesentlich größere Rolle als bei der Anwendung linearer Festkörpermodelle. Das wird bei der Durchsicht der Literatur zur Angewandten Strömungsmechanik und zur Angewandten Elastizitätstheorie deutlich sichtbar. Analytische Lösungen für die *Navier-Stokes*-Gleichungen existieren nur für Sonderfälle und auch die numerische Lösung komplexer Aufgabenstellungen der linearen Fluidmodelle ist keine Standardaufgabe, sondern erfordert zum Teil umfangreiche Forschungsarbeit.

Für die Lösung der Systemgleichungen müssen noch die Rand- und Anfangsbedingungen formuliert werden. Man unterscheidet folgende Randbedingungen

1. Festkörper-Fluid-Kontakt
Viskose Fluide haften an Festkörperflächen. Die Relativgeschwindigkeit ist somit in jedem Kontaktpunkt Null

$$\mathbf{v}_F - \mathbf{v}_S = \mathbf{0}$$

($\mathbf{v}_F$ - Fluidgeschwindigkeit, $\mathbf{v}_S$ - Festkörpergeschwindigkeit)
Für reibungsfreie Fluide gilt die Aussage nur für die Normalkomponenten

$$(\mathbf{v}_F - \mathbf{v}_S)\cdot\mathbf{n} = \mathbf{0}$$

2. Interface Fluid-Fluid
Für die Grenzfläche Fluid 1 - Fluid 2 müssen in jedem Interfacepunkt die Geschwindigkeiten und Oberflächenkräfte übereinstimmen

$$\mathbf{v}_1 - \mathbf{v}_2 = \mathbf{0}, (\mathbf{T}_1 - \mathbf{T}_2)\cdot\mathbf{n} = \mathbf{0}, \mathbf{n}_1 = -\mathbf{n}_2 = \mathbf{n}$$

3. Freie Oberfläche

$$\mathbf{n}\cdot\mathbf{T} = \mathbf{0}$$

($\mathbf{n}$ - äußere Flächennormale)
Da die freie Oberfläche im allgemeinen nicht von vornherein gegeben ist, erfordert die Lösung für Aufgaben mit freien Oberflächen zusätzliche Überlegungen.

Anfangsbedingungen legen die Geschwindigkeit $\mathbf{v}$ und die Dichte ρ für jeden Punkt des Fluids für eine Bezugszeit t_0 fest

$$\mathbf{v}(\mathbf{x}, t_0) = \mathbf{v}_0(\mathbf{x}), \rho(\mathbf{x}, t_0) = \rho(\mathbf{x})$$

Die abgeleiteten Gleichungen werden abschließend noch einmal zusammengefaßt.

1. Allgemeiner Fall

$$\rho\dot{\mathbf{v}} = -\boldsymbol{\nabla}p + \boldsymbol{\nabla}(\lambda^V \boldsymbol{\nabla}\cdot\mathbf{v}) + \boldsymbol{\nabla}\cdot(2\mu^V \boldsymbol{\nabla}\cdot\mathbf{v}) + \rho\mathbf{k}$$

$$\dot{\rho} = -\rho\boldsymbol{\nabla}\cdot\mathbf{v}$$

$$f(p,\rho) = 0$$

2. Konstante Viskositätskoeffizienten

$$\rho\dot{\mathbf{v}} = -\boldsymbol{\nabla}p + (\lambda^V + \mu^V)\boldsymbol{\nabla}(\boldsymbol{\nabla}\cdot\mathbf{v}) + \mu^V\boldsymbol{\nabla}^2\mathbf{v}) + \rho\mathbf{k}$$

3. Gültigkeit der *Stokes*schen Bedingung $\lambda^V = -(2/3)\mu^V$

$$\rho\dot{\mathbf{v}} = -\boldsymbol{\nabla}p + \mu^V\left[\boldsymbol{\nabla}^2\mathbf{v} + \frac{1}{3}\boldsymbol{\nabla}(\boldsymbol{\nabla}\cdot\mathbf{v})\right] + \rho\mathbf{k}$$

4. Inkompressibles Fluid

a) Allgemeiner Fall

$$\rho\dot{\mathbf{v}} = -\boldsymbol{\nabla}p + \boldsymbol{\nabla}\left\{\mu^V[\boldsymbol{\nabla}\mathbf{v} + (\boldsymbol{\nabla}\mathbf{v})^T]\right\} + \rho\mathbf{k}$$

b) Konstante λ^V, μ^V-Werte und $\lambda^V = -(2/3)\mu^V$

$$\rho\dot{\mathbf{v}} = -\boldsymbol{\nabla}p + \mu^V\boldsymbol{\nabla}\boldsymbol{\nabla}\mathbf{v} + \rho\mathbf{k}$$

$$\boldsymbol{\nabla}\cdot\mathbf{v} = 0 \quad (\text{oder} \quad \rho = \text{konst})$$

Sonderfall - reibungsfreies Fluid $\rho\dot{\mathbf{v}} = -\boldsymbol{\nabla}p + \rho\mathbf{k}$

Inkompressibilität: ρ = konst

Das allgemeine System der vier partiellen Differentialgleichungen wird durch eine Zustandgleichung ergänzt. Es sind dann fünf Gleichungen zur Ermittlung der 5 unbekannten Größen $(\mathbf{v}, \rho, p)$ gegeben.

Die Systemgleichungen für isotherme Fluide werden für die Modellierung thermo-visko-linearer Fluide um eine Energiebilanzgleichung oder eine Entropiebilanzgleichung sowie gegebenenfalls durch weitere Zustandsgleichungen ergänzt.

Thermo-visko-lineare Strömungen

1. Allgemeiner Fall und konstante Viskositätskoeffizienten

$$\rho\dot{u} = -p\boldsymbol{\nabla}\cdot\mathbf{v} + \phi + \kappa\boldsymbol{\nabla}^2\theta + \rho r, \Phi = \lambda^V(\boldsymbol{\nabla}\cdot\mathbf{v})^2 + 2\mu^V\mathrm{Sp}\mathbf{D}^2$$

oder

$$\rho\theta\dot{s} = \phi + \kappa\boldsymbol{\nabla}^2\theta + \rho r$$

2. Gültigkeit des *Stokes*schen Bedingung

$$\Phi = \mu^V\left[2\mathrm{Sp}\mathbf{D}^2 - \frac{2}{3}(\boldsymbol{\nabla}\cdot\mathbf{v})^2\right]$$

3. Inkompressibilität

$$\rho\dot{u} = \phi + \kappa\boldsymbol{\nabla}^2\theta + \rho r, \Phi = 2\mu^V\mathrm{Sp}\mathbf{D}^2$$

oder

$$\rho\theta\dot{s} = \phi + \kappa\boldsymbol{\nabla}^2\theta + \rho r$$

Sonderfall - reibungsfreies Fluid: $\rho\dot{u} = -p\mathrm{Sp}\mathbf{D}$ oder $\rho\theta\dot{s} = 0$

Inkompressibilität: $\rho\dot{u} = 0$

Im allgemeinen Fall müssen sieben unbekannte Größen (z.B. $\mathbf{v}, \rho, p, u, \theta$) aus einem gekoppelten System von fünf partiellen Differentialgleichungen und zwei Zustandsgleichungen berechnet werden.

Ergänzende Literatur zum Kapitel 6:

1. A.I. Lurje: Räumliche Probleme der Elastizität. Akademie-Verlag, 1963
2. W. Vocke: Räumliche Probleme der linearen Elastizität. Fachbuchverlag, 1969
3. H. Eschenauer, W. Schnell: Elastizitätstheorie I. B.I. Wissenschaftsverlag, 1981
4. J. Altenbach, A. Sacharov (Hrsg.): Die Methode der finiten Elemente in der Festkörpermechanik. Fachbuchverlag, 1982
5. T.J. Cheung: Finite Elemente in der Strömungsmechanik. Fachbuchverlag, 1983
6. A.J. Bakev: Finite Element Computational Fluid Mechanics. - McGraw-Hill Book Comp., 1983
7. H.G. Hahn: Elastizitätstheorie. B.G. Teubner, 1985
8. H. Neuber: Kerbspannungslehre, 3. Auflage. Springer-Verlag, 1985
9. W. Nowacki: Thermo-Elasticity, 2nd. Ed. Pergamon Press, 1986
10. J.H. Spurk: Strömungslehre. Springer-Verlag, 1986
11. B.E. Schönung: Numerische Strömungsmechanik. Springer-Verlag, 1990
12. K. Gersten: Einführung in die Strömungsmechanik, 6. Auflage. Vieweg-Verlag, 1991
13. H. Göldner (Hrsg.): Höhere Festigkeitslehre, Bd. 1, 3. Auflage, 1991; Bd. 2, 3. Auflage, 1992, Fachbuchverlag
14. K.Gersten, H. Herwig: Strömungsmechanik. Vieweg-Verlag, 1992

7 Ausblick

Eine Einführung in die Grundlagen der Kontinuumsmechanik für Ingenieure kann nicht auf alle Fragen, die die heutige Kontinuumsmechanik stellt und die zum Teil Gegenstand intensiver internationaler Forschungen sind, eine Antwort geben. Sie muß aber ein solides Fundament notwendiger Kenntnisse vermitteln, auf dem diejenigen, die sich mit theoretischen Arbeiten in dieser Fachdisziplin oder mit ihrer komplexen Anwendung in der Technik beschäftigen wollen, aufbauen können.

Eine wesentliche Einschränkung einer verallgemeinerten nichtklassischen Kontinuumsmechanik wurde dadurch vorgenommen, daß stets ein phänomenologisches Kontinuumsmodell vorausgesetzt und die Wirkung allgemeiner physikalischer Felder auf das Kontinuum vernachlässigt wird. Im Sinne der klassischen Kontinuumsmechanik wurde somit stets von einer stetigen Ausfüllung des Raumes mit materiellen Punkten des kinematischen Freiheitsgrades drei und der alleinigen Wirkung von Kraft- und Temperaturfeldern ausgegangen. Dieses klassische Konzept bildet bis heute die Grundlage zur Berechnung der Spannungen und Verformungen für Maschinen und Tragwerke. Es reicht aber nicht aus, alle physikalischen Wirkungen richtig zu erklären und insbesondere Antworten auf die Fragen zu geben, die durch den Einsatz neuer Werkstoffe entstanden sind.

Eine Erweiterung der klassischen Kontinuumsmechanik durch die Einbeziehung allgemeiner physikalischer Felder, z.B. elektrischer oder elektromagnetischer Kräfte, ist auch im Rahmen des klassischen phänomenologischen Kontinuumsmodells möglich. Die Einschränkung auf das materielle Punktmodell setzt einer solchen Erweiterung theoretische und Anwendungsgrenzen.

Die Entwicklung einer polaren Kontinuumsmechanik führte zu einer wesentlichen Erweiterung des Kontinuumsmodells. Ein polares Kontinuum besteht aus der stetigen Ausfüllung des Raumes mit starren materiellen Punktkörpern, die entsprechend einer Starrkörperbewegung Translationen und Rotationen ausführen können. Ein materieller Punktkörper hat somit den kinematischen Freiheitsgrad 6 und es müssen nicht nur Kraftspannungen sondern auch Momentenspannungen eingeführt werden. Der Spannungstensor ist dann unsymmetrisch. Der Vorschlag, einem materiellen Punkt nicht nur eine Position sondern auch Orientierung zuzuordnen, wurde erstmalig von den Gebrüdern *E.* und *F. Cosserat* theoretisch ausgearbeitet und vor allem durch die Arbeiten von *Eringen* zur polaren Kontinuumsmechanik zu einem ersten Abschluß gebracht.

Die Modellbildung im Rahmen einer Mikrokontinuumsmechanik kann noch weiter verallgemeinert werden. Ausgangspunkt ist, wie in der klassischen Kontinuumsmechanik, eine stetige Ausfüllung des Raumes mit materiellen Punkten. Jeder materielle Punkt wird nun als ein Mikroelement bzw. ein mikrostrukturelles Subkontinuum betrachtet, daß wie ein Punktkörper Translationen und Rotationen, aber zusätzlich auch noch Deformationen ausführen kann. Die Mikrobewegungen der materiellen Mikrokörper führen dann zu einem kinematischen Freiheitsgrad 12, d.h. 3 Translationen, 3 Rotationen und 6 Mikrodeformationen. Man bezeichnet solche Kontinuumsmodelle auch als mikromorphe Kontinua.

Die klassische Kontinuumsmechanik ist eine lokale Theorie. Der Zustand in einem beliebigen Punkt eines Körpers wird nur durch das Verhalten der infinitesimal benachbarten materiellen Punkte beeinflußt. Diese Annahme einer ausschließlich lokalen Wirkung kann auch auf Mikrokontinuumsmodelle übertragen werden. Experimentelle Untersuchungen zu den Anwendungsgrenzen zeigen jedoch, daß lokale Theorien z.B. für polare Kontinua von einer sogenannten inneren charakteristischen Länge der Modellkörper abhängen und diese einen Grenzwert nicht unterschreiten darf. Es wurde daher eine nichtlokale Kontinuumsmechanik ausgearbeitet, die eine Brückenfunktion zwischen mikro- und makroskopischen Kontinuumsmodellen bilden kann. Wesentliche Arbeiten hierzu wurden wiederum von *Eringen* geleistet. Seiner nichtlokalen Kontinuumsmechanik liegt das Konzept zugrunde, daß zu einem gegebenen Zeitpunkt der Spannungszustand in einem materiellen Punkt nicht nur eine Funktion des Verzerrungszustandes dieses Punktes ist, sondern ein Funktional des gesamten Verzerrungsfeldes des Körpers einschließlich der Verzerrungsgeschichte.

Das klassische Kontinuumsmodell läßt sich unter der Voraussetzung einer homogenen Verteilung unterschiedlicher Komponenten eines Gemisches (Mixtur) auch auf mehrphasige Kontinua anwenden. Die materialunabhängigen Gleichungen werden dann für die homogene Mixtur und nicht für jede einzelne Phase formuliert. Im allgemeineren Fall kann es auch zu Interaktionen zwischen den verschiedenen Komponenten kommen. Es können Phasenübergänge oder Diffusionsprozesse auftreten. Das klassische Kontinuumskonzept ist dann entsprechend zu modifizieren. Die Anwendung von Mehrphasenmodellen der Kontinuumsmechanik hat zunehmende praktische Bedeutung.

Im Rahmen einer Einführung müssen, selbst bei Beschränkung auf die klassische phänomenologische Kontinuumsmechanik, wesentliche Einschränkungen bei der Behandlung der materialtheoretischen Grundlagen und der Aufstellung von Konstitutivgleichungen gemacht werden. Das betrifft z.B. Konstitutivgleichungen thermoplastischer Materialien bei großen Deformationen, aber auch die Gleichungen der nichtlinearen Viskoelastizität und Viskoplastizität. Aktuelle Forschungsergebnisse zur Formulierung von Konstitutivgleichungen für allgemeinere Materialien wie z.B. granulare Stoffe, Keramiken, Komposite, Polymere, Plasma, Flüssigkristalle usw. wurden nicht aufgenommen. Die formulierten Ansätze zur Materialtheorie und zu den deduktiven und den induktiven Methoden der Ableitung von Konstitutivgleichungen bzw. zur Methode der rheologischen Modellierung wurden jedoch so allgemein gehalten, daß eine eigenständige Vertiefung möglich ist. Die ergänzende Spezialliteratur soll die Einarbeitung in weiterführende Aufgabenstellungen der Kontinuumsmechanik erleichtern.

Ergänzende Literatur zum Kapitel 7:

1. A.C. Eringen: Nonlinear Theory of Continuous Media. McGraw-Hill Publ., 1962
2. R.D. Mindlin, H.F. Tiersten: Effects of Couple-stresses in Linear Elasticity. Arch. Rational Mech. Anal. 11(1962), 415 - 448
3. A.E. Green, R.S. Rivlin: Multipolar Continuum Mechanics. Arch. Rational Mech. Anal. 17(1964), 113 - 147
4. E. Kröner (Ed.): Mechanics of Generalized Continua. Proc. IUTAM-Symp. Springer-Verlag, 1968
5. H. Lippmann: Eine Cosserat-Theorie des plastischen Fließens. Acta Mechanica 8(1969), 255 - 284
6. A.C. Eringen: Nonlocal Continuum Mechanics and some Applications. In: Nonlinear Equations in Physics and Mathematics (ed. by A.O. Barut). D. Reidel Publ., 1978
7. W. Nowacki: Theory of Asymmetric Elasticity. Pergamon Press, 1985
8. C.E. Beevers, R.E. Craine: On a Theory for Thermo-viscoelectric Materials. Solids & Struct. 21(1985)2, 133 - 143
9. T. Mura: Micromechanics of Defects in Solids. Secend, Revised Ed. Martinus Kluver Publ., 1987
10. G.K. Haritos et al.: Mesomechanics: the Microstructure - Mechanics Connection. Solids & Struct. 24(1988)11, 1081 - 1096
11. D.R. Axelrad, W. Muschik: Constitutive Laws and Microstructure. Springer-Verlag, 1988
12. W. Ehlers: On thermodynamics of elasto-plastic porous mediea. Arch. Mech. 41(1989)1, 73 - 93
13. A.C. Eringen, G.A. Maugin: Electrodynamics of Continua I. Springer-Verlag, 1989
14. O. Brüller, V. Mannl, J. Najar (Eds.): Advances in Continuum Mechanics. Springer-Verlag, 1991

A Tensorfunktionen

Im Zusammenhang mit der Betrachtung von Konstitutivgleichungen treten Tensorfunktionen auf, deren Behandlung Kenntnisse verlangen, die über die übliche Mathematikausbildung für Ingenieure hinausgeht. Nachfolgend werden daher ausgewählte Rechenregeln für Tensorfunktionen dargestellt.

A.1 Lineare Funktionen tensorieller Argumente

Bei Beschränkung des möglichen Argumentensatzes auf Tensoren der Stufe 1 und 2 sind lineare skalare, vektorielle und tensorielle Funktionen konstruierbar. Beschränkt man sich hierbei gleichfalls auf Tensorfunktionen (tensorwertige Funktionen) der maximalen Stufe 2, erhält man

$$\begin{array}{lll} \psi = \mathbf{b} \cdot \mathbf{a},\ \psi = \mathbf{B} \cdot\cdot\, \mathbf{D} & \text{lineare skalare Funktionen} & \\ \mathbf{c} = \mathbf{B} \cdot \mathbf{a},\ \mathbf{c} = {}^{(3)}\mathbf{B} \cdot\cdot\, \mathbf{D} & \text{lineare vektorielle Funktionen} & (A.1) \\ \mathbf{P} = {}^{(3)}\mathbf{B} \cdot \mathbf{a},\ \mathbf{P} = {}^{(4)}\mathbf{B} \cdot\cdot\, \mathbf{D} & \text{lineare tensorielle Funktionen} & \end{array}$$

Eine quadratische Form für den Tensor 2. Stufe **D** kann mit Hilfe der letzten Gleichung (A.1) angegeben werden

$$\psi[\mathbf{P}(\mathbf{D})] = \psi({}^{(4)}\mathbf{B} \cdot\cdot \mathbf{D}) = ({}^{(4)}\mathbf{B} \cdot\cdot \mathbf{D}) \cdot\cdot \mathbf{D} = B_{klmn} D_{nm} D_{lk}$$

Da die Reihenfolge der Multiplikation mit den Tensoren **D** vertauscht werden kann, gilt

$$B_{klmn} = B_{mnkl} \tag{A.2}$$

Faßt man weiterhin die letzte Gleichung (A.1) als lineare Abbildung eines Tensors 2. Stufe auf einen Tensor 2. Stufe auf, können weitere Symmetriebeziehungen abgeleitet werden. Ist der Tensor **D** symmetrisch ($\mathbf{D} = \mathbf{D}^T$), gilt für die Koordinaten des Tensors 4. Stufe

$$P_{st} = B_{stmn} D_{nm},\ B_{klmn} = B_{klnm} \tag{A.3}$$

Ist der Tensor **P** symmetrisch ($\mathbf{P} = \mathbf{P}^T$), gilt für die Koordinaten des Tensors 4. Stufe

$$P_{st} = P_{ts} = B_{stmn} D_{nm},\ B_{stmn} = B_{tsmn} \tag{A.4}$$

Die Auswertung der Gln. (A.2) bis (A.4) führt auf folgende Aussagen. Wird ein Tensor 4. Stufe auf ein Koordinatensystem im dreidimensionalen Raum bezogen, hat er 81 Koordinaten. Die Berücksichtigung der Gln. (A.3) und (A.4) hat eine Reduktion auf 36, die Einbeziehung der Gl. (A.2) - auf 21 von Null verschiedenen Koordinaten zur Folge.

A.2 Skalarwertige Funktionen tensorieller Argumente

Beschränkt man sich auf skalarwertige Funktionen, die von Tensoren 2. Stufe abhängen, können diese wie folgt dargestellt werden

$$\psi = \psi(\mathbf{D}) = \psi(D_{11}, D_{22}, \ldots, D_{31})$$

Für die Darstellung der Ableitung kann folgende Definition der Variationsrechnung herangezogen werden

$$\delta f(x) = f(x + \delta x) - f(x) = f'(x)\delta x \tag{A.5}$$

Auf skalarwertige Funktionen tensorieller Argumente erweitert bedeutet das

$$\delta\psi(D_{11}, D_{22}, \ldots, D_{31}) = \frac{\partial \psi}{\partial D_{kl}} \delta D_{kl}$$

bzw.

$$\delta\psi = \frac{\partial \psi}{\partial D_{ij}} \mathbf{e}_i \mathbf{e}_j \cdot \cdot \delta D_{kl} \mathbf{e}_l \mathbf{e}_k = \frac{\partial \psi}{\partial D_{ij}} \delta D_{ji} = \psi_{,\mathbf{D}} \cdot \cdot \delta \mathbf{D}^T \tag{A.6}$$

$\psi_{,\mathbf{D}}$ heißt dann Ableitung der skalarwertigen Funktion nach einem Tensor 2. Stufe. Die Ableitung ist selbst ein Tensor 2. Stufe

$$\psi_{,\mathbf{D}} = \frac{\partial \psi}{\partial \mathbf{D}} = \frac{\partial \psi}{\partial D_{kl}} \mathbf{e}_k \mathbf{e}_l \tag{A.7}$$

Die Gl. (A.5) kann unter Beachtung von (A.6) und (A.7) folgendermaßen für tensorielle Argumente geschrieben werden

$$\delta\psi(\mathbf{D}) = \psi(\mathbf{D} + \delta\mathbf{D}) - \psi(\mathbf{D}) = \psi_{,\mathbf{D}} \cdot \cdot \delta\mathbf{D}^T \tag{A.8}$$

A.3 Differentiation von speziellen skalarwertigen Funktionen

Von besonderer Bedeutung bei der Ableitung materialspezifischer Gleichungen sind Ableitungen von Invarianten sowie skalarwertige Funktionen, die als Argument ein Tensorprodukt $\mathbf{D} \cdot \mathbf{D}^T$ aufweisen.

Betrachtet werden zunächst die Invarianten von Tensoren 2. Stufe. Entsprechend Gl. (A.8) erhält man definitionsgemäß

$$\delta I_1(\mathbf{D}) = I_1(\mathbf{D} + \delta\mathbf{D}) - I_1(\mathbf{D}) = I_1(\mathbf{D})_{,\mathbf{D}} \cdot\cdot \delta\mathbf{D}^T$$

Berechnet man die entsprechenden 1. Invarianten, folgt

$$\begin{aligned} I_1(\mathbf{D} + \delta\mathbf{D}) - I_1(\mathbf{D}) &= \mathbf{I} \cdot\cdot (\mathbf{D} + \delta\mathbf{D}) - \mathbf{I} \cdot\cdot \mathbf{D} = \mathbf{I} \cdot\cdot \delta\mathbf{D} \\ &= \mathbf{I} \cdot\cdot \delta\mathbf{D}^T = I_1(\mathbf{D})_{,\mathbf{D}} \cdot\cdot \delta\mathbf{D}^T \end{aligned}$$

Damit erhält man abschließend durch Koeffizientenvergleich

$$I_1(\mathbf{D})_{,\mathbf{D}} = \mathbf{I}$$

Analog kann man unter Ausnutzung der Rechenregeln zu den Invarianten eines Tensors 2. Stufe (vergl. Abschnitt 1.2.2) folgende Ableitungen ausrechnen

$$I_1(\mathbf{D}^2)_{,\mathbf{D}} = 2\mathbf{D}^T, \quad I_1(\mathbf{D}^3)_{,\mathbf{D}} = 3\mathbf{D}^{2^T}$$

Damit lassen sich unter Anwendung des Satzes von *Caley-Hamilton* (Abschnitt 1.2.2) auch die Ableitungen der 2. und 3. Invarianten ausrechnen

$$\begin{aligned} I_2(\mathbf{D})_{,\mathbf{D}} &= \mathbf{I} I_1(\mathbf{D}) - \mathbf{D}^T, \\ I_3(\mathbf{D})_{,\mathbf{D}} &= \mathbf{D}^{2^T} - I_1(\mathbf{D})\mathbf{D}^T + \mathbf{I} I_2(\mathbf{D}) = I_3(\mathbf{D})(\mathbf{D}^T)^{-1} \end{aligned}$$

Für skalarwertige Funktionen der Invarianten gilt weiterhin

$$\begin{aligned} \psi[I_1(\mathbf{D}), I_2(\mathbf{D}), I_3(\mathbf{D})]_{,\mathbf{D}} &= \left(\frac{\partial \psi}{\partial I_1} + I_1 \frac{\partial \psi}{\partial I_2} + I_2 \frac{\partial \psi}{\partial I_3}\right)\mathbf{I} \\ &\quad - \left(\frac{\partial \psi}{\partial I_2} + I_1 \frac{\partial \psi}{\partial I_3}\right)\mathbf{D}^T + \frac{\partial \psi}{\partial I_3}\mathbf{D}^{2^T} \end{aligned}$$

Die Ableitung der skalarwertigen Funktion $\psi(\mathbf{D} \cdot \mathbf{D}^T)$ wird folgendermaßen gebildet. In der Definitionsgleichung (A.8) wird zunächst $\mathbf{D}$ durch $\mathbf{D}^T$ ersetzt

$$\delta\psi = \psi_{,\mathbf{D}^T} \cdot\cdot \delta\mathbf{D} = (\psi_{,\mathbf{D}^T})^T \cdot\cdot \delta\mathbf{D}^T \tag{A.9}$$

Aus dem Koeffizientenvergleich der Gln. (A.8) und (A.9) folgt

$$\psi_{,\mathbf{D}} = (\psi_{,\mathbf{D}^T})^T \tag{A.10}$$

Das Produkt $\mathbf{D}\cdot\mathbf{D}^T = \mathbf{S}$ ist ein symmetrischer Tensor. Somit gilt

$$\begin{aligned}\delta\psi &= \psi_{,\mathbf{D}}\cdot\cdot\delta\mathbf{D}^T = \psi_{,\mathbf{S}}\cdot\cdot\delta\mathbf{S}^T = \psi_{,\mathbf{D}\cdot\mathbf{D}^T}\cdot\cdot\delta(\mathbf{D}\cdot\mathbf{D}^T)^T\\ &= \psi_{,\mathbf{D}\cdot\mathbf{D}^T}\cdot\cdot(\mathbf{D}\cdot\delta\mathbf{D}^T + \delta\mathbf{D}\cdot\delta\mathbf{D}^T)\\ &= \psi_{,\mathbf{D}\cdot\mathbf{D}^T}\cdot\mathbf{D}\cdot\cdot\delta\mathbf{D}^T + \mathbf{D}^T\cdot\psi_{,\mathbf{D}\cdot\mathbf{D}^T}\cdot\cdot\delta\mathbf{D}\\ &= [\psi_{,\mathbf{D}\cdot\mathbf{D}^T}\cdot\mathbf{D} + (\psi_{,\mathbf{D}\cdot\mathbf{D}^T})^T\cdot\mathbf{D}]\cdot\cdot\delta\mathbf{D}^T\end{aligned}$$

Unter Beachtung von Gl. (A.10) folgt damit

$$\psi_{,\mathbf{D}} = 2\psi_{,\mathbf{D}\cdot\mathbf{D}^T}\cdot\mathbf{D} \tag{A.11}$$

Ersetzt man $\mathbf{D}$ jetzt wieder durch $\mathbf{D}^T$, folgt mit $(\psi_{,\mathbf{D}^T})^T = \psi_{,\mathbf{D}}$ und $(\psi_{,\mathbf{D}^T\cdot\mathbf{D}})^T = \psi_{,\mathbf{D}\cdot\mathbf{D}^T}$

$$\psi_{,\mathbf{D}} = 2\mathbf{D}\cdot\psi_{,\mathbf{D}^T\cdot\mathbf{D}} \tag{A.12}$$

A.4 Differentiation von tensorwertigen Funktionen

Betrachtet wird eine tensorwertige Funktion 2. Stufe, die selbst von einem Tenor 2. Stufe abhängt, d.h.

$$\mathbf{P} = \mathbf{P}(\mathbf{D})$$

Die Ableitung dieser Funktion nach $\mathbf{D}$, d.h. die Ableitung eines Tensors 2. Stufe nach einem Tensor 2. Stufe, läßt sich wie folgt begründen. Ausgangspunkt ist wiederum die Definitionsgleichung (A.8), die in diesem Fall wie folgt zu modifizieren ist

$$\delta\mathbf{P} = \mathbf{P}(\mathbf{D}+\delta\mathbf{D}) - \mathbf{P}(\mathbf{D}) = \mathbf{P}_{,\mathbf{D}}\cdot\cdot\delta\mathbf{D}^T \tag{A.13}$$

Die tensorwertige Funktion kann als

$$\mathbf{P} = P_{mn}\mathbf{e}_m\mathbf{e}_n$$

dargestellt werden. Die Koordinaten p_{mn} sind Skalare, die von einem tensoriellen Argument abhängen. Nach Abschnitt A.2 gilt dann

$$P_{mn,\mathbf{D}} = \frac{\partial P_{mn}}{\partial\mathbf{D}} = \frac{\partial P_{mn}}{\partial D_{kl}}\mathbf{e}_k\mathbf{e}_l$$

Gl. (A.13) geht damit in den Ausdruck

$$\delta\mathbf{P} = P_{mn,\mathbf{D}}\mathbf{e}_m\mathbf{e}_n\cdot\cdot\delta\mathbf{D}^T$$

Nach Einsetzen der Ableitung und Koeffizientenvergleich mit (A.13) erhält man dann

$$\mathbf{P}_{,\mathbf{D}} = \frac{\partial P_{mn}}{\partial D_{kl}}\mathbf{e}_m\mathbf{e}_n\mathbf{e}_k\mathbf{e}_l$$

A.5 Isotrope Funktionen tensorieller Argumente

Skalarwertige Funktionen tensorieller Argumente werden als isotrop bezeichnet, wenn

$$\psi\ (\mathbf{A}, \mathbf{B}, \ldots, \mathbf{a}, \mathbf{b}, \ldots, \alpha, \beta, \ldots) =$$
$$\psi\ (\mathbf{Q} \cdot \mathbf{A} \cdot \mathbf{Q}^T, \mathbf{Q} \cdot \mathbf{B} \cdot \mathbf{Q}^T, \ldots, \mathbf{Q} \cdot \mathbf{a}, \mathbf{Q} \cdot \mathbf{b}, \ldots, \alpha, \beta, \ldots)$$

für alle orthogonalen Tensoren $\mathbf{Q}$ gilt. Dabei realisiert $\mathbf{Q}$ eine Drehung um einen beliebigen Winkel ω um eine frei gewählte Achse $\mathbf{e}$

$$\mathbf{Q} = \mathbf{I} \cos\omega + (1 - \cos\omega)\mathbf{ee} + \mathbf{e} \times \mathbf{I} \sin\omega \qquad \text{(A.14)}$$

Die Argumente $\mathbf{A}, \mathbf{B}, \ldots$ sind Tensoren 2. Stufe, $\mathbf{a}, \mathbf{b}, \ldots$ - Vektoren und $\alpha, \beta, \ldots$ Skalare. Für tensorwertige Argumente höherer Stufe lassen sich analoge Beziehungen angeben.

Für tensorwertige Funktionen lassen sich gleichfalls Isotropieaussagen treffen. Bei Beschränkung auf tensorwertige Funktionen 2. Stufe sowie tensorwertige Argumente 2. Stufe gilt, daß die Funktion $\mathbf{P} = \mathbf{F}(\mathbf{A}, \mathbf{B}, \ldots)$ isotrop ist, wenn

$$\overline{\mathbf{P}} = \mathbf{Q} \cdot \mathbf{F}(\mathbf{A}, \mathbf{B}, \ldots) \cdot \mathbf{Q}^T = \mathbf{F}(\mathbf{Q} \cdot \mathbf{A} \cdot \mathbf{Q}^T, \mathbf{Q} \cdot \mathbf{B} \cdot \mathbf{Q}^T, \ldots)$$

erfüllt ist, wobei $\mathbf{Q}$ den Ausdruck (A.14) annimmt.

Im Zusammenhang mit isotropen, tensorwertigen Funktionen gilt auch der folgende Darstellungssatz (*Truesdell, Noll*):

Ist $\mathbf{P} = \mathbf{F}(\mathbf{A})$ *eine polynominale, isotrope, tensorwertige Funktion, d.h. die Komponenten von* $\mathbf{P}$ *sind Polynome des Grades* n *der Komponenten von* $\mathbf{A}$, *gilt offensichtlich*

$$\mathbf{P} = \mathbf{F}(\mathbf{A}) = \phi_0 \mathbf{I} + \phi_1 \mathbf{A} + \phi_2 \mathbf{A}^2 + \ldots + \phi_n \mathbf{A}^n,$$

wobei die Koeffizienten ϕ_k *skalarwertige Funktionen der Invarianten von* $\mathbf{A}$ *sind*

$$\phi_k = \phi_k[I_1(\mathbf{A}), I_2(\mathbf{A}), I_3(\mathbf{A})]$$

Entsprechend dem Satz von *Caley-Hamilton* kann jede $n$te Potenz eines Tensors ($n \geq 3$) durch seine 0., 1. und 2. Potenz ausgedrückt werden

$$\mathbf{P} = \mathbf{F}(\mathbf{A}) = \nu_0 \mathbf{I} + \nu_1 \mathbf{A} + \nu_2 \mathbf{A}^2,$$

wobei die Koeffizienten ν_i lediglich von den Invarianten des Argumententensors abhängen

$$\nu_i = \nu_i[I_1(\mathbf{A}), I_2(\mathbf{A}), I_3(\mathbf{A})]$$

Ergänzende Literatur zum Anhang A:

1. A.I. Lurie: Nonlinear Theory of Elasticity. - North-Holland Publ. Company, 1990

B Elastizitäts- und Nachgiebigkeitsmatrizen

Im Abschnitt 5.3.1 wurden auf deduktivem Wege Sonderfälle der Anisotropie bezüglich ihrer Auswirkungen auf die Anzahl der linear-unabhängigen Koordinaten des Elastizitätstensors ${}^{(4)}\mathbf{E}$ diskutiert. Die dabei gewählten Darstellungen sind jedoch für die Ingenieurpraxis nicht immer effektiv. Nachfolgend werden daher die entsprechenden Matrizenbeziehungen für das anisotrope, linear-elastische Matrialverhalten einschließlich entsprechender Sonderfälle zusammengestellt, wobei in den Fällen, wo es sinnvoll erscheint, zu Darstellungen in den Ingenieurkonstanten übergegangen wird. Gleichzeitig wird eine mögliche Verbindung zu den Ursachen der Sonderfälle der Anisotropie, den Kristallgitterklassen, aufgezeigt.

B.1 Elastizitätsgesetz in Vektor-Matrix-Darstellung

Unter der Voraussetzung kleiner Verzerrungen kann man das *Hooke*sche Gesetz in folgender Form schreiben

$$\boldsymbol{\sigma} =^{(4)} \mathbf{E} \cdot\cdot \boldsymbol{\varepsilon}$$

In Indexschreibweise folgt daraus

$$\sigma_{ij} = E_{ijkl}\varepsilon_{kl} \tag{B.1}$$

bzw.

$$\varepsilon_{ij} = N_{ijkl}\sigma_{kl} \tag{B.2}$$

Dabei sind E_{ijkl} und N_{ijkl} die Koordinaten des Elastizitäts- bzw. des Nachgiebigkeitstensors mit den Symmetrien

$$E_{ijkl} = E_{jikl} = E_{ijlk} = E_{klij}, N_{ijkl} = N_{jikl} = N_{ijlk} = N_{klij},$$

d.h. diese Tensoren haben im Falle anisotropen, linear-elastischen Materialverhaltens jeweils 21 linear-unabhängige Koordinaten (*Green*sche Elastizität). Außerdem gilt zwischen den Tensoren die Beziehung

$${}^{(4)}\mathbf{E} =^{(4)} \mathbf{N}^{-1}$$

Der Übergang zur Vektor-Matrix-Darstellung des elastischen Gesetzes kann dann in folgender Form realisiert werden. Ersetzt man die Indizes in der tensoriellen Darstellung nach dem Schema 11 → 1, 22 → 2, 33 → 3, 23 → 4, 13 → 5, 12 → 6, nehmen die Gleichungen (B.1) und (B.2) den Ausdruck

$$\sigma_i = E_{ij}\varepsilon_j, \quad \varepsilon_i = N_{ij}\sigma_j \tag{B.3}$$

an. Dabei gilt

$$[\varepsilon_i] = \begin{bmatrix} \varepsilon_1 \\ \varepsilon_2 \\ \varepsilon_3 \\ \varepsilon_4 \\ \varepsilon_5 \\ \varepsilon_6 \end{bmatrix} = \begin{bmatrix} \varepsilon_{11} \\ \varepsilon_{22} \\ \varepsilon_{33} \\ 2\varepsilon_{23} \\ 2\varepsilon_{13} \\ 2\varepsilon_{12} \end{bmatrix} = \begin{bmatrix} \varepsilon_{11} \\ \varepsilon_{22} \\ \varepsilon_{33} \\ \gamma_{23} \\ \gamma_{13} \\ \gamma_{12} \end{bmatrix}, \quad [\sigma_i] = \begin{bmatrix} \sigma_1 \\ \sigma_2 \\ \sigma_3 \\ \sigma_4 \\ \sigma_5 \\ \sigma_6 \end{bmatrix} = \begin{bmatrix} \sigma_{11} \\ \sigma_{22} \\ \sigma_{33} \\ \sigma_{23} \\ \sigma_{13} \\ \sigma_{12} \end{bmatrix} = \begin{bmatrix} \sigma_{11} \\ \sigma_{22} \\ \sigma_{33} \\ \tau_{23} \\ \tau_{13} \\ \tau_{12} \end{bmatrix}$$

Außerdem gilt für die Elastizitäts- bzw. Nachgiebigkeitsmatrix die Symmetriebedingungen

$$E_{ij} = E_{ji}, \quad N_{ij} = N_{ji}$$

sowie der Zusammenhang

$$N_{ij} = \frac{(-1)^{i+j}U(E_{ij})}{|E_{ij}|}, \qquad E_{ij} = \frac{(-1)^{i+j}U(N_{ij})}{|N_{ij}|},$$

wobei mit $U(\ldots)$ bzw. $|\ldots|$ die entsprechenden Unterdeterminanten bzw. Determinanten bezeichnet sind.

Aus dem Vergleich der Gleichung (B.2) mit der zweiten Gleichung (B.3) folgen die allgemeinen Regeln für die Umrechnung der Koordianten des Nachgiebigkeitstensors in Koordinaten der Nachgiebigkeitsmatrix

$$\begin{aligned} N_{mn} &\Longleftrightarrow N_{ijkl} \text{ wenn } m, n = 1,2,3 \\ N_{mn} &\Longleftrightarrow 2N_{ijkl} \text{ wenn } m \text{ oder } n = 4,5,6 \\ N_{mn} &\Longleftrightarrow 4N_{ijkl} \text{ wenn } m, n = 4,5,6 \end{aligned}$$

Bei allgemeiner Anisotropie (diese wird in de. Kristallphysik auch als triklines Kristallsystem bezeichnet) kann das *Hooke*sche Gesetz damit in Vektor-Matrix-Schreibweise wie folgt geschrieben werden

$$\begin{bmatrix} \sigma_1 \\ \sigma_2 \\ \sigma_3 \\ \sigma_4 \\ \sigma_5 \\ \sigma_6 \end{bmatrix} = \begin{bmatrix} E_{11} & E_{12} & E_{13} & E_{14} & E_{15} & E_{16} \\ & E_{22} & E_{23} & E_{24} & E_{25} & E_{26} \\ & & E_{33} & E_{34} & E_{35} & E_{36} \\ S & & & E_{44} & E_{45} & E_{46} \\ & Y & & & E_{55} & E_{56} \\ & & M & & & E_{66} \end{bmatrix} \begin{bmatrix} \varepsilon_1 \\ \varepsilon_2 \\ \varepsilon_3 \\ \varepsilon_4 \\ \varepsilon_5 \\ \varepsilon_6 \end{bmatrix} \tag{B.4}$$

bzw.

$$\begin{bmatrix} \varepsilon_1 \\ \varepsilon_2 \\ \varepsilon_3 \\ \varepsilon_4 \\ \varepsilon_5 \\ \varepsilon_6 \end{bmatrix} = \begin{bmatrix} N_{11} & N_{12} & N_{13} & N_{14} & N_{15} & N_{16} \\ & N_{22} & N_{23} & N_{24} & N_{25} & N_{26} \\ & & N_{33} & N_{34} & N_{35} & N_{36} \\ S & & & N_{44} & N_{45} & N_{46} \\ & Y & & & N_{55} & N_{56} \\ & & M & & & N_{66} \end{bmatrix} \begin{bmatrix} \sigma_1 \\ \sigma_2 \\ \sigma_3 \\ \sigma_4 \\ \sigma_5 \\ \sigma_6 \end{bmatrix} \tag{B.5}$$

B.2 Monotropes Materialverhalten

Für den Fall, daß die x_2-x_3-Ebene eine Symmetrieebene des elastischen Materialverhaltens ist, folgt für das *Hooke*sche Gesetz

$$\begin{bmatrix} \varepsilon_1 \\ \varepsilon_2 \\ \varepsilon_3 \\ \varepsilon_4 \\ \varepsilon_5 \\ \varepsilon_6 \end{bmatrix} = \begin{bmatrix} N_{11} & N_{12} & N_{13} & N_{14} & 0 & 0 \\ & N_{22} & N_{23} & N_{24} & 0 & 0 \\ & & N_{33} & N_{34} & 0 & 0 \\ S & & & N_{44} & 0 & 0 \\ & Y & & & N_{55} & N_{56} \\ & & M & & & N_{66} \end{bmatrix} \begin{bmatrix} \sigma_1 \\ \sigma_2 \\ \sigma_3 \\ \sigma_4 \\ \sigma_5 \\ \sigma_6 \end{bmatrix} \tag{B.6}$$

In den Ingenieurkonstanten erhält man die Nachgiebigkeitsmatrix wie folgt

$$[N_{ij}] = \begin{bmatrix} \frac{1}{E_1} & -\frac{\nu_{21}}{E_2} & -\frac{\nu_{31}}{E_3} & \frac{\eta_{41}}{G_{23}} & 0 & 0 \\ -\frac{\nu_{12}}{E_1} & \frac{1}{E_2} & -\frac{\nu_{32}}{E_3} & \frac{\eta_{42}}{G_{23}} & 0 & 0 \\ -\frac{\nu_{13}}{E_1} & -\frac{\nu_{23}}{E_2} & \frac{1}{E_3} & \frac{\eta_{43}}{G_{23}} & 0 & 0 \\ \frac{\eta_{14}}{E_1} & \frac{\eta_{24}}{E_2} & \frac{\eta_{34}}{E_3} & \frac{1}{G_{23}} & 0 & 0 \\ 0 & 0 & 0 & 0 & \frac{1}{G_{13}} & \frac{\mu_{65}}{G_{12}} \\ 0 & 0 & 0 & 0 & 0 & \frac{1}{G_{12}} \end{bmatrix} \tag{B.7}$$

Aufgrund der Symmetrie der Nachgiebigkeitsmatrix gilt

$$E_1\nu_{21} = E_2\nu_{12}, E_2\nu_{32} = E_3\nu_{23}, E_3\nu_{13} = E_1\nu_{31}$$

sowie

$$E_1\eta_{41} = G_{23}\eta_{14}, E_2\eta_{42} = G_{23}\eta_{24}, E_3\eta_{43} = G_{23}\eta_{34}$$

In der Kristallphysik entspricht die Monotropie einem monoklinen Kristallsystem.

B.3 Orthotropes Materialverhalten

Für den Fall, daß drei, zueinander orthogonale Symmetrieebenen im Material existieren, reduziert sich Gl. (B.5) wie folgt

$$\begin{bmatrix} \varepsilon_1 \\ \varepsilon_2 \\ \varepsilon_3 \\ \varepsilon_4 \\ \varepsilon_5 \\ \varepsilon_6 \end{bmatrix} = \begin{bmatrix} N_{11} & N_{12} & N_{13} & 0 & 0 & 0 \\ & N_{22} & N_{23} & 0 & 0 & 0 \\ & & N_{33} & 0 & 0 & 0 \\ S & & & N_{44} & 0 & 0 \\ & Y & & & N_{55} & 0 \\ & & M & & & N_{66} \end{bmatrix} \begin{bmatrix} \sigma_1 \\ \sigma_2 \\ \sigma_3 \\ \sigma_4 \\ \sigma_5 \\ \sigma_6 \end{bmatrix} \tag{B.8}$$

In den Ingenieurkonstanten erhält man die folgende Form der Nachgiebigkeitsmatrix

$$[N_{ij}] = \begin{bmatrix} \frac{1}{E_1} & -\frac{\nu_{21}}{E_2} & -\frac{\nu_{31}}{E_3} & 0 & 0 & 0 \\ -\frac{\nu_{12}}{E_1} & \frac{1}{E_2} & -\frac{\nu_{32}}{E_3} & 0 & 0 & 0 \\ -\frac{\nu_{13}}{E_1} & -\frac{\nu_{23}}{E_2} & \frac{1}{E_3} & 0 & 0 & 0 \\ 0 & 0 & 0 & \frac{1}{G_{23}} & 0 & 0 \\ 0 & 0 & 0 & 0 & \frac{1}{G_{31}} & 0 \\ 0 & 0 & 0 & 0 & 0 & \frac{1}{G_{12}} \end{bmatrix} \tag{B.9}$$

Dabei sind E_i die Elastizitätsmoduln in Richtung der Achsen x_i, ν_{ij} die Querkontraktionszahlen zur Kennzeichnung der Querkontraktionswirkungen zwichen den Richtungen i (Beanspruchungsrichtung) und j (Querdehnungsrichtung) sowie G_{ij} die Gleitmoduln zur Beschreibung der Gleitungen in der x_i-x_j-Ebene. Aufgrund der Symmetrie $N_{ij} = N_{ji}$ gilt weiterhin

$$E_1\nu_{21} = E_2\nu_{12}, E_2\nu_{32} = E_3\nu_{23}, E_3\nu_{13} = E_1\nu_{31}$$

Invertiert man die Nachgiebigkeitsmatrix, erhält man die Elastizitätsmatrix

$$[E_{ij}] = \begin{bmatrix} \frac{1-\nu_{23}\nu_{32}}{E_2E_3\square} & \frac{\nu_{21}+\nu_{31}\nu_{23}}{E_2E_3\square} & \frac{\nu_{31}+\nu_{21}\nu_{32}}{E_2E_3\square} & 0 & 0 & 0 \\ & \frac{1-\nu_{13}\nu_{31}}{E_1E_3\square} & \frac{\nu_{32}+\nu_{12}\nu_{31}}{E_1E_3\square} & 0 & 0 & 0 \\ & & \frac{1-\nu_{12}\nu_{21}}{E_1E_2\square} & 0 & 0 & 0 \\ S & & & G_{23} & 0 & 0 \\ & Y & & & G_{31} & 0 \\ & & M & & & G_{12} \end{bmatrix} \tag{B.10}$$

mit

$$\square = \frac{1-\nu_{12}\nu_{21}-\nu_{23}\nu_{32}-\nu_{13}\nu_{31}-2\nu_{21}\nu_{32}\nu_{13}}{E_1E_2E_3}$$

Ausführliche Untersuchungen zu den Eigenschaften der Elastizitäts- bzw. Nachgiebigkeitsmatrix sowie Überlegungen zur Verzerrungsenergie führen zu folgenden Einschränkungen für den Wertebereich der Werkstoffkennwerte

$$E_1 > 0, E_2 > 0, E_3 > 0, G_{23} > 0, G_{31} > 0, G_{12} > 0$$

$$\nu_{21}^2 < \frac{E_2}{E_1}, \nu_{12}^2 < \frac{E_1}{E_2}, \nu_{32}^2 < \frac{E_3}{E_2}, \nu_{23}^2 < \frac{E_2}{E_3}, \nu_{13}^2 < \frac{E_1}{E_3}, \nu_{31}^2 < \frac{E_3}{E_1}$$

$$1-\nu_{12}\nu_{21}-\nu_{23}\nu_{32}-\nu_{13}\nu_{31}-2\nu_{21}\nu_{32}\nu_{13} > 0$$

In der Kristallphysik wird die Orthotropie auch als rhombisches bzw. orthorhombisches Kristallsystem bezeichnet.

B.4 Transversal-isotropes Materialverhalten

Für den Fall, daß zusätzlich die zu x_3 orthogonale Ebene Isotropieebene ist, reduziert sich Gl. (B.8) weiter

$$\begin{bmatrix} \varepsilon_1 \\ \varepsilon_2 \\ \varepsilon_3 \\ \varepsilon_4 \\ \varepsilon_5 \\ \varepsilon_6 \end{bmatrix} = \begin{bmatrix} N_{11} & N_{12} & N_{13} & 0 & 0 & 0 \\ & N_{11} & N_{13} & 0 & 0 & 0 \\ & & N_{33} & 0 & 0 & 0 \\ S & & & N_{44} & 0 & 0 \\ & Y & & & N_{44} & 0 \\ & & M & & & 2(N_{11}-N_{12}) \end{bmatrix} \begin{bmatrix} \sigma_1 \\ \sigma_2 \\ \sigma_3 \\ \sigma_4 \\ \sigma_5 \\ \sigma_6 \end{bmatrix} \tag{B.11}$$

Ausgehend von den Ingenieurkonstanten des orthotropen Materialverhaltens ergeben sich folgende Identitäten

$$E_1 = E_2, G_{23} = G_{31}, \frac{\nu_{12}}{E_1} = \frac{\nu_{21}}{E_2}, \frac{\nu_{13}}{E_1} = \frac{\nu_{23}}{E_2}, G_{12} = \frac{E_1}{2(1+\nu_{21}}$$

In den Ingenieurkonstanten erhält man die folgende Form der Nachgiebigkeitsmatrix

$$[N_{ij}] = \begin{bmatrix} \frac{1}{E_1} & -\frac{\nu_{12}}{E_1} & -\frac{\nu_{31}}{E_3} & 0 & 0 & 0 \\ -\frac{\nu_{12}}{E_1} & \frac{1}{E_1} & -\frac{\nu_{31}}{E_3} & 0 & 0 & 0 \\ -\frac{\nu_{13}}{E_1} & -\frac{\nu_{13}}{E_1} & \frac{1}{E_3} & 0 & 0 & 0 \\ 0 & 0 & 0 & \frac{1}{G_{31}} & 0 & 0 \\ 0 & 0 & 0 & 0 & \frac{1}{G_{31}} & 0 \\ 0 & 0 & 0 & 0 & 0 & \frac{2(1+\nu_{12})}{E_1} \end{bmatrix} \tag{B.12}$$

Die invertierte Nachgiebigkeitsmatrix führt dann wieder auf die Elastizitätsmatrix

$$[E_{ij}] = \begin{bmatrix} \frac{1-\nu_{31}^2\frac{E_1}{E_3}}{D} & \frac{\nu_{21}+\nu_{31}^2\frac{E_1}{E_3}}{D} & \frac{(1+\nu_{21})E_1\nu_{31}}{E_1 D} & 0 & 0 & 0 \\ & \frac{1-\nu_{31}^2\frac{E_1}{E_3}}{D} & \frac{(1+\nu_{21})E_1\nu_{31}}{E_1 D} & 0 & 0 & 0 \\ & & \frac{(1-\nu_{21})E_3}{1-\nu_{21}-2\nu_{13}\nu_{31}} & 0 & 0 & 0 \\ S & & & G_{31} & 0 & 0 \\ & Y & & & G_{31} & 0 \\ & & M & & & G_{12} \end{bmatrix}$$

mit

$$D = \frac{1+\nu_{21}}{E_1}\left[1-\nu_{21}-2\nu_{31}^2\frac{E_1}{E_3}\right], G_{12} = \frac{E_1}{2(1+\nu_{21})}$$

Für die Werkstoffkennwerte sind folgende Bedingungen einzuhalten

$$E_1 > 0, E_3 > 0, G_{12} > 0, G_{31} > 0$$

$$-1 < \nu_{21}^2 < 1, \nu_{31}^2 < \frac{E_3}{E_1}, 1 - 2\nu_{31}^2\frac{E_1}{E_3}$$

In der Kristallphysik entspricht die transversale Isotropie (auch Querisotropie) einem hexagonalen Kristallsystem.

B.5 Isotropes Materialverhalten

In diesem Fall sind alle Richtungen im Material bezüglich der elastischen Eigenschaften gleichberechtigt. Damit gilt

$$\begin{bmatrix} \varepsilon_1 \\ \varepsilon_2 \\ \varepsilon_3 \\ \varepsilon_4 \\ \varepsilon_5 \\ \varepsilon_6 \end{bmatrix} = \begin{bmatrix} N_{11} & N_{12} & N_{12} & 0 & 0 & 0 \\ N_{12} & N_{11} & N_{12} & 0 & 0 & 0 \\ N_{12} & N_{12} & N_{11} & 0 & 0 & 0 \\ 0 & 0 & 0 & \mathcal{N} & 0 & 0 \\ 0 & 0 & 0 & 0 & \mathcal{N} & 0 \\ 0 & 0 & 0 & 0 & 0 & \mathcal{N} \end{bmatrix} \begin{bmatrix} \sigma_1 \\ \sigma_2 \\ \sigma_3 \\ \sigma_4 \\ \sigma_5 \\ \sigma_6 \end{bmatrix}$$

mit $\mathcal{N} = 2(N_{11} - N_{12})$. Damit erhält man für die Nachgiebigkeitsmatrix

$$[N_{ij}] = \begin{bmatrix} \frac{1}{E} & -\frac{\nu}{E} & -\frac{\nu}{E} & 0 & 0 & 0 \\ -\frac{\nu}{E} & \frac{1}{E} & -\frac{\nu}{E} & 0 & 0 & 0 \\ -\frac{\nu}{E} & -\frac{\nu}{E} & \frac{1}{E} & 0 & 0 & 0 \\ 0 & 0 & 0 & \frac{1}{G} & 0 & 0 \\ 0 & 0 & 0 & 0 & \frac{1}{G} & 0 \\ 0 & 0 & 0 & 0 & 0 & \frac{1}{G} \end{bmatrix}, \qquad \text{(B.13)}$$

wobei zusätzlich die Bedingung $E = 2(1+\nu)G$ gilt. Durch Invertieren der Nachgiebigkeitsmatrix erhält man die Elastizitätsmatrix

$$[E_{ij}] = \begin{bmatrix} \frac{E(1-\nu)}{(1-2\nu)(1+\nu)} & \frac{E\nu}{(1-2\nu)(1+\nu)} & \frac{E\nu}{(1-2\nu)(1+\nu)} & 0 & 0 & 0 \\ & \frac{E(1-\nu)}{(1-2\nu)(1+\nu)} & \frac{E\nu}{(1-2\nu)(1+\nu)} & 0 & 0 & 0 \\ & & \frac{E(1-\nu)}{(1-2\nu)(1+\nu)} & 0 & 0 & 0 \\ S & & & G & 0 & 0 \\ & Y & & & G & 0 \\ & & M & & & G \end{bmatrix}$$

Die Werkstoffkennwerte E, G, ν liegen aus theoretischer Sicht in folgenden Wertebereichen

$$E > 0, G > 0, -1 < \nu \leq \frac{1}{2}$$

Für reale Werkstoffe ist $\nu \geq 0$. Außerdem ist der Zusammenhang zwischen den drei Kennwerten zu beachten

$$G = \frac{E}{2(1+\nu)}$$

In der Kristallphysik wird die Isotropie auch als kubisches Kristallsystem bezeichnet.

Ergänzende Literatur zum Anhang B:

1. A. Mālmeisters, V. Tamužs, G. Teters: Mechanik der Polymerwerkstoffe. Akademie Verlag, 1977
2. J.F. Nye: Physical Properties of Crystals. Oxford Science Publications, 1992
3. W.M. Lai; D. Rubin; E. Krempl: Introduction to Continuum Mechanics, Third Ed. Pergamon Press, 1993

Literaturverzeichnis

[1] Green, A.E.; Zerna, W.: Theoretical Elasticity. - Oxford University Press, 1954

[2] Prager, W.: Einführung in die Kontinuumsmechanik. - Birkhäuser-Verlag, 1961

[3] Eringen, A.C.: Nonlinear Theory of Continous Media. - McGraw-Hill Book Company, 1962

[4] Long, R.R.: Kontinuumsmechanik. - Berliner Union Stuttgart, 1964

[5] Jaunzemis, W.: Continuum Mechanics. - The MacMillan Company, 1967

[6] Batchelor, G.K.: An Introduction to Fluid Dynamics. - Cambridge University Press, 1967

[7] Eringen, A.C.: Mechanics of Continua. - John Wiley, 1967

[8] Leigh, D.C.: Nonlinear Continuum Mechanics. - McGraw-Hill Book Company, 1968

[9] Malvern, L.E.: Introduction to the Mechanics of Continuous Medium. - Englewood Cliffs, 1969

[10] Mase, G.E.: Theory and Problems of Continuum Mechanics. - McGraw-Hill Book Company, 1970

[11] Hodge, P.G., Jr.: Continuum Mechanics. - McGraw-Hill Book Company, 1970

[12] Sedov, L.I.: A Course in Coutinuum Mechanics. Vol. I - IV. - Wolters-Nordhoff Publ., 1971 - 1972

[13] Müller, I.: Thermodynamik. - Bertelsmann Universitätsverlag, 1972

[14] Eringen, A.C.; Suhubi, E.S.: Elastodynamics, Vol. 1: Finite Motions. - Academic Press, 1974; Vol. 2: Linear Theory. - 1975

[15] Noll, W.: The Foundations of Mechanics and Thermodynamics. - Springer-Verlag, 1974

[16] Becker, E.; Bürger, W.: Kontinuumsmechanik. - B.G. Teubner-Verlag, 1975

[17] Chadwick, P.: Continuum Mechanics. - John Wiley & Sons, 1976

[18] Vinogradov, G.V.; Malkin, A.Ya.: Rheology of Polymers. - Mir Publishers, 1980

[19] Truesdell, C.A.: Sketch of Hystory of Constitutive Equations. - In: Proc. Rheology Vol. I. - Plenum Press, 1980
[20] Gurtin, M.E.: An Introduction to Continuum Mechanics. - Academic Press, 1981
[21] Marsden, J.E.; Hughes, T.J.R.: Mathematical Foundations of Elasticity. - Prentice-Hall, 1983
[22] Ziegler, H.: An Introduction to Thermodynamics. - North-Holland Publ. Company, 1983
[23] Truesdell, C.: The Elements of Continuum Mechanics. - Springer-Verlag, 1985
[24] Tanner, R.I.: Engineering Rheology. - Clarendon Press, 1985
[25] Nowacki, W.: Thermo-Elasticity, 2nd Ed. - Pergamon Press, 1986
[26] Billington, E.W.: Introduction to the Mechanics and Physics of Solids. - Adam Hilger Ltd., 1986
[27] Krawietz, A.: Materialtheorie. - Springer-Verlag, 1986
[28] Segel, L.A.: Mathematics applied to Continuum Mechanics. - Dover Publications, Inc. 1987
[29] Chen, W.F.; Han, D.J.: Plasticity for Structural Engineers. - Springer-Verlag, 1988
[30] Chung, T.Y.: Continuum Mechanics. - Prentice-Hall International Editions, 1988
[31] Cristescu, N.: Rock Rheology. - Kluwer Academic Publ., 1989
[32] Bowen, R.M.: Introduction to Continuum Mechanics for Engineers. - Plenum Press, 1989
[33] Bertram, A.: Axiomatische Einführung in die Kontinuummechanik. - B.I. Wissenschaftsverlag, 1989
[34] Lurie, A.I.: Nonlinear Theory of Elasticity. - North-Holland Publ. Company, 1990
[35] Klausner, Y.: Fundamentals of Continuum Mechanics of Soils. - Springer-Verlag, 1991
[36] Służalec, A.: Introduction to nonlinear Thermomechanics. - Springer-Verlag, 1992
[37] Göldner, H. (Hrsg.): Lehrbuch der höheren Festigkeitslehre Bd. 2, 3. Auflage. - Fachbuchverlag, 1992
[38] Haupt, P.: Thermodynamics of Solids Mechanics, Mitteilung 8/1992, Institut für Mechanik, Uni-Gh Kassel
[39] Haupt, P.: On the Mathematical Modelling of Material Behaviour in Continuum Mechanics, Mitteilun 10/1992, Institut für Mechanik, Uni-Gh Kassel

[40] Truesdell, C.; Noll, C.W.: The non-linear Field Theories of Mechanics. - Springer-Verlag, 1992

[41] Gersten, K.; Herwig, H.: Strömungsmechanik. - Vieweg-Verlag, 1992

[42] Haupt, P.: Foundations of Continuum Mechanics. In: Continuum Mechanics in Enviromental Sciences and Geophysics (ed. by K. Hutter). - Springer-Verlag, 1993

[43] Lai, W.M.; Rubin, D.; Krempl, E.: Introduction to Continuum Mechanics, Third Ed. - Pergamon Press, 1993

[44] Narasimhan, M.N.L.: Principles of Continuum Mechanics. - John Wiley & Sons, 1993

[45] Betten, J.: Kontinuumsmechanik. - Springer-Verlag, 1993

[46] Riemer, M.: Technische Kontinuums-Mechanik. - B.I. Wissenschaftsverlag, 1993

[47] Altenbach, H.: Werkstoffmechanik. - Dt. Verlag für Grundstoffindustrie, 1993

[48] Fung, Y.C.: A first Course in Continuum Mechanics. Third Ed. - Prentice-Hall International Editions, 1994

Stichwortverzeichnis

Dankert/Dankert

Technische Mechanik

computerunterstützt
mit 3 1/2"-HD-Diskette

Das Buch enthält vollständig die Themen, die in der Grundausbildung im Fach Technische Mechanik an Fachhochschulen, Technischen Hochschulen und Universitäten behandelt werden.

In dem schwierigen Prozeß, praktische mechanische Probleme zu analysieren, auf das Wesentliche zu reduzieren, in die Sprache der Mathematik umzusetzen und zu lösen, wird heute durch den Computer ein wesentliches Hindernis, das mühevolle Einüben geeigneter mathematischer Lösungsverfahren, weitgehend entschärft, so daß deutlich mehr Zeit dem tatsächlichen Grundlagenstoff gewidmet werden kann.

Es werden deshalb viele klassische Lösungsverfahren durch die Methoden zur Vorbereitung der Computerrechnung mit dem besonders angenehmen Nebeneffekt ersetzt, daß die Beschränkung auf die typischen »akademischen« Beispiele zugunsten praxisnaher Probleme entfällt. Die Lösung der mathematischen Probleme wird von den Programmen der beiliegenden Diskette unterstützt.

Von Prof. Dr.-Ing.
Helga Dankert
und Prof. Dr.-Ing. habil.
Jürgen Dankert
Fachhochschule Hamburg

1994. XII, 755 Seiten mit 3 1/2"-HD-Diskette.
16,2 x 22,9 cm.
Geb. DM 86,–
ÖS 671,– / SFr 86,–
ISBN 3-519-06523-1

Aus dem Inhalt

Ebene und räumliche Kraftsysteme – Schwerpunkte – Schnittgrößen – Haftung – Seilstatik – Grundlagen der Festigkeitslehre – Zug, Druck – Biegung – Torsion – Querkraftschub – Finite Elemente – Differenzenverfahren – Stabilität – Formänderungsarbeit – Kinematik – Kinetik starrer Körper – Stoß – Schwingungen – Systeme mit mehreren Freiheitsgraden – Numerische Integration von Anfangswertproblemen – Prinzipien der Mechanik

B. G. Teubner Stuttgart